教育部高等学校电子信息类专业教学指导委员会规划教材

普通高等教育电子信息类专业系列教材

光学系统设计

理论、仿真与系统检测

张磊◎编著

清华大学出版社

北京

内 容 简 介

本书从光学设计的目标出发，介绍了光学设计的具体方法、工具(辅助设计软件)、设计思路、实践案例(常见光学系统和前沿光学系统的设计案例)和实际光学系统的评测方法等全链条知识体系。

全书共分为 3 部分。第一部分为光学设计的理论、工具与基础方法(第 1 章～第 4 章)：介绍了光学设计目标、光学设计理论与方法基础(像差及其控制)、以 Zemax 为代表的计算机辅助设计工具的使用及利用 Zemax 软件控制像差的实操方法；第二部分为典型光学系统设计理念与 Zemax 设计实践(第 5 章～第 11 章)：介绍了望远系统、显微系统、摄影系统、投影系统、变焦结构、干涉仪、高斯光学系统和其他非成像光学系统的设计思路与设计案例；第三部分为实际光学系统与光学表面检测技术介绍(第 12 章～第 14 章)：介绍了成像光学系统、激光光学系统及各类光学元件表面的检测技术理论与方法，形成了光学设计工作的闭环。

为便于读者高效学习，快速掌握光学设计基础理论与实践案例，本书作者精心制作了完整的教学课件、53 个 Zemax 设计案例文件以及丰富的配套设计视频教程。

本书适合作为高等院校光电信息科学与工程相关专业高年级本科生、研究生的教材，同时可供光学设计人员、广大科技工作者和研究人员自学参考。

图书在版编目(CIP)数据

光学系统设计：理论、仿真与系统检测 / 张磊编著.--北京：清华大学出版社，2025.7.
(普通高等教育电子信息类专业系列教材). -- ISBN 978-7-302-69410-6

Ⅰ. TH740.2

中国国家版本馆 CIP 数据核字第 20258U1Q74 号

策划编辑：刘　星
责任编辑：李　锦
封面设计：李召霞
责任校对：李建庄
责任印制：刘　菲

出版发行：清华大学出版社
　　　　网　　　址：https://www.tup.com.cn，https://www.wqxuetang.com
　　　　地　　　址：北京清华大学学研大厦 A 座　　邮　　编：100084
　　　　社　总　机：010-83470000　　　　　　　　邮　　购：010-62786544
　　　　投稿与读者服务：010-62776969，c-service@tup.tsinghua.edu.cn
　　　　质量反馈：010-62772015，zhiliang@tup.tsinghua.edu.cn
　　　　课件下载：https://www.tup.com.cn,010-83470236
印　装　者：三河市人民印务有限公司
经　　　销：全国新华书店
开　　　本：185mm×260mm　　印　　张：19.5　　　　字　　　数：473 千字
版　　　次：2025 年 8 月第 1 版　　　　　　　　　　印　　　次：2025 年 8 月第 1 次印刷
印　　　数：1～1500
定　　　价：69.00 元

产品编号：108799-01

前 言
PREFACE

一、为什么要写这本书

从高精尖领域精密光学仪器(如光刻机),到医用领域的各类光学窥镜,再到民用领域的手机摄像头和监控镜头,无一不凸显了光学设计在国民经济各个行业领域的重要地位。与之形成鲜明对比的是,具有独立光学设计能力的人才相对较少,国内中小型企业、高校与科研院所的光学设计人才相对稀缺。从全国范围来看,对于光电类专业毕业生最为匹配的工作岗位为光学工程师或光学设计工程师岗位,其中大部分岗位要求毕业生掌握一门光学设计软件。

光学设计类课程从像差理论和像质评价手段出发,描述各类典型光学元件与系统的设计原理及依托软件的自动设计方法等内容,其既是一门应用性极强的课程,也是一种相对独立的技术手段,在本科学习阶段与"光学""工程光学"等课程紧密关联,是光电信息类专业学生的重要知识组成部分和全周期工程教育的重要环节。

书不一定非要写得深奥和高大全,但要让初学者有兴趣学下去,学习过程中获得满足感,且可以适应不同兴趣、知识需要、学习层次的学习需求。本书以经济社会发展与行业需求为导向,充分对焦"以学生为中心,产出为导向"的新工科教育理念,致力于打造理论与实践一体化、认知与创造一体化的新工科教材。

二、本书特色

(1)本书重塑了传统光学设计教材内容,建立了循序渐进的全链条知识体系。一方面顺应学习特点,摒弃了关于传统光学系统初始结构计算的大量复杂公式,以培养学习自信为出发点,使读者在学习过程中主动探索光学系统初始结构的计算过程。另一方面增添了实际光学系统与光学表面的加工检测技术内容,注重设计与加工检测的衔接,建立了光学设计—加工—检测的全链条知识体系。本书在编写结构中体现了学习的过程性,提供了丰富细腻的图形内容,方便理解,以适应不同兴趣、知识层次的学习需求。

(2)本书以实践运用为落脚点,以经济社会发展和国家战略需求为导向。一方面,注重几何光学、物理光学、信息光学知识的交叉融合,体现学科价值,并反映部分近期研究成果。另一方面部分实践案例的编写听取了企业专家的宝贵建议,贴近经济社会发展需求,如智慧交通监控镜头设计、线上会议镜头设计等;同时,内容编写关注国家发展战略,如光刻物镜设计、星地激光通信系统设计等。

(3)本书坚持价值引领。在专业教育中有机融入了党的二十大精神,在章节内容对应的拓展阅读中融入了新质生产力思考、自主创新之路、向老一辈科学家致敬、科学思维锻炼、学史明理与学史力行、人类的科学坚持、家国情怀养成、科技的民生落脚点、技术向善的大愿景、大国重器的自豪感、共产党人的爱国坚持等,实现培根铸魂、启智增慧。

> **配 套 资 源**
>
> - **设计文件等资源**:扫描目录上方的二维码下载。
> - **教学课件、教学大纲、电子教案等资源**:到清华大学出版社官方网站本书页面下载,或者扫描封底的"书圈"二维码在公众号下载。
> - **微课视频(276 分钟,30 集)**:扫描书中相应章节中的二维码在线学习。

注:请先扫描封底刮刮卡中的文泉云盘防盗码进行绑定后再获取配套资源。

三、读者对象

- 对光学设计和光学系统检测感兴趣的读者;
- 光电信息科学与工程相关专业的高年级本科生、研究生;
- 企业光学设计和检测人员,与光学系统相关的科技工作者、研究人员和工程技术人员。

四、致谢

限于编者的水平和经验,疏漏之处在所难免,敬请读者批评指正。

编 者

2025 年 5 月

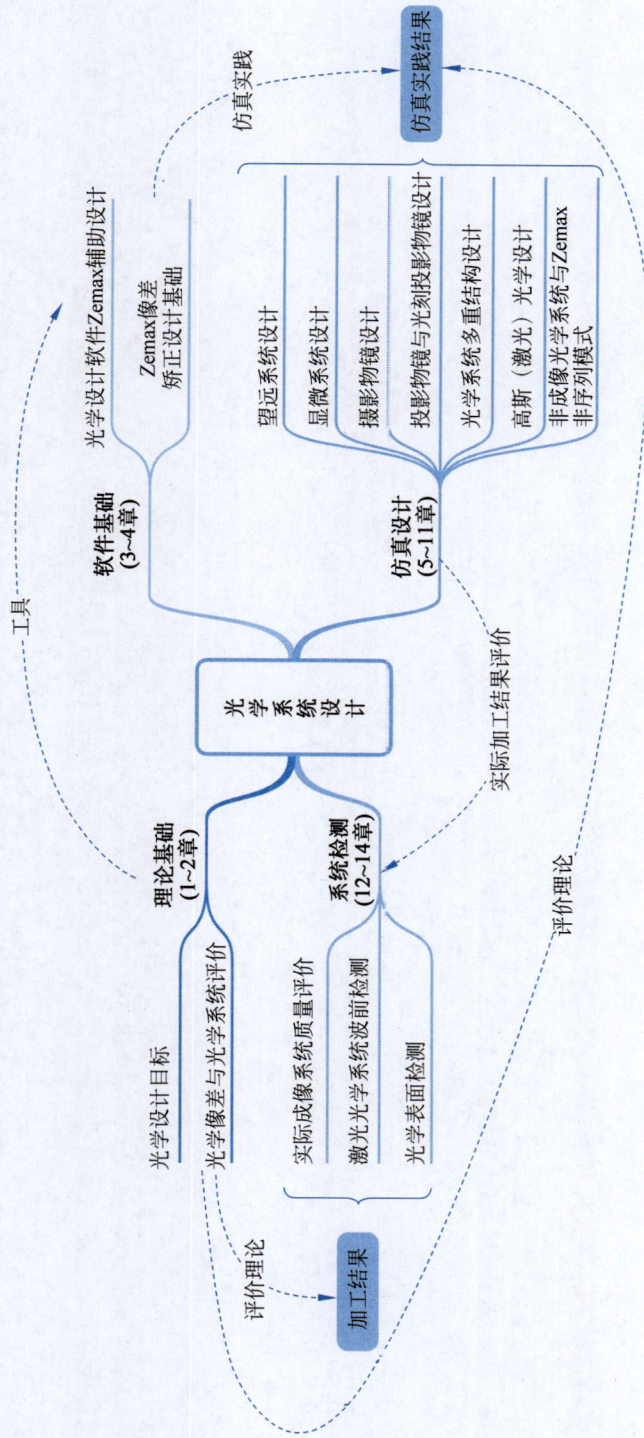

光学系统设计

理论基础
(1~2章)

光学设计目标

光学像差与光学系统评价

软件基础
(3~4章)

光学设计软件Zemax辅助设计

Zemax像差
矫正设计基础

仿真设计
(5~11章)

望远系统设计

显微系统设计

摄影物镜设计

投影物镜与光刻投影物镜设计

光学系统多重结构设计

高斯（激光）光学设计

非成像光学系统与Zemax非序列模式

系统检测
(12~14章)

实际成像系统质量评价

激光光学系统波前检测

光学表面检测

仿真实践

仿真实践结果

实际加工结果评价

工具

评价理论

加工结果

评价理论

微课视频

视 频 名 称	时长/分钟	书 中 位 置
第 01 集　Zemax 界面简介	4	3.1.1 节节首
第 02 集　Zemax Lensdata 编辑器设置	7	3.1.2 节 1.
第 03 集　Zemax 系统参数设置	5	3.1.2 节 2.
第 04 集　Zemax 坐标定义与光路偏折	7	3.2 节 1.
第 05 集　Zemax 坐标断点	8	3.2 节 2.
第 06 集　Zemax 像质指标查看	5	3.3 节节首
第 07 集　Zemax 单透镜优化实操	6	3.4.3 节节首
第 08 集　Zemax 优化变量的求解	9	3.4.4 节节首
第 09 集　Zemax 分裂光焦度消球差设计	6	4.1.3 节节首
第 10 集　Zemax 非球面消球差设计	3	4.1.4 节节首
第 11 集　Zemax 离轴像差控制设计	55	4.2 节节首
第 12 集　Zemax 色差与二级光谱矫正设计	8	4.3.2 节节首
第 13 集　Zemax 望远镜原理性结构设计	13	5.1 节节首
第 14 集　 Zemax 冉斯登目镜设计	7	5.2.2 节节首
第 15 集　Zemax 李斯特显微物镜设计	9	6.4.2 节节首
第 16 集　Zemax 库克三片式摄影物镜设计	7	7.1.1 节节首
第 17 集　 Zemax 系统缩放设计	10	7.1.4 节节首
第 18 集　Zemax 远心光路设置方法	9	7.3.2 节 1.
第 19 集　Zemax 远心系统设计	12	7.3.2 节 2.
第 20 集　Zemax 监控镜头设计	12	7.4.3 节节首
第 21 集　Zemax 干涉仪结构设计(一)	6	9.3.2 节节首
第 22 集　Zemax 干涉仪结构设计(二)	8	9.3.2 节 1.
第 23 集　Zemax 干涉仪球面标准镜设计	12	9.3.2 节 2.
第 24 集　Zemax 激光准直扩束设计	8	10.2.3 节节首
第 25 集　Zemax 临界照明与科勒照明设计	7	11.1.1 节节首
第 26 集　Zemax 离轴抛物面准直设计	7	11.1.2 节节首
第 27 集　Zemax 非序列模式下气体吸收池仿真	10	11.3.3 节节首
第 28 集　移相法相位恢复仿真	7	13.2.2 节节首
第 29 集　傅里叶变换相位解调仿真	6	13.2.3 节节首
第 30 集　干涉仪旋转毛玻璃成像	3	14.2.2 节节首

目 录

CONTENTS

配套资源

第1章 光学设计目标

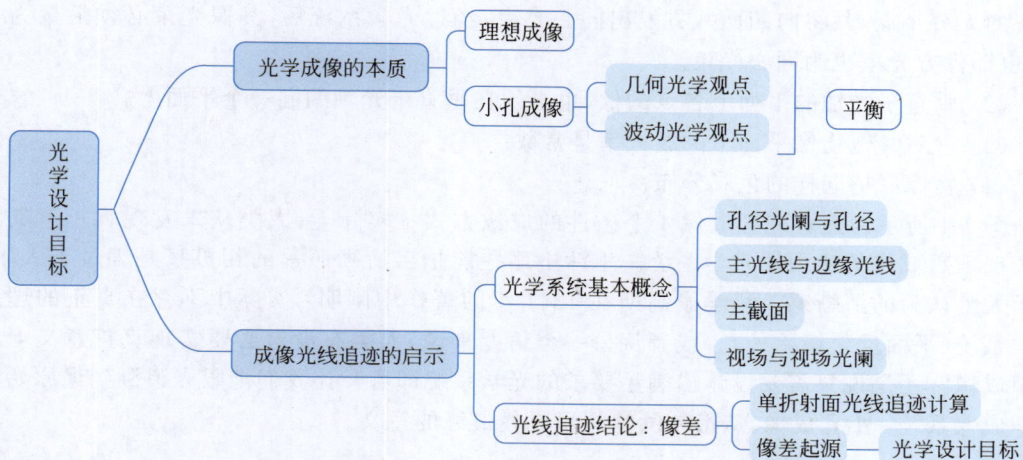

```
                              ┌── 理想成像
              光学成像的本质 ──┤
                              │                ┌── 几何光学观点 ──┐
                              └── 小孔成像 ─────┤                  ├── 平衡
                                               └── 波动光学观点 ──┘
  光
  学                                           ┌── 孔径光阑与孔径
  设                                           │
  计                                           ├── 主光线与边缘光线
  目         成像光线追迹的启示 ── 光学系统基本概念 ┤
  标                                           ├── 主截面
                                               │
                                               └── 视场与视场光阑

                                                              ┌── 单折射面光线追迹计算
                              光线追迹结论：像差 ──────────────┤
                                                              └── 像差起源 ── 光学设计目标
```

【知识目标】

◆ 掌握成像的几何光学和物理光学认识。

◆ 掌握光线追迹的基本算法原理。

◆ 了解光学设计的目标。

【技能目标】

◆ 掌握光线追迹的算法。

◆ 掌握像差的原理性推导方法。

很多读者在开始学习之前都会有以下几个疑问：什么叫光学设计？为什么需要进行光学设计？光学元件最重要的参数不就是焦距吗？直接购买对应焦距的光学透镜不就可以了吗？为什么同样焦距的成像系统，有的是单透镜，而有的是多透镜组？到底需要设计什么？相信学完这一章，就能找到答案了。

1.1 光学成像的本质

自然界不发光的物体之所以能被看见，主要是因为其散射或者反射其他光源的光线进入人眼这样的光学系统，经过光学系统成像后在"探测器"视网膜上成像。从仿生学意义上，人眼这样的光学系统当然难逃被人类工业模仿的命运，于是人类社会便出现了各类成像系统,同时又引发了现代社会对更高性能的光学系统的研究。人类心心念念通过成像的方式记录真实世界,但是光学系统却又十分有个性,不遂人愿。数百年的成像光学系统发展史昭示了人类对于理想成像的不断追求。对于最基础的成像系统的研究将成为解开成像秘密的关键钥匙。

1.1.1　理想成像

如何才能算是"理想成像"呢?理想成像就意味着光学系统所成的像与物的"契合度"极高,具体条件如下。

(1)具体物体的成像可以看成物体上众多点成像的集合,因此成像又通常被抽象为"点"成像来分析。物面上每一个发光点在像方都是一个清晰的像点,物方每个点作为抽象出来的无穷小点,其将向四面八方发出同心光束,经过光学系统后,其像光束必须汇聚为一点,也即像方光束也为同心光束。

(2)垂直于光轴的平面上各点的像,也必须在垂直于光轴的同一个平面上。

(3)一对共轭物像平面上的放大率是常数。

(4)物像保持同样的色彩分布。

图 1-1 所示为违背理想成像 4 个条件的成像方式。实际上,人类从未发现真正意义上能实现理想成像的实用性光学系统。生活中那些能拍出清晰照片的相机只是骗过了人眼,给予大脑认为的清晰感。科学家高斯在 1841 年的著作中阐明:实际中不存在真正的理想光学系统(平面反射镜除外)。或者从另一个角度来说,人类有没有必要实现真正意义上的理想成像?还是说只需要设计出满足要求的光学系统即可?让我们把眼光追溯到最原始的光学成像系统:小孔成像,从最初的梦想里寻找最终的意义。

图 1-1　违背理想成像 4 个条件的成像方式

1.1.2　小孔成像

2400 多年前,我国的学者墨翟和他的学生就实现了世界上第一次小孔成像实验。《墨经》中描述不同方向射来的光束在针孔处互相交叉,并在其后的屏上形成倒影。物体的投影之所以会出现倒像,是因为光线沿直线传播。同时还指出了物体影像的大小同针孔距离的关系:物距越远,像越小;物距越近,像越大。《墨经》在两千多年前关于小孔成像的描述,与现代成像光学所描述的内容是完全一致的。然而,两千多年后的今天,如果大家真正尝试去做如图 1-2 所示的小孔成像实验,马上会遇到一个十分棘手的现实问题:小孔应该挖多大?

1. 几何光学观点

复杂物体成像实际上是物体上每一点的成像。根据理想成像条件,每一个物点发出的发散同心光束经过某个成像系统后变为汇聚同心光束,假设形象地引入"光线"的概念,这个像点应当是很多同心"光线"的汇聚之处。理论上汇聚的光线越多,则该点的像越明亮。这就是物体不能在自由空间中直接成像到某个屏幕上的原因。如图1-3所示,物体每一点发出的光线都发散出去了,无法汇聚成一个像点。

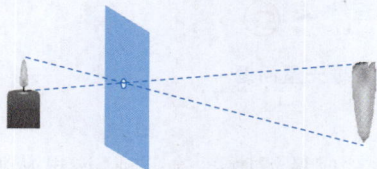

图1-2 小孔成像

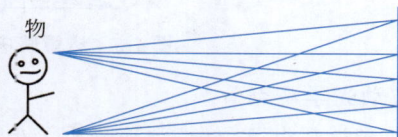

图1-3 点物的自由空间"成像"

若在物体与屏幕之间放置一个小孔,如图1-4(a)所示,物体上一点A发出的发散光线,通过小孔在底片上形成一个亮斑A_i,这个亮斑的大小与针孔的大小是成正比的。可以认为这个亮斑就是该点所成的"像"。但是,小孔并没有改变物点发散光的现状,物点A毗邻的物点B也同时参与成像,其在屏幕上的像为B_i。可以看出,由于光束发散,毗邻的物点A和B所成的像互相混叠,导致二者的像均模糊不清。

如上所述,针孔越大,对光线的限制就越小,物体上一个点发出的光线落到底片上形成的亮斑就越大,最后得到的像就越模糊;针孔越小,对光线的限制就越大,极限情况下,如图1-4(b)所示,仅有"一根"光线能通过,每个点成的像非常小,相邻点的像则不会发生重叠,整体的像一定就无比清晰了。因此便找到了一条通向理想成像的法门:小孔仅让一条光线通过。且不说容纳一条光线通过的孔径到底多大,上述结论有没有问题呢?

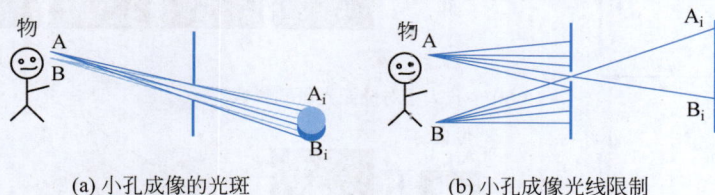

(a) 小孔成像的光斑

(b) 小孔成像光线限制

图1-4 小孔对光线的限制

当然有!不然众多相机生产厂商都会倒闭的。上述分析忽略了一个问题,便是曝光量。曝光量就是让光进入这个小孔,和屏幕上的感光层发生化学反应,留下像的痕迹。而这个过程需要一定强度的光照,如果进光量太大,照片就会白花花一片。如果进光量太小,照片就会黑乎乎的。如果小孔仅允许"一根"光线通过,那么很明显,要延长曝光时间,即持续保持光照来保证和感光层的化学反应时间。常用的相机曝光时间常见的在1/1000s量级。而对于上述小孔成像,拍一张全家福照片可能要保持几分钟不动才能保证足够的曝光量。

如何在短的曝光时间下,依然获得较大曝光量呢?需要增大小孔。然而根据之前的讨论,增大小孔会让图片变得模糊,这不是我们想要的。那么有没有两全其美的办法,在增大通光孔径的同时又能保证图片的清晰呢?

回想一下较大的小孔导致成像不清晰的原因是:小孔并不能改变物点发出的发散光现

状。如果大孔径下能改变这一现状,就能解决上述问题了。于是,透镜应运而生。如图 1-5 所示,只要在孔径中安放一个汇聚透镜将物点发出的发散光汇聚为一点,则上述问题迎刃而解。然而,这已是后话了。当没有透镜的情况下,在几何光学观念的驱使下,仅考虑成像清晰度(忽略曝光),能得出的结论是:小孔越小,每个点成像光斑越小,整体像越清晰。

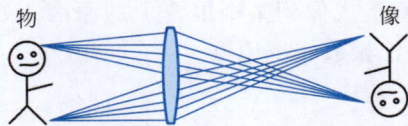

图 1-5　透镜解决小孔成像的曝光量问题

2. 波动光学观点

"几何光学观点"部分直观地分析了小孔的大小对成像清晰度的影响,这里从波动光学角度再次进行问题分析。如图 1-6(a)所示,d 代表小孔的直径,D 代表光斑的大小。在某次实验中,研究者观察到以下现象,d 从 1.6mm 下降到 0.1mm 时,其间像面光斑大小 D 随着小孔直径 d 的减小而减小,这符合"几何光学观点"部分对几何光学的认知。然而当 d 继续减小至 0.025mm 时,光斑直径反而比 $d = 0.1$mm 时更大。这已经超出了几何光学的认知范畴了,到底是为什么呢?

这是由于当孔径足够小时,衍射现象便发生了。如图 1-6(b)所示,物点所成的像变成了同心圆环,即艾里斑,这就意味着成像已经到了波动光学的领地了。因此,"几何光学"观点中最后的结论:"小孔越小,每个点成像光斑越小,整体像越清晰"过于武断了。当孔径小到一定程度时,在几何光学和波动光学理论的共同作用下,要重新审视上述问题。

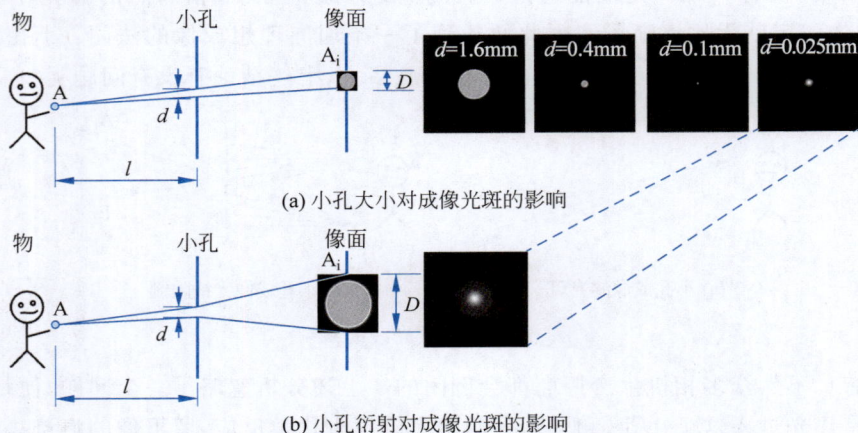

(a) 小孔大小对成像光斑的影响

(b) 小孔衍射对成像光斑的影响

图 1-6　小孔大小对成像光斑的影响

回顾图 1-4,在几何光学范畴内,只有小孔小到仅有一根光线通过,毗邻物点的像光斑才能不发生混叠。而此时,由于衍射现象的发生,像面点光斑变成了图 1-6 中的衍射同心圆环,这就是艾里斑。此时毗邻的物点所成的像还会不会重叠?要回答这个问题,便要从波动光学中的分辨率概念来阐述,根据分辨率的瑞利判据公式:

$$r_{(Airy)} = \frac{0.61\lambda}{NA} \tag{1-1}$$

式中,$r_{(Airy)}$ 是艾里斑半径;NA 为成像系统数值孔径。只有两个物点经系统成像后的艾里斑中心间距大于或等于艾里斑半径时,两个点才可以被识别清楚而不至于发生混叠,如图1-7所示。因此,波动光学给出的结论是:小孔越小,衍射现象越明显,艾里斑半径越大,相邻点更容易混叠而导致像面模糊。可见,其对小孔大小的追求与几何光学结论相反。

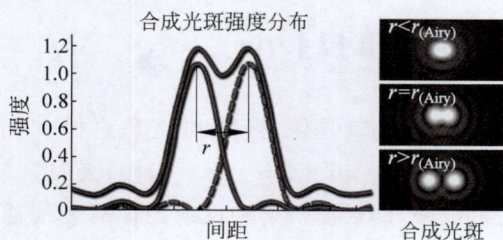

图1-7 分辨率的概念图示

3. 平衡

实际上,无论小孔多大,几何光学和波动光学的规律都在共同支配其成像特征。只是在小孔较大时几何光学规律所致的现象更加明显,在小孔较小时波动光学规律所致的现象更加明显而已。综上所述,几何光学概念中希望成像的小孔直径越小越好,而波动光学概念中对小孔尺寸的限制提出了相反的要求。同时,为了满足曝光量要求,几何光学概念中不可能真的仅允许"一根光线"参与成像,因此引入了透镜系统,其聚焦作用可以在大口径的情况下将发散光线聚焦至一点,并且减少了小孔径的衍射效应。但是衍射效应并不能完全消除,如图1-8所示,在添加透镜之后,重新分析像面光斑大小,原来几何光学成像光斑 D_1(图1-8(a))被透镜几何聚焦光斑 δ_1 所取代。由于光的波动性,衍射现象永远存在,透镜的聚焦作用也将原先的衍射光斑 D_2(图1-8(b))缩小成了 δ_2。最终的成像光斑大小 D_3(图1-8(c))将由 δ_1 和 δ_2 共同决定,即

$$D_3 = \begin{cases} \delta_1, & \delta_1 > \delta_2 \\ \delta_2, & \delta_1 \leqslant \delta_2 \end{cases} \tag{1-2}$$

由于衍射作用的永恒存在,δ_2 无法减小到0,即

$$D_3 \geqslant \delta_2 \tag{1-3}$$

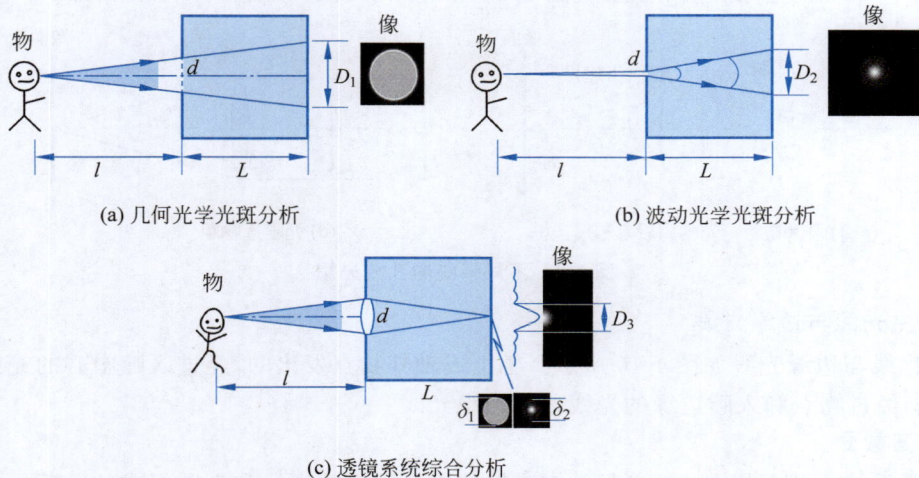

(a) 几何光学光斑分析

(b) 波动光学光斑分析

(c) 透镜系统综合分析

图1-8 透镜系统成像的实际光斑大小

综合式(1-2)和式(1-3)可知，D_3 的最小值为 δ_2。这就要求透镜几何聚焦光斑直径 δ_1 小于艾里斑直径 δ_2，D_3 才能取得最小值。此时几何聚焦光斑包含在艾里斑光斑中，这就是所谓的衍射极限的系统，也是光学设计的追求所在。

1.2 成像光线追迹的启示

如 1.1 节所述，光学设计的目的就是使几何聚焦光斑直径 δ_1 小于艾里斑直径 δ_2，这样几何聚焦光斑就被包含在艾里斑中。因此，绝大多数时候，人们只需要考虑几何光学范畴的点物成像光斑是否小于衍射极限，即根据折射和反射定律对光线通过光学系统的每个面的路径进行计算，最终可计算出像面几何聚焦点的位置和半径，这就是所谓的光线追迹。

1.2.1 光学系统基本概念

在进行光线追迹计算之前，先来简单回顾一下光学系统中那些重要的基本概念。

1. 孔径光阑与孔径

孔径光阑是指限制进入光学系统的光束大小的实体，它可以是透镜的边缘、镜框或人为设置的遮挡板。孔径光阑经过其前方镜头的像称作入瞳，经过其后方镜头所成的像称为出瞳。决定光学系统的孔径光阑的一般规则是：从物点看孔径光阑或孔径光阑的像，其中张角最小的那一个对应的实体就是光学系统的孔径光阑。图 1-9 展示了不同系统的孔径光阑。系统的孔径大小可以由孔径角或光阑直径定量描述。物点对于入瞳的张角称为物方孔径角 $2u$，用来描述进入系统的光束多少，与其对应的是像点对于出瞳的张角称为像方孔径角 $2u'$。注意，如入射光为平行光（无限远物距），如图 1-9(d)所示，则直接用入瞳的直径 D 来描述孔径大小。

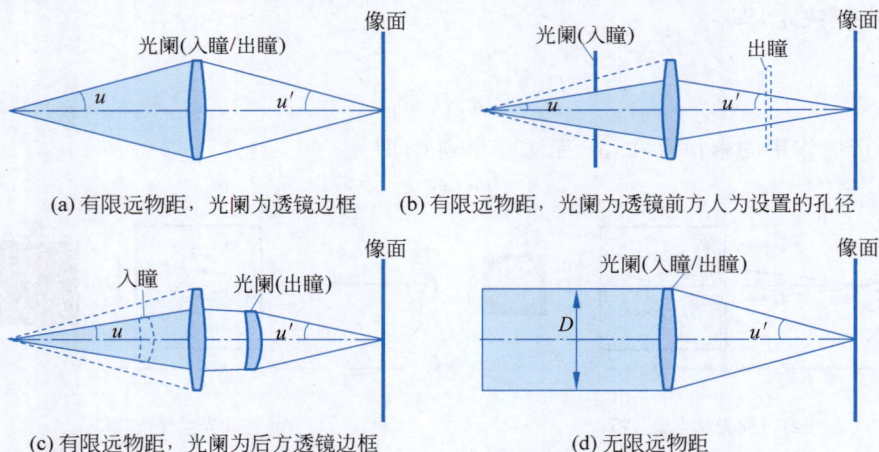

(a) 有限远物距，光阑为透镜边框　　(b) 有限远物距，光阑为透镜前方人为设置的孔径

(c) 有限远物距，光阑为后方透镜边框　　(d) 无限远物距

图 1-9　不同系统的孔径光阑

2. 主光线与边缘光线

主光线与边缘光线如图 1-10 所示。轴上或轴外物点发出的，经过入瞳中心的光线称为主光线；经过物点和入瞳边缘的光线称为边缘光线。

3. 主截面

光学系统主截面如图 1-11 所示，它是轴外物点发出的光线和光轴组成的平面。主截面又分为子午面和弧矢面。子午面指轴外物点的主光线与光学系统主轴（主光轴）所构成的平面。弧矢面指过轴外物点的主光线并与子午面垂直的平面。

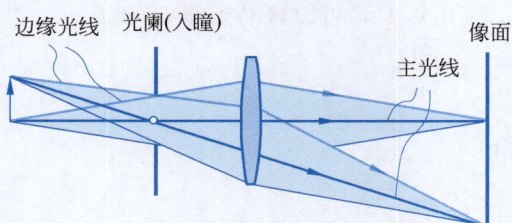

图 1-10 主光线与边缘光线

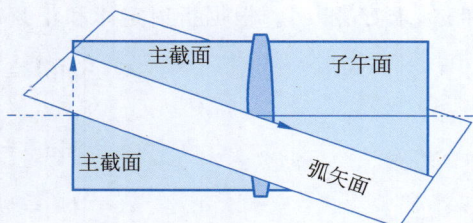

图 1-11 光学系统主截面

4. 视场与视场光阑

视场是指成像光学系统的视野范围,可分为物方视场和像方视场,一般所说的视场是指物方视场,即可以完全成像在像面的物面大小。视场可以有不同的表述方式,有限距离成像时,可以用清晰成像的物高表示线视场。但由于不同距离处的清晰成像范围不同,甚至有可能对无限远距离成像,无法以物高表示视场,所以大多数场合用视场角来表征一个光学系统的视场大小,即清晰成像的物方角范围 $2w$,如图 1-12 所示。视场大小一般由视场光阑决定,如图 1-12(a)所示的像面探测器即为视场光阑,决定了成像视场角范围;也可以人为设置视场光阑,如图 1-12(b)所示,超出视场光阑限制的光束无法参与后续成像。镜头设计时一般有视场角要求,表明在多大视场角范围内的景物可以拍摄清楚。由于轴外视场清晰度受像差影响严重,所以即使不人为设置视场光阑,系统清晰成像的视场角也很有限。

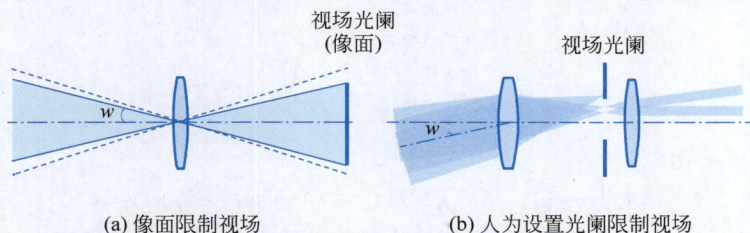

(a) 像面限制视场 (b) 人为设置光阑限制视场

图 1-12 光学系统视场与视场光阑

1.2.2 光线追迹结论:像差

熟悉了光学系统基本概念后便可以开始实施光线追迹。复杂光学系统都是由多个折射面组成的,反射面也可以看成特殊的折射面,因此可以从最简单的单个折射面开始讨论。如图 1-13 所示,光轴上距离折射面 $-L$ 距离的 S 点发出的孔径角为 $-U$ 的光线,经过折射面后的光线是如何出射的呢?实际上仅需要知道出射光线与光轴的交点以及夹角,即可唯一确定出射光线。

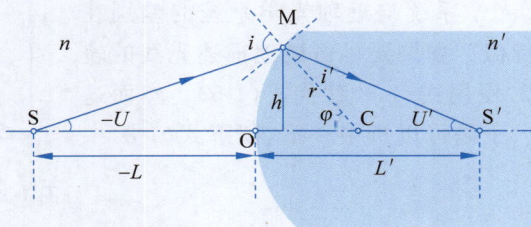

图 1-13 折射面光线追迹

因此,上述模型的数学表达为:已知 $-U$,$-L$,折射面曲率半径 r,折射面前后的折射率 n 和 n',求 U' 和 L'。根据折射定律和正弦定理,利用式(1-4)可以轻易求得 U' 和 L':

$$\begin{cases} \sin i = (L-r)\,\dfrac{\sin U}{r} \\[2mm] \sin i' = \dfrac{n}{n'}\sin i \\[2mm] U' = U + i - i' \\[2mm] L' = r\left(1 + \dfrac{\sin i'}{\sin U'}\right) \end{cases} \tag{1-4}$$

从式(1-4)中可以求得出射光线在光轴上的落脚点和夹角,因而可以唯一确定出射光线。当入射角 U 在很小的范围内时,i 也同样较小,可以近似得到

$$\begin{cases} \sin U = U; \qquad \sin i = i \\[2mm] \sin U' = U'; \qquad \sin i' = i' \end{cases} \tag{1-5}$$

这便是近轴光学近似,这一简化在计算机普及之前大大减轻了计算量。光学中的许多定义都是基于这一线性假设的,这类定义也称为一阶光学参数定义。因此,式(1-4)可以简化为线性计算方式:

$$\begin{cases} i = (L-r)\,\dfrac{U}{r} \\[2mm] i' = \dfrac{n}{n'}i \\[2mm] U' = U + i - i' \\[2mm] L' = r\left(1 + \dfrac{i'}{U'}\right) \end{cases} \tag{1-6}$$

从式(1-6)可解出

$$L' = r\left(1 + n/\left[n'r/(L-r) + (n'-n)\right]\right) \tag{1-7}$$

可见,L' 与 U 和 i 无关。也就是说,不同入射角的光线经折射后均汇聚于一点,这即是近轴近似的计算结论。而实际情况是,随着入射角 U 和 i 逐渐增大,式(1-5)的近似误差也将随之增大。重新考虑式(1-5)的近似误差,将入射角的正弦函数按照泰勒级数展开:

$$\begin{cases} \sin U = U - \dfrac{U^3}{3!} + \dfrac{U^5}{5!} - \dfrac{U^7}{7!} + \cdots \\[2mm] \sin i = i - \dfrac{i^3}{3!} + \dfrac{i^5}{5!} - \dfrac{i^7}{7!} + \cdots \end{cases} \tag{1-8}$$

可见,近轴近似式(1-5)仅取了式(1-8)泰勒展开式的第一项,用弧度代替正弦,图 1-14 画出了这种近似的误差。

根据上述描述,真实光学系统与近轴光学系统的差别在于近轴光学采用了一阶近似。如果要尽可能地描述光线的轨迹,则必须取缔这种近似,使用式(1-8)替代式(1-5)。然而这样很明显增加了计算量。于是可以折中一下,留下式(1-8)中的三阶项,即

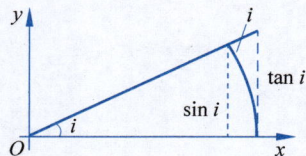

图 1-14　弧度代替正弦的近似

$$\begin{cases} \sin U = U - \dfrac{U^3}{3!} \\ \sin i = i - \dfrac{i^3}{3!} \end{cases} \qquad (1\text{-}9)$$

这样既避免了近似误差太大,又在一定程度上减少了计算量。按照式(1-9)计算的光线轨迹与近轴光线轨迹存在一定的误差,由于正弦函数的三阶近似,在计算光线与光轴的交点距离 L' 时无法完全约掉其中的 U,也就意味着不同孔径的入射光线在折射后与光轴的交点不同(图 1-15),这种不同交点之间的偏差可以按照上述三阶近似和近轴近似定量计算,可以分为两个方向的偏差,一个方向是轴上的,即边缘光线和近轴光线与光轴交点之间的轴上距离偏差,意味着通常所说的透镜焦点一般只是近轴焦点。另一个方向是垂直于光轴的,即在垂直的光轴的面上必然无法得到一个很小的焦点,而是有一定大小的圆斑。

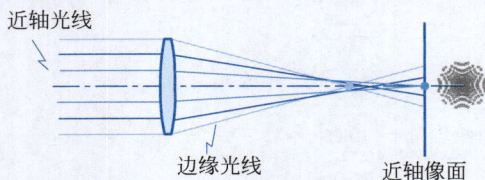

图 1-15　三阶近似计算出不同孔径光线与光轴交点不同

实际上,上述三阶近似与近轴近似的偏差,就是著名的赛德尔像差理论。赛德尔像差理论(三阶像差理论)也叫初级像差理论。为什么叫初级呢?因为三角函数展开到三阶之后,才是刚刚迈入像差的门槛,粗略的线性理论无法描述像差,所以将三角函数展开到三阶计算得到的像差就叫初级像差。相对应的,真实像差与初级像差之间的差别,就归为高级像差。第 2 章将定量地计算这些像差。值得注意的是,在本节中对于这些像差的阐述都是基于几何光线追迹计算的,一般称为几何光学像差,最终不同孔径角的光线不能交于一点也意味着出射波面不再是理想汇聚球面,也可以从波动光学的视角来描述像差,第 2 章中将仔细阐述。

在 1.1 节结尾中曾描述过,光学设计的目的就是使几何聚焦光斑直径小于艾里斑直径,这也是光学设计的追求所在,而在本节中我们了解到几何聚焦光斑的直径很大程度上取决于像差。因此,光学设计的意义便由此更进一步,即对于光学像差的控制。第 2 章将详细描述像差及其如何影响几何聚焦光斑的大小。

习题

1. 尝试推导 r 为负值时的单个折射面光线追迹公式。

2. 尝试推导三阶近似情况下的光线追迹表达式。

3. 人眼角膜可认为是一个折射球面,曲率半径约为 7.5mm,后方液体折射率约为 1.33,瞳孔就在其中。如果你从外部看到某人的瞳孔在其角膜后方 4mm 处,直径也为 4mm,那么该瞳孔的实际位置和直径是多少?

4. 某透镜后方有一控制通光孔径的光阑,请画图描述,其孔径多大时才能使入射平行光充满透镜孔径。

5. 光学设计的目的是什么?要达到这样的目标,你觉得应当如何做?

第2章 光学像差与光学系统评价

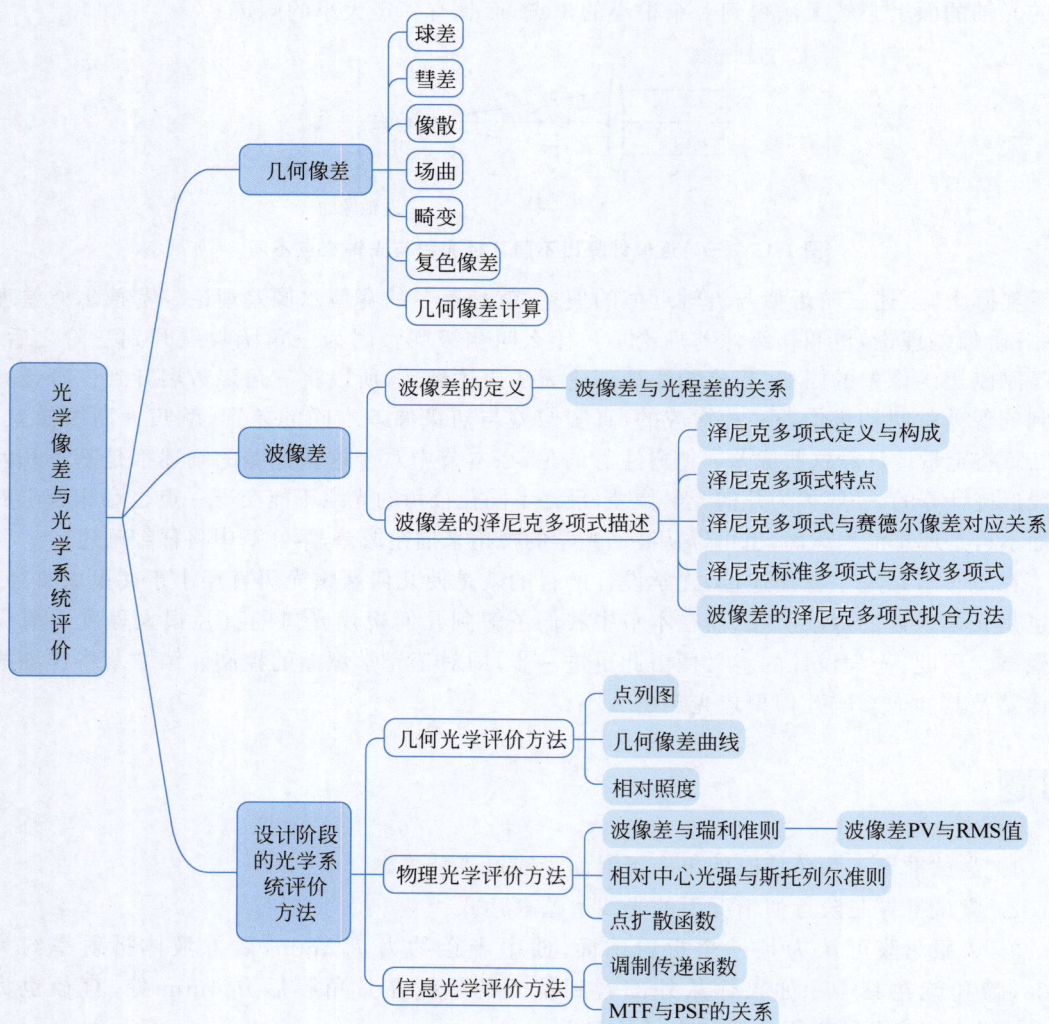

光学像差与光学系统评价
├─ 几何像差
│ ├─ 球差
│ ├─ 彗差
│ ├─ 像散
│ ├─ 场曲
│ ├─ 畸变
│ ├─ 复色像差
│ └─ 几何像差计算
├─ 波像差
│ ├─ 波像差的定义 ── 波像差与光程差的关系
│ └─ 波像差的泽尼克多项式描述
│   ├─ 泽尼克多项式定义与构成
│   ├─ 泽尼克多项式特点
│   ├─ 泽尼克多项式与赛德尔像差对应关系
│   ├─ 泽尼克标准多项式与条纹多项式
│   └─ 波像差的泽尼克多项式拟合方法
└─ 设计阶段的光学系统评价方法
   ├─ 几何光学评价方法
   │ ├─ 点列图
   │ ├─ 几何像差曲线
   │ └─ 相对照度
   ├─ 物理光学评价方法
   │ ├─ 波像差与瑞利准则 ── 波像差PV与RMS值
   │ ├─ 相对中心光强与斯托列尔准则
   │ └─ 点扩散函数
   └─ 信息光学评价方法
      ├─ 调制传递函数
      └─ MTF与PSF的关系

【知识目标】

◆ 了解像差的分类方法与基本概念。

◆ 掌握波像差与几何像差的关联与区别。

◆ 掌握设计阶段光学系统的不同评价手段及其内涵。

【技能目标】

◆ 能够判定光学系统的相关像差形式。

◆ 能够利用各类指标评价光学系统成像质量。

第 1 章阐述了像差的起源。在入射角很小时，采用入射角正弦值的一阶近似来代替正弦值本身，可以得出出射光线与光轴的交点与入射角无关的结论，但是当入射角变大时，这一结论便显得误差很大，于是可以再退一步，利用入射角正弦的高阶近似代替正弦值来进行光线追迹计算。因此，不同孔径的入射光线在折射后与光轴的交点必然不同，这便是几何光学像差（简称几何像差）。根据几何像差的不同表现形式，可以对其进行如图 2-1 所示的像差分类，主要的几何像差有单色像差和复色像差（又称色差），单色像差包括球差、彗差、像散、场曲、畸变，复色像差包括位置色差和倍率色差。另外，几何像差的存在必然导致波前偏离理想状态，因此还可以从波动光学的视角来审视像差，将这种偏离称作波像差。注意几何像差和波像差只是分类观点不同，并非两种不同种类的像差。几何像差是从前述的几何光线追迹的角度进行像差计算的，而波像差描述的是实际波面与理想波面的偏离度，二者殊途同归。在评价光学系统之前，有必要搞清楚这些像差是如何影响成像质量的，并采用一些量化的指标去评价系统的成像质量是否满足要求，这就是本章要解决的两个基本问题。

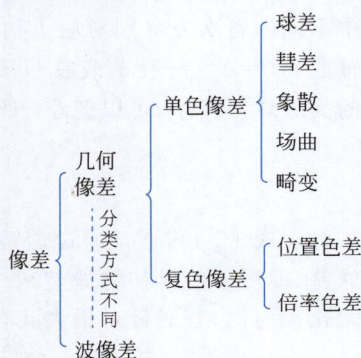

图 2-1 像差分类

2.1 几何像差

2.1.1 球差

由轴上点发出的同心光束，经光学系统各个折射面折射后，不同孔径的光线交光轴于不同点，相对于理想象点的位置有不同的偏离，这种偏离被称为球差。球差示意图如图 2-2 所示。

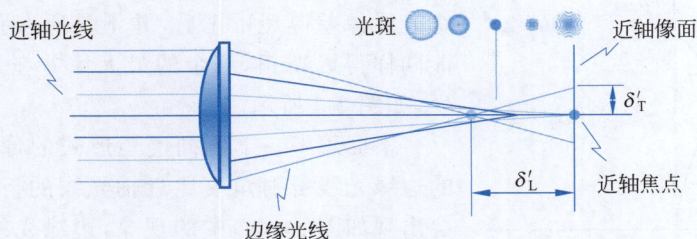

图 2-2 球差示意图

球差是球面像差的简称，轴上点的单色像差只有球差。由于球差的存在，光线不再完美汇聚于一点，在光轴上任意位置都会是一个有一定大小的光斑。球差可以在不同的方向上度量，分为轴向球差和垂轴球差。轴向球差为近轴焦点和实际焦点的轴上距离，定义如下：

$$\delta'_L = L' - l' \tag{2-1}$$

式中，L' 代表大孔径光线聚焦点的像距；l' 为近轴像点的像距。

垂轴球差表征在近轴焦面上整体像点的弥散程度，定义如下：

$$\delta'_T = \delta'_L \cdot \tan U' \tag{2-2}$$

式中，U' 为像方孔径角。

很明显球差是光学系统不同口径的光线引起的，因此是光学系统口径的函数，从光线追迹的公式中可以推出球差与系统孔径角（或者光线入射高度）的偶次方成正比：

$$\begin{cases} \delta'_L = A_1 h^2 + A_2 h^4 + A_3 h^6 + \cdots \\ \delta'_L = a_1 U^2 + a_2 U^4 + a_3 U^6 + \cdots \end{cases} \tag{2-3}$$

其中不同的幂次方分别对应了初级球差、二级球差、三级球差。h 或者 U 接近于 0 时，属于近轴区，$\delta'_L = 0$。一般 h 或者 U 有一定大小，二级球差不可忽略，但大多数系统二级球差以上的高级球差较小，可以忽略，即

$$\begin{cases} \delta'_L = A_1 h^2 + A_2 h^4 \\ \delta'_L = a_1 U^2 + a_2 U^4 \end{cases} \tag{2-4}$$

对于式（2-4），通常通过透镜参数设计，可以实现针对某个固定孔径高度 h（或孔径 U）消球差，即可以使得初级球差和二级球差在这一孔径高度上相互抵消。以边缘光线对应的最大孔径为例，若只针对最大孔径矫正球差，即使得

$$\delta'_L = A_1 h^2_{max} + A_2 h^4_{max} = 0 \tag{2-5}$$

$$A_1 = -A_2 h^2_{max} \tag{2-6}$$

此时，系统其他任意孔径的球差可以表达为

$$\delta'_L = -A_2 h^2_{max} h^2 + A_2 h^4 \tag{2-7}$$

在矫正最大孔径球差后，系统的最大球差又会出现在哪里呢？可以对式（2-7）求导并使之为 0。

$$d(\delta'_L)/dh = -2A_2 h^2_{max} h + 4A_2 h^3 = 0 \tag{2-8}$$

求解得：在 $h = 0.707 h_{max}$ 得孔径处，球差最大，为

$$\delta'_{L\_max} = -\frac{1}{4} A_2 h^4_{max} \tag{2-9}$$

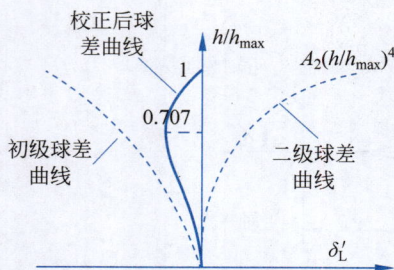

图 2-3 最大孔径像差矫正

也就是说，当通过透镜设计使得其最大孔径的边缘光线像差得到矫正后，并不是所有孔径处的像差都能同样得以矫正，剩余的最大像差在 $0.707 h_{max}$ 处产生，如图 2-3 所示。

下面思考一下不同透镜形式的像差，一般正透镜的边缘光线折射角要比近轴光线的折射角更大，因此会出现如图 2-4（a）中的现象，边缘光线焦点比近轴光线焦点更靠近透镜。因此，从像差定义来看 $\delta'_L = L' - l'$ 为负值。而负透镜则不同，如图 2-4（b）所示，同样是边缘光线焦点更靠近透镜，但由于是虚焦点，L' 和 l' 均为负数，l' 的绝对值大于 L'，δ'_L 为正值。因而得出结论，正透镜产生负球差，负透镜产生正球差。

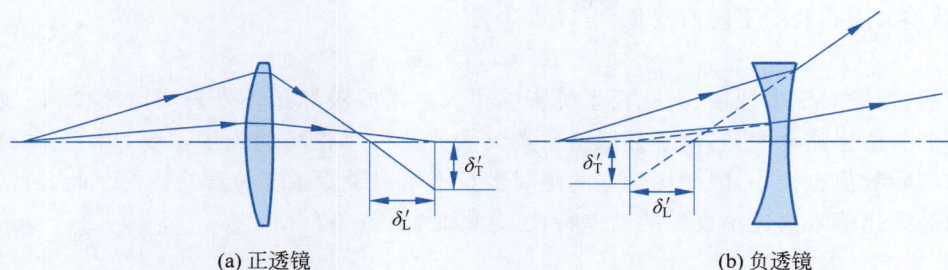

(a) 正透镜   (b) 负透镜

图 2-4 正负透镜的球差

2.1.2 彗差

轴外物点宽光束成像时，全口径光束失去了对主光线的对称性，在理想像面处形成非对称的彗星状光斑，称为彗差。即轴外物点发出的光束中，对称于主光线的两根光线，经光学系统后失去对主光线的对称性，二者交点不再位于主光线上。一般用子午面和弧矢面上对称于主光线的各对光线，经系统后的交点相对于主光线的偏离来度量彗差，分别称为子午彗差和弧矢彗差。子午彗差是轴外子午光束的上、下光线在高斯像面上交点的高度平均值与主光线和高斯像面交点的高度之差，如图 2-5(a) 所示，一般用 K'_T 表示。子午彗差是弧矢面内前、后光线的交点与主光线在垂直光轴方向的偏离，如图 2-5(b) 所示，一般用 K'_S 表示。

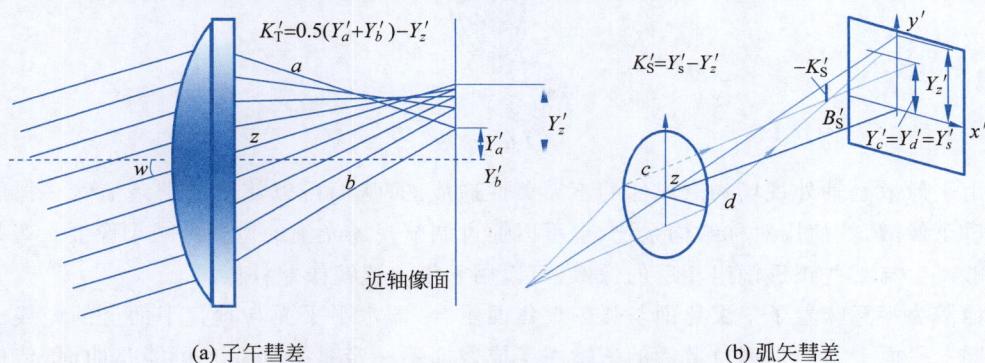

(a) 子午彗差   (b) 弧矢彗差

(c) 彗差光斑

图 2-5 彗差示意图

$$K'_T = 0.5(Y'_a + Y'_b) - Y'_z \tag{2-10}$$

$$K'_S = Y'_S - Y'_z \tag{2-11}$$

轴外物点宽光束成像时的彗差如图 2-5(c) 所示，经过透镜不同环带的光线，在高斯面上形成一系列不同半径、相互混叠的弥散圆斑，各个圆斑中心在一条直线上，且与主光轴距离不同，形成一个类似彗星的整体光斑。一方面彗差随视场大小而变化；另一方面，对于同一

视场,彗差又随孔径的不同而变化,可以表达为

$$K' \propto U, \quad \omega \qquad\qquad (2\text{-}12)$$

因此,彗差对于大视场、大孔径系统影响很大。彗差破坏了轴外视场清晰度,使成像的质量降低。值得注意的是,对于显微镜这类大数值孔径小视场的光学系统,由于视场很小,彗差的实际数值也很小,因此用彗差的绝对数量不足以说明系统的彗差特性。此时,常用彗差与像高的比值来描述小视场的彗差特性,这就是"正弦差"。

2.1.3 像散

当视场很大时,边缘物点距光轴远,光束倾斜大,子午像点和弧矢像点不重合,这种像差称为像散。如图 2-6 所示,令子午面像点为第一位置,令弧矢面像点为第二位置,可以用这两个焦点位置的距离来表征像散。像散也是影响清晰度的轴外点单色像差,它使离轴区的像点变成椭圆形甚至线状。细光束像散仅与光学系统的视场有关。视场越大,像散现象越明显。

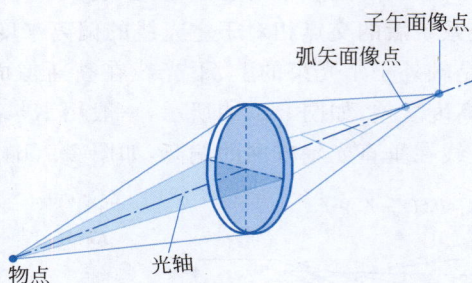

图 2-6　像散

由于像散是轴外视场物点成像的不完美性造成的,从而可以使用与彗差消除一样的方法来矫正像散,如使用对称结构系统,也可以通过调节视场光阑的位置来减小像散。弯月透镜能够产生与某些正透镜组相反的像散,可以用于组合透镜像差补偿。

像散为零意味着子午聚焦面与弧矢聚焦面重合,即水平平面与垂直平面上的光线汇聚点在同一平面上。但是消色散后的透镜由于成像面不一定是平面而有可能是曲面,依然不能保证整个成像平面上的成像清晰,因为当像散被矫正到零时,就要面对另一个问题:成像面是一个曲面,即场曲。

2.1.4 场曲

当光学系统的球差、彗差、像散都矫正为零时,系统对不同角度入射光线的焦距皆相同,垂直于主光轴的物平面上发出的光经透镜成像后,清晰的最佳实像面不是平面而是一个曲面,如图 2-7 所示,这就是场曲。对于一个平面感光元件,则会收到中间聚焦周围失焦或者周围聚焦中间失焦的像。1839 年,匈牙利物理学家约瑟夫·佩兹伐最先从物理学角度阐明像场弯曲的原理,为纪念他,像场弯曲也称为佩兹伐像场弯曲(Petzval

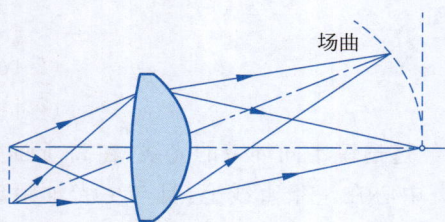

图 2-7　场曲

curvature),简称场曲。当透镜存在场曲时,整个光束的交点不与理想像点重合,虽然在每个特定点都能得到清晰的像点,但整个像平面是一个曲面。场曲通常是在像散矫正后形成的曲面像面。

对于薄透镜系统,根据赛德尔像差公式可推导出系统场曲的计算公式如下:

$$\sum \frac{\varphi_i}{n_i} = \frac{\varphi_1}{n_1} + \frac{\varphi_2}{n_2} + \cdots \tag{2-13}$$

式中,φ_i 和 n_i 分别为第 i 个薄透镜的光焦度和折射率。

2.1.5 畸变

成像系统的横向(垂轴)放大率随视场的增大而变化导致成像变形称为畸变。与前几种像差不同的是,畸变并不是同一个物点发出的其他光线与主光线的交点不一致造成的,而是不同物点的主光线表现不一致,它是一种主光线像差,因此并不影响每个点的清晰度。通过光学系统后各视场的主光线与高斯像面的实际交点高度 y'' 与理想像高 y' 不一致,二者的差值就是畸变 $\delta = y'' - y'$,相对畸变定义为

$$(\delta/y') \times 100\% \tag{2-14}$$

图 2-8 所示为垂直于光轴的方格图像(图 2-8(a))在光学系统中形成的变形像。通常所说的光学畸变是沿着垂轴方向发生的,因此又称为径向畸变。径向畸变分为枕形畸变和桶形畸变,如图 2-8(b)和图 2-8(c)所示。枕形畸变又称为正畸变,即垂轴放大率随视场角的增大而增大的畸变,一般在长焦镜头中常见;桶形畸变又称为负畸变,即垂轴放大率随视场角的增大而减少的畸变,一般在广角镜头中常见。除了径向畸变,在相机的组装过程中产生的倾斜误差等,还会引入切向畸变或者薄棱镜畸变,此处不再讨论。

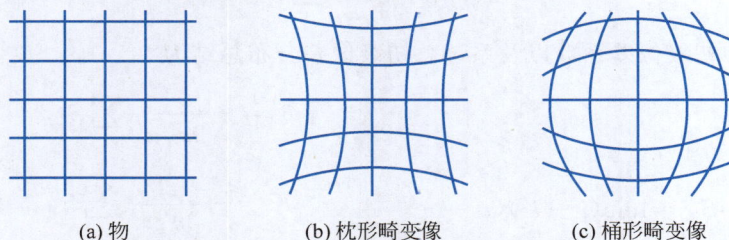

(a)物　　　　　(b)枕形畸变像　　　　　(c)桶形畸变像

图 2-8　径向畸变模型

2.1.6 复色像差

因为色散现象,不同波长的光在材料中有不同的折射率,这才导致了色差。这是光学材料本身的性质,从这一点看来,色差是比球差更本质、更难以消除的一种像差。只要人们还用玻璃材料做透镜,就一定逃不过色差。根据色差的表现形式可分为位置色差和倍率色差两类,分别如图 2-9(a)和图 2-9(b)所示。位置色差是指不同波长光束通过透镜后聚焦于光轴不同位置。倍率色差指不同波长光束通过透镜成像时的放大率不同,从而使不同波长成像的高度不同,这种像差又称为垂轴色差。

2.1.7 几何像差计算

一般光学系统都由多个透镜组成,总的像差需要经过每个面的光线追迹计算,系统的总

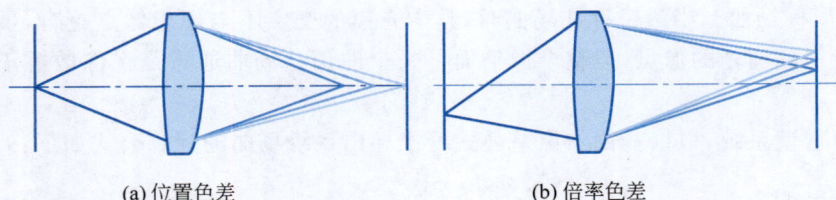

(a) 位置色差   (b) 倍率色差

图 2-9　位置色差与倍率色差

像差可以表示为每个面的像差贡献的总和。定义每个表面的初级像差分布系数，球差、彗差、像散、佩兹伐场曲、畸变、位置色差和倍率色差的分布系数分别用 S_I、S_II、S_III、S_IV、S_V、C_I 和 C_II 表示。

以球差为例，根据光线追迹公式推导出每个表面的球差分布系数为

$$S_- = \frac{niL(\sin I - \sin I')(\sin I' - \sin U)}{\cos[(I-U)/2]\cos[(I'+U)/2]\cos[(I+I')/2]} \tag{2-15}$$

其中，每个表面初级球差分布系数可以简化为

$$S_\mathrm{I} = luni(i - i')(i' - u) \tag{2-16}$$

系统总球差分布为

$$\delta'_\mathrm{L} = -\frac{1}{2n'_k u'_k \sin U'_k}\sum_1^k S_- \tag{2-17}$$

式中，k 为系统表面数。

总的初级球差则简化为

$$\delta'_\mathrm{L} = -\frac{1}{2n'_k u'^2_k}\sum_1^k S_\mathrm{I} \tag{2-18}$$

每个表面的初级像差系数以及系统总初级像差分布总结为

$$\delta'_\mathrm{L} = -\frac{1}{2n'_k u'^2_k}\sum_1^k S_\mathrm{I}$$

$$S_\mathrm{I} = luni(i - i')(i' - u)$$
$$K'_\mathrm{s} = -\frac{1}{2n'_k u'_k}\sum_1^k S_\mathrm{II}$$

$$S_\mathrm{II} = (i_z/i)S_\mathrm{I}$$

$$S_\mathrm{III} = (i_z/i)^2 S_\mathrm{I}$$
$$x'_\mathrm{ts} = -\frac{1}{n'_k u'^2_k}\sum_1^k S_\mathrm{III}$$

$$S_\mathrm{IV} = J^2(n'-n)/nn'r$$

$$S_\mathrm{V} = (i_z/i)(S_\mathrm{III} + S_\mathrm{IV})$$
$$x'_\mathrm{p} = -\frac{1}{2n'_k u'^2_k}\sum_1^k S_\mathrm{IV}$$

$$C_\mathrm{I} = luni\left(\frac{\mathrm{d}n'}{n'} - \frac{\mathrm{d}n}{n}\right)$$
$$\delta y'_z = -\frac{1}{2n'_k u'_k}\sum_1^k S_\mathrm{V}$$

$$C_\mathrm{II} = luni_z\left(\frac{\mathrm{d}n'}{n'} - \frac{\mathrm{d}n}{n}\right)$$
$$\Delta l'_\mathrm{FC} = -\frac{1}{n'_k u'^2_k}\sum_1^k C_\mathrm{I} \tag{2-19}$$

$$\Delta y'_\mathrm{FC} = -\frac{1}{n'_k u'_k}\sum_1^k C_\mathrm{II}$$

式中，J 为拉赫不变量；i_z 为近轴主光线在表面的入射角。

2.2　波像差

2.2.1　波像差的定义

2.1 节讨论的几何光学像差是以几何光线的追迹为基础的评价体系,而像方光线偏离理想状态也必然会导致波前偏离理想状态,因为波前作为等相位面,与光线垂直。图 2-10 展示了不同的光线状态与波前像差的关系。因此同样可以通过描述波前来阐述像差。

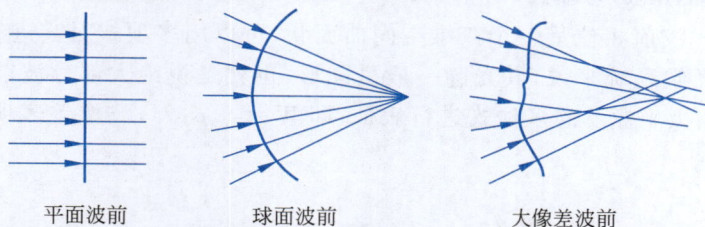

平面波前　　　　球面波前　　　　大像差波前

图 2-10　不同的光线状态与波前像差的关系

光学系统中物点发出的发散球面波,最终在像面上汇聚成相应的共轭点形成像点,在像点之前,波前呈现出汇聚的球面波前状态。在没有像差的理想情况下,进出光学系统应该均为理想球面波,理想的波面上每一点到达像点的光程相同。但是实际上波前会由于像差而产生变形,如图 2-11 所示,输出波前偏离理想球面波,其波面上每一点到达像点都存在不同光程差,称为光程差(Optical Path Difference,OPD)像差,简称 OPD 像差。以光学系统出瞳处的波前为参考,这里的 OPD 像差作为光学系统的像差,也称为波像差。

$$W_{OPD} = W_{actual} - W_{ideal} \qquad (2\text{-}20)$$

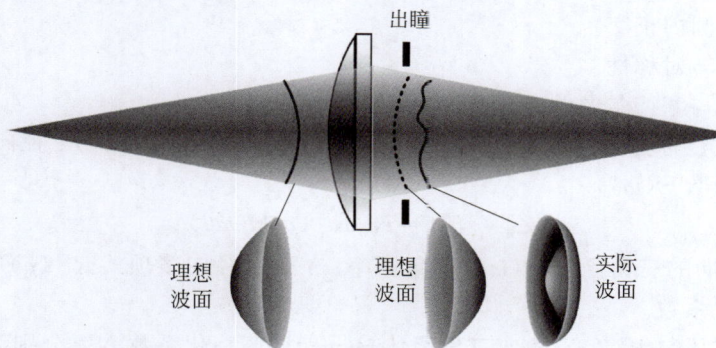

出瞳

理想波面　　　理想波面　　　实际波面

图 2-11　波像差定义

当然光程差可以换算为相位形式:

$$\varphi = \frac{2\pi}{\lambda} W_{OPD} \qquad (2\text{-}21)$$

因此,波前的相位也可以用来表征波前像差。尤其对像差较小的光学系统,波像差比几何像差更能反映系统的成像质量。图 2-12 列出了球差、像散、彗差、高阶球差和混合型波像差形式,均表现出对理想球面的偏离。因为可以利用相关多项式进行描述,所以这些波像差从形式上可以看成不同分布的曲面。

球差　　　　　像散　　　　　彗差　　　　　高阶球差　　　　混合型波像差

图 2-12　几何像差对应的波像差

2.2.2　波像差的泽尼克多项式描述

1. 泽尼克（Zernike）多项式

一般情况下，波前相位呈一个三维空间曲面状，可以用多项式对其进行描述，如 $W = f(x, y)$。对于光学系统来说，其光瞳一般呈圆形，也就是说绝大部分波前的边界是圆形的，因此可以使用极坐标下的多项式进行表征，即 $W = f(\rho, \theta)$，波像差多项式坐标定义如图 2-13 所示。

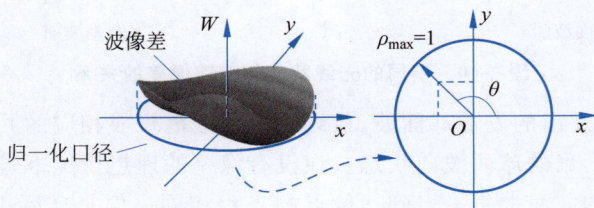

图 2-13　波像差多项式坐标定义

1934 年，F. Zernike 在研究相衬显微镜时构造了一组单位圆域内的完备正交多项式 $Z(\rho, \theta)$，这些多项式与光学及光学系统有密切相关的联系。

这些多项式的特点如下。

（1）在单位圆内正交。

（2）具有旋转对称性。

（3）多项式与塞德尔像差有着对应关系。

这些多项式被称为泽尼克多项式。泽尼克多项式主要包括两部分：径向多项式 $R_n^m(\rho)$ 和角向的三角函数 $\Theta(m\theta)$。

$$Z_n^m(\rho, \theta) = N_n^m R_n^m(\rho) \Theta(m\theta) \tag{2-22}$$

式中，m 表示角向的三角函数 $\Theta(m\theta)$ 的角频率；n 表示径向多项式 $R_n^m(\rho)$ 的阶数；N_n^m 为多项式的归一化系数。

径向多项式函数 $R_n^m(\rho)$、角向三角函数 $\Theta(m\theta)$ 和归一化系数 N_n^m 分别为

$$R_n^m(\rho) = \sum_{s=0}^{(n-|m|)/2} \frac{(-1)^s (n-s)!}{s! [0.5(n+|m|) - s]! (0.5(n-|m|) - s)!} \rho^{n-2s} \tag{2-23}$$

$$\Theta(m\theta) = \begin{cases} \cos(m\theta), & m \geqslant 0 \\ \sin(-m\theta), & m < 0 \end{cases} \tag{2-24}$$

$$N_n^m = \sqrt{\frac{2(n+1)}{1 + \delta_{m0}}}, \quad \delta_{m0} = \begin{cases} 1, & m = 0 \\ 0, & m \neq 0 \end{cases} \tag{2-25}$$

m, n 需满足

$$\begin{cases} n \geqslant 0, & m \geqslant 0 \\ m = n - 2t, & t = 0, 1, 2, 3, \cdots \end{cases} \tag{2-26}$$

　　实际上,上述归一化的多项式被称为标准泽尼克多项式。根据 m 和 n 的取值,标准泽尼克多项式前 15 项对应的具体赛德尔像差形式,如表 2-1 所示。图 2-14 所示为前 15 项泽尼克多项式描述的波前相位图。

表 2-1　标准泽尼克多项式前 15 项对应的具体赛德尔像差形式

项　数	阶　数	标准泽尼克多项式	赛德尔像差类型
1	$n=0,m=0$	1	常数项
2	$n=1,m=1$	$\sqrt{2}\,\rho\cos\theta$	x 方向倾斜
3	$n=1,m=-1$	$\sqrt{2}\,\rho\sin\theta$	y 方向倾斜
4	$n=2,m=0$	$\sqrt{3}\,(2\rho^2-1)$	离焦
5	$n=2,m=-2$	$\sqrt{6}\,\rho^2\sin2\theta$	像散($45°/-45°$)
6	$n=2,m=2$	$\sqrt{6}\,\rho^2\cos2\theta$	像散($0°/90°$)
7	$n=3,m=-1$	$\sqrt{8}\,(3r^3-2r)\sin\theta$	y 方向彗差
8	$n=3,m=1$	$\sqrt{8}\,(3\rho^3-2\rho)\cos\theta$	x 方向彗差
9	$n=3,m=-3$	$\sqrt{8}\,\rho^3\sin3\theta$	y 方向三叶草像差
10	$n=3,m=3$	$\sqrt{8}\,\rho^3\cos3\theta$	x 方向三叶草像差
11	$n=4,m=0$	$\sqrt{5}\,(6\rho^4-6\rho^2+1)$	球差
12	$n=4,m=2$	$\sqrt{10}\,(4\rho^4-3\rho^2)\cos2\theta$	二阶像散($0°/90°$)
13	$n=4,m=-2$	$\sqrt{10}\,(4\rho^4-3\rho^2)\sin2\theta$	二阶像散($45°/-45°$)
14	$n=4,m=4$	$\sqrt{10}\,\cos4\theta$	Tetrafoil 像差
15	$n=4,m=-4$	$\sqrt{10}\,\sin4\theta$	Tetrafoil 像差

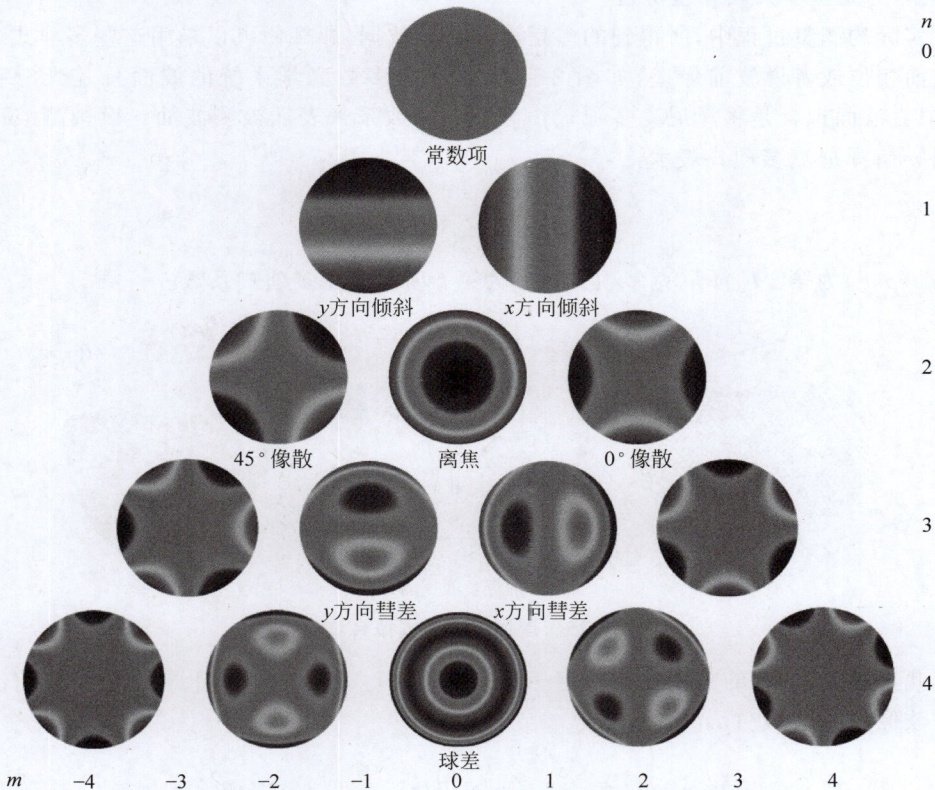

图 2-14　前 15 项 Zernike 多项式描述的波前相位图

在实际使用中还有未归一化的多项式,称为条纹泽尼克(Fringe Zernike)多项式。其与赛德尔像差的对应顺序同标准泽尼克多项式略有差异,条纹泽尼克多项式前15项对应的具体像差形式如表2-2所示。

表 2-2　条纹泽尼克多项式前 15 项对应的具体像差形式

项　　数	阶　　数	泽尼克多项式	像 差 类 型
1	$n=0, m=0$	1	常数项
2	$n=1, m=1$	$\rho\cos\theta$	x 方向倾斜
3	$n=1, m=-1$	$\rho\sin\theta$	y 方向倾斜
4	$n=2, m=0$	$2\rho^2-1$	离焦
5	$n=2, m=-2$	$\rho^2\sin2\theta$	像散(0°/90°)
6	$n=2, m=2$	$\rho^2\cos2\theta$	像散(45°/−45°)
7	$n=3, m=-1$	$(3r^3-2r)\sin\theta$	x 方向彗差
8	$n=3, m=1$	$(3\rho^3-2\rho)\cos\theta$	y 方向彗差
9	$n=4, m=0$	$6\rho^4-6\rho^2+1$	球差
10	$n=3, m=3$	$\rho^3\cos3\theta$	三叶草像差
11	$n=3, m=-3$	$\rho^3\sin3\theta$	三叶草像差
12	$n=4, m=2$	$(4\rho^4-3\rho^2)\cos2\theta$	二阶像散(0°/90°)
13	$n=4, m=-2$	$(4\rho^4-3\rho^2)\sin2\theta$	二阶像散(45°/−45°)
14	$n=5, m=1$	$(10\rho^5-12\rho^4+3\rho)\cos\theta$	x 方向二阶彗差
15	$n=5, m=-1$	$(10\rho^5-12\rho^4+3\rho)\sin\theta$	y 方向二阶彗差

2. 泽尼克多项式波像差拟合

在实际的测量过程中,所得到的多是波前离散数据,那么便可以采用这些多项式来拟合一个波前相位或者说波前像差,如图 2-15 所示。大多数光学系统的波面总是光滑和连续的,泽尼克波面拟合是将泽尼克多项式作为基底函数系来表征被测波面。设被测波面波像差可用 n 阶泽尼克多项式表示:

$$W(\rho,\theta)=\sum_{i=1}^{n}c_i Z_i(\rho,\theta) \tag{2-27}$$

式中,$Z_i(\rho,\theta)$ 为第 i 项泽尼克多项式;c_i 为第 i 项泽尼克多项式系数。

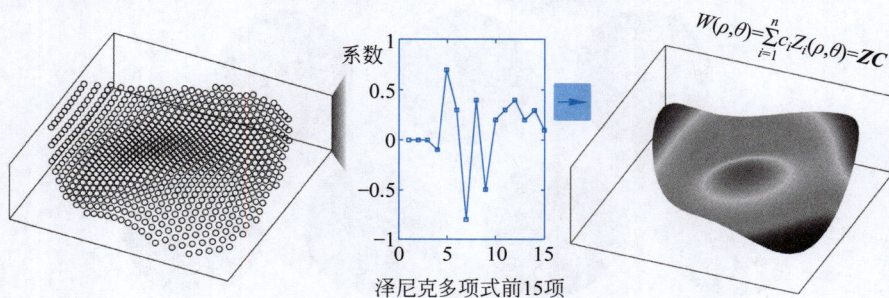

图 2-15　泽尼克多项式拟合波面

因此,波像差拟合的关键在于确定一组系数 $(c_1, c_2, \cdots, c_n)$,对于采集到的波前任意一点 j 的波像差的值 $W_j(\rho,\theta)$ 都满足:

$$W_j(\rho,\theta)=\sum_{i=1}^{n}c_i Z_{ji}(\rho,\theta), \quad j=1,2,\cdots,m \tag{2-28}$$

展开得

$$\begin{cases} W_1(\rho,\theta) = c_1 Z_{11}(\rho,\theta) + c_2 Z_{12}(\rho,\theta) + \cdots + c_n Z_{1n}(\rho,\theta) \\ W_2(\rho,\theta) = c_2 Z_{21}(\rho,\theta) + c_2 Z_{22}(\rho,\theta) + \cdots + c_n Z_{2n}(\rho,\theta) \\ \qquad\qquad\qquad\qquad\vdots \\ W_m(\rho,\theta) = c_m Z_{m1}(\rho,\theta) + c_2 Z_{m2}(\rho,\theta) + \cdots + c_n Z_{mn}(\rho,\theta) \end{cases} \tag{2-29}$$

记作

$$\boldsymbol{W} = \boldsymbol{ZC} \tag{2-30}$$

式中,$\boldsymbol{W} = (W_1(\rho,\theta), W_2(\rho,\theta), \cdots, W_m(\rho,\theta))^{\mathrm{T}}$;$\boldsymbol{Z} = (Z_{ji})_{m \times n}$,$\boldsymbol{C} = (c_1, c_2, \cdots, c_n)^{\mathrm{T}}$。

因此泽尼克波前拟合问题即求解上述矛盾方程中的系数向量 $\boldsymbol{C}$。然而,由于泽尼克多项式只有在连续的单位圆内是正交的,在圆域内离散点处并不正交,导致上述矛盾方程组一般不存在通常意义上的解,需要以最小二乘法来求解,即通过方程式(2-30)的法方程组(正则方程组):

$$\boldsymbol{Z}^{\mathrm{T}}\boldsymbol{W} = \boldsymbol{Z}^{\mathrm{T}}\boldsymbol{ZC} \tag{2-31}$$

值得注意的是,矛盾方程组的条件数为 $K(\boldsymbol{Z})$,法方程组的条件数为 $K(\boldsymbol{Z}^{\mathrm{T}}\boldsymbol{Z})$,两者存在以下关系:

$$K(\boldsymbol{Z}^{\mathrm{T}}\boldsymbol{Z}) = K^2(\boldsymbol{Z}) \tag{2-32}$$

由于 $K(\boldsymbol{Z}) \geqslant 1$,所以

$$K(\boldsymbol{Z}^{\mathrm{T}}\boldsymbol{Z}) \geqslant K(\boldsymbol{Z}) \tag{2-33}$$

也就是说,法方程组的条件数大于矛盾方程组,解法方程组引入的误差可能会更大。另外,在实际应用中,尤其在数据量较大的情况下,直接构造的法方程组计算出来的 $\boldsymbol{Z}^{\mathrm{T}}\boldsymbol{Z}$ 往往非正定,导致法方程组严重病态,造成计算错误。

为了改善法方程组的状态,可以通过变换函数族的基底来改善法方程组的状态,如格拉姆-施密特正交法和协方差矩阵法。下面以协方差矩阵法为例介绍泽尼克系数求解(也即波面拟合)方法。协方差矩阵法是一种简化的格拉姆-施密特正交法,通过多项式的协方差线性变换来实现系数求解,该方法无须正交化过程,大大减少了计算量。定义泽尼克多项式协方差为

$$\hat{Z}_{pq} = \frac{1}{n}\sum_{j=1}^{n}(Z_{jp} - \overline{Z}_p)(Z_{jq} - \overline{Z}_q) = \frac{1}{n}\sum_{j=1}^{n}Z_{jp}Z_{jq} - \overline{Z}_p\overline{Z}_q \tag{2-34}$$

式中,$\overline{Z}_i = \dfrac{1}{m}\sum\limits_{j=1}^{m}Z_{ji}(i = 1, 2, \cdots, n)$。

协方差矩阵的前 n 行组成的矩阵即为对应线性方程组的增广矩阵:

$$\begin{bmatrix} \hat{Z}_{11} & \hat{Z}_{12} & \cdots & \hat{Z}_{1r} & \hat{Z}_{1,n+1} \\ \hat{Z}_{21} & \hat{Z}_{22} & \cdots & \hat{Z}_{2r} & \hat{Z}_{2,n+1} \\ \vdots & \vdots & \ddots & \vdots & \vdots \\ \hat{Z}_{n1} & \hat{Z}_{n2} & \cdots & \hat{Z}_{m} & \hat{Z}_{n,n+1} \end{bmatrix} \tag{2-35}$$

因此,可以构造出如下方程组:

$$\begin{bmatrix} \hat{Z}_{11} & \hat{Z}_{12} & \cdots & \hat{Z}_{1n} & \hat{Z}_{1,n+1} \\ \hat{Z}_{21} & \hat{Z}_{22} & \cdots & \hat{Z}_{2n} & \hat{Z}_{2,n+1} \\ \vdots & \vdots & \ddots & \vdots & \vdots \\ \hat{Z}_{n1} & \hat{Z}_{n2} & \cdots & \hat{Z}_{m} & \hat{Z}_{n,n+1} \end{bmatrix} \begin{Bmatrix} c_1 \\ c_2 \\ \vdots \\ c_n \end{Bmatrix} = \begin{Bmatrix} \hat{Z}_{1,n+1} \\ \hat{Z}_{2,n+1} \\ \vdots \\ \hat{Z}_{n,n+1} \end{Bmatrix} \qquad (2\text{-}36)$$

由于 $\hat{Z}_{pq} = \hat{Z}_{qp}$，因此方程组(2-36)中的协方差矩阵为对称矩阵，即可解出拟合系数 c_i，从而得到拟合波前。这和使用一些二维数据点拟合一条直线的思路是一致的。例如，对于 x 方向倾斜平面波的拟合，仅需第二项参与即可。在实际波前拟合中，参与拟合的泽尼克项数越多并不意味着拟合精度越高，当超过一定项数后反而会引起方程严重病态，增加计算误差。当泽尼克项数选定后，增加波前数据采样点可增加波前拟合精度。实际操作中大多选用前37项多项式。但利用有限项泽尼克多项式拟合波前时受到最大空间频率的限制，当波前像差的径向空间频率增加时，需增加泽尼克多项式径向阶数。

2.3　设计阶段的光学系统评价方法

2.3.1　几何光学评价方法

1. 点列图(Spot Diagram, SPT Diagram)

从几何光线追迹的角度，物点可以发出无数条光线。为了便于分析，取有限条光线参与像差分析。于是将入瞳以微分的思想划分成很多细小的网格(等面积元)，如图 2-16 所示，穿过每个网格的那条光线到达像面时，与像面有一个交点。由于像差的存在，所有经过不同网格的光线与像面的交点并不能重合于一点，而是形成一个弥散圆，该弥散圆的大小在一定程度上反映了系统的像差大小，这个弥散圆就是点列图。点列图中点的分布密度情况可以近似地代表能量分布状态。轴上点的点列图呈旋转对称状态。而对于轴外物点，点列图便失去了旋转对称性。图 2-16 中给出了一些常见像差的点列图状态。一般情况下，点列图的方法适合大像差系统的成像质量评价。

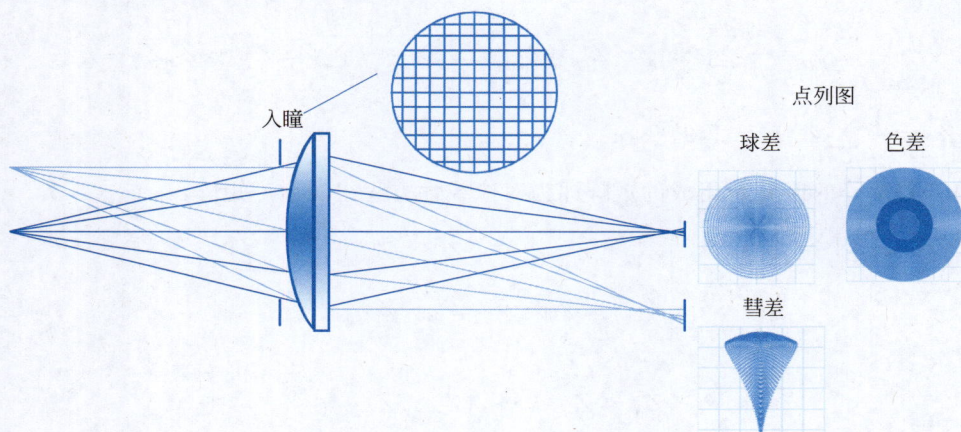

彩色图片

图 2-16　一些常见像差的点列图状态

2. 几何像差曲线

1) 光线像差曲线（表征球差、彗差、像散、场曲、色差等）

几何像差曲线中具有代表性的就是光线像差曲线图。如图 2-17(a) 所示，光线像差曲线以归一化光瞳口径（Px、Py 分别表示子午和弧矢曲两个方向）为横坐标，以光线与像面交点的高度和主光线与像面交点高度的差值（ex、ey）为纵坐标。光线像差曲线图用来表征不同孔径的光线在像面上与主光线的差别，可以描述某个固定视场的垂轴像差，全面反映了细光束和宽光束的成像质量。一般给出两个方向：子午像差曲线和弧矢像差曲线。最理想的曲线是和横坐标完全重合的直线，这表明所有的光线在像面上都聚焦于同一点。如图 2-17(b) 所示轴上视场一般只存在球差或者离焦等旋转对称像差，子午曲线和弧矢曲线一致。而图 2-17(c) 所示的轴外视场子午曲线和弧矢曲线并不一致，则表示系统存在像散。

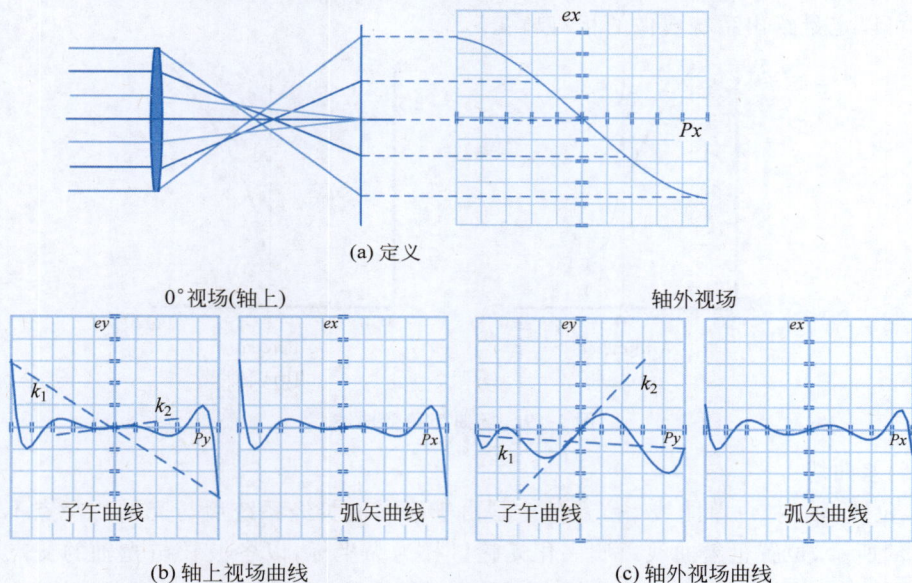

(a) 定义

(b) 轴上视场曲线   (c) 轴外视场曲线

图 2-17　光线像差曲线图

一般情况下，可以粗略根据两条辅助线段帮助分析光线像差曲线，连接全口径曲线端点得到直线斜率 k_1 和坐标原点处曲线切线斜率 k_2。$|k_1|$ 正比于宽光束场曲大小，$|k_2|$ 正比于细光束场曲大小；$|k_1|-|k_2|$ 正比于球差大小；轴外视场中斜率 k_1 的曲线与纵轴截距大小正比于彗差。另外，多波长曲线分开程度也可表示色差的大小，可见光线像差曲线是光学系统的综合像差的表征。

2) 光程差曲线图

如图 2-18 所示，光程差（Optical Path Difference，OPD）曲线图的横坐标是归一化的光瞳口径，纵坐标为各个孔径光线的光程和主光线的光程之差，图中不同色彩的曲线表征不同的波长。光程差曲线同样也包括子午曲线和弧矢曲线。最理想的曲线是和横坐标完全重合的直线，这表明所有到达像面的光线光程相同，即理想成像系统。

3) 场曲与畸变曲线

（1）场曲曲线：视场为纵坐标，横坐标为对应视场的焦平面或像平面到近轴焦面的距离，表征场曲程度，如图 2-19(a) 所示。子午场曲是在子午（yz 面）上测量的距离，弧矢场曲

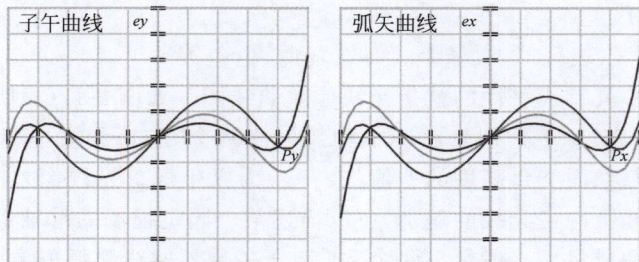

图 2-18　OPD 曲线图（子午和弧矢曲线）

是在与子午面垂直的平面上测量的距离。

（2）畸变曲线：纵坐标为视场，横坐标为对应视场的相对畸变（百分比），如图 2-19（b）所示，它可以定量给出系统成像的相对畸变。

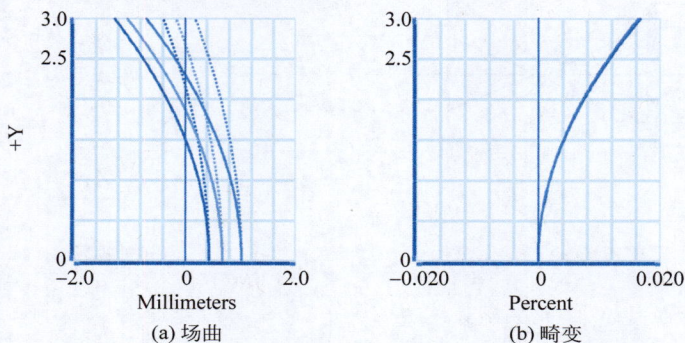

图 2-19　场曲与畸变曲线

4）色差曲线

（1）位置（轴向）色差曲线：位置色差是由于不同波长经系统后与光轴的交点不同。如图 2-20（a）所示，位置色差曲线以归一化光瞳口径为纵坐标，以各波长与光轴的交点位置到像面位置的距离为横坐标。从此曲线中可以直观地看到每个波长的光束与光轴的交点随入射孔径的变化，以及不同波长的变化差异。

（2）倍率（垂轴）色差曲线：如图 2-20（b）所示，倍率（垂轴）色差曲线以视场为纵坐标，以给定视场发出的不同波长的主光线在高斯像面上的交点的高度之差为纵坐标。其表征不同视场上不同波长的主光线与高斯像面的交点的差异。

还有一些几何像差图像将在 3.3 节结合 Zemax 像差图进行描述。

3. 相对照度

对于成像光学系统，通常还要关注其探测器上（像面）的相对照度，即像平面上各视场位置的照度与中心视场的照度之比，其表明了像面周边与中心相比明亮度减少的状态。照相物镜像面中心的照度与物镜的相对孔径有关，与被拍摄的物体的亮度有关，即

$$E'_0 = \frac{\pi KB}{4}\left(\frac{D}{f'}\right)^2 \frac{\beta_c^2}{(\beta_c - \beta)^2} \tag{2-37}$$

一般情况下，图像周边视场的照度均要低于中心照度，如图 2-21（a）所示。因此一般光学系统的相对照度曲线都如图 2-21（b）所示，呈下降趋势。其主要原因有两点。一方面，根

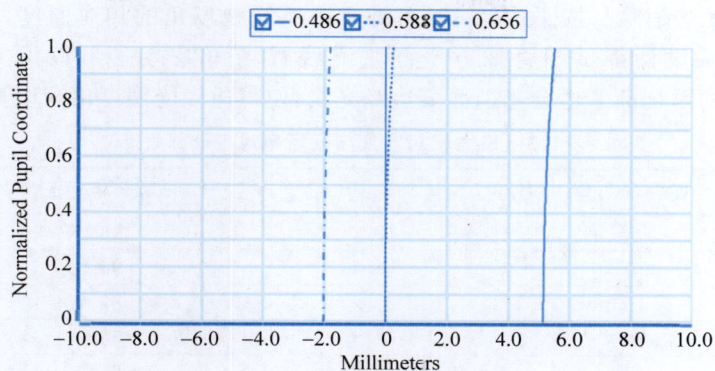

(a) 位置色差曲线

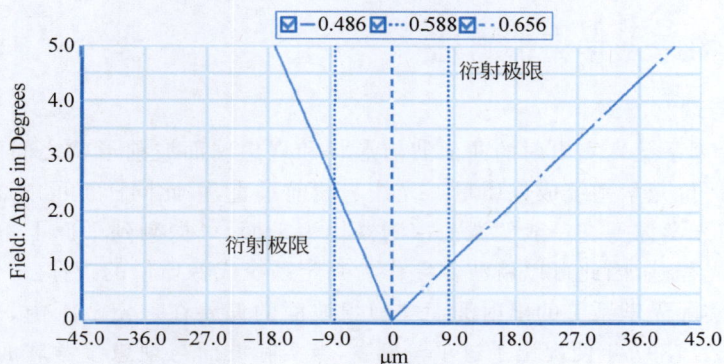

(b) 倍率色差曲线

图 2-20　色差曲线

据相对照度的公式,边缘视场像面周边斜光线成像的照度受余弦四次方定律影响:

$$E' = E'_0 \cos^4 \omega' \tag{2-38}$$

式中,ω' 为像方视场角。因此会出现中心亮边缘暗的情况,如图 2-21(c)所示,它和畸变一

(a) 图像周边视场的照度低于中心照度

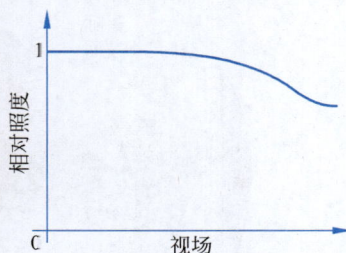

(b) 相对照度曲线

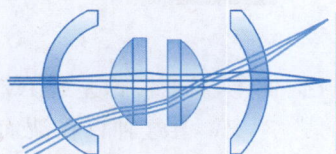

(c) 相对照度受像方视场角影响

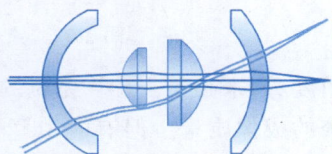

(d) 系统渐晕降低边缘视场照度

图 2-21　相对照度

样，只能减小却无法消除。按照式(2-38)可计算出不同视场角的相对照度，如表 2-3 所示。因此，大多数镜头设计都试图将像方空间主光线视场角保持在 5° 以下。另一方面，如图 2-21(d)所示的系统渐晕也会遮挡部分边缘光线，使得边缘光照度出现明显下降。

表 2-3　最大相对照度与视场角对应计算表

视　场　角	最大相对照度
5°	98.5%
10°	94.0%
15°	87.1%
30°	56.3%
45°	25.0%
60°	6.3%

2.3.2　物理光学评价方法

1. 波像差与瑞利准则

如果可以计算系统真实出射的曲面波前形状和理想球面波前形状之间的差距，即波像差，就可以定量评价光学系统成像质量。光线与波前垂直，因此同样也可以通过波像差来计算出系统的几何光学像差。一般的波前探测器均为平面，可探测到平面上不同点的波前相位，可以转换为光程差，因此可以将波像差作为判定系统成像质量的指标。

当然，如果实际光学系统的出射波面与理想波面的偏差在一定范围内，是可以接受的。瑞利(Rayleigh)在 1897 年便提出了这项论断："当实际波面与理想参考球面之间的最大偏离量不超过 1/4 波长时，该实际波面可认为是近似理想的。"这就是著名的瑞利准则。因为波像差是两个曲面波前的差值，因此这个差值也可以用一个曲面表征。那么瑞利准则中所述的"最大偏离量"的数字化描述应当是波像差这个曲面中的峰谷(Peak to Valley，PV)值差距，如图 2-22 所示。

$$PV = W_{max} - W_{min} \tag{2-39}$$

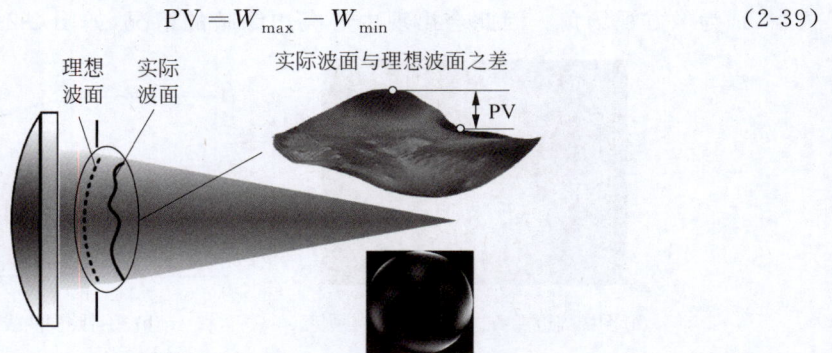

图 2-22　波像差及其定量表征

从实用的角度看，未必要去计算系统的所有几何像差，反而波像差的 PV 值更加直观地反映了光学系统的成像质量。但有时由于噪声的影响，PV 值这种仅在波面上取最大和最小值这两点的方式随机性较大，因此又可以采用另一种方式：均方根(Root Mean Square，RMS)值，其表达式如下：

$$\mathrm{RMS} = \sqrt{\frac{1}{N}\sum_{x=1,y=1}^{N} \mid W_{(x,y)} \mid^2 - \overline{W}^2} \tag{2-40}$$

式中，N 代表波前的总采样点数；$\overline{W} = \dfrac{1}{N}\displaystyle\sum_{x=1,y=1}^{N} W_{(x,y)}$ 为波前均值。式(2-40)用于计算去除 Piston 效应后的波前 RMS 值，即不包含波前泽尼克多项式第一项表征的波前部分。

注意上述判定准则仅适用于小像差系统。对于正常情况下的光滑连续波像差，其 PV 值与 RMS 值的比值在一定范围内。对于低阶像差，二者比值为 2.5～6。对于存在高阶像差的波面，该比值不断增大，如三阶球差和五阶球差的波面，该比值从 13 上升到 57 左右。

另外，在很多光学设计软件中还提供了计算波像差对应的干涉图的功能，即仿真实际波面与理想波面之间的等厚干涉图。干涉图的条纹数目和局部疏密都直观地反映了波像差的大小和分布，甚至是种类。图 2-23 所示为常见波像差对应的干涉图。

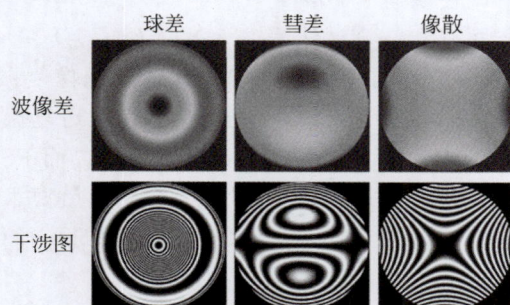

图 2-23　常见波像差对应的干涉图

2. 相对中心光强与斯托列尔(K. Strehl)准则

即使几何像差很小，波动光学的衍射效应也依然存在，点物成像为系统孔径的衍射图样，例如在圆形孔径光学系统中呈衍射圆环。也就是说即使是理想光学系统其中心亮斑能量也不是 100％，而是仅有约 84％。若此时有像差的存在，中心亮斑的能量会随着像差增大而减小。图 2-24(a)～图 2-24(d)所示为无像差和有像差的衍射环中心强度对比。当光学系统存在像差时，其中心艾里斑亮度与不存在像差时的衍射斑中心亮度的比值，称为相对中心光强，用 S. D. 表示。当波像差较小(RMS<0.1 波长)时，可采用如下公式计算 S. D. ：

$$\mathrm{S. D.} = \mathrm{e}^{-(2\pi\mathrm{RMS})^2} \approx 1 - (2\pi\mathrm{RMS})^2 \tag{2-41}$$

例如，当 RMS=0.07 波长时，S. D. =0.8。一般情况下 S. D. ≥0.8 则认为该系统属于完善成像光学系统。这一判据被称为斯托列尔(K. Strehl)准则。在满足瑞利准则的条件下，波像差达到 1/4 波长，中心亮斑能量约为 68％。可见这一方法也只适用于小像差系统。

3. 点扩散函数

单位脉冲(点光源)经光学系统后引起的复振幅分布即点扩散函数(Point Spread Function，PSF)，其等于光学系统出瞳孔径的夫琅和费衍射图样，即出瞳孔径函数的傅里叶变换(中心位于理想像点处)。当系统出瞳为其他形状时，PSF 同样改变。大多光学系统的孔径为圆形，因此其傅里叶变换形式为贝塞尔函数，其强度表现为亮暗相间的圆环，如图 2-25 所示。以相干光照明成像为例，物体通过衍射受限系统后，像的复振幅分布是理想像复振幅分布和系统 PSF 的卷积，如式(2-42)所示。可见点扩散函数直接表征了成像系统的特性。

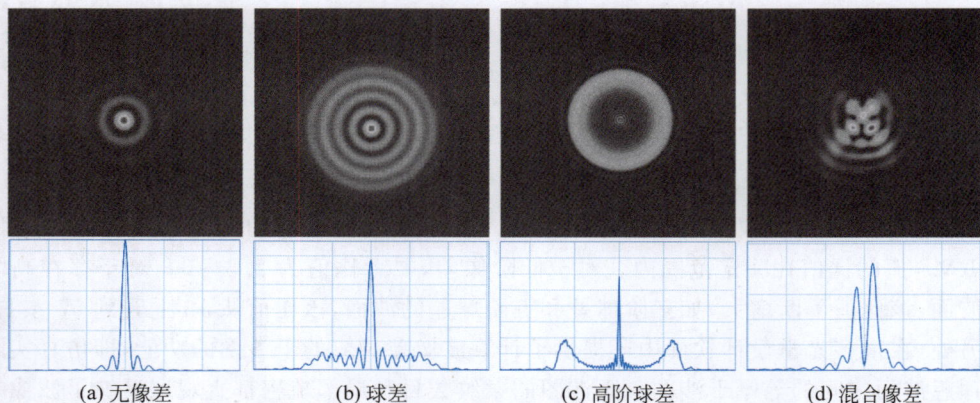

(a) 无像差　　　　　(b) 球差　　　　　(c) 高阶球差　　　　　(d) 混合像差

图 2-24　无像差和有像差的衍射环中心强度对比

$$U_i(x_i, y_i) = U_g(x_i, y_i) * h(x_i, y_i) \qquad (2\text{-}42)$$

式中，$U_i(x_i, y_i)$ 为像的复振幅分布；$U_g(x_i, y_i)$ 为几何理想像复振幅分布（和物体复振幅分布存在放大率关系）；$h(x_i, y_i)$ 为 PSF，即点物产生的衍射斑复振幅分布。若要实现理想成像，则必须满足 $h(x_i, y_i) = \delta(x_i, y_i)$，即 PSF 为脉冲函数。而 PSF 又是光学系统出瞳孔径的傅里叶变换，即光学系统出瞳孔径函数 $P(x_i, y_i) \equiv 1$，这就要求出瞳孔径在无限大平面上透过率为 1，且不受像差影响。也就是说，不受物理光学的孔径衍射和几何光学像差影响，才能实现理想成像。

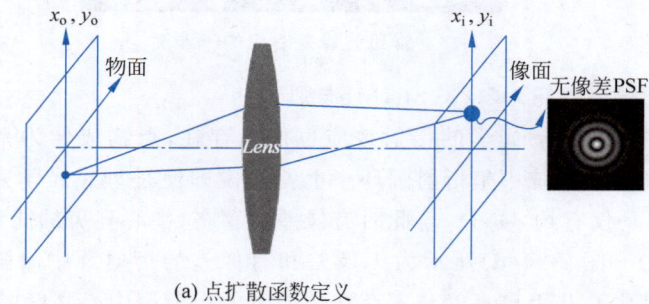

(a) 点扩散函数定义

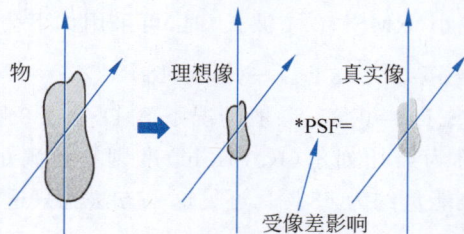

(b) 点扩散函数对成像的影响方式

图 2-25　点扩散函数

　　绝大多数光学系统的成像是在自然光（非相干光源）的照明下进行的，非相干光照明系统不再是复振幅的线性空间不变系统，而是光强的线性空间不变系统。因此其成像描述变成：像强度分布等于理想像强度分布与强度点扩散函数的卷积：

$$I_i(x_i, y_i) = k I_g(x_i, y_i) * h_1(x_i, y_i) \qquad (2\text{-}43)$$

式中，$I_i(x_i,y_i)$为像的强度分布；k为系数；$I_g(x_i,y_i)$为几何理想像强度分布；$h_1(x_i,y_i)$为点物产生的衍射斑强度分布，即强度点扩散函数，等于点扩散函数的模平方。

从上述分析可知，系统的点扩散函数直接决定了像的质量，可以作为成像质量评价的重要指标。当光学系统存在像差时，其 PSF 会相应受到影响。图 2-26 中给出了不同像差和孔径的 PSF 图像。由图 2-26 可见系统的像差特性都表现在了 PSF 中，根据式（2-42）或式（2-43）可知，像的复振幅分布或强度分布必然受其影响。

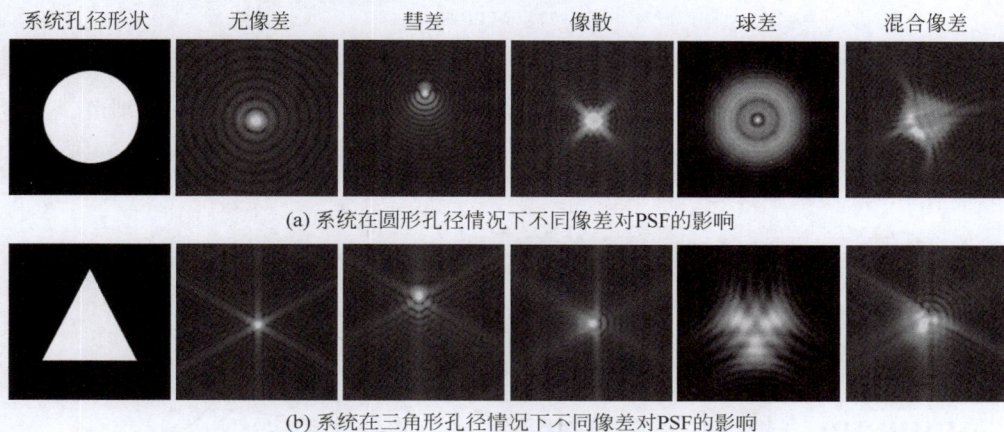

| 系统孔径形状 | 无像差 | 彗差 | 像散 | 球差 | 混合像差 |

(a) 系统在圆形孔径情况下不同像差对PSF的影响

(b) 系统在三角形孔径情况下不同像差对PSF的影响

图 2-26 不同像差和孔径的 PSF 图像

2.3.3 信息光学评价方法

1. 调制传递函数

一个物体的对比度在一定程度上表征了其在感官上的清晰度。调制传递函数（Modulation Transfer Function，MTF）描述系统对物体的各频率分量的对比度的传递特性。假设物面仅有单一空间频率（周期）的图像，如亮度呈余弦函数分布的条纹（空间频率＝1/周期），其对比度为 M_o。经某光学系统成像后，由于像差等因素的存在，得到的像对比度为 M_i。系统的调制传递函数值则定义为 $MTF＝M_i/M_o$，表征光学系统对于某空间频率的物体的对比度的传递能力，很明显这个 MTF＜1。若物面图像是由不同的空间频率的图像叠加而成（实际上这正是傅里叶光学的主体思想，即二维平面图像可以分解为不同的单一空间频率图像的叠加）的，每个空间频率的物面图像的成像均对应一个 MTF 值，以横坐标为不同的物空间频率，纵坐标为各个空间频率所对应的 MTF 值，那么就可以画出 MTF 曲线图，如图 2-27 所示。设计者们希望这个值一直保持在高位，即对不同空间频率的物体保持高水准的对比度传递能力，如图 2-27(a)所示。但实际光学系统 MTF 并不如愿，一般随着物空间频率升高而降低，如图 2-27(b)所示。

这是为什么呢？图 2-28 所示为两个不同空间频率的 MTF 曲线的意义。图 2-28 中有两个不同空间频率的黑白图像作为被成像物体，物面对比度 M_o 均为 1。对于同一成像物镜来说，由于像差和衍射的原因，二者像面的黑白条纹都会受其邻近条纹影响而变得模糊，即白色条纹受邻近黑色条纹影响亮度降低，黑色亮度则受邻近白色条纹影响亮度升高。这就意味着像的对比度出现了下降。那么二者中谁受此影响更严重？很明显，空间频率越大（越密集）的条纹受相邻条纹的影响更严重，即黑白对比度下降更厉害。也就是说，对于同一

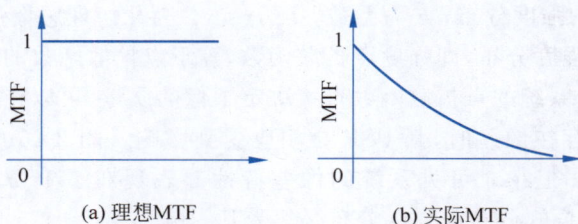

(a) 理想MTF   (b) 实际MTF

图 2-27 MTF 曲线

光学系统,物空间频率越高,则系统 MTF 值一般越小,像面对比度越低。因此 MTF 曲线会出现下降趋势。众所周知,物体低频部分代表其整体轮廓,高频部分代表其细节。可以想象,MTF 曲线下降越慢,则表示光学系统越能保证细节的成像能力,这也在一定程度上象征着其分辨率越高,其像差越小。

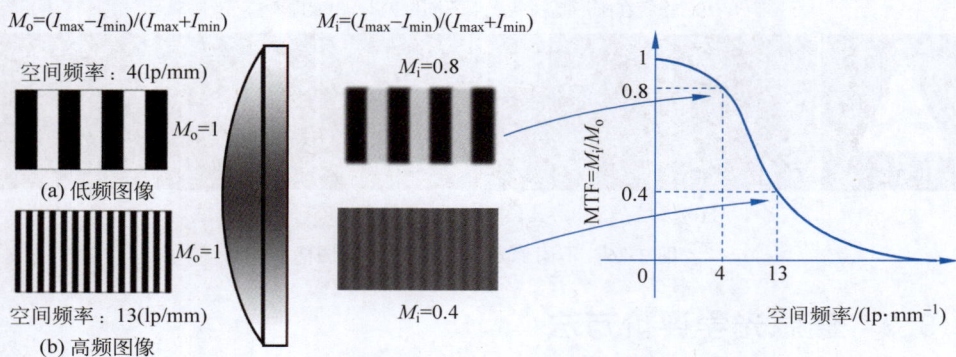

图 2-28 MTF 曲线的意义

图 2-29 表征了不同 MTF 部分对应的成像效果。图 2-29(a)为物平面图像。若采用某种处理使成像透镜系统的 MTF 曲线高频部分为零,如图 2-29(b)所示,则像面图像将丢失物体高频部分信息,边缘分界处变得模糊;若采用某种处理使成像透镜系统的 MTF 曲线低频部分为零,如图 2-29(c)所示,则像面图像将丢失物体低频部分信息,其整体轮廓不明显,但边缘分界处变得清晰。这充分说明了 MTF 曲线对成像系统的意义。可见,能保证完整的高低频通过的 MTF 曲线是光学系统设计的追求,可以作为评价成像光学系统的重要指标。

(a) 物平面图像   (b) 低频成像   (c) 高频成像

图 2-29 不同 MTF 部分对应的成像效果

2. MTF 与 PSF 的关系

式(2-43)左右经过傅里叶变换至频率域后变为

$$G_i(x,y) = G_g(x,y)H_1(x,y) \tag{2-44}$$

式中,$G_g(\xi,\eta)$ 和 $G_i(\xi,\eta)$ 分别为物像强度频谱。像的清晰与否并不是决定于包括零频分

量在内的总光强的大小,而是携带信息的部分光强与零频分量的比值(可以理解为对比度),因此式(2-44)又可以转换为

$$G_i(\xi,\eta) = G_g(\xi,\eta) H_I(\xi,\eta) \tag{2-45}$$

这里的 $G_g(\xi,\eta)$ 和 $G_i(\xi,\eta)$ 分别为物像强度的归一化频谱,而

$$H_I(\xi,\eta) = \frac{G_i(\xi,\eta)}{G_g(\xi,\eta)} \tag{2-46}$$

则被称为光学系统的光学传递函数(Optical Transfer Function,OTF)。很明显,OTF 是表征物体经过成像系统后其频谱发生的变化。具体什么意思呢,可以将其写成复数形式来分析:

$$H_I(\xi,\eta) = M(\xi,\eta)\exp[j\varphi(\xi,\eta)] \tag{2-47}$$

式中,OTF 的模 $M(\xi,\eta)$ 称为调制传递函数(MTF),是式(2-44)中 $H_I(x,y)$ 的归一化形式,可描述系统对物的各频率分量对比度的传递特性;$H_I(x,y)$ 是 $h_I(x_i,y_i)$ 的傅里叶变换,即 MTF 可简单地认为是 PSF 的傅里叶变换形式。

前面曾提到,对于同一光学系统,物空间频率越高,则 MTF 值越小,像面对比度越低。可以从数学的角度来分析这一状况,即计算一下同一光学系统(同样的点扩散函数)对于不同的物体空间频率的成像情况。回归到式(2-43),像强度分布是物强度分布和强度点扩散函数(PSF)的卷积。图 2-30(a)给出了物面三种空间频率与 PSF 卷积的像面结果,可见物面空间频率越高,和 PSF 卷积后的像面对比度越低,这也是卷积的计算特性。因此,很多高频的物体细节在成像后对比度急剧下降,变得模糊。这就对应了前面在介绍 MTF 曲线时所说的物空间频率越高,则 MTF 值越小,像面对比度越低,如图 2-30(b),也表明光学系统在保证细节的成像能力上一定是相对较弱的。可以想象,只要有一定宽度的 PSF 函数,任意图像与其卷积后对比度均会下降,除非 PSF 函数的宽度无限缩小,即为脉冲函数(δ 函数)。任意函数与 δ 函数的卷积等于其自身,即理想成像。什么样的系统能允许 PSF 函数的宽度小,或者说像面图像上表现为无穷小点呢?根据 PSF 的定义,其为单个物点的像,即点物成点像,是理想光学系统的本质属性。

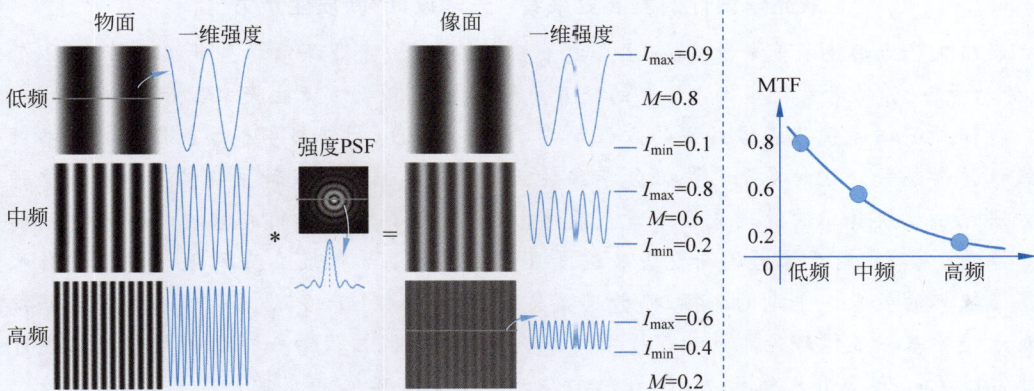

图 2-30 不同物空间频率与 PSF 卷积结果与对比度计算

(这里直接用对比度代替了调制度,二者成正比)

由上述分析可知,即使是没有像差的理想光学系统,由于孔径衍射作用的影响,系统 PSF 也不再是脉冲函数,因此其傅里叶变换后得到的传递函数 $H_I(x,y)$ 不恒为 1,MTF 曲线依然是一条从最大值 1 逐渐下降的曲线,这条曲线叫作衍射极限 MTF 曲线。当系统存

在像差时,PSF 进一步恶化,这在 2.3.2 节中的"点扩散函数"已有论述,因此 MTF 受其影响也必然迅速下降。如图 2-31 所示,常见低阶像差的加入使得 MTF 曲线降速明显增加,低于衍射极限 MTF 曲线。

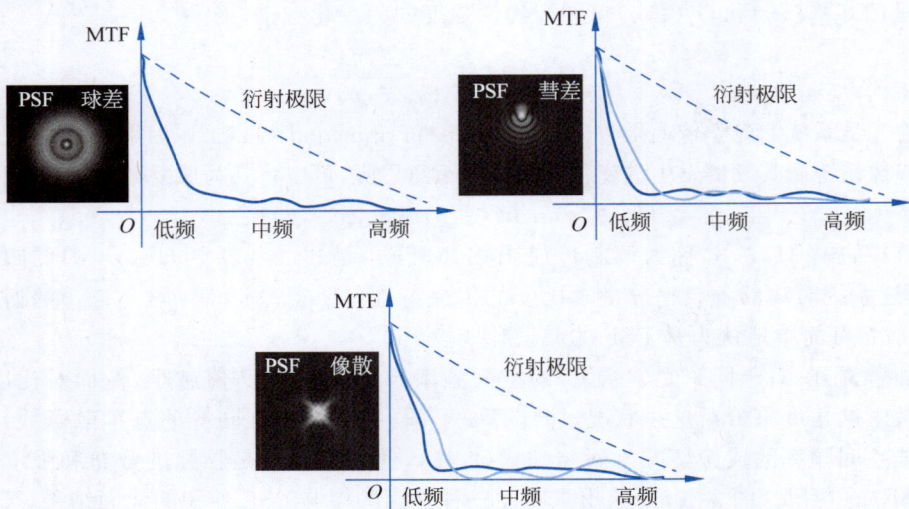

图 2-31 像差对 MTF 的影响

如果成像作用是在相干光照明的情况下进行的,则应当以相干传递函数(Coherent Transfer Function,CTF)来描述成像系统的频率传递效应。但自然界绝大部分自然成像都是在非相干光照明下进行的,因此 OTF 是比 CTF 用得更为广泛的函数,已成为光学仪器业评价镜头质量的重要手段。

📖 拓展阅读

从光学设计的发展史来看:光学设计"新质生产力"

新质生产力由技术革命性突破、生产要素创新性配置、产业深度转型升级而催生,以劳动者、劳动资料、劳动对象及其优化组合的跃升为基本内涵,以全要素生产率提升为核心标志。

我们知道描述镜头成像效果的方程是曲率半径、厚度、材料折射率和色散系数等参数的非线性复杂函数。这种多元非线性复杂函数使早期光学系统的设计主要依靠试错。这种试错方法无法收获真正的最佳成像质量。最终,人们发现要实现好的成像质量必须要理解并纠正像差。起初,对于像差的研究进展缓慢且方法主要基于经验。直到数学方法被引入才取得了较好的效果。早期的牛顿、弗劳恩霍夫、沃拉斯顿、科丁顿、哈密尔顿和高斯等一批先驱对于光学基础成像理论都作出了重要贡献。1840 年,佩兹伐第一个利用数学方法设计出了非常成功的 Petzval 人像镜头,成为光学设计史上里程碑式的突破。在此之后,赛德尔于1856 年首次给出几何成像像差的数学解析理论,成为此后的一百年间镜头设计的唯一方法。

然而,像差理论的数学计算只能给出一系列越来越接近真实光线传播的近似值。如果需要精确地控制像差并评估最终设计质量,需要对整个孔径、所有视场上的大量光线做精确的光线追迹计算,这显然非人力所能及。尽管如此,上述像差分析理论仍然是极具价值的,可用于给出近似的初始配置作为进一步数值优化的起点。更重要的是,像差理论可以解释光学设计当前正在发生什么,为什么会发生及如何指导软件进行设计方向的变更。

20世纪40年代后期,计算机为上述大量光线传播计算带来了一丝曙光。然而这一丝曙光由于早期计算机编程困难、价格昂贵、速度相对较慢等因素,并未唤起光学设计的朝阳。而到了20世纪末期,一台配备光线追迹程序的计算机每秒可以追踪约60万条光线。现如今,60万条光线又已经成了古老的历史。

对于光学设计来说,计算机辅助是真正革命的开始。实际上从20世纪50年代中期起,一些先驱者就开始研究计算机辅助镜头设计,一些专门的光线追迹程序开始陆续出现。这些程序不仅可以帮助设计师评估镜头性能,还能通过改变镜头参数来提升光学性能。一方面,许多老掉牙的设计被作为初始结构重新优化,焕发了新的生命。另一方面探索新的镜头结构变得容易,很多以前没有出现的镜头类型也开始逐渐涌现。

计算机可以为光线追迹提供强大算力,从千万的可能性结构中计算出一种符合要求的最优结构,但这种复杂的搜索并不是总能成功。因为计算机并不能真正智能地理解光学的底层逻辑,它实际上只是一个根据折射定律和反射定律计算大量光线走向的程序。光学设计过程必须由设计师通过选择初始结构、控制计算机程序、尤其是理解底层光学理论来做支撑。

在当下这个科技日新月异的时代,对于从事镜头设计的专业人士而言,运用计算机技术探索多样化的光学设计方案已非难事。仅需极短的时间,设计师便能筛选出那些充满潜力的构思,进而深入探究;同样能够迅速识别那些不切实际的想法,并予以摒弃。因此,计算机设计软件的出现并没有使设计工程师被替代。事实上,正是计算机辅助设计的出现,极大地转变了镜头设计师的工作模式,并显著提升了最终设计成果的品质。

计算机辅助光学设计软件作为曾经的"新质生产力",犹如一位耐心且精准的助手,将设计师从繁重而单调的计算任务中解放了出来,使得现代光学设计师能够将宝贵的精力更多地投入创新和精密设计之中。然而,我们追溯数百年前的光学设计方法,便会发现一条不变的真理:唯有通过对像差理论等基础光学原理的深刻洞察,一个光学设计师才能成为光学设计软件的掌控者,真正领会并掌握光学设计的真谛。近年来,基于深度学习的人工智能技术迅速发展,通过训练神经网络来学习光学设计的规则和优化算法的技术崭露头角,其可以快速地进行设计迭代和优化,并在短时间内得出最佳设计方案,这是"新质生产力"在光学领域的深刻体现。

习题

1. 几何光学像差中单色像差有几种? 哪几种不影响成像清晰度?
2. 几何光学像差中哪些像差与系统孔径有关? 哪些与视场有关?
3. 人眼观察星星或路灯时,经常会看到多角星芒,这是为什么?
4. 从MTF曲线的角度解释为何近视眼看不清物体。
5. 推导条纹泽尼克多项式前4项在笛卡儿坐标系下的表达式。
6. 人眼的散光对应的是哪种像差?
7. 描述一个具有大视场和大光圈的光学系统所面临的像差矫正挑战。
8. 波前像差与几何光学像差的关系是什么?

第3章 光学设计软件Zemax 辅助设计

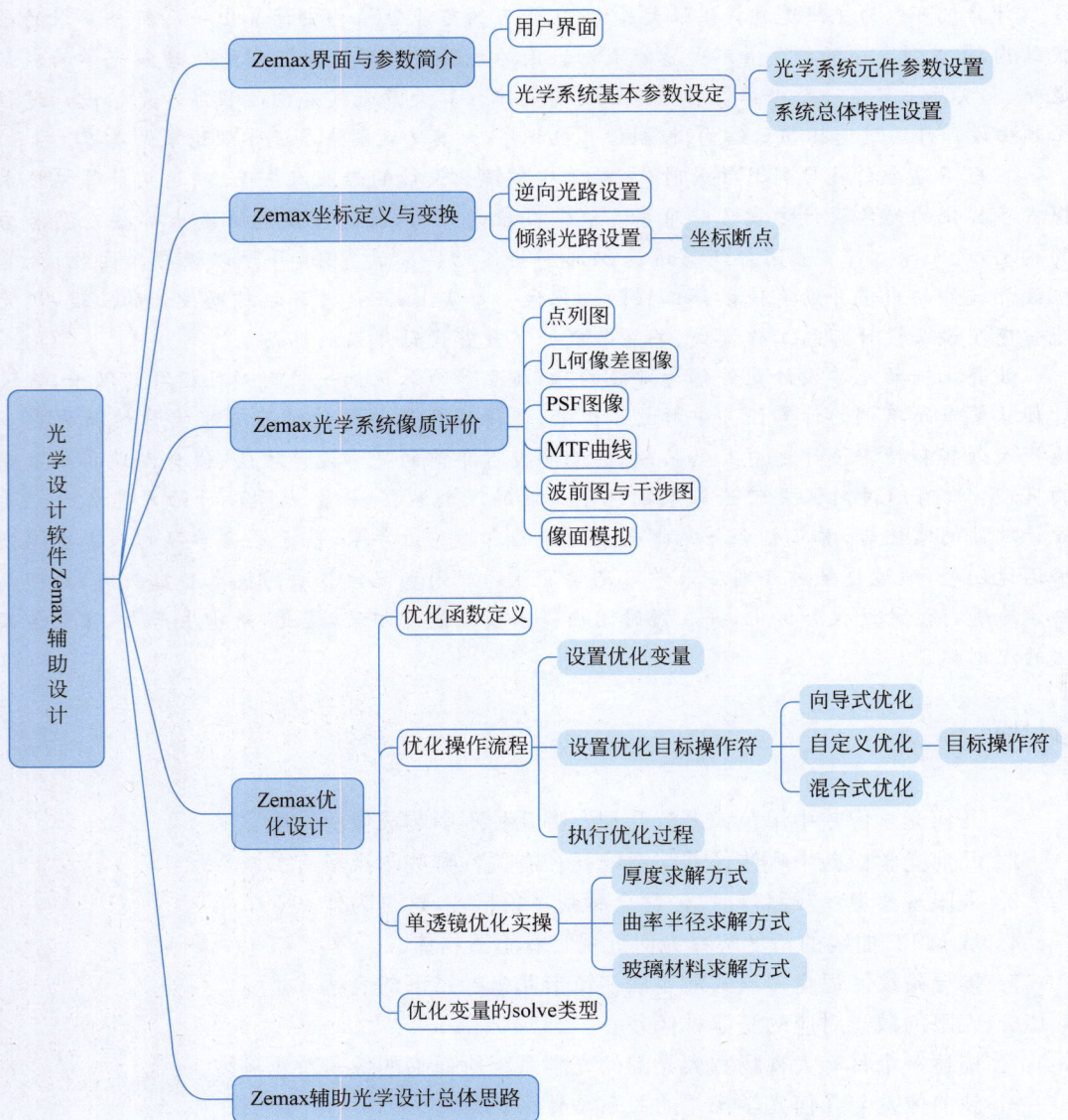

```
                                        ┌─ 用户界面
                    ┌─ Zemax界面与参数简介 ┤
                    │                    └─ 光学系统基本参数设定 ┬─ 光学系统元件参数设置
                    │                                          └─ 系统总体特性设置
                    │
                    │                    ┌─ 逆向光路设置
                    ├─ Zemax坐标定义与变换 ┤
                    │                    └─ 倾斜光路设置 ── 坐标断点
                    │
                    │                    ┌─ 点列图
                    │                    ├─ 几何像差图像
  光                │                    ├─ PSF图像
  学                ├─ Zemax光学系统像质评价 ┤
  设                │                    ├─ MTF曲线
  计                │                    ├─ 波前图与干涉图
  软                │                    └─ 像面模拟
  件
  Zemax ───────────┤                    ┌─ 优化函数定义
  辅                │                    │                   ┌─ 设置优化变量
  助                │                    │                   │                                    ┌─ 向导式优化
  设                │                    ├─ 优化操作流程 ──────┼─ 设置优化目标操作符 ┬─ 自定义优化 ── 目标操作符
  计                │                    │                   │                    └─ 混合式优化
                    │                    │                   └─ 执行优化过程
                    ├─ Zemax优化设计 ─────┤
                    │                    │                   ┌─ 厚度求解方式
                    │                    ├─ 单透镜优化实操 ────┼─ 曲率半径求解方式
                    │                    │                   └─ 玻璃材料求解方式
                    │                    │
                    │                    └─ 优化变量的solve类型
                    │
                    └─ Zemax辅助光学设计总体思路
```

【知识目标】
◆ 掌握 Zemax 软件基本操作。
◆ 掌握 Zemax 建模基本流程。
◆ 熟悉 Zemax 坐标定义。
◆ 熟悉 Zemax 中光学系统评价相关曲线和图像。
◆ 了解 Zemax 光学优化的原理。
◆ 了解如何利用 Zemax 实现光学系统设计的一般流程。

【技能目标】
◆ 能够利用 Zemax 实现光学系统的建模和系统评价。
◆ 能够建立向导式优化函数和自定义优化函数建立。
◆ 能够利用 Zemax 针对简单光学指标进行优化。

到目前为止,读者已经了解了光学设计到底要设计什么,以及设计出来的光学系统和元件的效果怎么评价,那么接下来的任务就是如何实现设计过程了。传统的几何像差理论有完备的像差控制计算公式用来计算系统初始结构参数,有兴趣的读者可以查阅有关的光学设计书籍。当计算机技术发展起来之后,光学辅助设计软件就出现了,为设计者避免了大量烦琐的计算。当然,光学设计的本质还是人的工作,软件仅能帮助设计者实现计算和优化。本章主要以 Zemax 光学设计软件为例,讲解如何借助光学辅助设计软件实现光学设计目标。

Zemax 是由美国 Zemax Development 公司开发的专用光学设计辅助软件,它将光学系统的设计、优化、分析、公差分析以及图表绘制集成在一起,形成一套综合性的光学设计仿真软件,已经成为目前使用最广泛的光学设计软件之一。其不仅可以进行几何光线追迹分析、物理光学分析、偏振分析、镀膜分析,热分析等,还可以直观地观察系统结构的二维图及三维图,同时还提供了各类像质评价指标的可视化图像,例如点列图、几何像差图、MTF 曲线图、PSF 图等。最重要的是 Zemax 的优化功能,可以通过自动改变光学系统的结构参数来提高系统的成像质量。本章以 Zemax 的 OpticStudio 版本为例进行讲解,其他版本基本功能大致相同,只有界面的排布有一些差别。

▦ 3.1　Zemax 界面与参数简介

3.1.1　用户界面

Zemax 的操作习惯和 Windows 系统相同,拥有视窗式的用户界面,打开不同的视窗可以执行不同的操作。Zemax 主视窗界面如图 3-1 所示,主要分为 5 部分:顶部的操作分析菜单栏;往下是对应每个菜单的快捷按钮栏;左侧是系统参数选项栏(System Explorer);底部是结构参数栏;中间是工作区域,在工作区域默认打开的是镜头数据编辑器(Lens Data Editor)。

视频讲解

1. 顶部:操作分析菜单栏及快捷按钮

顶部主要的操作分析菜单栏和对应的快捷按钮如下。

文件(File):包括文件新建(New)、打开(Open)、存储(Save)、另存为(Save As)等内容,如图 3-2 所示。

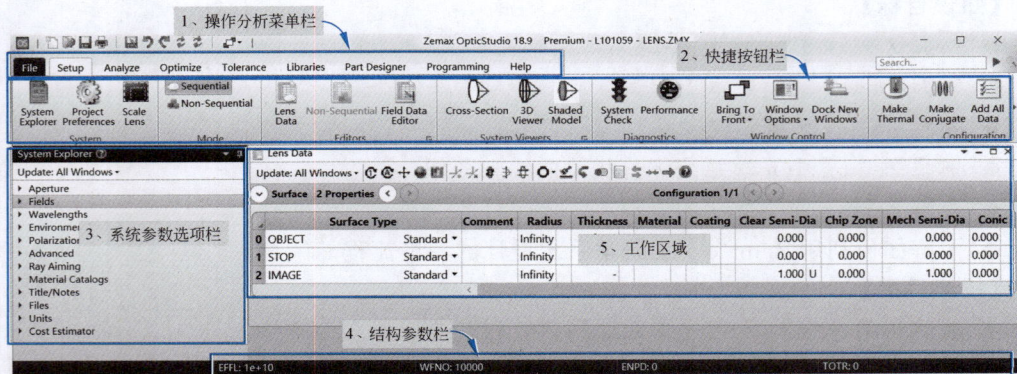

图 3-1　Zemax 主视窗界面

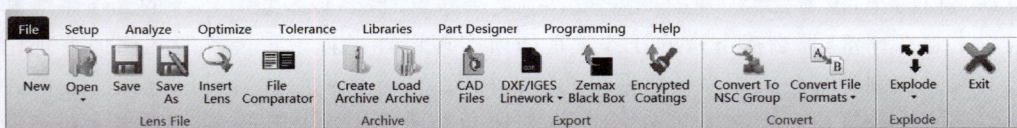

图 3-2　Zemax 窗口顶端文件菜单

设置（Setup）：包括系统总体特性设置、模式设置（序列模式/非序列模式切换）、数据编辑、系统结构查看、系统诊断、窗口控制以及多重结构编辑等模块，如图 3-3 所示。其中总体特性设置中的偏好设置（Project Preferences）可以修改默认存储地址、文字大小、快捷按钮和状态栏中的内容。

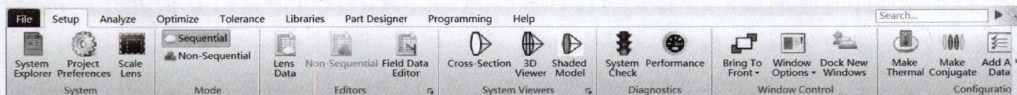

图 3-3　Zemax 窗口顶端设置菜单

分析（Analyze）：它是用来进行像质评价和分析的重要板块，主要有系统查看（System Viewers）、像质评价（Image Quality）、激光和光纤光学分析（Laser and Fibers）、偏振和表面特性分析（Polarization and Surface Physics）、镜头设计结果的报告（Reports）等项目，如图 3-4 所示。

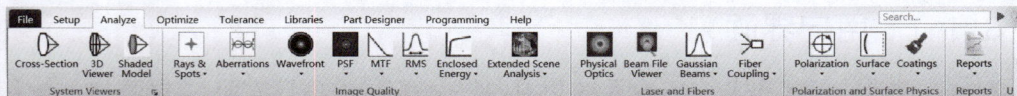

图 3-4　Zemax 窗口顶端分析菜单

优化（Optimize）：它是 Zemax 中最重要的板块，分成手动调整（Manual Adjustment）、镜头的自动优化（Automatic Optimization）、全局优化（Global Optimizers）以及优化工具（Optimization Tools）4 块，如图 3-5 所示。

图 3-5　Zemax 窗口顶端优化菜单

公差(Tolerance)：进行公差分析的模块，如图 3-6 所示。

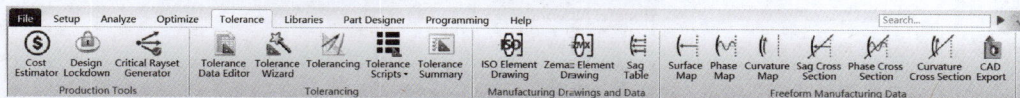

图 3-6　Zemax 窗口顶端公差菜单

材料库(Libraries)：透镜材料选择和编辑板块，如图 3-7 所示。

图 3-7　Zemax 窗口顶端材料库菜单

部件设计(Part Designer)：利用它可以进行光学结构件设计，方便杂散光和鬼成像等分析，如图 3-8 所示。

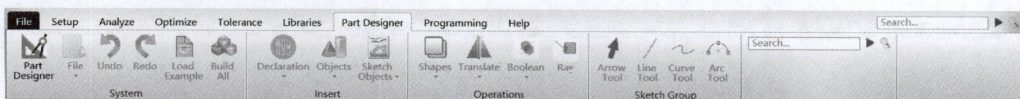

图 3-8　Zemax 窗口顶端部件设计菜单

编程(Programming)：主要功能是宏命令编程(ZPL Macros)，可执行已经编译好的宏程序(.ZPL 文件，可使用一般的文本编辑器或使用 Zemax 自身的编辑功能创建)，如图 3-9 所示。通过宏程序可以实现光线追迹数据提取输出、像质指标提取输出、新的优化操作符定义。宏命令无法完成的功能还可以利用外部程序接口(Extensions)来执行某些扩展名为 *.EXE 的程序，用来与 Zemax 交换数据。这些外部程序可以用 C 语言或 MATLAB 等编程工具编辑。

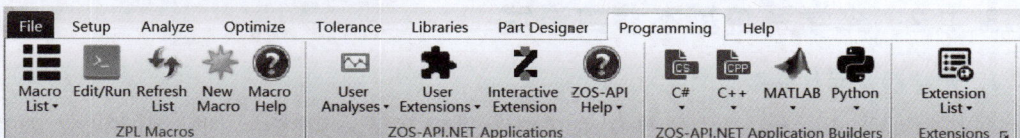

图 3-9　Zemax 窗口顶端编程菜单

帮助(Help)：可以查看各类 Help 文件进行各类 Zemax 知识的学习与查询，如图 3-10 所示。

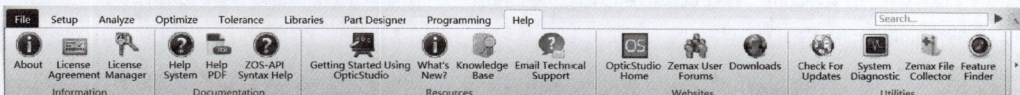

图 3-10　Zemax 窗口顶端帮助菜单

2. 左侧系统总体参数选项栏(System Explorer)

用于定义或更新光学系统的总体光学特性数据，例如孔径、视场、工作波长、工作环境、偏振信息、玻璃库、成本预算等，如图 3-11 所示。

3. 底部结构参数栏

Zemax 底部结构参数栏如图 3-12 所示，显示当前镜头系统的有效焦距(EFFL)、工作 F

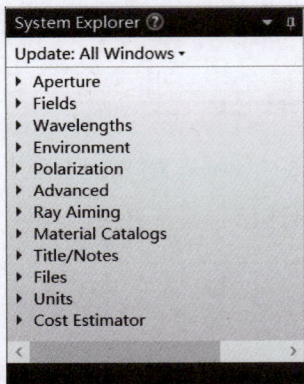

图 3-11　Zemax 窗口左侧系统总体参数选项栏

数(WFNO)、入瞳直径(ENPD)、系统总长(TOTR)。

图 3-12　Zemax 底部结构参数栏

4. 中间的工作区域

打开 Zemax 时默认工作区显示的是镜头数据编辑器(Lens Data Editor)。在设计过程中打开的各类编辑器,如多重组态编辑器(Multi-configuration Editor)、评价函数编辑器(Merit Function Editor)、公差数据编辑器(Tolerance Data Editor)、附加数据编辑器(Extra Data Editor)、非序列元件编辑器(Non-sequential Components Editor)等,都将出现在该区域,还有各种分析的图像视窗、文本视窗和对话框也将出现在该区域。该部分内容在 3.1.12 节的参数设定中进行描述。

3.1.2　光学系统基本参数设定

1. 光学系统元件参数设置

打开 Lens Data Editor(一般打开 Zemax 软件后会默认出现在中间工作区,如图 3-13 所示),按照从上到下的顺序设置整个系统的表面(从左到右),包括各个光学元件表面和物面像面,第一行为物面(第 0 个面),最后一行为像面,系统默认光轴方向为 Z 轴正方向。在该过程中可以插入和删除表面(通过 Lens Data Editor 中右键选择 Insert Surface 或 Delete Surface,也可使用键盘的 Insert 或 Delete 快捷键)。

1) 表面属性设定

将鼠标定位在每个表面均可以在编辑器上方的下拉菜单打开表面属性(Surface Properties)对话框,可设置其属性,如图 3-14 所示,可以设置表面类型,如标准表面、非球面、理想近轴面以及坐标断点等。也可以设置表面的孔径形状,如圆形、环形等。还可以设置其中任何一个表面作为光阑(STOP)或者坐标参考等。表面的其他属性,如散射属性、倾斜和偏心状态、镀膜特性等均可以在其中设置。

2) 表面厚度、曲率半径、口径和圆锥系数设定

Zemax 中定义的表面厚度为该表面到下一表面之间的距离,在 Lens Data Editor 中的 Thickness 栏(图 3-13)中设置,厚度沿着 Z 轴正方向为正号,否则为负号。

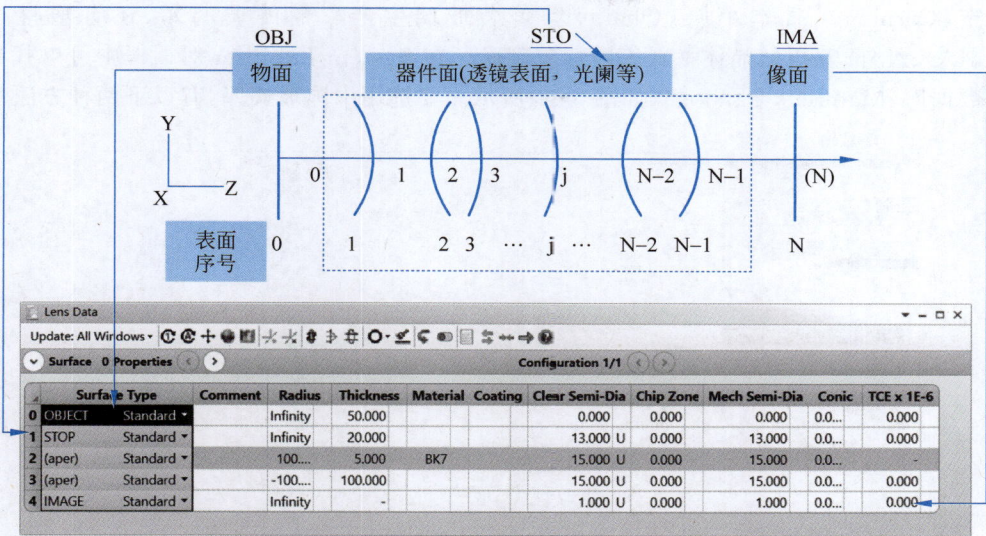

图 3-13 系统元件参数编辑

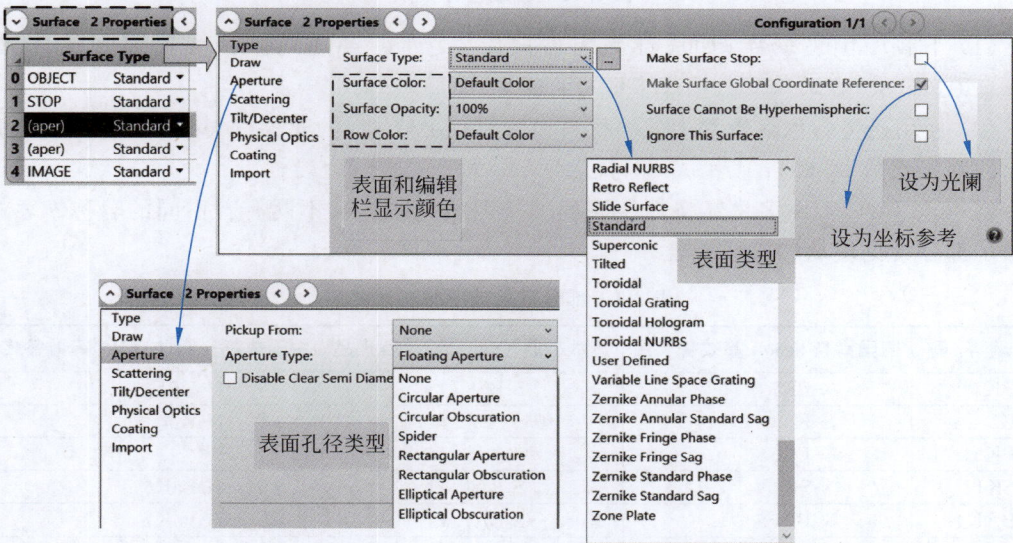

图 3-14 系统元件表面设定

表面曲率半径在 Lens Data Editor 中的 Radius 栏(图 3-13)中设置,从表面到曲率中心的方向沿着 Z 轴正方向为正,否则为负。

Lens Data Editor 中的 Semi-Diameter 栏(图 3-13)用来设定元件口径,数值为元件表面的半径,可以用户自定义,给定的数据旁将标注一个"U"。如用户没有自定义,则可以根据光束的入瞳大小(界面左侧 System Explorer 中设置)自动生成。

圆锥系数 conic 是非球面的二次曲面圆锥系数,如 conic=−1 指抛物面。

3)玻璃参数设定

正常的玻璃参数设定只需在 Lens Data Editor 中的 Glass 栏(图 3-15)中直接输入玻璃名称即可,如 BK7,SF2 等,反射面命名为"Mirror"。Zemax 提供了德国的肖特(Schott)、美国康宁（Corning）、日本小原（Ohara）等著名玻璃生产厂商的玻璃库，还有塑料材料（PMMA）、红外、双折射晶体材料等内建玻璃库。在 System Explorer 对话框中可以找到玻璃库数据库（Materials Catalog），如图 3-15 所示。要选用中国玻璃库，有以下两种方法。

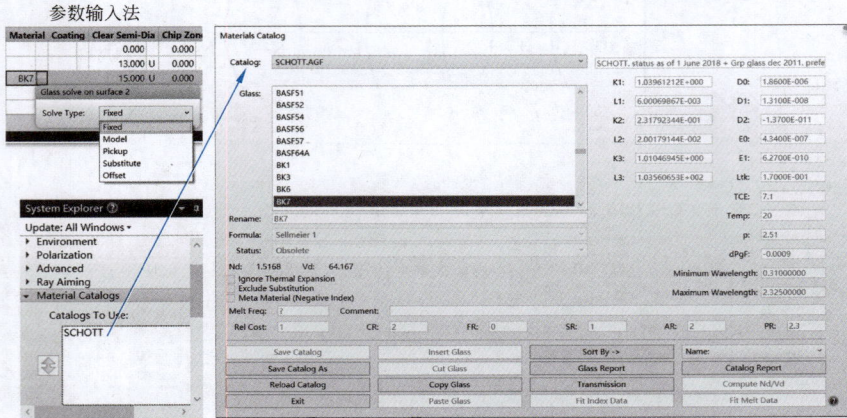

图 3-15　玻璃选择方法

（1）下载中国玻璃库（如成都光明玻璃库）文件（. AGF），默认放置到安装目录的 Glasscat 文件夹，在玻璃库数据库中即可直接调用。

（2）使用透镜数据编辑器中玻璃材料设置栏（Glass 栏）的建模（Model）功能，直接输入需要的阿贝系数 v_d 和折射率 n_d 即可。

值得注意的是，许多材料特性相同的玻璃因玻璃制造商不同有着不同的名称。表 3-1 提供了部分常见玻璃库材料命名。

表 3-1　部分常见玻璃材料命名

玻 璃 名 称	德国肖特 Schott 等效替代品	日本小原（Ohara）等效替代品	中国成都光明（CDGM）等效替代品
N-BK7	N-BK7	S-BSL7	H-K9L
N-K5	N-K5	S-NSL 5	H-K50
N-PK51	N-PK51	—	—
N-SK11	N-SK11	S-BAL 41	H-BaK6
N-BAK4	N-BAK4	S-BAL 14	H-BaK7
N-BAK1	N-BAK1	S-BAL11	H-BaK8
N-SSK8	N-SSK8	S-BSM 28	—
N-PSK53A	N-PSK53A	S-PHM52	—
N-F2	N-F2	S-TIM 2	H-F4
S-BSM18	—	S-BSM18	H-ZK11
N-SF2	N-SF2	S-TIM 22	H-ZF1
N-LAK22	N-LAK22	S-LAL54	H-LaK10
S-BAH 11	—	S-BAH 11	H-ZBaF16
N-BAF10	N-BAF10	S-BAH 10	H-ZBaF52
N-SF5	N-SF5	S-TIM 25	H-ZF2
N-SF8	N-SF8	S-TIM 28	H-ZF10
N-LAK14	N-LAK14	S-LAL14	H-LAK51
N-SF15	N-SF15	S-TIM35	H-ZF11

续表

玻 璃 名 称	德国肖特 Schott 等效替代品	日本小原(Ohara)等效替代品	中国成都光明(CDGM)等效替代品
N-BASF64	N-BASF64	—	—
N-LAK8	N-LAK8	S-LAL8	H-LAK7
S-TIH 18	—	S-TIH 18	—
N-SF10	N-SF10	S-TIH 10	H-ZF4
N-SF4	N-SF4	S-TIH4	H-ZF6
N-SF14	N-SF14	S-TIH 14	—
N-SF11	N-SF11	S-TIH 11	H-ZF13
SF65A	SF65A	S-TIH23	—
N-LASF45	N-LASF45	S-LAM66	H-ZLaF66
N-LASF44	N-LASF44	S-LAH 65	H-ZLaF50B
N-SF6	N-SF6	S-TIH 6	H-ZF7LA
N-SF57	N-SF57	S-TIH 53	H-ZF52
N-LASF9	N-LASF9	S-LAH71	—
S-NPH2	—	S-NPH2	—
N-SF66	N-SF66		

2. 系统总体特性设置

视频讲解

完成了所有的系统参数设置后,就可以打开系统布置图来直观地查看系统图。单击"二维截面"(Cross-Section)、"三维视图"(3D-Viewer)或"渲染模型"(Shaded Model)打开图中参数对应的系统二维图、三维图及渲染模型图,如图 3-16 所示,其中并没有任何光束出现。接下来需要进行系统总体特性设置,包括系统孔径、波长、视场等。

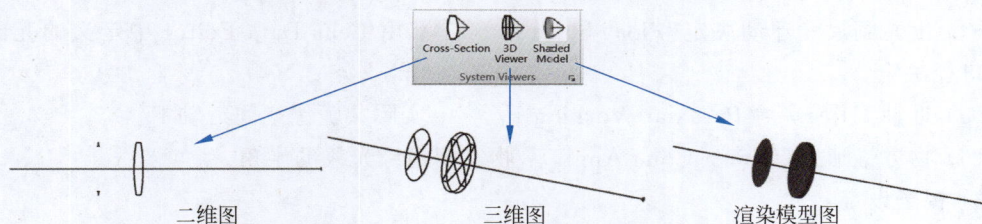

图 3-16　系统二维图、三维图以及渲染模型图

1) 工作波长设置

通过"系统探索"(System Explorer)打开"波长"(Wavelengths)对话框,如图 3-17 所示,典型波长的数据已经存储在对话框中,通过 Select Preset 勾选,如普通目视成像光学系统的典型波长为:F 光(486.3nm)、C 光(656.28nm)、d 光(587.56nm)矫正单色像差。可以定义最多 12 个波长(单位:μm),其中 Primary 定义主波长。

2) 入射孔径参数设定

通过"系统探索"(System Explorer)打开"孔径"(Aperture)对话框。值得注意的是,这里的系统孔径定义与每个表面的孔径不一样,这里指的是系

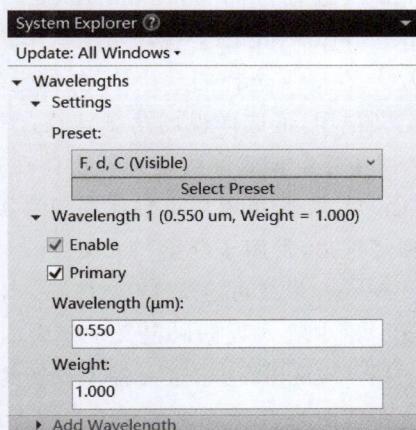

图 3-17　波长参数设定

统总体孔径,用来定义进入光学系统光束孔径的多少,是一种人为限制的孔径光阑。在 General 对话框中 Aperture 板块可进行设置,如图 3-18 所示。主要分为以下 6 个类型。

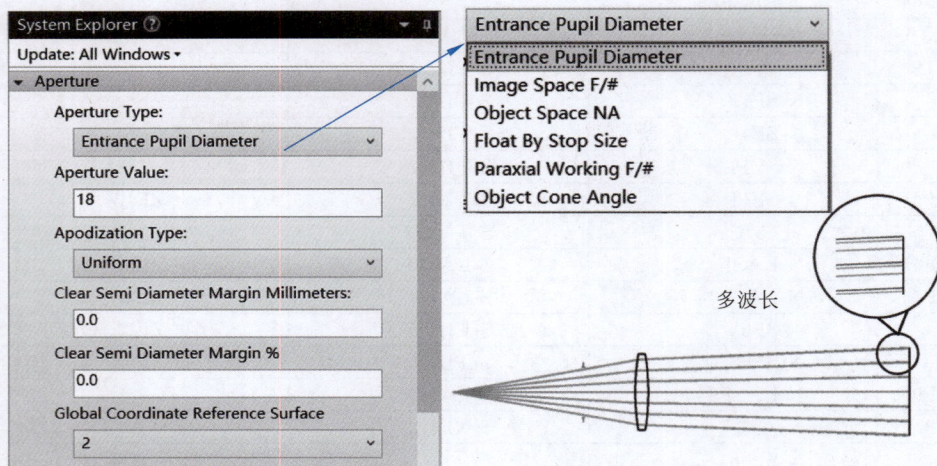

图 3-18　Aperture 板块进行光束孔径设置

(1) 入瞳直径(Entrance Pupil Diameter):物空间光瞳直径。

(2) 像空间 F/♯ (Image Space F/♯):像空间近轴 F/♯(与无穷远共轭,无论实际物点是否在无穷远)。

(3) 物空间数值孔径(Object Space NA):物空间边缘光线对应的数值孔径。

(4) 由光阑尺寸浮动决定(Float by Stop Size):由 Lens Data Editor 中定义的光阑面的半口径决定。

(5) 近轴工作 F/♯(Paraxial Working F/♯):实际共轭像空间近轴 F/♯。

(6) 物方锥形角(Object Cone Angle):物空间边缘光线的半角。

3) 视场设定

视场设定如图 3-19 所示,共有五种类型可以选择:视场角(Angle)、物高(Object Height)、近轴像高(Paraxial Image Height)、真实像高(Real Image Height)以及经纬角(Theodolite Angle)。视场角默认单位为度(°);物高、近轴像高和真实像高都属于线视场,单位为 Zemax 选择的默认单位,如毫米(mm)。物体在无穷远(平行光入射)时无法以物高来定义视场,可选择视场角来定义。一个 $10°$ 视场定义的系统习惯上设置 $0°$、$7.07°$ 和 $10°$ 3 个视场分析其成像质量。若物体在有限距离处,可以物高来定义视场;若给定了探测器(像面)尺寸,则可以用近轴像高或真实像高来定义视场。经纬角以极坐标角形式表示水平角和竖直角,常用于测量和天文。

Zemax 最多可定义 12 个视场。对于旋转对称系统,一般仅在 Y 方向(如图 3-19 中 Y Angle)栏中输入数据以定义子午面内的视场;非旋转对称光学系统则 X 方向与 Y 方向同时选用。Weight 用于定义各个视场的权重。完成了所有的光束参数设置后,可以再次打开系统布置图来直观地查看系统二维图或三维图。

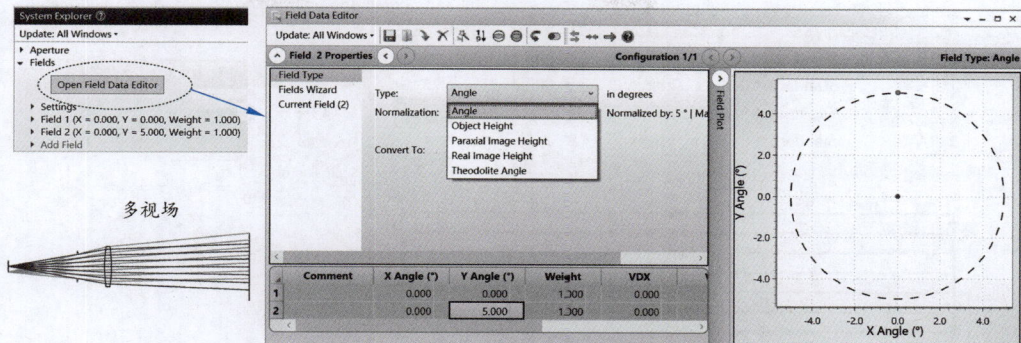

图 3-19　视场设定

3.2　Zemax 坐标定义与变换

Zemax 默认的标准坐标系为右手系，一般以 Z 轴方向为光轴方向，以 Z 轴正方向为正向光路传播方向。默认的光学设计界面中的坐标状态如图 3-20(a)所示。当光路遇到某些元件，如反射镜时，其光路传输方向将发生改变，如图 3-20(b)和图 3-20(c)所示，原路返回的光路只要将厚度参数设为负数即可，45°反射镜的状态和后续光路要如何设置呢？

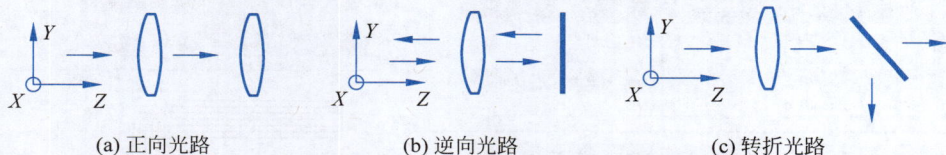

(a) 正向光路　　　　　　　　(b) 逆向光路　　　　　　　　(c) 转折光路

图 3-20　默认光路方向与光路转折情况

1. 逆向光路设置

根据坐标定义，光路遇到反射镜逆向行进时，除了将反射镜表面材料设置为 Mirror，还要将其到下一面的距离设置为负数。可以手动设置，也可以通过单击厚度栏参数后的小方格，选择这一参数的设置方案为：拾取(Pickup)。其可以指定某一参数与 Lens data 中在该参数之前出现的某一参数的跟随关系，如复制、倍数、指定差距等关系。逆向光路设置如图 3-21 所示，此时的 Pickup 实现的是相反数功能，其比例关系(Scale Factor)选择−1，针对的面表面序号为 1，针对的栏目为当前(Current)(此处是厚度栏)，无须其他补偿(Offset)。关于 Pickup 的必要性将在后续章节叙述。

视频讲解

2. 倾斜光路设置

在光学系统中除了利用反射镜实现光路逆转外，还需要有实现特定角度的光路反射的功能，即使得光路中的反射镜与入射光轴呈一定夹角。Zemax 中一共有以下三种方法可以实现该功能。

视频讲解

1) 方法 1：添加折叠镜面

添加折叠镜面的方法的镜头数据编辑如图 3-22 所示。以一个物距和像距均为 50mm 的简单反射光路为例，利用镜头数据编辑器(Lens Data Editor)上方的 Add Fold mirror 功能按钮添加折叠面，可以在出现的对话框中选择想要变成反射镜的表面，实现光路折叠。在

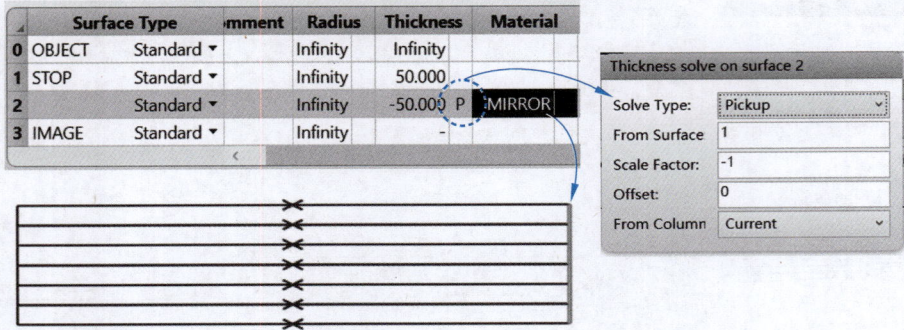

图 3-21　逆向光路设置

对话框中可以重新选择倾斜面、倾斜轴（旋转轴）、反射角度（入射和反射光线夹角），这样光路即可实现一定角度的反射，如设置反射角为−90°即可实现图 3-22 的反射效果。值得注意的是，在添加完折叠镜面后，Lens Data Editor 中该表面的前后出现了两行额外的表面数据，如图 3-22 所示，这两个数据栏的作用将在方法 3 中进行说明。

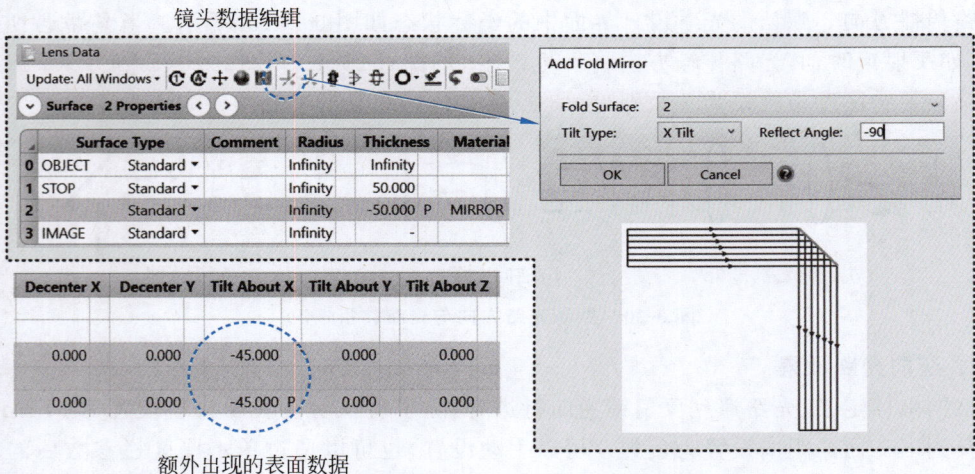

图 3-22　倾斜光路的设置方法 1：添加折叠镜面

2）方法 2：直接设置表面倾斜角

Zemax 允许对光路中某些光学表面、元件或系统直接设置倾斜，即利用表面属性中的 Tilt/Decenter 命令实现反射镜的倾斜或偏心。在图 3-23 的 Tilt/Decenter 命令对话框中，若要该表面实现直角反射，将该表面前方和后方的 Tilt X 角度（绕 X 轴旋转）均设置为−45°，即可完成反射面的倾斜。那么能否直接将其中一个的旋转角度设为−90°，另一个角度设为 0°呢？要回答这个问题，需要明白 Zemax 倾斜表面的底层逻辑，将在方法 3 中说明。

3）方法 3：利用坐标断点

利用第一种方法实现光路完成 90°反射后，在 Lens Data Editor 中原先的反射镜前后多出了两个面的数据栏，其表面类型为 Coordinate break（坐标断点），如图 3-22（b）所示。两个坐标断点行的 Tilt About X 列自动出现了两个−45.000 的参数设置，这里单位默认为度（°），且系统中并未实际出现这两个面，可见 Coordinate break 实际上是个虚拟面。

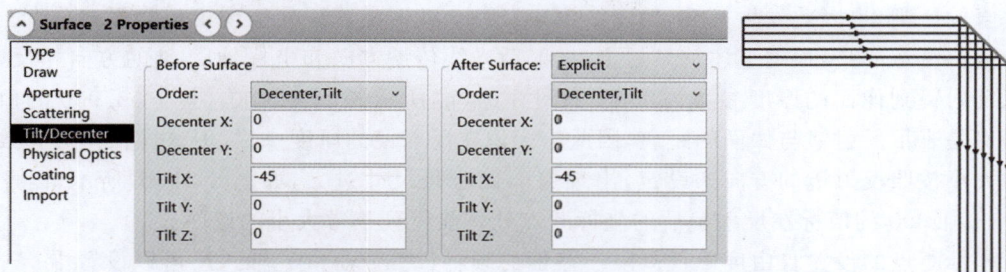

图 3-23　倾斜光路的设置方法 2：直接设置表面倾斜角

　　既然 Coordinate break 实际上是个虚拟面，那么该面可以直接在 Lens Data Editor 中添加，并修改 Surface Type 为 Coordinate break 即可。该虚拟面可设置断点，在断点处可对系统坐标实施偏心或倾斜（旋转）等操作。在方法 1 的结果中系统自动为倾斜面前后添加了坐标断点。坐标断点的设置改变了系统的默认坐标系，该坐标断点之后的所有面均按照新的坐标系来定义。换句话说，实际上并没有将光学元件表面倾斜，而是坐标系发生了倾斜，后面的光学元件表面由于按照新的坐标系定义，看起来好像这些表面发生了倾斜。按照这样的理解再来重新审视一下上述简单的反射系统的两个坐标断点的意义：在系统默认坐标系中通常 Z 轴为光轴，面向观察者的二维界面为 YZ 面，光轴正方向与光束传播方向一致。在光轴不发生方向变化的光路中，光学元件表面保持和光轴（Z 轴）垂直，且沿着 Z 轴正方向的距离为正数，反之则为负数。如图 3-24(a)所示，若要使反射面发生倾斜，可在其前方设置一个坐标断点（Coordinate break 1），在坐标断点的参数设置中将绕 X 轴倾斜一栏（Tilt About X）的参数设置为 -45（逆时针旋转为负）。此时，其后方的反射镜会发生什么变化呢？因为坐标系发生了变化，反射镜在其后方应当按照新的坐标系定义，即其表面依然要保持和光轴（Z 轴）方向垂直，因此其也旋转了 $45°$。如果到此为止，那么后面的像面也将按照新的坐标系方向定义，将与反射镜方向平行，这便违背了一贯的光学系统习惯，习惯上像面在该系统中应与物面垂直。因此，在反射镜之后再次设置了另一个坐标断点（Coordinate break 2），在坐标断点的参数设置中将绕 X 轴倾斜一栏的参数依然设置为 -45（逆时针旋转为负），那么此时的坐标与最初相比总计旋转了 $-90°$，后续的像面为了保持与新的坐标系 Z

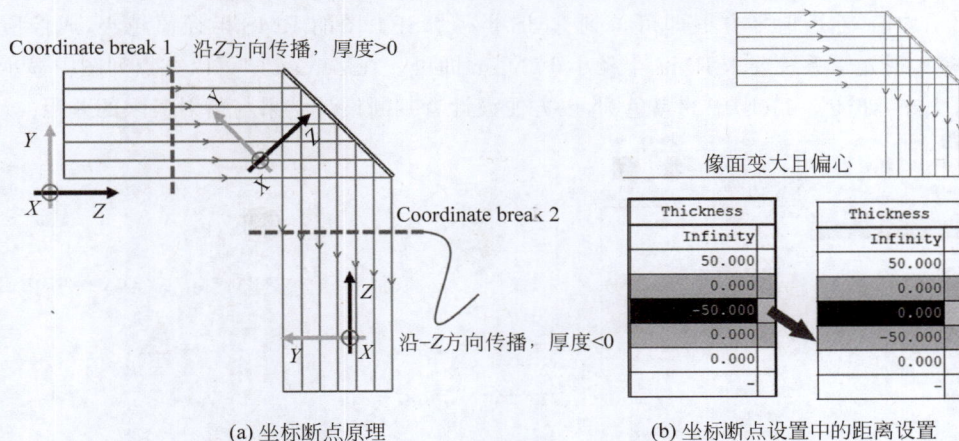

(a) 坐标断点原理　　　　　　　　　(b) 坐标断点设置中的距离设置

图 3-24　倾斜光路的设置方法 3：采用坐标断点

轴垂直的原则,也因此发生旋转,如图 3-24(a)所示,此时的像面便实现了与物面的垂直。

值得注意的是,根据上述符号规定,反射后光线传播方向和坐标轴 Z 轴的方向相反,因此从反射镜到像面的厚度参数为负数,如图 3-24(b)所示的-50.000。该-50.000的值按照惯例是表示反射镜与像面的距离,因此应标识在反射镜的厚度一栏,但这样操作会导致像面的大小按照反射镜的方向来设定,出现像面偏心且尺寸过大,如图 3-24(b)所示,因此需要将-50.000的值标在反射镜后的坐标断点处才能得到正常大小的像面。

坐标断点的设置自由度不仅局限于器件的倾斜(绕 X 轴和 Y 轴),还可以设置沿 X、Y、Z 轴的偏心(表面中心在垂直方向偏离光轴),如图 3-25 所示。

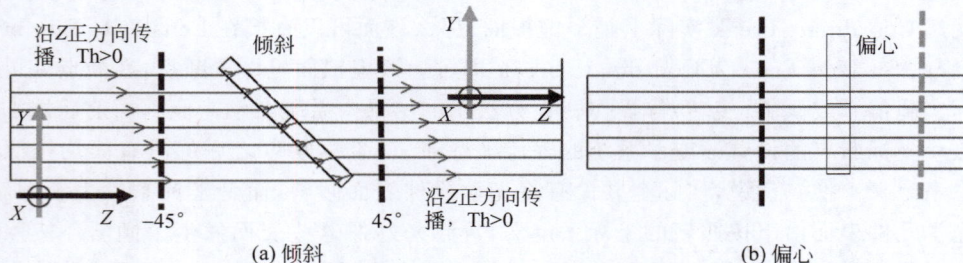

(a) 倾斜　　　　　　　　　　　　　　　　　(b) 偏心

图 3-25　坐标断点的不同用途

3.3　Zemax 光学系统像质评价

第 2 章曾提到光学成像质量评价分为设计阶段评价和实际系统评价。设计阶段的评价主要依靠相关像差图像进行,下面将利用 Zemax 中的"分析"(Analyze)模块查看这些用于系统质量评价的典型像差分析图。

1. 点列图(Spot Diagram,SPT Diagram)

在 Zemax 的"分析"(Analyze)菜单中可查看不同表现形式的 SPT 图,如图 3-26(a)所示。图 3-26(b)和图 3-26(c)分别是单个视场和多视场在像面处的 SPT 图。点列图下方表格中的数值,尤其是 RMS 半径是定量评价的重要标准。通过每个点和参考点之间的距离的平方求出平均值,然后取平方根即可得到 RMS 半径。SPT 图的 RMS 半径值越小,成像质量越好,很多目视光学系统要求 RMS 半径小于 $30\mu m$ 即可。在 Zemax 中可以在点列图中显示理想艾里斑大小,如图 3-26(b)中的黑色圆,以方便设计者判断设计结果与衍射极限的差距。

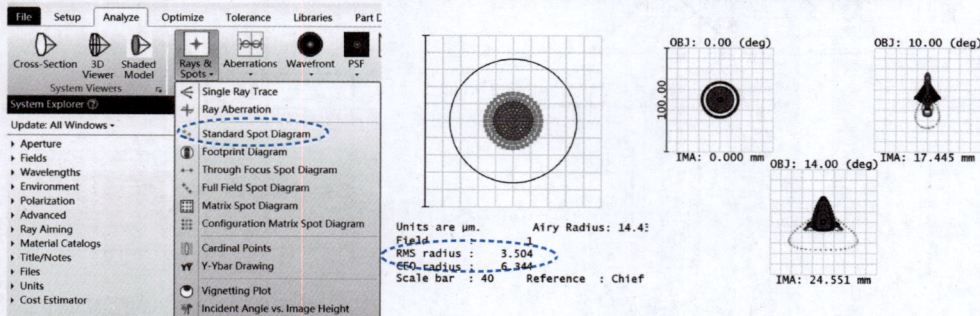

(a) 点列图设置菜单　　　　(b) 单个视场点列图　　　　(c) 多视场点列图

图 3-26　Zemax 点列图

2. 几何像差图像

Zemax"分析"(Analyze)菜单中的像差(Aberration)模块分别提供了第 2 章中描述的光线像差曲线、OPD 曲线、场曲与畸变曲线、色差由线的分析,如图 3-27 所示。除了之前描述的像差曲线外,Zemax 还提供了其他几何像差表征图帮助设计者进行像差分析,如图 3-28 所示。

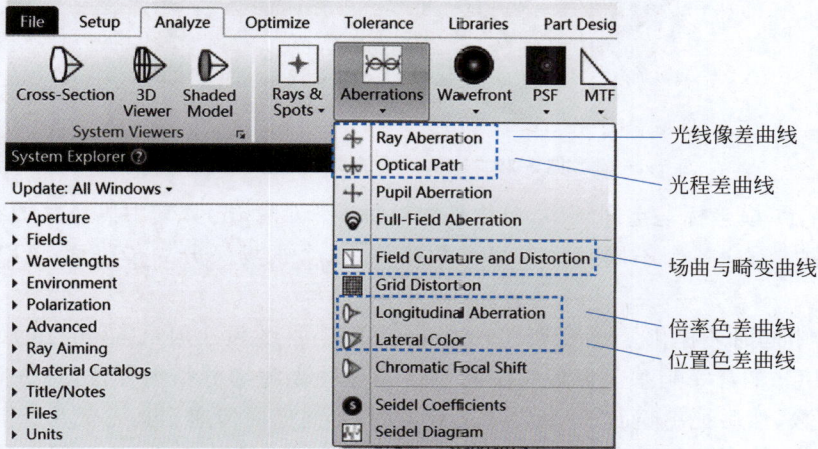

图 3-27　Zemax 中几何像差曲线

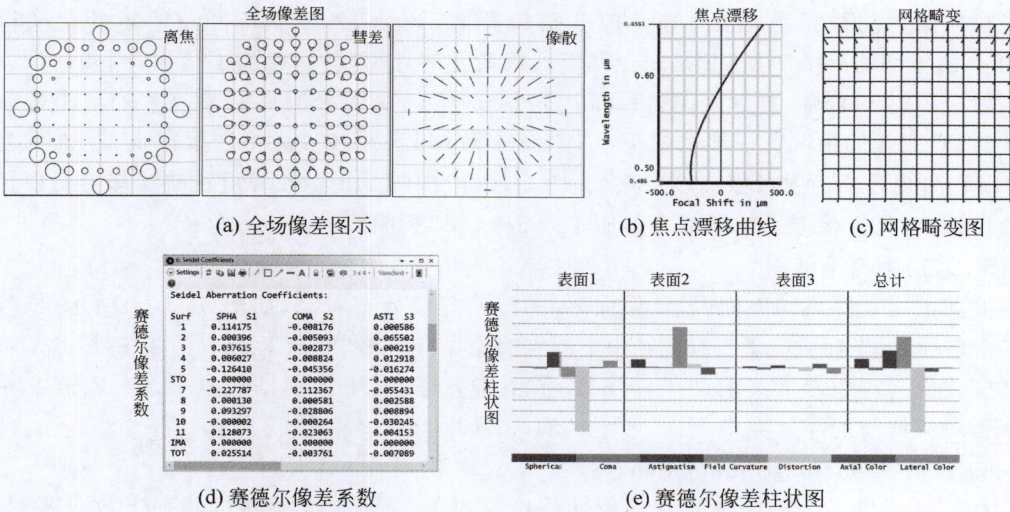

(a) 全场像差图示　　(b) 焦点漂移曲线　　(c) 网格畸变图

(d) 赛德尔像差系数　　(e) 赛德尔像差柱状图

图 3-28　Zemax 中其他几何像差表征图

3. PSF 图像

PSF(点扩散函数)描述了一个成像系统对于点光源的响应,Zemax 中的 PSF 图像如图 3-29 所示,可用于描述系统分辨率。像差对 PSF 的影响可参看 2.3.2 节。

4. MTF 曲线

第 2 章分析了 MTF 和 PSF 的关系,即 MTF 可简单地认为是 PSF 的傅里叶变换形式。Zemax 中一般经常使用的 MTF 就是快速傅里叶变换(FFT)MTF,意味着该 MTF 数据是由 PSF 快速傅里叶变换计算所得。FFT MTF 曲线计算相对较快,Zemax 中的 MTF 曲线

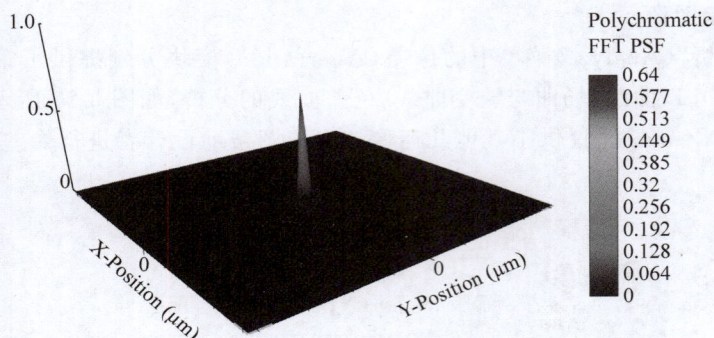

图 3-29　Zemax 中的 PSF 图像

如图 3-30 所示,横坐标是空间频率,单位是线对每毫米(lp/mm),其中黑色线曲线表示衍射极限,其他曲线对应各个不同视场传递函数曲线,每个视场又分为子午面 MTF 和弧矢面 MTF 曲线。

　　Zemax 中同时还提供了惠更斯(Huygens)MTF 曲线和几何(Geometric)MTF 曲线。Huygens MTF 的计算是基于惠更斯波面包络原理的光瞳细分衍射算法,即先计算出瞳面上的光瞳函数,然后把出瞳面细分,看成次级光源,再向像面传递。其完全基于衍射算法,没有考虑几何像差,因此仅适合在小像差系统中(几何像差小于衍射极限)使用。另外,若像面不在焦点处,也可以使用 Huygens MTF。Geometric MTF 是基于几何点列图,转化成子午面或弧矢面上的线扩散函数(与点扩散函数类似,详见 12.2 节),再经傅里叶变换得到 MTF。由于 Geometric MTF 是完全基于几何光学的计算模式,忽略了衍射,当几何像差小于衍射极限时不准确,常在大像差系统中使用。图 3-30 展示了某大像差系统与小像差中 3 种 MTF 曲线的情况。一般情况下,小像差系统 MTF 曲线靠近衍射极限曲线,大像差系统 MTF 曲线远离衍射极限曲线。然而,图 3-30(b)中的 Huygens MTF 曲线却与衍射极限曲线接近,可见大像差系统不适合使用 Huygens MTF 曲线进行像差分析。

5. 波前图与干涉图

　　波前图可观察不同表面(默认像面)处的波前三维分布状态,如图 3-31(a)所示,横坐标为二维口径,纵坐标对应了二维孔径中不同点的光程与主光线的光程差。干涉图(图 3-31(b))为对应波前与理想参考波前的干涉图样,波前像差越小,干涉图条纹越稀疏。Zemax 中还可查看对应波前的泽尼克多项式,如图 3-31(c)所示。

6. 像面模拟(Image Simulation)

　　Zemax 提供了一种更加直观的定性评价方式,就是在光学系统的物面上放一张图像,在像面直接观察其成像效果。其成像计算方式为:在物面上放置一张数字图像,那么对应像面的图像即为该物面上数字图像和系统点扩散函数的卷积。这个计算过程 Zemax 的 Analyze-Extended Scene Analysis-Image Simulation 中已经替设计者完成了。在图 3-32 中给出了 Image Simulation 参数设置栏以及两种数字图像的像面模拟的结果图,其中图 3-32(a)为参数设置栏,尤其需要注意的是视场高度(Field Height)的设置,该参数并非是指光学系统的全视场或半视场,而是作为矩形的输入图像的真实高度,其可以设置为大于或小于系统的全视场高度,但一般设置为全视场的内接矩形高度。这是因为习惯上设计系统的像方视场为矩形探测器的外接圆,因此,这样的模拟参数设置可以保证输入图像经系统成像后正好

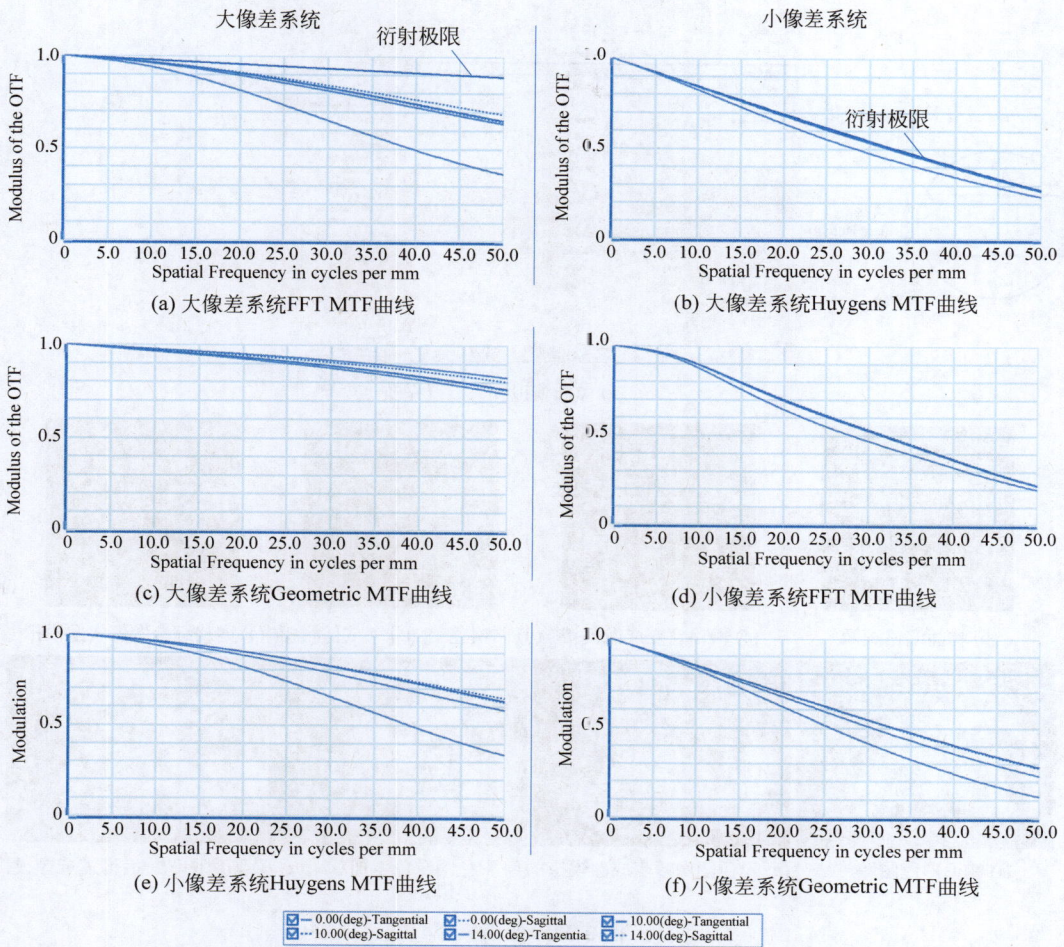

(a) 大像差系统FFT MTF曲线

(b) 大像差系统Huygens MTF曲线

(c) 大像差系统Geometric MTF曲线

(d) 小像差系统FFT MTF曲线

(e) 小像差系统Huygens MTF曲线

(f) 小像差系统Geometric MTF曲线

图 3-30　Zemax 中的 MTF 曲线

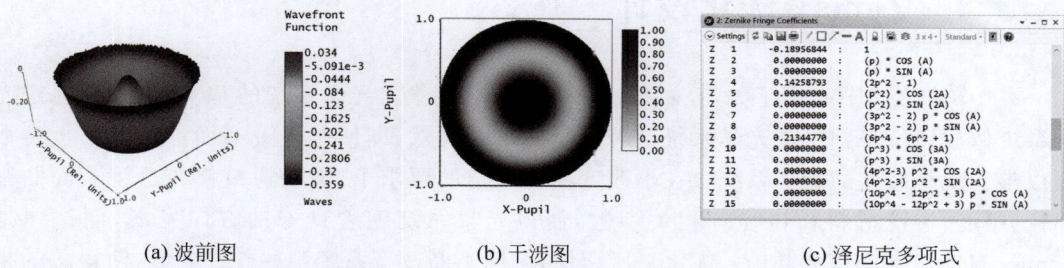

(a) 波前图

(b) 干涉图

(c) 泽尼克多项式

图 3-31　Zemax 波前像差与泽尼克多项式

充满像面矩形探测器,以模拟真实成像情况。图 3-32(b)～图 3-32(i)给出了不同输入图像在不同像差情况下的像面模拟图。第一种为直线网格图像,图 3-32(b)为物面图像,图 3-32(c)～图 3-32(e)分别为畸变、色差加球差及综合像差影响下的图像成像模拟;第二种为彩色图像示例,图 3-32(f)为物面图像,图 3-32(g)～图 3-32(i)分别为对应于图 3-32(c)～图 3-32(e)受相同像差影响的图像。

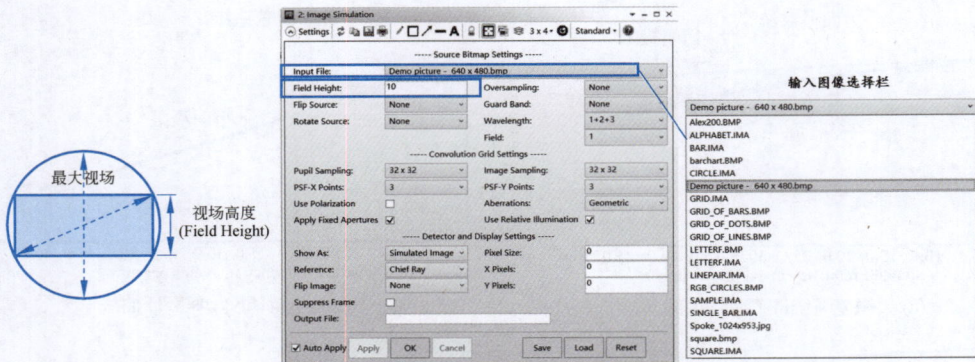

(a) 像面模拟参数设置界面

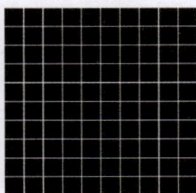

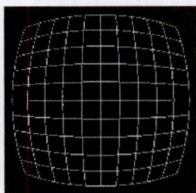

(b) 物面网格图像　(c) 网格畸变成像模拟　(d) 网格色差加球差成像模拟　(e) 网格综合像差成像模拟

(f) 物面彩色图像　(g) 彩色图像畸变成像模拟　(h) 彩色图像色差加球差成像模拟　(i) 彩色图像综合像差成像模拟

图 3-32　像面模拟

3.4　Zemax 优化设计

3.1 节和 3.2 节介绍了如何在 Zemax 中输入参数建立光学系统的基本结构,并通过光学系统像质评价来判定该光学系统是否满足要求。当然,即使是经过书面计算的初步参数也很难实现小像差的光学系统。在不改变系统限定的要求下,需要通过修改透镜表面曲率半径、厚度、透镜材料和口径等相关参数,使得光学系统朝着良好的方向发展,而这便是 Zemax 自动设计的核心功能:优化。所谓优化,即不断改变系统某些硬件参数,使得总的指标朝着最优目标或人为设置的目标发展。而实现优化的第一步就是设立优化函数,明确优化目标和变量参数。

3.4.1　优化函数定义

优化函数(Merit Function),是表征光学系统的相关指标与系统结构参数之间关系的函数,其计算值是相关指标与指定的设计目标是否相符的量化表征。设计目标并不一定是单一的,一个光学系统可能需要同时满足多个目标值,并且其中几个核心目标比其他目标更重要一些。那么总的优化函数必须要能够衡量所有目标的满足情况,还要能够表达各个指标的重要程度。因此,Merit Function 定义为所有目标值与当前值之差的平方和,结合权重因子构成。

$$MF^2 = \frac{\sum W_i (V_i - Vt_i)^2}{\sum W_i} \tag{3-1}$$

式中,MF^2 是优化函数值,函数值越小,表示当前光学系统越接近设计目标,函数值为 0,则表示当前光学系统完全满足设计目标要求。V_i 是第 i 个目标当前值;Vt_i 是对应第 i 个目标的最终要求值;W_i 是该目标的权重。这里的目标 V_i 也叫目标操作符,其可以是像质评价参数 SPT、MTF、波前像差 PV 值、有效焦距 f、系统总长等指标性参数,而这些目标操作符均可以表征为系统基本结构参数的函数,即

$$V_i = F(r, d, m, \cdots) \tag{3-2}$$

式中,r 为透镜曲率半径;d 为厚度或间隔;m 为透镜材料。

例如要求某透镜的聚焦在其后 100mm 处,可通过估算初步参数,使得焦点落在 100mm 处像面的附近,把目标设为:透镜后 100mm 的像面处的 SPT 半径最小。那么这里的目标操作符 V_i 即为 SPT 半径,当前值为 SPT_{now},目标值 $SPT_{target}=0$。因为只有一个操作符,因此权重没有相互比较性,可设为 1。除了限定条件规定的焦点在透镜后 100mm 不可改变,其他参数可变。因此,优化函数表达即为

$$MF^2 = \frac{1 \cdot (SPT_{now} - SPT_{target})^2}{1} = (SPT_{now})^2 = F(r_1, r_2, d, m)^2 = \min \tag{3-3}$$

如把系统目标要求进一步限定为某透镜聚焦在其后 100mm 处,且其有效焦距为 101mm。设定对于点列图要求和有效焦距要求的权重各为 0.5,则优化函数为

$$\begin{aligned}
MF^2 &= \frac{0.5(SPT_{now} - SPT_{target})^2 + 0.5(f_{now} - f_{target})^2}{1} \\
&= 0.5(SPT_{now})^2 + 0.5(f_{now} - 101)^2 \\
&= 0.5F_1(r_1, r_2, d, m)^2 + 0.5[F_2(r_1, r_2, d, m) - 101]^2 \\
&= \min
\end{aligned} \tag{3-4}$$

只需要设定好相应的变量 $(r, d, m, \cdots)$ 和目标后,执行优化函数式(3-4)即可实现优化目标。因此,优化设计的操作变得非常明确,即明确变量参数和优化目标,设立优化函数并执行,具体步骤如 3.4.2 节所述。

3.4.2　优化操作流程

1. 设置优化变量(solve)

优化变量一般为 3.4.1 节提到的透镜曲率半径 r,厚度或间隔 d 及透镜材料等。可从参数栏的后方小方格内选择参数的设置方式为变量(variable,即图 3-33 中标识 V),如图 3-33 所示,或者利用快捷键 Ctrl+Z 可以快速实现变量设置。

2. 设定优化目标操作符

目标操作符很容易理解,即该光学系统需要达到什么样的目标。这些目标主要分为以下三类。

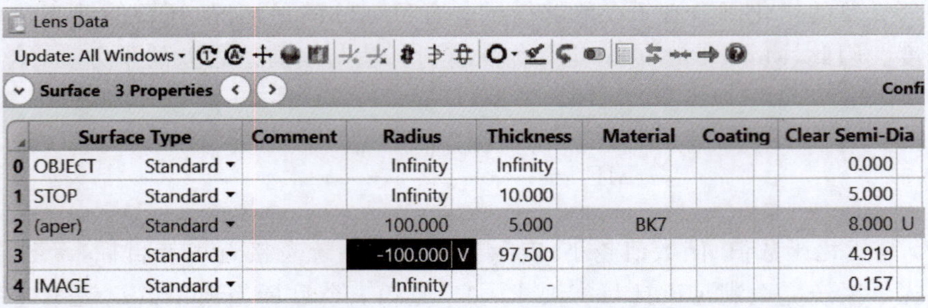

	Surface Type		Comment	Radius		Thickness	Material	Coating	Clear Semi-Dia	
0	OBJECT	Standard		Infinity		Infinity			0.000	
1	STOP	Standard		Infinity		10.000			5.000	
2	(aper)	Standard		100.000		5.000	BK7		8.000	U
3		Standard		-100.000	V	97.500			4.919	
4	IMAGE	Standard		Infinity		-			0.157	

图 3-33　数据编辑器中设置变量

(1) 首要目标就是满足系统硬件上的指标，其中某些是可以直接设定的，比如光圈、视场角等（有时也需要通过优化逼近），有些是要通过优化达到，比如焦距、F 数、系统总长等。

(2) 其次就是消除像差，或者达到某些特定像差要求，一般以一些像质评价指标来评判，如 SPT 半径、波前 PV 值或 RMS 值，以及各类像差的具体值、MTF 曲线在某个空间频率处的具体值等，这些通常是要通过优化实现。

(3) 最后是满足某些边界约束条件，如透镜厚度或间隔不能小于零（或者给定的值），某些目视光学系统出瞳距不能距离系统太近，空气间距不能小于零，又或者系统总长不能超过某个值。

建立上述优化目标函数有三种方法。第一种简易的优化函数建立方法，简称“向导式”，这类优化函数一般只对系统的像差和简单的边界条件负责，即简单地用 SPT 点列图或者波前特征作为目标来判定系统是否达成像差控制的目的，并简单控制系统中玻璃材料和空气间隔的范围。第二种是由设计者自由发挥的建立方法，即自定义优化函数。第三种是二者的结合方法，即在向导式优化函数建立后，在建立好的优化函数编辑器中添加相关其他目标函数，这是比较常用的方法。

1) 向导式优化函数

大多数简单成像光学系统的成像质量可以以系统的点列图半径（几何光学评价方式）和波前像差 PV 值或 RMS 值（物理光学评价方式）作为目标来评价。因此“向导式”评价函数编辑器默认可以选择二者其中的一种作为优化目标。可以由优化（Optimization）菜单→ 优化向导（Optimization Wizards）中打开“向导式”评价函数编辑器，如图 3-34 所示。

建立“向导式”评价函数时，一般选择反映像质的“总体”指标，如点列图或波像差等，并且要做如下几个方面的考虑。

(1) 优化目标。

① Wavefront：波前，用于优化波像差。

② Spot Diagram：点列图，用于优化总体几何光学像差。

③ Contrast：用于优化系统 MTF。

④ Angular：用于优化无焦系统像空间中角像差的径向范围。

(2) 优化目标的参数指标。

① 均方根（Root-Mean-Square，RMS）值。

② 峰谷（Peak to Valley，PV）值。

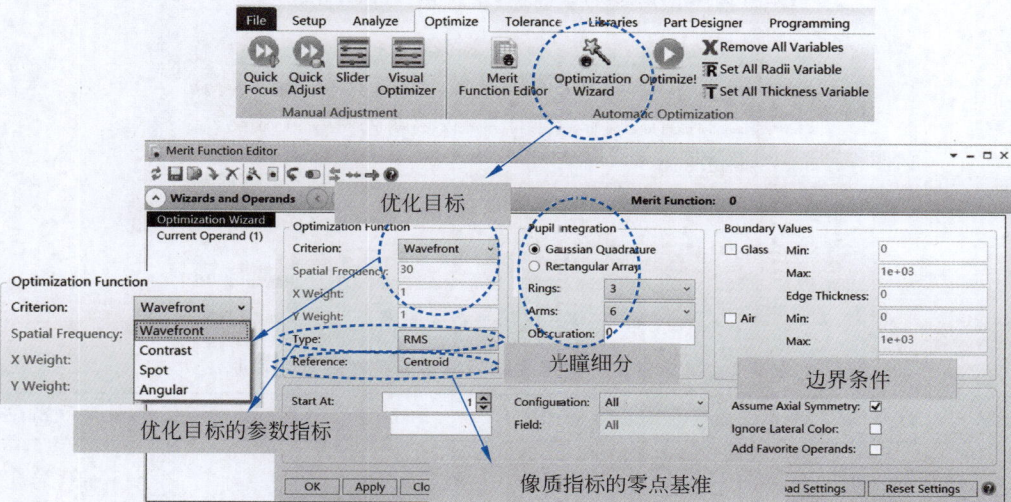

图 3-34　"向导式"评价函数编辑器

（3）像质指标的零点基准（Reference）。

① Centroid：以质心为基准，一般指某一视场的质心，适用于由波像差构成的评价函数，其剔除了波差数据中常数项（Piston）和 X、Y 方向的倾斜项（X-Tilt 与 Y-Tilt），即常数项和倾斜不参加波前像差的评价。

② Chief Ray：使用主波长的主光线作为计算基准。

③ Mean：平均值，仅适用于以波像差为目标构造的评价函数。与 Centroid 的相比，该基准仅从波差数据中剔除常数项，不扣除 X-Tilt 和 Y-Tilt。

（4）光瞳细分方式（Pupil Integration Method）：指如何将光瞳（一般指入瞳）细分成区域网络以产生充满光学系统入瞳的入射光线，其主要分为以下两种方法。

① 高斯二次积分（Gaussian Quadrature）方法是 Zemax 中的首选方法。用环×臂（Rings×ARMS）来定义光线数目，需要计算光线数目少，精度高。

② 矩形网格（Rectangular Array），用网格（Grid）形式确定光线数，计算速度慢且精度相对低。

（5）边界条件：包括玻璃厚度、边缘厚度、空气厚度等限定条件。

完成以上所有设置，则会出现如图 3-35 所示的优化函数编辑器（Merit Function Editor），从而完成向导式优化函数的定义。可见"向导式"评价函数的建立较为便捷，无须设立很多具体操作符（含义将在自定义优化函数部分讲解），其中权重因子也无须自行定义。

2）自定义优化函数和混合式优化函数

由于"向导式"优化函数的定义中只能选择点列图或波像差等几种优化目标，无法实现其他优化目标设置，如系统有效焦距、畸变、色散等各类细节指标的设定，因此，除了选择向导式的优化函数，用户还可以自定义优化目标函数。在如图 3-35 所示的优化函数编辑器中，用 Insert 或 Delete 键可增删和编辑评价函数的操作符，每一行都是对一个操作符的描述，该行所对应的表头可定义相应的约束参数和权重，用户自定义优化函数编辑器表头样式及其说明如表 3-2 所示。当然，这些新的自定义优化函数可以与向导式优化函数结合，即在向导式优化函数编辑器中添加自定义的优化函数行，形成混合式优化函数。

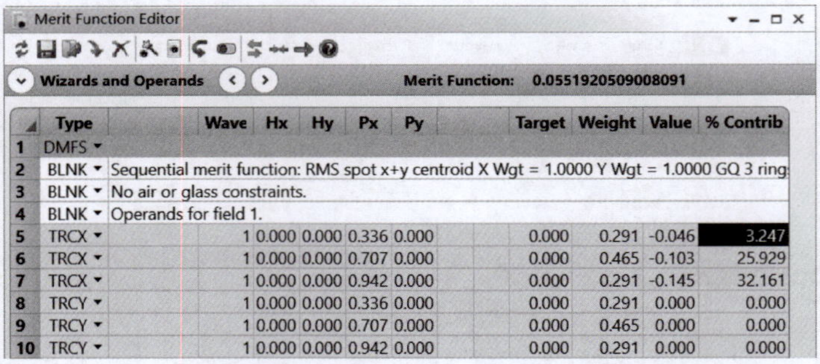

图 3-35 优化函数编辑器

表 3-2 用户自定义优化函数编辑器表头样式及其说明

Oper#	Type	Wave	Int 1 Int 2	Hx Hy	Px Py	Target	Weight	Value	Contrib
序号	操作符名称,由4个大写英文字母组成	波长	正整数,用来定义操作符所需的参数	归一化视场	归一化光瞳直径	目标	权重	当前值	在整个评价函数中的贡献量

下面介绍常用优化目标操作符及其意义。如图 3-35 所示的 TRCX 和 TRCY 指的是垂轴几何像差,Zemax 配备了大量类似的目标操作符,表 3-3～表 3-8 列出了一些常用操作符及其说明,更详细的操作符列表请查询 Zemax 软件说明书。

表 3-3 高斯近轴光学参数(外形尺寸数据)

参 数 名 称	操 作 符	参 数 说 明
有效焦距	EFFL	有效焦距(Effective Focal Length)的缩写
	EFLX	指定两个面之间的系统在 X 方向的有效焦距(主波长)
	EFLY	指定两个面之间的系统在 Y 方向的有效焦距(主波长)
近轴像高	PIMH	近轴像平面上的近轴像高
光焦度	POWR	指定表面光焦度 $\varphi = \dfrac{n'-n}{r}$(指定波长,标准类型面)
垂轴放大率	PMAG	近轴垂轴放大率 $\beta = \dfrac{y'}{y}$(指定波长),y' 表示主光线在近轴像面上的像高,y 表示物高。仅用于有焦系统,如果存在畸变,β 与应用光学中的 β 有差别
角放大率	AMAG	近轴像空间与物空间的主光线焦距之比(指定波长)
光瞳位置与直径	ENPP	以第一面为零点的入瞳位置(近轴)
	EXPP	以像面为零点的出瞳位置
	EPDI	入瞳直径
拉氏不变量	LINV	拉氏不变量,用指定波长近轴子午和主光线数据计算
数 值 孔 径 和 F/#	WFNO	Working F/# 的简写,$W = 1/2n'\sin\theta'$,其中 θ' 为像空间边缘光学孔径角,n' 为像空间折射率
	ISFN	像方近轴 F/# 的简写,表示近轴有效焦距/近轴入瞳直径
	SFNO	Sagittal Working F/# 的简写,指定视场与波长的弧矢工作 F/#
	TFNO	Tangential Working F/# 的简写,指定视场和波长的子午工作 F/#
	OBSN	物方数值孔径(Object Space Numerical Aperture)的缩写,针对轴上点的主波长计算物空间的数值孔径

表 3-4　常用像差控制操作符

参数名称	操作符	参数说明
初级球差	SPHA	球差值(指定表面与波长),单位:λ。如果指定表面为 0,则指整个系统的球差总和。因没有指定 Px,Py,故只为初级球差
彗差	COMA	彗差值(指定表面与波长),单位:λ。如果指定表面为 0,则指整个系统的彗差总和。没有指定孔径(Px,Py)与视场(Hx,Hy),因此仍为三级彗差(属赛德像差)
像散	ASTI	三级像散(指定表面与波长),单位:λ
场曲	FCGS	归一化弧矢场曲(指定视场和波长)
	FCGT	归一化子午场曲(指定视场和波长)
	FCUR	场曲(指定表面与波长),单位:λ。如果指定表面为 0,则指像面上的场曲
畸变	DIST	畸变(指定表面与波长),单位:λ。如果指定表面为 0,则指像面上的总畸变
	DIMX	最大畸变(指定视场与波长)。如果指定视场号为 0,则指最大视场。对非旋转对称系统无效
	DISC	标准畸变(指定波长),用于设计 f-θ 透镜
	DISG	归一化百分比畸变(指定波长)。指定任何视场点作为参考,同时指定归一化视场和孔径
色差	AXCL	近轴轴向色差
	LACL	垂轴色差
垂轴几何像差(主光线参照)	TRAR	垂轴几何像差(指定波长、视场和孔径)
	TRAD	TRAR 的 x 分量
	TRAE	TRAR 的 y 分量
	TRAI	垂轴几何像差半径(指定表面、波长、孔径和视场)
	TRAX	X 面(弧矢面)内的垂轴几何像差(指定波长、孔径和视场)
	TRAY	Y 面(子午面)内的垂轴几何像差(指定波长、孔径和视场)
	RSRH	几何像点的 RMS 尺寸
垂轴几何像差(质心参照)	TRCX	垂轴几何像差的 X 分量(指定波长、孔径和视场)
	TRCY	垂轴几何像差的 Y 分量(指定波长、孔径和视场)
	TRAC	对于质心的垂轴像差
	RSRE	几何像点的 RMS 尺寸
波像差	OPDC	以主光线为参照的波像差(指定波长、孔径和视场),单位:λ
	OPDM	以均值为参照的光程差(指定波长、孔径和视场)
	OPDX	以质心为参照的光程差(指定波长、孔径和视场)
	ZERN	泽尼克系数

表 3-5　常用光学传递函数(MTF)操作符

参数名称	操作符	参数说明
衍射传递函数	MTFA	平均衍射调制传递函数
	MTFT	子午衍射调制传递函数
	MTFS	弧矢衍射调制传递函数
几何传递函数	GMTA	平均几何调制传递函数
	GMTS	弧矢几何调制传递函数
	GMTT	子午几何调制传递函数

表 3-6　透镜参数操作符

参 数 名 称	操 作 符	参 数 说 明
玻璃厚度与空气间隔	MNCG	最小玻璃中心厚度
	MNEG	最小玻璃边缘厚度
	MXCG	最大玻璃中心厚度
	MNCA	最小空气中心厚度
	MXEG	最大玻璃边缘厚度
	MNEA	最小空气边缘厚度
	MXCA	最大空气中心厚度
	MXEA	最大空气边缘厚度
适合于控制玻璃,也适合于控制空气间隔	MXET	最大边缘厚度
	MNCT	最小中心厚度
	MNET	最小边缘厚度
	MXCT	最大中心厚度
适用于非旋转对称系统	XNEG	最小玻璃边缘厚度
	XNEA	最小空气边缘厚度
	XXEG	最大玻璃边缘厚度
	XXEA	最大空气边缘厚度
	XNET	最小边缘厚度
	XXET	最大边缘厚度
单个光学表面的控制符	CTLT	中心厚度小于
	CTGT	中心厚度大于
	CTVA	中心厚度值
	ETGT	边缘厚度大于
	ETLT	边缘厚度小于
	ETVA	边缘厚度值
总厚度	TTLT	总厚度小于
	TTGT	总厚度大于
	TTVA	总厚度值
	TTHI	指定起始面到最后一个面之间的光轴厚度总和
	TOTR	从第一面到像面,称为系统总长或光学筒长,无指定参数
透镜表面形状	CVVA	曲率值
	CVGT	曲率值大于
	CVLT	曲率值小于
	SVGZ	XZ 平面内矢高
	COGT	Conic 大于
	COLT	Conic 小于
	COVA	Conic 值
	SAGY	YZ 平面内矢高
透镜口径(口径与厚度比)	DMVA	口径值
	DMGT	口径大于
	DMLT	口径小于
	MNSD	最小半口径
	MXSD	最大半口径
	MNDT	最小直径与中心厚度之比

表 3-7　光学材料操作符

参 数 名 称	操 作 符
MNIN	最小 d 光折射率
MNAB	最小阿贝色散系数（Vd）
MNPD	最小部分色散（ΔP_{gF}）
MXIN	最大 d 光折射率
MXAB	最大阿贝色散系数（Vd）
MXPD	最大部分色散（ΔP_{gF}）

表 3-8　数学运算操作符

参 数 名 称	操 作 符
ABSO	某一操作符结果的绝对值
SUMN	两个操作符结果的和
OSUM	指定面操作符之间所有操作符之和
DIFF	两个操作符结果的差
PROD	两个操作符结果的积
DIVI	两个操作符结果的商
SQRT	操作符结果的平方根
OPGT	操作符结果大于
OPLT	操作符结果小于
CONS	定义一个常数
RECI	获得指定操作符的倒数
QSUM	Quadratic Sum 平方和再开方
EQUA	几个操作符跟目标值产生相同的差值
MINN	最小值
MAXX	最大值
COST	余弦
SINE	正弦
TANG	正切
ACOS	反余弦
ASIN	反正弦
ATAN	反正切

3. 执行优化过程

在优化（Optimization）菜单下单击快捷按钮"优化"（Optimization）会打开"局部优化"（Local Optimization）对话框,优化执行界面如图 3-36 所示。对话框中可选优化所用的算法,如图 3-36 中的 "阻尼最小二乘法"（Damped Least Square Method）。对话框左下方还显示了"初始的优化函数值"（Initial Merit Function）和"当前优化函数值"（Current Merit Function）。单击"开始"按钮即可执行优化操作。随着优化执行的过程,可以看到当前优化函数值不断减小到某个值停止,优化完成。

最优的情况是当前优化函数值不断变化至 0,根据优化函数 $\mathrm{MF}^2 = \sum W_i (V_i - Vt_i)^2 / \sum W_i$ 可知,此时所有目标操作符 V_i 都达到了设定的目标 Vt_i。目标操作符 $V_i = F(r,d,m,\cdots)$ 作为因变量,透镜系统参数 r、d、m 等作为自变量,其变化方式都是梯度变

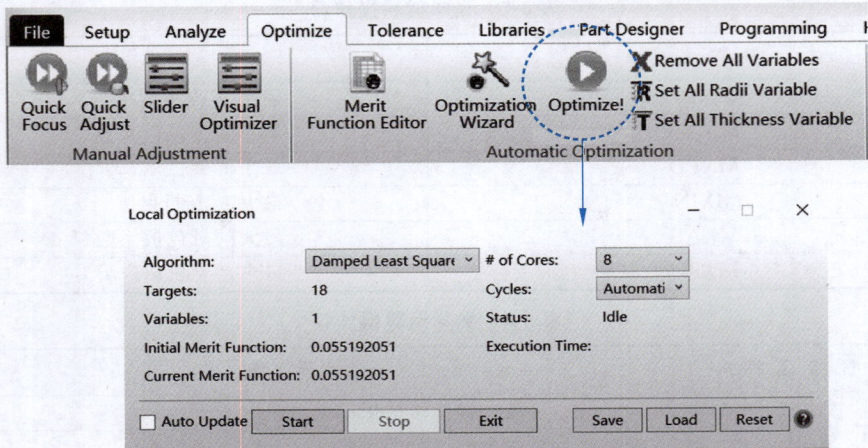

图 3-36　优化执行界面

化，以寻求 MF^2 的最小值。各类目标操作符函数均为多维函数 $V_i = F(r,d,m,\cdots)$，以最简单的一维函数 $V_1 = F(r)$ 为例，并且优化函数中仅有一个目标操作符（设目标值为 0），即 $MF^2 = (V_1)^2 = F(r)^2$。优化示意图如图 3-37 所示，并且现有的结构参数 $r = r_0$ 使得初始的 MF^2 在 A_0 点处，优化沿着左右两个方向进行，MF^2 随着参数 $r = r_0 + \Delta r$ 变化，直到到达局部极小 A 处。此后 MF^2 在两个方向上变化其值都是变大的，因此可能陷入该局部极小，而忽略了真正的最小值 B 处。优化过程中较大的步长 Δr 容易使得优化函数错过最小值点，太小的步长 Δr 将增加计算量和优化时间。而能否达到最小值 B 处的另一个影响因素便是优化

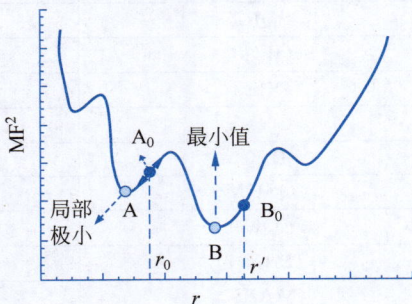

图 3-37　优化示意图

起点，即系统初始结构，假如优化的初始点在 $r = r'$ 处，在这一起点 B_0 处优化驱使评价函数逐渐降低，很容易达到全局最低点 B。

　　实际上，Zemax 还提供了全局优化（Global Search）的操作，使用多个起点同时优化，找到系统评价函数值最小值，但是这种优化方法非常耗时。还有一种优化方式叫作锤形优化（Hammer Current），锤形优化加入了专家算法，可帮助我们按有经验的设计师的设计方法处理系统结果。虽然也属于全局优化类型，但它更倾向于局部优化，一旦使用全局搜索找到了最佳结构组合，便可以使用锤形优化来精细锤炼这个结构。

3.4.3　单透镜优化实操

　　下面以 3.4.1 节的单透镜聚焦为例。某光学透镜入瞳口径为 8mm，光阑在透镜前 10～30mm，最大视场为 10°，焦点在透镜后 100mm。设计目标为：全视场的点列图 RMS 半径为 0（实际小于 $30\mu m$ 即认为达到目标）。

　　首先建立基本结构模型，光阑初步设置在透镜前 20mm 处，设置波长和视场。通过估算初步参数或调节曲率半径，使得焦点落在透镜后 100mm 处像面的附近。进而设置透镜的两个曲率半径和光阑距离作为变量，由于优化目标为点列图半径，可直接使用向导式优化

函数,执行优化过程。优化前后系统参数如图 3-38 所示。

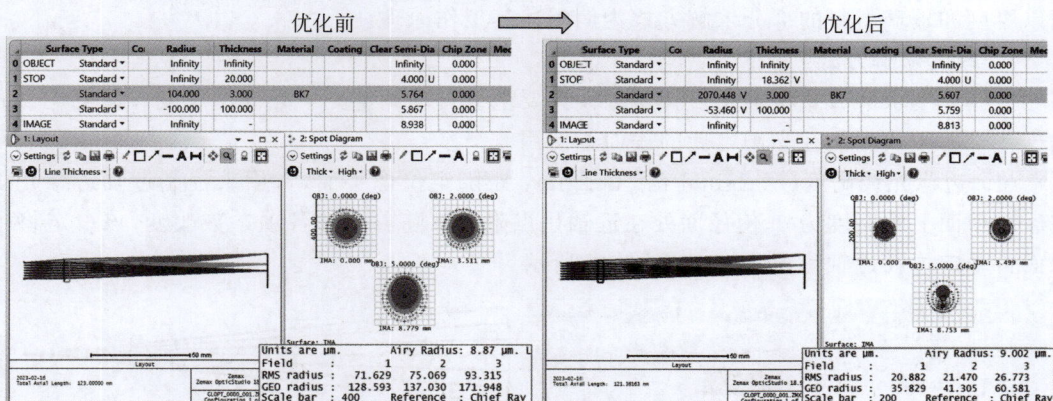

图 3-38　优化前后系统参数

　　如把系统要求进一步限定为透镜的聚焦在其后 100mm 处,且其有效焦距为 102mm。此时有效焦距不是直观参数,需要设为优化目标来实现。观察上一个优化结果中底部状态栏显示的有效焦距(EFFL)为 100.889mm。注意,向导式优化中无法设置有效焦距作为优化目标,因此需要使用混合式优化函数,即除了利用向导式优化函数外,还应增加自定义优化函数。二次优化结果如图 3-39 所示,在优化函数编辑器中插入空白行,增加优化操作符 EFFL,目标为 102mm,权重参考优化函数编辑器中其他操作符的权重(可设为 0.2),此处也可以看到 EFFL 的当前值为 100.889mm,波长选择主波长序号 2。再次执行优化后,结果如图 3-39 所示,EFFL 达到 101.999mm,实现了设计目标。

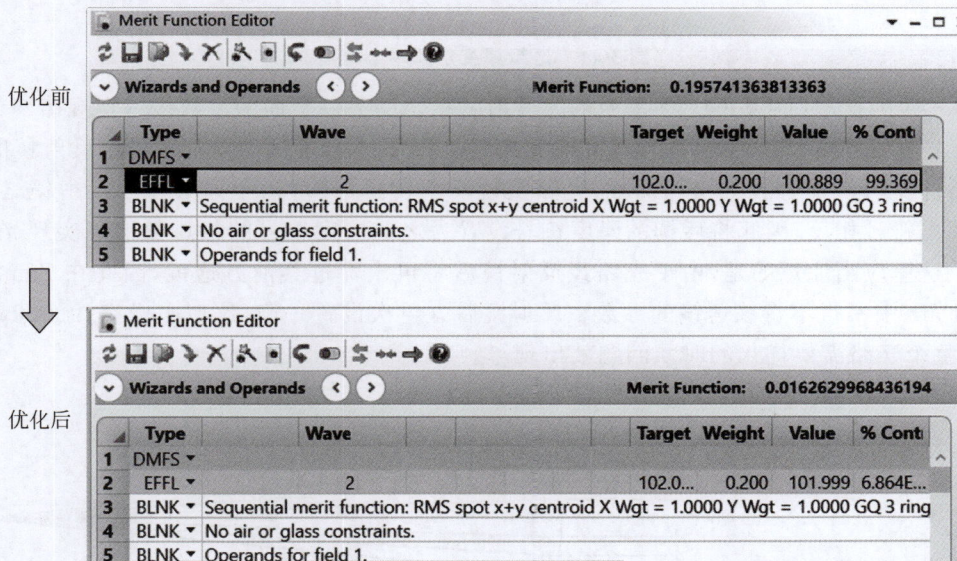

图 3-39　二次优化结果

3.4.4　优化变量的 solve 类型

在 3.4.2 节设置优化变量时,透镜参数编辑器中参数的求解类型除了变量(Variable)

视频讲解

外,还有其他的求解方式,并且对于曲率半径、厚度以及玻璃材料的求解方式各有不同。下面以厚度和玻璃材料的部分求解方式为例阐述其工作原理。

1. 厚度求解方式

这些厚度求解方式根据用户特定的设计要求会自动调整光学元件的厚度。值得注意的是这些求解方式只能在光阑之后的表面上使用。

(1)边缘光线高度(Marginal ray height):跟随定位像平面,常用来控制近轴边缘光线在后一个面上的高度为 0,使像面处在近轴焦点附近。随着系统各项参数改变,该设定将把像面自动定位在近轴焦点像面,如图 3-40 所示。

	Surface Type		Radius	Thickness	Material	Clear Semi-
0	OBJECT	Standard ▾	Infinity	Infinity		0.000
1		Standard ▾	100.000 V	5.000	BK7	10.000
2	STOP	Standard ▾	-100.000 V	95.598 M		9.862
3	IMAGE	Standard ▾	Infinity	-		0.171

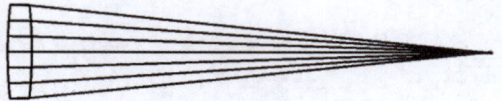

图 3-40　边缘光线高度求解厚度

(2)主光线高度(Chief ray height):以近轴主光线高度定位光瞳面,多用于远心光学系统的光瞳定位,其用法详见 7.3.2 节。

(3)边缘厚度(Edge thickness):控制两个面之间的距离,用以定义某个半径处的厚度保持设定值不变,用在最大半径处可避免边缘厚度为负或边缘太尖锐,如图 3-41 所示。

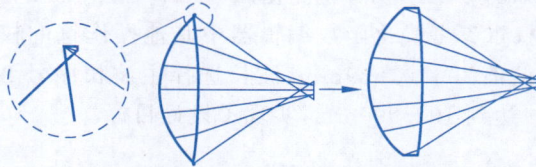

图 3-41　边缘厚度求解中心厚度

(4)跟随拾取(Pickup):使表面的厚度值随指定的另一个面的参数按一定规律变化,主要用于包含多个相同元件的系统或逆向光路中。如图 3-42 所示,当光路遇到反射镜时,只需将器件材料设置为 Mirror,后续的光路实现反向传播,其传播距离必须与反射镜之前的传播距离符号相反,因此将后续的厚度符号设置为之前厚度符号的相反数即可实现光路的反转。这里应当注意的是,由于光路经反射镜后将再次穿过其前方透镜,因此在 Zemax 的 Lens Data 中不得不将该透镜的参数在反射镜后方再次设置一遍,这似乎没有什么问题,但是,当整个光路需要优化的时候问题就出现了。

Curvature solve on surface 4

Solve Type: Pickup
From Surface: 2
Scale Factor: 1
From Column: Current

图 3-42　往复光路的优化与 Pickup 参数设置

如图 3-42 所示,上述透镜系统由于反射镜的作用被往复穿过一次,在 Zemax 的 Lens Data 中该透镜系统的参数(如曲率半径、厚度等)则出现了两次,当优化最终出射光波的特性时,需要将两次出现的透镜系统参数均设为变量,但是这两次重复设置的变量参数在优化中却不能保持相同的变化,导致优化完成后光路往复的不是同一个透镜。因此需要实现变量的跟随才能避免这一状况发生。而 Zemax 中透镜表面的 Solve Type 中的 Pickup 功能则很好地解决了这一问题。Pickup 的参数设置可以指定某一参数与数据编辑器中在该参数之前出现的某一参数的跟随关系,如复制、倍数、指定差距等关系。在图 3-42 中就可以利用该方法指定光线返回时经过的透镜参数(例如曲率半径)保持与前次透过的透镜参数一致,优化时仅需要设置前次透过的透镜参数为变量即可。

2. 玻璃材料求解方式

虽然 Zemax 的玻璃建模一般以名称进行命名,也可以将其改为 Model 模式,显示其折射率和阿贝系数,这样就可以实现参数优化了。但折射率和阿贝系数连续优化容易出现问题,即优化完成的折射率和阿贝系数组合并不一定有真实玻璃材料能与之对应,当设计者将其变回玻璃名称时,系统会自动以接近的玻璃材料名称进行替换,这样导致优化结构又被破坏。也就是说,以折射率和阿贝系数作为完全变量进行连续优化具有固有缺陷,设计者只希望这些玻璃材料的每个变化都有相应的真实材料与之对应,跳过那些不切实际的材料,这实际上是一种离散的优化方式。Zemax 中的玻璃替代(Substitute)就是这样的求解方式。优化过程中自动执行真实玻璃材料的迭代替换。但此类优化一般需要在全局优化(Global Search)或锤形优化(Hammer Current)下执行,否则可能优化空间太小。

3.5　Zemax 辅助光学设计总体思路

值得注意的是,Zemax 软件只是一个光学设计辅助软件,也就是说,该软件不能教你怎么去进行光学设计,而只能对你设计的光学系统进行性能优化以达到最佳成像质量,然而最终的优化走向也不一定是朝着最优结构,而是与前期的方案和初始结构有关。一般来说,Zemax 辅助光学设计思路如下。

1. 确定总体原理方案和技术参数要求,画出系统布局图

首先根据所要设计的光学系统用途进行总体原理方案设计,例如望远系统和显微系统采用物镜和目镜的搭配方案,激光扩束系统采用聚焦准直或发散准直的双透镜组方案。进而确认系统技术指标要求,如视场、数值孔径、焦距、外形尺寸等,其中有些参数可能已经由设计委托者给定,有些参数需要自己计算,这个阶段的参数计算一般按照理想光学系统的理论和公式进行计算,这个步骤还要考虑光学系统最终在配合机械结构和电气结构上的可行性。按照上述原理方案,初步画出光学系统整体结构的初始布局。

2. 按照上述布局,进行分系统(组件)的选型

例如,若明确了望远镜系统的方案是物镜加目镜的布局,则要根据技术指标要求对物镜和目镜进行初步选型。物镜和目镜的典型结构有很多种,适用于不同场合,如很多物镜是专用于显微系统的,孔径很小,无法用于望远结构。还可以根据倍率选择合适的目镜。

3. 确定初始结构

这是光学设计较为重要的一环,良好的初始结构参数可以使后期优化事半功倍。在组件选型结束后,还要对组件之间的透镜参数和组件之间的配合参数(如间距)进行初步确定。一般可以采用以下两种方法。

（1）**传统代数计算法**：根据像差计算方法，利用初级像差理论公式来计算满足要求的初始结构，即确定系统各透镜的曲率半径、透镜厚度和空气间隔、玻璃材料折射率和色散系数等参数。例如著名的 PW 法，就是把初级像差系数变换成以参数 P 和 W 表示的形式。进行光学系统设计时，当光学系统中各个薄透镜组的光焦度和相互位置确定后，近轴光线在各透镜（组）上的入射高度也就确定了。每组的像差就可以由 P、W 这两个参数确定，所以把 P、W 称为薄透镜组的像差参量（或称为像差特性参数）。利用初级像差理论求解的初始结构，对小孔径小视场的光学系统很有效。但是在解初始结构参数时，没有考虑高级像差，又略去了透镜的厚度，因此它只是一个近似解，其近似程度取决于所要求的视场和孔径的大小。即使如此，对于复杂的光学系统也比随意选择的初始结构更接近最优解。然而，随着计算机以及各类辅助设计计算软件的出现，代数的像差计算已经不再是光学设计者的主要任务了，现代光学设计者常用的是缩放修正法。

（2）**缩放修正法**：前人已经将很多性能优良的光学系统记录成册，如《光学设计手册》或很多公开的光学设计专利。在这些文献中选择一些光学特性与所设计的系统接近的结构作为初始结构，会给设计者节省很多计算初始结构的时间。尤其是设计高性能的复杂系统时，可以先经过一定的尺寸缩放到所设计的大致尺寸或焦距，并根据指标之间的对比吸取优点，后期通过软件辅助像差计算逐步优化，达到满足要求的成像质量。值得注意的是，很多公开专利属于外文专利，其采用的玻璃材料牌号与国产的玻璃牌号不相符，需要用国产玻璃牌号代替，表 3-1 中有对应玻璃列表，例如德国肖特（Schott）玻璃牌号 BK7 对应的是成都光明（CDGM）的 K9。如没有直接对应的玻璃替换，应尽量选择阿贝色散系数接近的玻璃以防止增加色差。另外，在进行像差矫正前一定要检查边界条件，以防止经过缩放以后的结构出现透镜的中心厚度变薄、边缘变尖锐或者异形以及透镜间出现碰撞的情况。

4. 软件辅助设计优化

将分系统的初始结构输入光学设计软件，如 Zemax 中进行像差评价，并且进行分系统像差优化矫正。最终在 Zmeax 中进行总体结构的像差评价与矫正。

5. 参数修正与成本控制

随着行业需求的增长，光学设计师需要在设计中考虑光学材料、加工、镀膜和装调的各个方面，还需要了解如何将成本与预期应用的需求相结合。在设计阶段做出的看似无关紧要的选择可能在加工和装配阶段是至关重要的。

（1）**曲率半径**：加工厂商可能通过最普通的等厚干涉装置来检测自己加工的镜头表面曲率和质量，如图 3-43 所示。因此要根据加工厂商的样板文件找接近的曲率半径，将接近的曲率半径修改成和商家一致，由此导致的像差要再进行局部优化，并且最后用空气间隔和透镜厚度来优化补偿。另外，一片透镜的两个面若曲率半径相等，则可以省去很多检测和装配的麻烦，因为使用同样的检测样板即可，也避免了两面难以分辨出现装调方向错误。

图 3-43　样板测试

（2）**直径**：最终的镜头直径应适应镜头安装结构（图 3-44（a））。当镜头安装在机械内径中,可能会由于隔片、固定环或安装座/架子反射的光线而产生眩光。相比之下,从较大内径反射的杂光更容易被系统的孔径光阑所阻隔。如果透镜存在镀膜,镀膜区域的直径应大于安装内径,以避免暴露未镀膜的镜头表面区域。通常,设计 6～20mm 口径的光学元件一般预留 0.6～1.0mm 的外径,设计 20～40mm 口径的元件需要比通光孔径直径多预留 3mm 左右的外径。为了在生产中可重复加工和修正,镜片毛坯通常应比设计镜片直径大 2mm 以应对加工过程中造成的相关误差,例如由于抛光工具对透镜毛坯边缘施加过度磨损而导致的表面变形,称为"卷边"(图 3-44(b))。

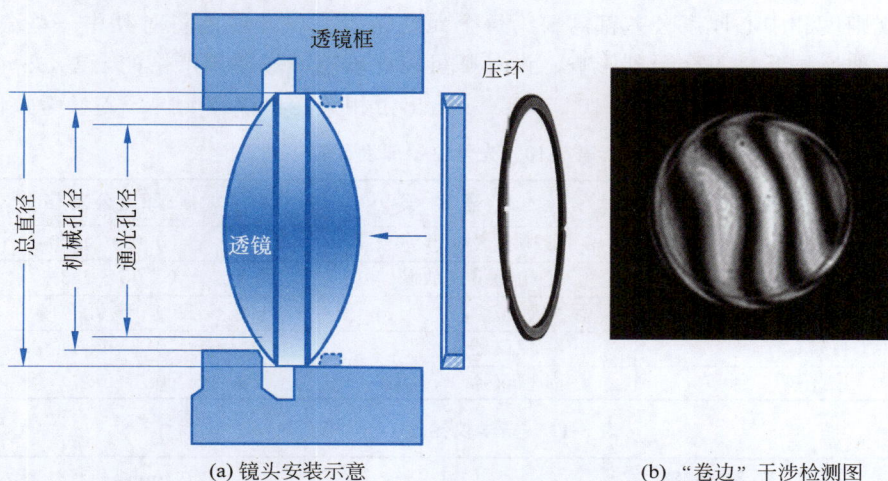

(a) 镜头安装示意　　　　　　　　　　(b) "卷边" 干涉检测图

图 3-44　光学元件直径设计考虑因素

（3）**厚度**：通常情况下,为了控制材料体积,从而控制最终产品的重量,设计师会尽量减小中心厚度值。为了色差矫正,设计软件将倾向于采用薄透镜,即较高的直径中心厚度比(直径/中心厚度)。直径中心厚度比对成本的影响可能因透镜形状而异。如果保持在10：1 以下,则并不影响成本。当比例接近 15：1 时,低倍率透镜和半月板透镜的成本开始上升。另外由于不同曲率半径表面会导致中心厚度和边缘厚度差距不同,表 3-9 给出了在不同直径的情况下,正透镜边缘和负透镜中心的最小厚度作为设计参考。

表 3-9　正透镜边缘和负透镜中心的最小厚度

透镜直径 D/mm	正透镜边缘最小厚度 t/mm	负透镜中心最小厚度 d/mm
3～6	0.4	0.6
6～10	0.6	0.8
10～18	0.8～1.2	1.0～1.5
18～30	1.2～1.8	1.5～2.2
30～50	1.8～2.4	2.2～3.5
50～80	2.4～3.0	3.5～5.0
80～120	3.0～4.0	5.0～8.0
120～150	4.0～6.0	8.0～12.0

注：波浪线表示的范围均包含左右两侧值；由于领域不同,正透镜边缘最小厚度、负透镜中心最小厚度的取值标准不同,所以给出的是一个范围。

（4）**材料**：玻璃材料的种类在很大程度上影响成本。例如,如果假设最常用的光学玻璃 BK7 价格为 1，则 SF11 的价格值为 5，而 LaSFN30 的价格则为 25。设计软件通常提供一个 Model 玻璃类型的选项，允许设计者任意指定折射率和色散值。虽然这种设定通常会产生更快的优化结果，但应该谨慎使用，以避免使用昂贵且难以控制的玻璃类型。许多光学设计师会使用个性化的玻璃目录，通常包含较便宜、容易获得和具有其他理想特性的玻璃类型。这种方法虽然较慢，但可以提供较便宜的设计。

6. 公差分析

初始设计完成后，设计师的下一个任务就是为各种参数分配适当的公差。直径、楔形、功率/不规则度和中心厚度公差都需要为每个元件指定。设计性能将对其中一些公差更加敏感，而其他区域几乎不会受到影响。设计师可以在敏感区域使用严格的公差，并允许在其他区域使用更宽松的公差。表 3-10～表 3-13 给出了相关光学仪器元件公差参考数值。

表 3-10　光学仪器厚度公差

透 镜 类 别	仪 器 种 类	厚度公差/mm
物镜	显微镜及实验室仪器	±(0.01～0.05)
	照相物镜及放映镜头	±(0.05～0.3)
	望远镜	±(0.1～0.3)
目镜	各种仪器	±(0.1～0.3)
聚光镜	各种仪器	±(0.1～0.5)

表 3-11　光学仪器偏心允许范围

系 统 类 别	偏心/mm
显微系统	0.002～0.01
摄影与投影系统	0.005～0.1
望远系统	0.01～0.1
聚光系统	0.05～0.1

表 3-12　玻璃平板不平行度允差参考数值

玻璃平板性质		不平行度 θ	玻璃平板性质	不平行度 θ
滤光保护玻璃	高精度	3″～1′	表面涂层的平面反射镜	10′～15′
	一般精度	1′～10′		
分划板		10′～15′	背面涂层的平面反射镜	2″～30′

表 3-13　光楔角度公差 θ

光 楔 性 质	角度公差 θ
高精度	±0.2″～±10″
中精度	±10″～±30″
一般精度	±30″～±1′

综上所述可知，光学系统设计实际上是一门综合性的学问，涉及多个交叉学科知识，正如王大珩院士在《论光学工程》中提到的那样："光、机、电、算"已成为现代工程与技术的主要内涵。光的含义也已远远超出传统意义上的望远镜、显微镜等光学仪器。当前的光学仪器（其中大部分指测试计量仪器）已进入光（光学）、机（精密机械）、电（电子）、算（计算机）相结合的光电子技术的新时代。它表现在多功能、高效率的光机电算一体化，技术手段的自动

化、智能化、数字化,获取数据从静态转向动态,从有感信息到无感信息。

拓展阅读

常用光学辅助设计软件

1) Zemax

Zemax 软件通过精简光学工程师、机械工程师以及制造工程师之间的工作流与交流过程,帮助公司更快产出高品质的设计。Zemax 软件包括光学设计软件 OpticStudio,用于帮助 CAD 用户封装光学系统的 OpticsBuilder,以及专为制造工程师打造的 OpticsViewer。它分为标准版、专业版、旗舰版,其中旗舰版包含了专业版的所有特性,并加上了更加完整的照明分析设计、荧光和荧光模拟,以及完整的光谱、光源和散射数据库等功能。

2) CODE V

CODE V 是由美国著名的 Optical Research Associates(ORA)公司研发的具有国际领先水平的光学工程软件。CODE V 能够分析优化各种非对称、非常规复杂光学系统,包括带有三维偏心和/或倾斜的元件,特殊光学面如衍射光栅、全息或二元光学面、复杂非球面,以及用户自己定义的面型等。其非顺序面光线追迹功能可以方便地处理屋脊棱镜、角反射镜、导光管、光纤、谐振腔等具有特殊光路的元件,而多重结构概念则包括了常规变焦镜头,带有可换元件、可逆元件的系统,扫描系统和多个物像共轭的系统等。CODE V 还提供了对光学系统进行全方位设计、评价、公差分析、价格评估等功能,对光学系统发展具有相当大的贡献与深远的影响。

3) LucidShape

LucidShape 是汽车照明设计任务中功能最强大、最先进的计算机辅助照明(CAL)设计软件之一。它是针对汽车应用优化的专用算法,LucidShape 有助于汽车前端、后端和信号照明以及反射器的设计。

4) SPEOS

SPEOS 是建立和分析高强度和创新的光照系统的最实用的方案之一。SPEOS 可以打造出一个视觉的模拟,并且迅速地尝试各种不同的可能性,提供给产品更快、更广泛的解决方案,从而得到最高效的产品设计。

5) OSLO

OSLO 用来决定光学系统中最佳的组件大小和外形,例如照相机、客户产品、通信系统、军事/外层空间应用以及科学仪器等。除此之外,它也常用于仿真光学系统性能,并开发一套专门针对光学设计、测试和制造的软件工具。

6) TracePro

TracePro 是一套功能强大的照明系统及非成像光学机构软件,其用于光学设计、分析并提供易于操作的界面。TracePro 结合蒙特卡洛(Monte Carlo)光线追迹、分析、CAD 汇入/汇出,并通过复杂且强大的巨集语言来进行优化设计,以解决各种照明设计上的问题。

7) ASAP

ASAP 为光学系统设计人员提供了无与伦比的灵活性、速度和准确性,可准确预测汽车照明、生物光学系统、连贯系统、显示器、成像系统、光导管、灯具和医疗设备的实际性能。ASAP 能够模拟很多光学系统的物理特性,将几何和物理光学与光学和机械系统的完整 3D

模型结合在一起。内置的图形工具允许模型几何体、光线追踪细节和结果分析的可视化。

习题

1. 利用 Zemax 完成 45°倾斜 BK7 玻璃板的透射模拟。

2. 在 Zemax 中模拟透镜，口径为 40mm，平行光入射情况下，0°，5°和−5°视场下的聚焦情况，观察 SPT 图。

3. 在 Zemax 中模拟口径为 30mm 的透镜，物面位于透镜前 100mm，光阑位于透镜后 20mm，控制光阑处的通光口径为 15mm，像面处像高为 2mm。

4. 在 Zemax 中，以垂轴放大率为优化操作符，创建一个垂轴放大率为 0.2 的成像透镜。

5. Zemax 默认优化函数中以 SPT 半径和波前 RMS 为优化目标分别更适用于哪种光学系统模型？

6. 在 Zemax 中当透镜材质为 BK7 时，能否模拟波长为 300nm 的成像情况？为什么？

7. 当平行光穿过倾斜透镜时，交点处的波前状态如何？请利用 Zemax 建模说明。

8. 请在 Zemax 中将一块口径为 25mm，焦距为 100mm 的透镜缩放成口径为 50mm，焦距为 200mm 的透镜。观察 Zemax 的缩放功能对哪些参数可以实现共同缩放，哪些参数不能缩放需要自行修正。

9. 在 Zemax 中任选一块玻璃材料，找到中国成都光明（CDGM）等效替代品名称，观察其是否产生影响。

10. 设计一个 20mm 口径的单透镜，对无穷远成像，像面距离透镜 200mm，要求 MTF 曲线值在 50lp/mm 处大于零。

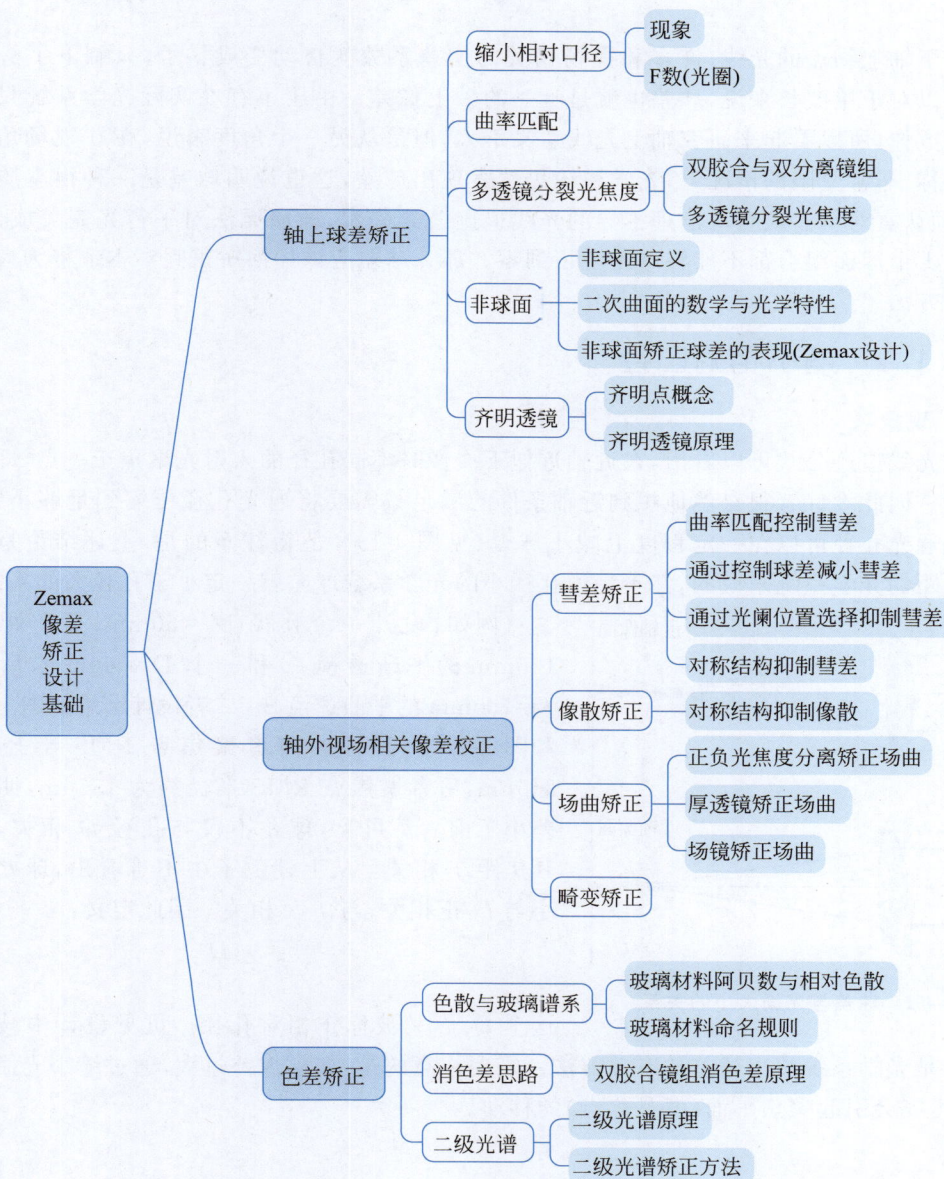

4.1 轴上球差矫正

对于轴上物点的光线,许多和视场相关的像差系数就自动变成零了,只剩下了一项球差。所以对于单波长来说,球差也就是唯一的轴上像差。由于不存在实际光学系统只对轴上光线成像,所以看起来研究轴上光线意义不大,但是从另一个角度来说,在 0°视场角这样非常对称、非常受限的情况下,光学系统仍然表现出球差,这也说明球差是一种很本质的像差,必须认真对待。从费马定理推导的光线追迹公式来看,球面无法对平行光完美成像,无论用多少个球面组合都不能将球差矫正到零。那么球差应该如何矫正呢?本节将为大家介绍几种方法。

4.1.1 缩小相对口径

1. 现象

从光线追迹公式可以看出,在近轴近似下成像时不同孔径的入射光聚焦于一点,即可消除球差。因此设计者很自然地想到近轴条件的满足只需要将通光孔径压缩到足够小即可,即缩小通光孔径可以在一定程度上减小球差(见图 4-1)。值得注意的是,上述结论是针对既定焦距的光学系统来说的,并不是说孔径小的光学系统球差就一定小于孔径大的系统。

例如,设计一个孔径 $D=50\mathrm{mm}$,后焦距 $f=100\mathrm{mm}$ 的平凸透镜 A 和一个 $D=60\mathrm{mm}$,后焦距 $f=200\mathrm{mm}$ 的平凸透镜 B。二者设计结果如图 4-2(a)和图 4-2(b)所示。前者聚焦点 RMS 半径约为 $345\mu m$,后者聚焦点 RMS 半径约为 $135\mu m$,明显球差小于前者。可见,球差不仅与孔径 D 相关,还和其焦距 f 相关。从上述例子中不难看出,球差的大小与 D 正相关,与 f 负相关。因此定义:

$$\delta \propto \frac{D}{f} \tag{4-1}$$

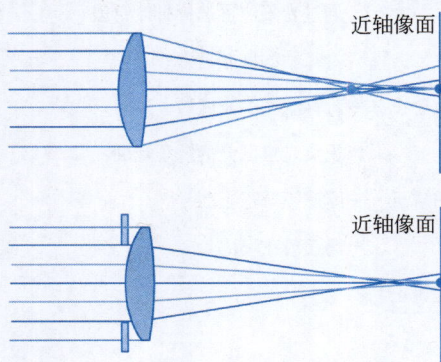

图 4-1　球差与光阑大小的关系

这个 D/f 又被称作相对孔径。可见设计中减小相对孔径是光学系统减小球差的有效方法。需要注意的是,如果像差过大,通过缩小光圈消除像差,可能会引起聚焦平面(就是焦点)的移动。

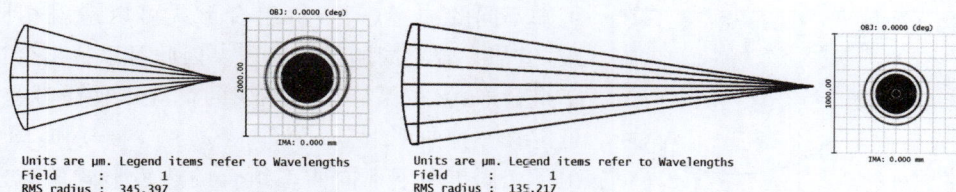

(a) D=50mm，后焦距为100mm的平凸透镜A　　　　(b) D=60mm，后焦距为200mm的平凸透镜B

图 4-2　不同相对孔径的球差

2. F 数（光圈）

如图 4-3 所示，相对孔径的倒数被称为 F 数，即

$$F/\# = \frac{f}{D} \tag{4-2}$$

实际相机中人们所说的光圈大小就是以 F 数来定义的，其数值并不是随意设置的，而是具有一定挡位的。挡位设计是相邻的两挡的数值相差 1.4 倍（$\sqrt{2}$ 的近似值）。相邻的两挡之间，孔径直径相差 $\sqrt{2}$ 倍，面积相差 1 倍，底片上形成的影像的亮度相差一倍，维持相同曝光量所需的时间相差一倍。完整光圈值系列如表 4-1 所示。

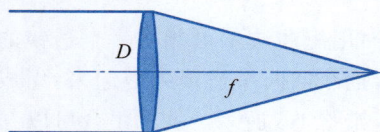

图 4-3　相对孔径和 F 数

表 4-1　完整光圈值系列

F/1.0	F/1.4	F/2.0	F/2.8	F/4.0	F/5.6	F/8.0	F/11	F/16	F/22	F/32	F/44	F/64

光圈的作用在于决定镜头的通光量。通常所说的大光圈表示其数值越小，通光量也就越多；小光圈表示其数值越大，通光量越少。简单地说，在很多摄影镜头中，在快门速度（曝光速度）不变的情况下，F 数值越小光圈越大，进光量越多，画面比较亮；F 数值越大光圈越小，画面比较暗。根据表 4-1 所示，上一级的光圈进光量刚好是下一级的两倍。例如光圈从 F/8 调整到 F/5.6，进光量增加一倍，就是通常说的光圈开大一级。对于消费型数码相机而言，光圈 F 值通常介于 F/2.8～F/11，如图 4-4 所示。此外，许多数码相机在调整光圈时可以做 1/3 级的调整。当然，为了保证像面光照度，不能为了控制球差而无限制缩小光圈。

图 4-4　消费型数码相机典型光圈

4.1.2　曲率匹配

常见的单透镜形式有平凸、平凹、双凸、双凹、弯月等形式，根据著名的"磨镜者公式"：

$$f = \frac{1}{(n_{\mathrm{L}}-1)\left(\dfrac{1}{r_1}-\dfrac{1}{r_2}\right)} \tag{4-3}$$

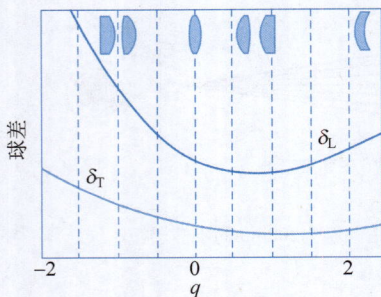

图 4-5　不同单透镜形式的像差分布

可知不同的曲率(r_1,r_2)组合形式可以造就相同的焦距,但却有着不同的像差表现。因此可以找出合适的曲率组合形式,在保持焦距不变的情况下使得球差最小。可定义一种曲率组合 $q=(r_1+r_2)/(r_1-r_2)$,图 4-5 给出了相同焦距下不同曲率组合的透镜形式的球差分布情况。从图 4-5 中可以看出双凸和平凸透镜的总体球差较小,并且根据经验值,透镜前后面曲率的比值约等于 $1:-6$ 时球差最小。平凸透镜制作要比其他非对称透镜更加简单和便宜,为了减少表面原路反射,一般凸面朝向平行光使用。

4.1.3　多透镜分裂光焦度

用配曲法不可能将一个透镜的球差完全消除,凸透镜的球差是负的,凹透镜的球差是正的,把凸凹两个透镜组合起来,组成一个复合透镜,可使某个入射高度(口径)h 上的球差抵消,如图 4-6 所示。这种组合可以分为双分离透镜组(图 4-6(a))和双胶合透镜组(图 4-6(b)),胶合透镜中两个透镜的胶合面曲率是一致的。双分离透镜组和双胶合透镜组本质上都是保持光焦度(焦距)不变,将一个透镜分裂成两个,但两个透镜的材料未必相同。

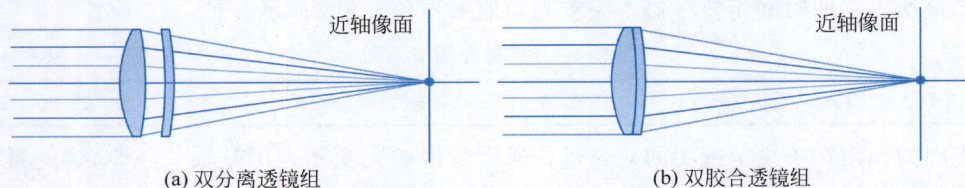

(a) 双分离透镜组　　　　　　　　　　(b) 双胶合透镜组

图 4-6　分裂光焦度

图 4-7 给出了焦距为 100mm 的双胶合和双分离透镜对于球差的矫正作用的 Zemax 仿真设计。由图 4-7 可见,双分离透镜比双胶合透镜更容易矫正球差,因为分离透镜的四个面曲率半径和间距都有自由度,而双胶合透镜仅有三个面的曲率半径自由度,其中两个面为了胶合必须保持曲率一致且间距为 0,从而牺牲了自由度。双胶合透镜的装配较双分离透镜更简单,同轴性更好,但对于温度急剧变化的环境,其适应性不如双分离透镜,可能发生胶合层脱落。

为了追求更卓越的球差矫正效果,可以采用更多的光焦度分离。如图 4-8(a)~图 4-8(c)所示,随着透镜片数的增加,球差得到更进一步的抑制。但是考虑到像差控制与成本的平衡,一般要对透镜的片数进行控制。除了高精度光学科研仪器或光刻物镜等高精尖领域,一般双光焦度分离和三光焦度分离足以满足大部分常用光学系统的球差控制要求。

4.1.4　非球面

1. 非球面定义

非球面光学元件指的是表面形状偏离球面的光学元件。由于其复杂的形状,非球面能够提供比传统平面、球面光学元件更大的自由度和灵活性,如图 4-9(a)所示。非球面的作用就是通过修改镜片表面的曲率,让近轴光线与远轴光线所形成的焦点位置重合,如图 4-9(b)

	Surface Type		Radius	Thickness	Material	Clear Semi-Dia	Chip Zone	Mech Semi-Dia	Conic	TCE x 1E-6
0	OBJECT	Standard ▼	Infinity	Infinity		0.000	0.000	0.000	0.000	0.000
1	(aper)	Standard ▼	46.141 V	6.000	BK7	15.000 U	0.000	15.000	0.000	-
2	STOP (aper)	Standard ▼	-45.577 V	3.000	SF2	15.000 U	0.000	15.000	0.000	-
3	(aper)	Standard ▼	-394.205 V	94.007 V		15.000 U	0.000	15.000	0.000	0.000
4	IMAGE	Standard ▼	Infinity	-		4.435E-04	0.000	4.435E-04	0.000	0.000

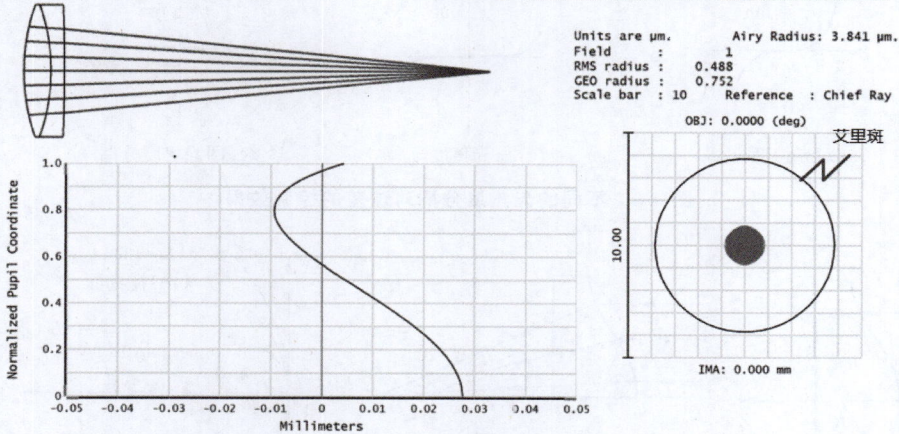

Units are μm.　　Airy Radius: 3.841 μm.
Field　　:　　1
RMS radius :　0.488
GEO radius :　0.752
Scale bar : 10　　Reference : Chief Ray

OBJ: 0.0000 (deg)

艾里斑

IMA: 0.000 mm

(a) 双胶合透镜

	Surface Type		Radius	Thickness	Material	Clear Semi-Dia	Chip Zone	Mech Semi-Dia	Conic	TCE x 1E-6
0	OBJECT	Standard ▼	Infinity	Infinity		0.000	0.000	0.000	0.000	0.000
1	(aper)	Standard ▼	49.010 V	6.000	BK7	12.000 U	0.000	12.000	0.000	-
2	(aper)	Standard ▼	-40.768 V	1.000		12.000 U	0.000	12.000	0.000	0.000
3	STOP (aper)	Standard ▼	-39.433 V	3.000	SF2	12.000 U	0.000	12.000	0.000	-
4	(aper)	Standard ▼	-223.349 V	92.235 V		12.000 U	0.000	12.000	0.000	0.000
5	IMAGE	Standard ▼	Infinity			1.651E-04	0.000	1.651E-04	0.000	0.000

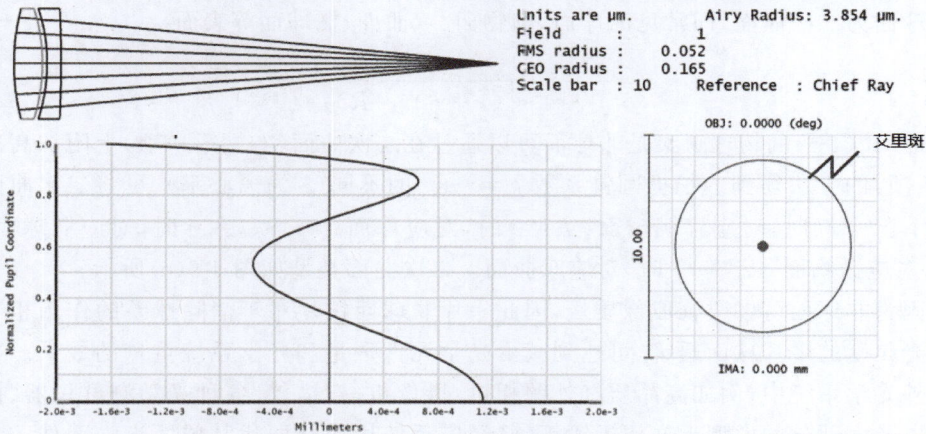

Units are μm.　　Airy Radius: 3.854 μm.
Field　　:　　1
RMS radius :　0.052
CEO radius :　0.165
Scale bar : 10　　Reference : Chief Ray

OBJ: 0.0000 (deg)

艾里斑

IMA: 0.000 mm

(b) 双分离透镜

图 4-7　双胶合和双分离透镜对于球差的矫正作用的 Zemax 仿真设计

所示。

如图 4-9(a)所示，非球面表面表达式可用其表面矢高表示（顶点位于原点）：

$$z = \frac{r^2/R}{1+[1-(1+k)(r/R)^2]^{1/2}} + A_4 r^2 + A_6 r^3 + \cdots \tag{4-4}$$

式中，z 为表面矢高；r 为距离中心的径向距离；R 为顶点曲率半径；k 为圆锥系数；A_4 和

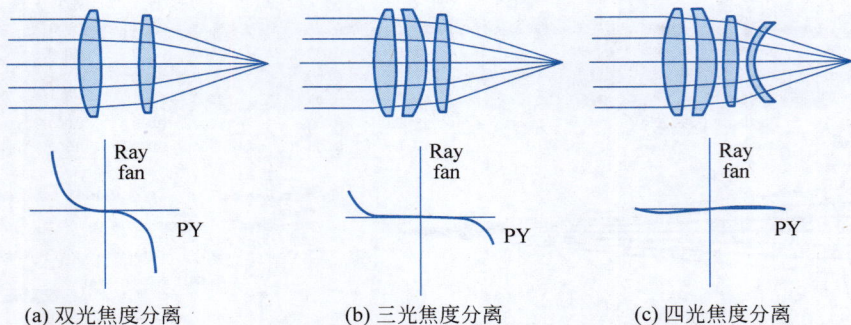

(a) 双光焦度分离　　　　(b) 三光焦度分离　　　　(c) 四光焦度分离

图 4-8　不同的光焦度分离对球差的控制效果

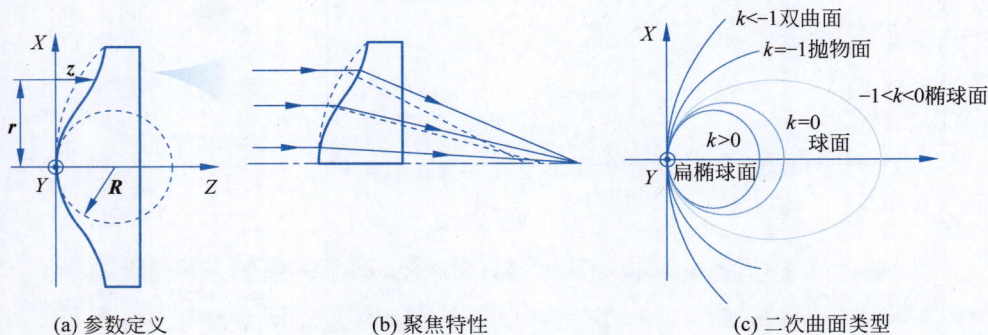

(a) 参数定义　　　　(b) 聚焦特性　　　　(c) 二次曲面类型

图 4-9　非球面定义

A_6 分别为 4 阶和 6 阶非球面系数。如果 A_4 和 A_6 等高阶项系数为 0,如式(4-5)所示,则表示该非球面为二次曲面,即常见的球面、抛物面、双曲面、椭球面等表面。

$$z = \frac{r^2/R}{1+[1-(1+k)(r/R)^2]^{1/2}} \qquad (4-5)$$

因此,式(4-4)的物理意义是非球面可以通过在二次曲面(右端第一项)上附加高次变形项(其余项)的方法得到。根据圆锥系数 $k=-e^2$ 的不同(e 为离心率),可将二次曲面类型细分如下:$k>0$ 时,对应扁椭球面;$k=0$ 时,对应球面;$-1<k<0$ 时,对应椭球面;$k=-1$ 时,对应抛物面;$k<-1$ 时,对应双曲面。二次曲面类型如图 4-9(c)所示。

正因为非球面可以改善成像质量,因此一片非球面镜片对于消除球差的作用相当于前述分裂光焦度的多片球面透镜,可达到减少光学元件数量和光学系统重量的效果。在红外和深紫外光学系统中,例如高品质红外照相机、摄像机、扫描仪、各种光学测试仪器、投影光刻物镜以及大部分的大型天文望远镜等,已经广泛使用非球面代替球面光学元件。在航空航天、天文光学、国防军事等高科技领域中,非球面光学元件已经成为起支撑作用的关键部件。为了研究非球面的性能,首先要了解最简单的二次曲面光学性能。

2. 二次曲面的数学与光学特性

二次曲面存在天然的成像共轭点,如图 4-10(a)所示,抛物面的焦点与无穷远为一对共轭点,椭球面的双焦点为一对共轭点,双曲面的双焦点为虚共轭点。如图 4-10(b)所示,这些成对的共轭点从数学上提供了天然的消球差点,比如抛物面反射镜可将平行光无球差地聚焦于其焦点处;椭球面反射镜一个焦点处的物点可以无球差成像于另一焦点;双曲面反射镜也可以像平面镜一样实现无球差虚像。这些焦点之间的光路是完全可逆的。

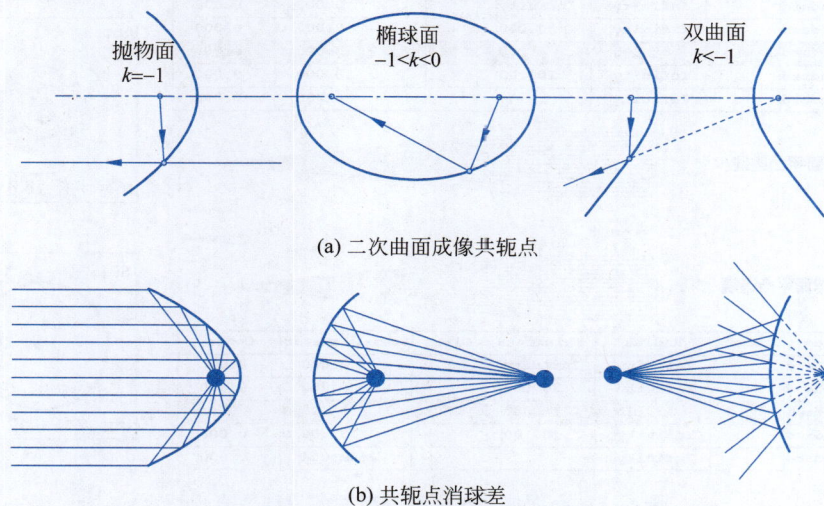

(a) 二次曲面成像共轭点

(b) 共轭点消球差

图 4-10　二次曲面的光学共轭性质

下面以抛物面为例给出共轭点的数学证明。为了简化证明过程，在抛物面的一个截面上给出证明，如图 4-11 所示。给定抛物线 $y^2 = 2px (x > 0)$ 及其上一点 $P(x_0, y_0)$，且 F 为抛物线的焦点。现有一束光线从 F 处射出，在点 P 处反射。作出过 P 的切线 l 和过 P 的光线反射轨迹 l'。由作图过程知 $\angle A = \angle B$。由配积定理知，$l: y_0 y = px_0 + px$。代入 $y = 0$ 得 $Q(-x_0, 0)$，即 $|FQ| = \dfrac{p}{2} + x_0$。由抛物线的

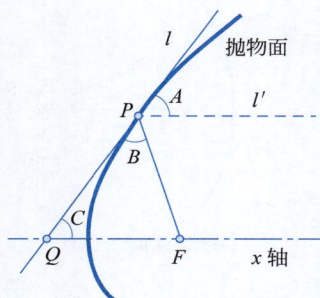

第二定义可知 $|PF| = \dfrac{p}{2} + x_0 = |QF|$，所以有 $\angle C = \angle B =$

图 4-11　抛物面共轭性质证明

$\angle A$，即 $l' /\!/ x$ 轴。即从焦点发出的任意一条光线经抛物面反射后的出射光线与光轴平行，可知焦点与无穷远处共轭。

3. 非球面矫正球差的表现（Zemax 设计）

根据非球面的表达公式可知，其比球面多出的参数为圆锥系数 k 和高阶非球面系数，对于二次曲面仅设置 k 即可，即 Zemax 中 Lens Data Editor 的 Conic 参数，对于高次非球面还需设置高阶系数。

设计入瞳孔径为 20mm，后焦距为 100mm，玻璃材料为 BK7 的平凸聚焦透镜。凸面使用球面和非球面的聚焦（消球差）效果如图 4-12 所示。由图 4-12 可见，非球面的使用极大地抑制了球差。然而，非球面的造价一般远高于普通球面，尤其是高次非球面，需要特殊定制，成本较高。

4.1.5　齐明透镜

除了上述二次曲面的共轭点外，对于单个折射球面，也有三对共轭成像位置不产生球差，如图 4-13(a)～图 4-13(c) 所示。这三对共轭点被称为齐明点。

Surf:Type		Comment	Radius		Thickness	Glass	Semi-Diameter		Conic
OBJ	Standard		Infinity		Infinity		0.000		0.000
1	Standard		Infinity		30.000		0.000	U	0.000
*	Standard		53.585	V	4.000	BK7	13.000	U	0.000
3*	Standard		Infinity		100.00		13.000	U	0.000
IMA	Standard		Infinity		–		0.035		0.000

球面平凸透镜

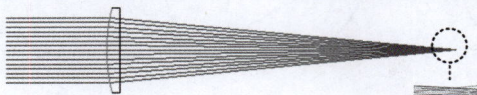

$k=-0.58$

非球面平凸透镜

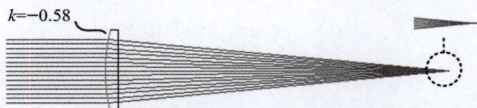

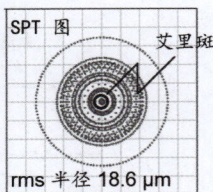

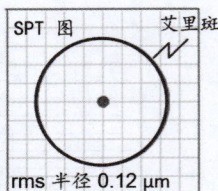

Surf:Type		Comment	Radius		Thickness	Glass	Semi-Diameter		Conic
OBJ	Standard		Infinity		Infinity		0.000		0.000
1	Standard		Infinity		30.000		0.000	U	0.000
*	Standard		53.220	V	4.000	BK7	13.000	U	-0.58
3*	Standard		Infinity		100.00		13.000	U	0.000
IMA	Standard		Infinity		–		2.4E-004		0.000

SPT 图　艾里斑　rms 半径 18.6 μm

SPT 图　艾里斑　rms 半径 0.12 μm

图 4-12　凸面使用球面和非球面的消球差表现

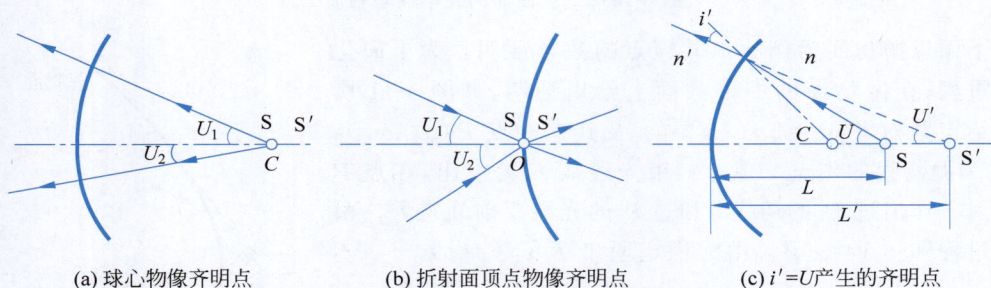

(a) 球心物像齐明点　　　(b) 折射面顶点物像齐明点　　　(c) $i'=U$ 产生的齐明点

图 4-13　球差矫正的三对共轭点(齐明点)

如图 4-13(a)所示,物点 S 位于折射球面的球心 C 时,(虚)像点 S′ 依然位于球心 C,不产生球差。

如图 4-13(b)所示,物点 S 位于折射球面的顶点 O 时,像点 S′ 依然位于顶点 O,不产生球差。

如图 4-13(c)所示,找到一个物距 L,使得 $i'=U$,即

$$\sin i' = \frac{n}{n'}\sin i = \frac{n}{n'}(L-r)\frac{\sin U}{r} = \sin U \tag{4-6}$$

可得

$$L = \frac{(n+n')r}{n} \tag{4-7}$$

$$L' = \frac{(n+n')r}{n'} \tag{4-8}$$

可见,只要物距 $L=(n+n')r/n$,则 $i'=U$,像距 L' 与孔径角无关,不产生球差。而且从式(4-7)和式(4-8)可以得出角放大率为

$$\gamma = \frac{u'}{u} = \frac{L'}{L} = \frac{n}{n'} \tag{4-9}$$

式(4-6)～式(4-9)表明可以利用这一规律在不产生球差的同时提升系统的孔径角,这

一点非常重要。在光学设计中经常需要设计一些大数值孔径（$NA = n\sin u$）的光学系统，这类光学系统的孔径角 u 一般较大，难以控制球差。此时，上述齐明点即可派上用场。例如可以预先设计一个小孔径角的光学系统，再在前面加上一片齐明透镜。齐明透镜的原理如图 4-14 所示，物点在透镜第一面的球心齐明点 C 处，经过第一面不产生球差，不改变光线方向，第二面满足式（4-7）和式（4-8），则该透镜整体对该物点不产生球差，因此称为齐明透镜。这种齐明透镜不产生球差，但是却改变了光线的孔径角，这在显微系统中很有用，增加一片齐明透镜不会额外增加球差，还能使系统孔径角增大至原先的 n 倍。

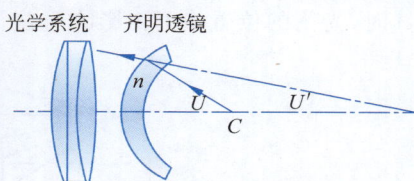

图 4-14 齐明透镜的原理

4.2 轴外视场相关像差矫正

视频讲解

利用 Zemax 中图像模拟功能观察某物面原图与受离轴像差影响的像面图的对比（图 4-15），可见与视场相关的离轴像差不仅影响成像清晰度，还影响像的形状。与视场相关的像差主要有彗差、像散、场曲与畸变，在 Zemax 中，它们的优化操作符分别为 COMA、ASTI、FCUR 和 DIMX。接下来几个小节将分别讨论这几类和视场相关的像差控制问题。

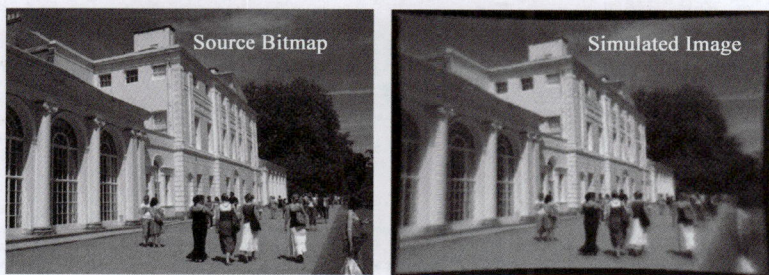

(a) 物面原图　　　　　(b) 像面成像

图 4-15 Zemax 像面模拟分析离轴像差影响

4.2.1 彗差矫正

1. 曲率匹配控制彗差

如图 4-16 所示，同球差一样，单透镜彗差也受到表面曲率组合的影响，其中 $q = (r_1 + r_2)/(r_1 - r_2)$。双边对称曲率的透镜在彗差表现中一般更好。

2. 通过控制球差减小彗差

彗差是典型的轴外像差，其与视场大小直接相关，适当减小视场可以控制彗差。根据彗差公式，彗差同时又与光束口径的平方正相关。因此彗差对于大孔径系统尤其望远系统影响很大。如能对透镜组消除球差，则彗差也可以得到改善。因此，适当减小口径、利用非球面等，都可以在减少球差的同时减小彗差。

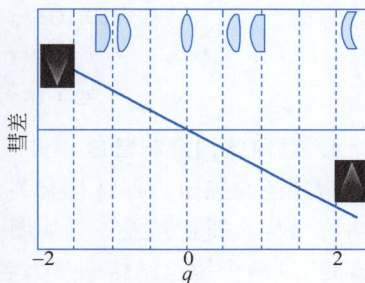

图 4-16 单透镜曲率组合形式对彗差的影响

3. 通过光阑位置选择抑制彗差

彗差还与光阑位置有关。改变光阑位置也可以适当消除彗差,光阑位于折射面的球心时的彗差为 0,如图 4-17 所示,因为全口径光线依然以主光线为对称轴。需要注意的是球差为 0 时,光阑的位置将不再影响彗差。

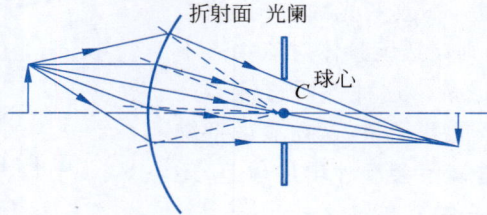

图 4-17　光阑位于折射面的球心时的彗差为 0

图 4-18 为不同光阑位置对应的彗差 Zemax 仿真(只标出了单个波长数据)。对固定成像位置的单透镜成像中相同的视场角,在光线特性曲线图像中连接全口径像差曲线端点得到的直线与纵轴截距可表征彗差大小,可见光阑在不同位置处的彗差明显不同,且彗差随光阑位置的变化非单调,因而可以通过调节光学系统的光阑位置搜寻最小彗差。

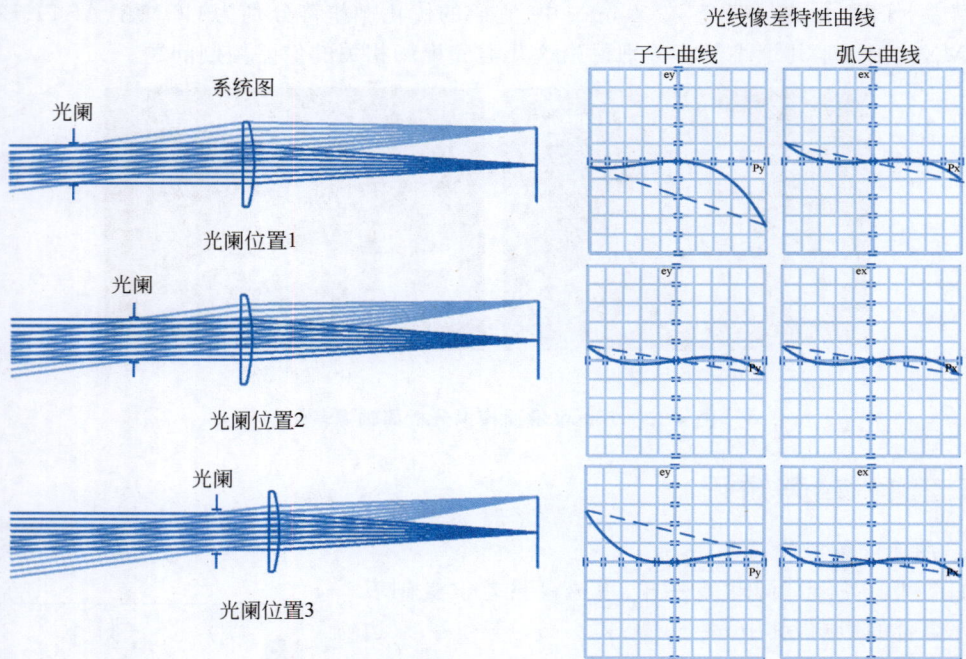

图 4-18　不同光阑位置对应的彗差 Zemax 仿真

4. 对称结构抑制彗差

彗差还与光组内部结构有关。放大率为 -1 的对称式光学系统可消除彗差。因此,常用对称结构来矫正彗差。例如图 4-19 所示的两种对称光学结构,如果读者比较熟悉的话就会知道,这两个镜组结构就是大名鼎鼎的"库克三片式"和"双高斯"摄影物镜结构,这两种结构将会在摄影物镜章节详细讲解。关于对称系统消彗差的 Zemax 仿真将在 4.2.2 节和像散的矫正一起共同描述,此处不再赘述。

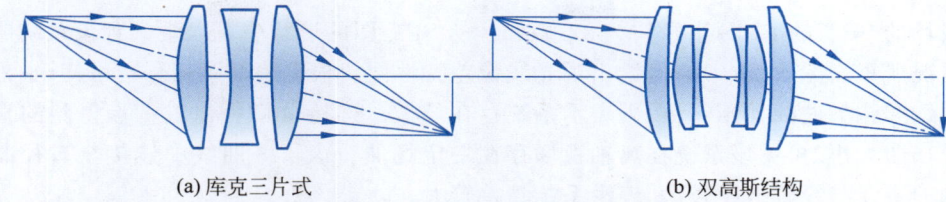

(a) 库克三片式　　　　　　　　　　(b) 双高斯结构

图 4-19　放大率为－1 的对称式光学系统

4.2.2　像散矫正

由于像散是轴外视场物点的子午像面与弧矢像面不重合导致的,属于视场的函数,故可以通过调节视场光阑的位置来减小像散的影响。通常视场光阑远离镜头组像散会减小。而对称结构也是矫正像散的有效手段。下面就利用一个 Zemax 实例来描述对称结构对于彗差和像散的同步矫正作用。

观察一个对前方 150mm 处半高 15mm 的物体成像的镜头,其是焦距为 90mm,F/10 的三片式非对称镜头,如图 4-20(a)所示。为了说明彗差情况,系统仅采用 550nm 单波长成像。利用 SPHA、COMA、ATSI 等操作符优化像差后,如图 4-20(a)所示的轴上 SPT 的 RMS 半径可达到 $5.9\mu m$,可见其轴上球差已矫正到较小的程度。但是其离轴像差较大,其

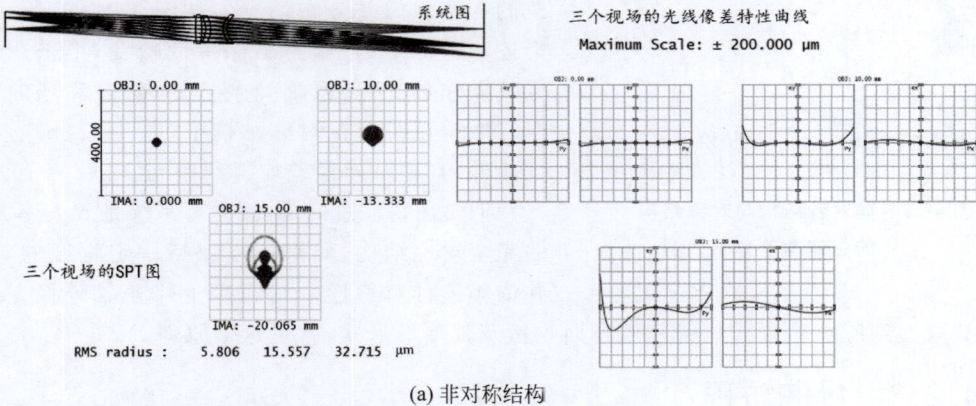

(a) 非对称结构

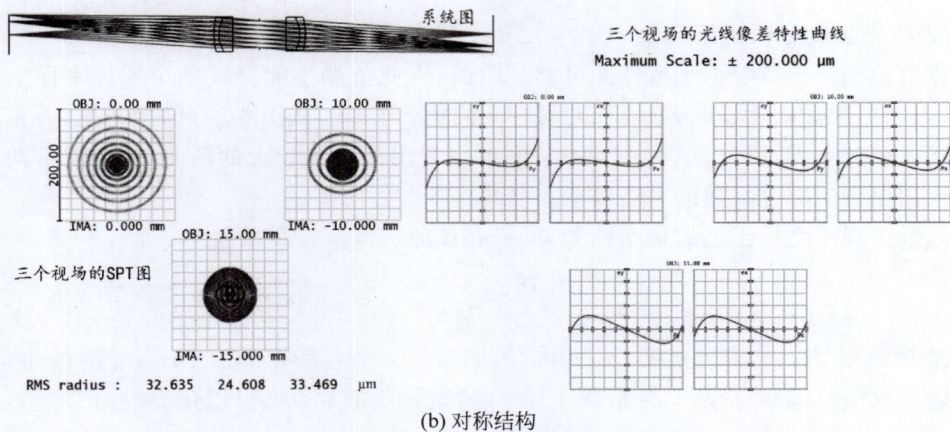

(b) 对称结构

图 4-20　Zemax 仿真非对称结构与对称结构的彗差和像散矫正情况

最大视场的 SPT 的 RMS 半径约为 $32.7\mu m$。从 SPT 图的形状中可以观察到该系统的离轴彗差情况严重。图 4-20(a) 右侧给出了光线像差特性图。根据第 3 章的分析可知,轴外视场子午曲线和弧矢曲线并不一致,则表示系统存在像散。连接全口径曲线端点得到的直线斜率表征场曲大小,可见该系统在离轴视场存在一定场曲。该子午曲线中连接全口径曲线端点得到的直线与纵轴截距较大,表示系统彗差较大。

图 4-20(b) 所示为采用对称结构的 Zemax 彗差矫正示例。光学系统物方视场和物距与上述系统相同,焦距为 90mm,对称系统放大率为 -1,同时限制 F/10。图 4-20(b) 中包含了优化后的二维光学结构图、三个视场 SPT 图和光线像差特性曲线图。由图 4-20(b) 明显可见各个视场的点列图半径有所上升,但是光线像差特性曲线图中的曲线均呈现旋转对称结构,即连接全口径像差曲线端点得到的直线与纵轴截距基本为 0,即彗差得到较好的控制。同时轴外视场子午曲线和弧矢曲线保持一致,则表示系统像散得到矫正。但是连接全口径曲线端点得到的直线仍然存在一定斜率,表征系统仍存在场曲。

为进一步明确其彗差和像散大小,可观察像面总的赛德尔像差分布情况。如图 4-21(a) 所示,在上述非对称结构中,为了保持低畸变,不采用额外像差操作数优化,系统剩余彗差、像散和场曲无法很好地矫正。而在对称结构中(图 4-21(b)),除了场曲外,其他轴外像差均得到控制。

但是值得注意的是,很少有系统是放大率为 -1 的完全对称结构,但是可以保持一定程度的对称,并依赖这种对称性一定程度上修正轴外像差。例如第 7 章提到库克三片式物镜和双高斯物镜及其变形形式,就是这个原理。

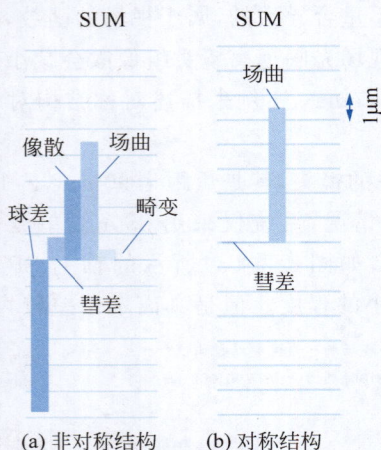

赛德尔像差系数柱状图中从左至右分别为:球差、彗差、像散、场曲、畸变、位置色差、倍率色差

图 4-21 非对称结构与对称结构的总体像差分布示例

4.2.3 场曲矫正

1. 正负光焦度分离矫正场曲

消像散后的光学系统由于成像面可能是曲面,因此依然不能保证整个成像平面上的成像清晰,因为当像散被矫正时,就要面对另一个问题:场曲。从图 4-21(b) 中可见,矫正了像散后的场曲被放大了,图 4-20(b) 中的点列图可以看出残余了较大的场曲。因此,早期的一些镜头采用保留一部分像散的方法以减小场曲。

像散矫正到零之后出现的场曲称为 Petzval 场曲。薄透镜组场曲为 0 的条件为

$$\sum \frac{\varphi_i}{n_i} = \frac{\varphi_1}{n_1} + \frac{\varphi_2}{n_2} + \cdots = 0 \tag{4-10}$$

式中,i 表透镜序号;φ_i 为光焦度;n_i 为折射率。式(4-10)是标准的 Petzval 消场曲条件。因为折射率取值范围变化很小,一般在 $1.4 \sim 1.9$ 之间。式(4-10)可以化简成为

$$\sum \frac{\varphi_i}{n_i} \approx \frac{1}{n} \sum \varphi_i = 0 \tag{4-11}$$

式中，n 为平均折射率。以两个薄透镜的组合为例，由式（4-11）可知正负两个光焦度相结合（$\varphi_1 = -\varphi_2$）可矫正 Petzval 场曲。但需要注意的是系统总的光焦度为 $\varphi = \varphi_1 + \varphi_2 + d\varphi_1\varphi_2$，不能为 0，其中 d 为两薄透镜间距。在满足 $\varphi_1 = -\varphi_2$ 的条件下，若要总光焦度 $\varphi \neq 0$，则必须要求 $d \neq 0$。即消场曲的条件是相互分离的正负光焦度，如图 4-22（a）所示，这是矫正场曲最有效的方法。

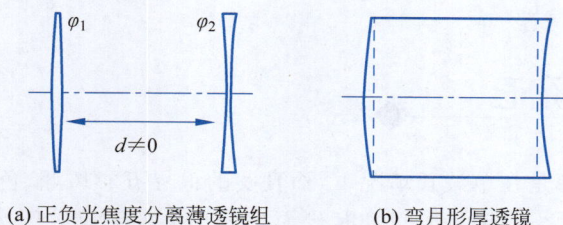

(a) 正负光焦度分离薄透镜组   (b) 弯月形厚透镜

图 4-22   场曲矫正方法

2. 厚透镜矫正场曲

当然根据上述方法衍生出来的另一种方法就是相互分离的正负薄透镜之间的间距用平板玻璃填充，形成一整块弯月形厚透镜，而平板玻璃并不引入额外场曲，如图 4-22（b）所示。也就是说弯月形厚透镜也可以实现场曲矫正。

3. 场镜矫正场曲

另外，在像面前添加场镜也可以在一定程度上抑制场曲，图 4-23 利用 Zemax 仿真了图 4-21（b）中的对称结构在像面前添加场镜后的场曲表现。图 4-23（a）为像面前添加场镜后的系统结构，图 4-23（b）和图 4-23（c）分别为添加场镜前后系统的场曲与畸变曲线。可见添加场镜后，最大场曲由 1mm 降低至 0.25mm，但畸变却因此增加到 1.3%。

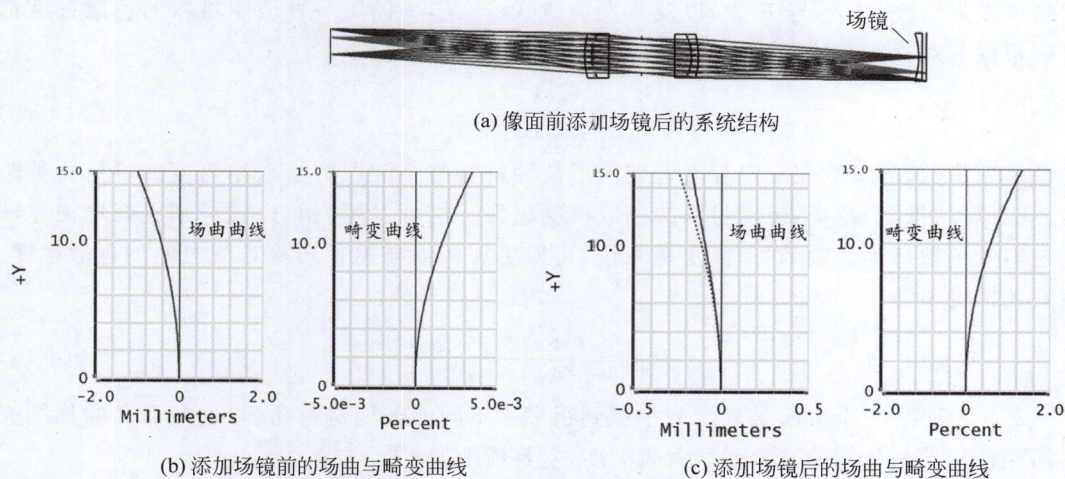

(a) 像面前添加场镜后的系统结构

(b) 添加场镜前的场曲与畸变曲线   (c) 添加场镜后的场曲与畸变曲线

图 4-23   场镜矫正场曲 Zemax 仿真

4.2.4   畸变矫正

畸变与视场直接相关，大视场的畸变难以矫正。显然畸变受光阑位置影响，对于对称光学系统，其光阑位于系统中间，其前部和后部光学系统的畸变大小相等方向相反，畸变就自动矫正了。实际上并非大视场畸变不可矫正，而是由于其不影响清晰度，一般先矫正其他像差，结果却残留了较大畸变。除非用于精密测量的光学系统，其他光学系统的畸变是可以对图像进行后期矫正或者是预先标定的。

从上述分析可知，各类像差之间存在一些关联性，即共性的影响因素，例如多种像差都和口径、视场、光阑位置等有关。镜头设计并不是单一考虑某个像差的矫正而忽略其他像差，而是应当综合考虑像差。

4.3 色差矫正

上述像差的讨论都是在单波长情况下，而真实的世界五彩斑斓，色差逐渐显露出狰狞的面貌，叠加在单色像差之上，困扰着早期时代人类最顶尖的头脑。因为玻璃色散的影响，设计者不得不面对一个悲观的事实：即使是高斯光学的近轴条件下，对单色光有了完美的消像差系统，却仍然不能消除色差的影响。

4.3.1 色散与玻璃谱系

从球差的消除中可以汲取一定的经验，如同消球差的双胶合透镜中的正负透镜一样，是否能够通过两块具有相反色差表现的透镜来解决这个问题呢？虽然有此思路，但是这件事并不容易，因为这种抵消要对整个可见波段的各个波长都要实现才可算得上是消除色差，因此消色差之前设计者必须对自然界的各种玻璃材料的色差表现有充分了解。

整个可见光谱约在 $400 \sim 700 \mathrm{nm}$ 之间，可见光谱范围内的消色差设计一般针对三个典型波长：$656.3 \mathrm{nm}$（红色，C 光），$589.3 \mathrm{nm}$（黄色，d 光）和 $486.1 \mathrm{nm}$（蓝色，F 光）。这些指定源自氢发射谱线（C 光与 F 光）以及氦发射谱线（d 光）。任何一种玻璃材料的色散程度都可以根据其对这三个特征波长的折射率差异来定量计算：

$$V = \frac{n(\lambda_{\mathrm{d}}) - 1}{n(\lambda_{\mathrm{F}}) - n(\lambda_{\mathrm{C}})} \tag{4-12}$$

这就是阿贝数，阿贝数在一定程度上表征了某种材料整个波段的折射率跨度。可见这种跨度（或者说阿贝数）越小，表示材料的色散程度越强。也可以用"相对色散"来更好地描述玻璃材料的色散行为，其相对于阿贝数来说，可以更加精细描述 d 光和 C 光之间的色散程度。相对色散定义为

$$P_{\mathrm{dC}} = \frac{n(\lambda_{\mathrm{d}}) - n(\lambda_{\mathrm{C}})}{n(\lambda_{\mathrm{F}}) - n(\lambda_{\mathrm{C}})} \tag{4-13}$$

3.1.2 节曾在 Zemax 玻璃参数中提到很多种不同的玻璃材料命名，这些命名的规则大多沿用德国蔡司公司的玻璃型号命名标准，主要规则如下。

（1）**光学特性命名**：自然界中大多数正常玻璃成分以硅酸盐为主，配合一定的纯碱或者烧碱制作而成，不含氧化铅。这种玻璃折射率比较低，约在 1.5，并且色散程度也比较低，通常阿贝数大于 50，被称作冕玻璃（Crown glass），其一般以 K 命名，如我们熟悉的 BK7 玻璃，折射率 $n_{\mathrm{d}} = 1.51680$，$V_{\mathrm{d}} = 63.96$。而与此对应的高折射率高色散程度的玻璃材料，被称为火石玻璃（Flint glass），其折射率很容易达到 1.7 以上，色散程度远高于传统的冕玻璃，其阿贝数一般小于 50，通常以 F 命名，如 SF2 玻璃。很多消色差透镜的组合都是 BK7 和

SF2 玻璃。

（2）**元素命名**：除了 K 和 F 的命名规则，上述 BK7 和 SF2 玻璃中的 B 和 S 是什么意思呢？实际上除了上述两大类分类规则，还可以添加开头字母表示其材料中的重要化学元素，例如 B-硼（Boron）、BA-钡（Barium）、F-氟（Fluorine）、P-磷（Phosphorus）、LA-镧（Lanthanum）、N-无铅。

（3）**比重命名**：另外还可以再在最前面添加 L 和 S 表示比重的轻重（国内以 Q 和 Z 表示轻重），以 T 表示特种玻璃等。比重的轻重又可分为：SK（重冕）和 SSK（特重冕）、LLF（极轻火石）、LF（轻火石）和 SF（重火石）。

因此，上述 BK7 表示的是硼硅酸盐冕玻璃中的第 7 号。SF2 则表示重火石玻璃的第 2 号。还有一些玻璃则直接以化学成分命名，如 CaF₂。图 4-24 给出了一些玻璃材料的折射率随波长变化曲线，也在一定程度上反映了色散特性。

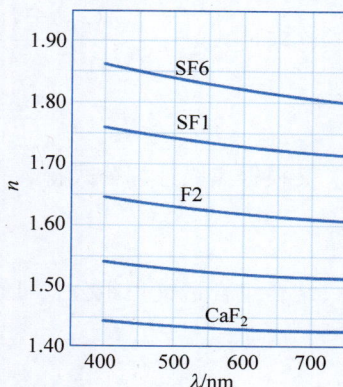

图 4-24　一些玻璃材料的折射率随波长变化曲线

4.3.2　消色差思路

折射率代表了玻璃的光线弯曲能力，对于玻璃透镜来说可以理解为聚焦能力，现在回到一开始的问题：既然冕玻璃折射率小色散系数大，意味着折射（聚焦）能力弱的同时色散也小，而火石玻璃折射率大色散系数小则意味着其折射（聚焦）能力强的同时色散较大，是否可以将二者相互结合，采用正负透镜组合，在抵消色散的同时依然保持一定的折射（聚焦）能力呢？

可以想象我们要设计一个聚焦系统，先使用一块冕玻璃做凸透镜，将光线弯折以达到一定的聚焦能力（焦距 f_1）。紧接着用一片火石玻璃做凹透镜（焦距 $-f_2$），因其具有发散功能，此时其高折射率代表了高发散能力，但这块火石玻璃做凹透镜的发散能力仅削弱了一部分冕玻璃凸透镜的聚焦能力，仍然使整体透镜系统保留了部分聚焦能力。由于强大的色散能力，其可以抵消冕玻璃凸透镜的几乎全部色散。也就是说整体上抵消色散但保留了部分聚焦能力，这一思路需要数学上的佐证。根据薄透镜焦距公式可知

$$\frac{1}{f} = (n-1)\left(\frac{1}{R_a} - \frac{1}{R_b}\right) = (n-1)(c_a - c_b) = (n-1)c \tag{4-14}$$

式中，n 为透镜折射率，通常指的是对应于 d 光的折射率 $n = n(\lambda_d)$；R_a 和 R_b 分别为两个面的曲率半径；c_a 和 c_b 为对应曲率；$c = c_a - c_b$ 为前后表面曲率差。胶合在一起的两个薄透镜的总光焦度为

$$\frac{1}{f} = \frac{1}{f_1} + \frac{1}{f_2} = (n_1 - 1)c_1 + (n_2 - 1)c_2 \tag{4-15}$$

式中，f_1 和 f_2 为两个透镜的焦距；n_1 和 n_2 为两个透镜的折射率；c_1 和 c_2 为两个透镜的前后表面曲率差。如果要让两种不同颜色的光（比如 C 光和 F 光，波长为 λ_C 和 λ_F）的焦距相同，则有

$$[n_1(\lambda_C) - 1]c_1 + [n_2(\lambda_C) - 1]c_2 = [n_1(\lambda_F) - 1]c_1 + [n_2(\lambda_F) - 1]c_2 \tag{4-16}$$

视频讲解

化简为

$$[n_1(\lambda_C) - n_1(\lambda_F)]c_1 + [n_2(\lambda_C) - n_2(\lambda_F)]c_2 = 0 \qquad (4\text{-}17)$$

将阿贝数 $V = \dfrac{n(\lambda_d) - 1}{n(\lambda_F) - n(\lambda_C)}$ 代入式(4-17),得

$$\frac{[n_1(\lambda_d) - 1]c_1}{V_1} + \frac{[n_2(\lambda_d) - 1]c_2}{V_2} = 0 \qquad (4\text{-}18)$$

又根据焦距计算公式得

$$\frac{1}{f_1 V_1} + \frac{1}{f_2 V_2} = 0 \qquad (4\text{-}19)$$

结合组合透镜焦距公式可解出两个透镜的焦距分别为

$$\begin{cases} f_1 = \dfrac{V_1 - V_2}{V_1} f \\[2mm] f_2 = -\dfrac{V_1 - V_2}{V_2} f \end{cases} \qquad (4\text{-}20)$$

因此,满足式(4-20)的双透镜焦距设计可以使得 C 光的焦点和 F 光的焦点重合。可见,通过不同的玻璃材料组合,是可以完成消色差作用的。值得注意的是,在追求 F 光和 C 光焦点重合的同时,也在压缩 d 光的焦点空间,如图 4-25 所示。消色差设计后 d 光的焦点虽然没有与 C 光和 F 光重合,也非常接近了。

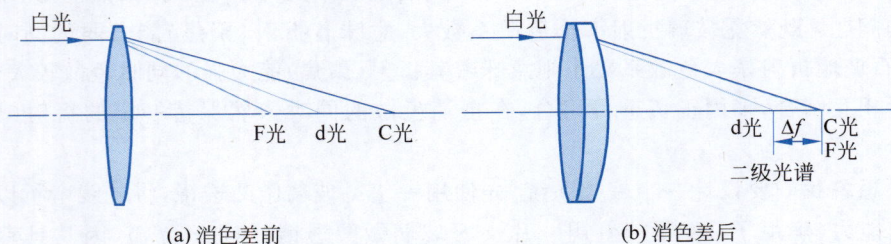

图 4-25　双胶合消色差透镜原理

例如,采用 BK7 玻璃与 SF2 玻璃进行 100mm 组合焦距的消色差设计(口径 15mm),可以根据式(4-20)分别计算两片透镜的焦距,利用 Zemax 设计组合后再进行优化。由于双透镜结构简单,也可以直接通过 Zemax 优化操作符 AXCL 对轴向位置色差进行优化,优化针对 C 光和 F 光进行,双胶合透镜组(BK7 玻璃与 SF2 玻璃)消色差仿真示例如图 4-26 所示,

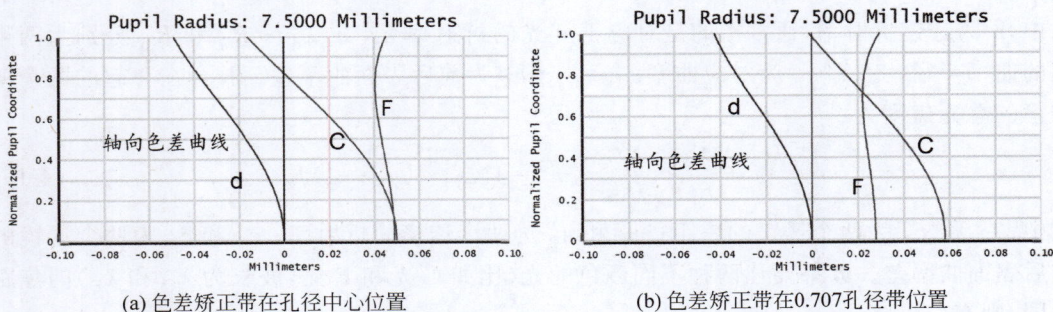

图 4-26　双胶合透镜组(BK7 玻璃与 SF2 玻璃)消色差仿真示例

C 光与 F 光色差在分别在系统孔径中心位置和 0.707 孔径带位置被矫正。如图 4-26(a)所示,色差矫正带在孔径中心位置,则最大色差在孔径边带,达到 0.06mm;如图 4-26(b)所示,色差矫正带在 0.707 孔径带位置,则最大色差在孔径边带和中心处,均为 0.03mm。可见针对 0.707 孔径带矫正色差可以减小各孔径处平均色差。然而从图 4-26 中可以看出,无论如何 d 光色差曲线与 C 光与 F 光均无交点,即 d 光与 C 光、F 光之间仍然存在残留色差,约为 0.05mm,约等于整体系统焦距 100mm 的 1/2000,即 $\Delta f \approx f/2000$。

4.3.3　二级光谱

4.3.2 节仿真中 C 光和 F 光的重合焦点与中间 d 光的焦点不重合导致系统残余一点剩余色差,这一点点小偏差就是著名的"二级光谱"。如今,光学玻璃材料非常丰富,例如德国肖特玻璃(Schott)的产品线从氟冕玻璃(FK)、磷冕玻璃(PK)等极低色散系列,覆盖到镧火石玻璃(LaF)、重火石玻璃(SF)等极高色散系列。在这些新材料的帮助下设计师们不断设计出更为优秀的消色差镜头。为了追求更加出色的消色差镜头,设计师们开始对上述剩余色差动手了。应该计算一下这个剩余的小偏差 Δf 大约是多少,但因为不知道透镜的具体焦距 f 的数量级,只能计算相对值 $\Delta f/f$。

$$
\begin{aligned}
\frac{\Delta f}{f} &= \frac{f_d - f_C}{f_d} = \frac{(n_1(d) - n_1(C))c_1 + (n_2(d) - n_2(C))c_2}{(1 - n_1(C))c_1 + (1 - n_2(C))c_2} \\
&= \frac{P_1(n_1(F) - n_1(C))c_1 + P_2(n_2(F) - n_2(C))c_2}{(1 - n_1(d) + P_1(n_1(F) - n_1(C)))c_1 + (1 - n_2(d) + P_2(n_2(F) - n_2(C)))c_2} \\
&= \frac{P_1 \Delta n_1 c_1 + P_2 \Delta n_1 c_1}{(V_1 + P_1)\Delta n_1 c_1 + (V_2 + P_2)\Delta n_2 c_2} \\
&= \frac{(P_1 - P_2)}{(V_1 - V_2 + P_1 - P_2)} = \frac{1}{(V_1 - V_2)/(P_1 - P_2) + 1} \\
&= \frac{1}{k + 1}
\end{aligned}
\tag{4-21}
$$

如果以相对色散 P 作为横坐标,阿贝数 V 作为纵坐标,将不同玻璃材料全部画在上述的坐标系中,就得到了如图 4-27 所示的常用玻璃材料 $V\text{-}P$ 图谱。所定义的坐标系中的每个点都表征一种玻璃材料。式(4-21)中 $k = (V_1 - V_2)/(P_1 - P_2)$ 则可以理解为表征两块透镜材料的两点连线的斜率。从式(4-21)可以看出,增加 k 值可以减小二级光谱 Δf,也就是说选择两点之间斜率较大的两种玻璃材料即可有效减小二级光谱。然而从图 4-27 中不难发现,大部分点都可以近似拟合到一条直线上。也就是说,选择任意两个材料进行配合,斜率 k 都是近似的一个定值,这个定值 k 使得相对焦距误差 $\Delta f/f \approx 1/2000$,也就是说图 4-26 中的设计示例的结果 $\Delta f \approx f/2000$ 并不是巧合,并且无论怎么选择材料都可能无法消除这个残余色差。

注意到图 4-27 中有几个特立独行的点,就是磷冕玻璃(PK)和氟冕玻璃(FK)系列。这些是现代材料技术进步后研发出来的反常色散玻璃。选择这些玻璃作为第二片透镜材料可以使得斜率 k 急剧增加,从而使得 $\Delta f/f$ 急剧减小。尤其是使用萤石材料(CaF_2),可以极大减小二级光谱的影响。但是这些有着特异性能的玻璃材料如果用来制造大口径透镜的话,成本就非常高了。

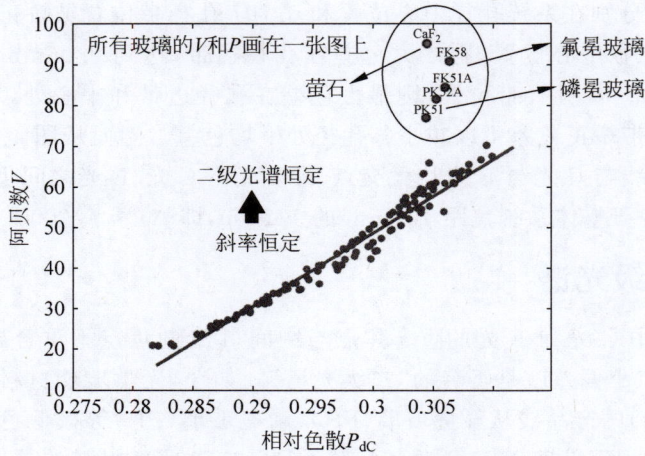

图 4-27　常用玻璃材料的 V-P 图谱

在设计矫正二级光谱时,可将双胶合透镜释放为双分离镜组,材料分别为 CaF_2 和 N-LAK7,二级光谱矫正示例如图 4-28 所示(0.707 孔径带优化),在 0.707 孔径带三波长的色差已被矫正到 10^{-4}mm 量级。

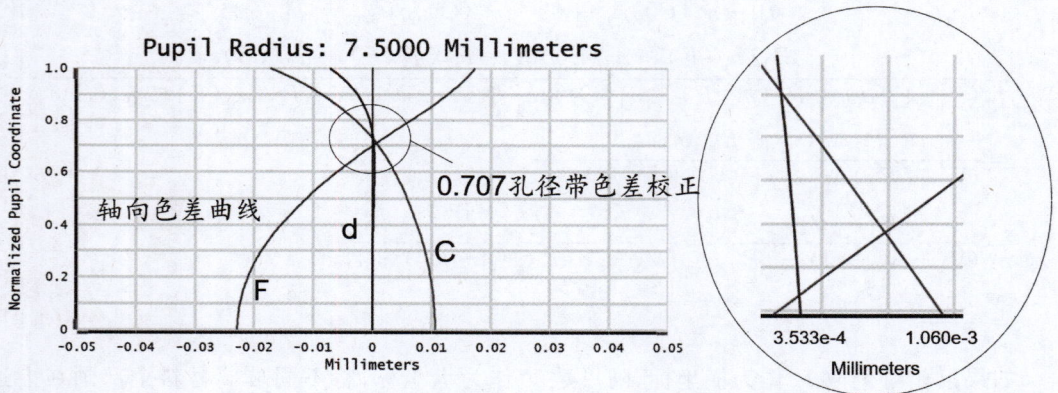

图 4-28　二级光谱矫正示例

另外,采用三分离物镜在适当选择玻璃和分配光焦度的情况下,也可以矫正二级光谱,但只在相对孔径不大的情况下才能实现。因为矫正二级光谱常常导致各个透镜光焦度太大,半径太小,不能满足较大相对孔径的要求。当然,采用上述特种玻璃制造大口径系统也意味着巨大的成本。例如,在望远镜这种大口径且色差要求高的光学系统中,就连牛顿都曾对色差的控制感到绝望。他毅然决然地抛弃了传统的折射透镜组合,转而采用反射式的设计。这一举动彻底改变了光学系统的命运,人们再也不用为色差问题而烦恼。反射镜片对可见光范围内的所有波长都一视同仁,光线只需遵循反射角等于入射角的简单定律,无须考虑材料折射率的差异。牛顿当年向同僚们展示的亲手制作的小望远镜直径不过几厘米。然而,它的成像质量却已经超越了专业天文台里的大口径折射望远镜。从那时起,反射望远镜的发展势不可挡,它在折射望远镜遭遇困境时爆发出强大的生命力。

拓展阅读

中国光学玻璃工业奠基人——龚祖同

"我是一个科技工作者,一生求学科研,耳闻目睹,在我心灵中形成这种观念:年寿有时而尽,荣乐止乎其身,唯有科学技术是建国的大事,不朽的盛业。"

——摘自龚祖同 1979 年 1 月《入党志愿书》

龚祖同,1904 年 11 月 10 日生于上海市川沙县一个小学教师家庭。1926 年考入清华大学物理系并于 4 年后毕业留校任教;1932 年进清华大学研究生院师从中国实验核物理先驱赵忠尧;1934 年在中国近代物理学奠基人(时任清华大学物理系主任)叶企孙的指引下成功报考美国罗切斯特大学应用光学专业公费生,后留学于德国柏林技术大学(现称柏林工业大学),开始了他研究应用光学的生涯。1936 年以"优秀毕业生"毕业并获特准工程师称号,后在应用光学专家 F. 维多特(Weidort)教授指导下从事博士学位论文"光学系统高级球差的研究"工作,开始了中国高级像差的研究,并为把光学设计引入我国奠定了基础。

1937 年年底,我国抗日战争全面爆发。龚祖同毅然放弃了博士论文答辩,于 1938 年 1 月返回祖国参加抗战,投入中国第一个光学工厂——昆明光学仪器厂(昆明兵工署 22 厂)的筹建。其间龚祖同使用当时国内仅能找到的一台电动计算机,很快完成了制造双目望远镜的光学设计的第一关。在克服日本侵略带来的物质条件上的种种困难后,他仅用了半年多时间就制造出了中国第一批军用双目望远镜,有力地支援了抗日战争。龚祖同的这项工作不仅实践了他科学救国的理想,也与当时迁到昆明的北平研究院物理研究所的严济慈、钱临照等试制显微镜的工作一起,开创了中国近代光学设计与光学仪器制造的历史。

此时的龚祖同深知,不能生产光学玻璃,光学工业将难为无米之炊。依靠进口玻璃,中国的光学工业不可能真正独立。因此,从依靠进口光学玻璃制成军用双目望远镜起,自行生产光学玻璃就成了他魂牵梦绕的目标。

1939 年 11 月,他借奔母丧回上海的机会用自己公费留学节省下来的 400 英镑及同学资助,开始小规模试制光学玻璃。但是他却被日伪军以"跟内地勾结,购买军火"的罪名逮捕并计划送往日本,后经过重庆国民政府设法营救得以乔装逃出上海,返回昆明。第一次学玻璃试制以失败告终。

1942 年龚祖同在贵阳红岩冲建造简易厂房的兵工署 53 分厂开始第二次光学玻璃试制工作。1945 年 9 月,国民政府兵工署认为光学玻璃可以从美国进口,不值得自行研发,撤销了试制厂。因此第二次自行研发的行动再次宣告终止。

1945 年 10 月,为能实现试制光学玻璃,龚祖同从兵工署转入资源委员会,参与接收秦皇岛耀华玻璃厂并担任该厂总工程师。然而由于各种原因,第三次试制光学玻璃的愿望又成了泡影。幸运的是,他在上海耀华厂认识了在英国获得博士学位回国的王大珩。

1949 年,王大珩任中国科学院长春仪器馆馆长。1950 年,他从东北人民政府申请 40 万元拨款,邀请龚祖同去长春攻关光学玻璃试制工作。1952 年 1 月 26 日,历尽艰辛的龚祖同第一次研制成功了 300 升的 K8 光学玻璃,他终于实现了自己的宏愿,开创了中国自行生产光学玻璃的历史。随着接下来的巩固、提高和开发新的品种,由硼冕玻璃到火石玻璃再到钡冕玻璃,中国的光学玻璃工业从此诞生。

"国之所需,我之所向"。1958 年,依据新中国的国防安全急需,龚祖同指导研究生王乃弘试制成功中国第一只红外变像管并制成了中国第一架红外夜视仪,开创了我国夜视技术的历史,为我国微光夜视技术的发展奠定了基础。1958—1960 年,龚祖同主持研制成我国第一台透射式电子显微镜,又试制成功使用多碱阴极的可见光静电聚焦三级串联像增强器。1964 年 6 月,他研制出我国第一台单片克尔盒高速摄影机和每秒 20 万次的高速摄影机,参加 1964 年 10 月 16 日我国首次原子弹试爆并圆满完成观测任务。1962 年,龚祖同奉命来到西安,协助组建中国科学院光学精密机械研究所(1965 年正式命名为中国科学院西安光学精密机械研究所)。龚祖同以敏锐观察和掌控科技发展前沿脉搏的判断力,于 1962 年在新成立的西光所建立了中国第一个光纤研究室,中国的光纤工业由此起步。另外,1960 年,龚祖同担任研制 2.16 米天文望远镜的技术负责人。这项工作为中国的天文望远镜事业培养了一批专业人才。遗憾的是,当 2.16 米天文望远镜于 1989 年矗立在河北省兴隆县山上开始探索宇宙的奥秘时,龚祖同已经与世长辞。

龚祖同一生不仅治学严谨,而且善于育人,培养了一大批新一代的光学专家,包括院士干福熹、母国光、刘颂豪等,而侯洵院士、薛鸣球院士、牛憨笨院士更是在龚老亲手培育的西光所沃土上成长起来。

习题

1. 从球差的角度分析,不同 F/♯ 的镜头设计难度。
2. 设计一个双分离消球差透镜组,并利用齐明透镜将其数值孔径增大至 1.5 倍。
3. 设计一个 50mm 口径抛物面反射镜,实现 50mm 距离的无像差聚焦。
4. 设计一个口径为 50mm,焦距为 300mm 的消色差透镜,其透镜组合采用除 BK7 和 SF2 以外的其他玻璃材料。
5. 模拟图 4-19 中不同光阑位置对应的彗差 Zemax 仿真,找到最佳彗差矫正位置。
6. 设计一个口径为 50mm,焦距为 300mm 的消色差透镜,消除二级光谱。
7. 设计两个三分离消色差物镜,相对口径分别为 1/8 和 1/3,观察消色差效果。

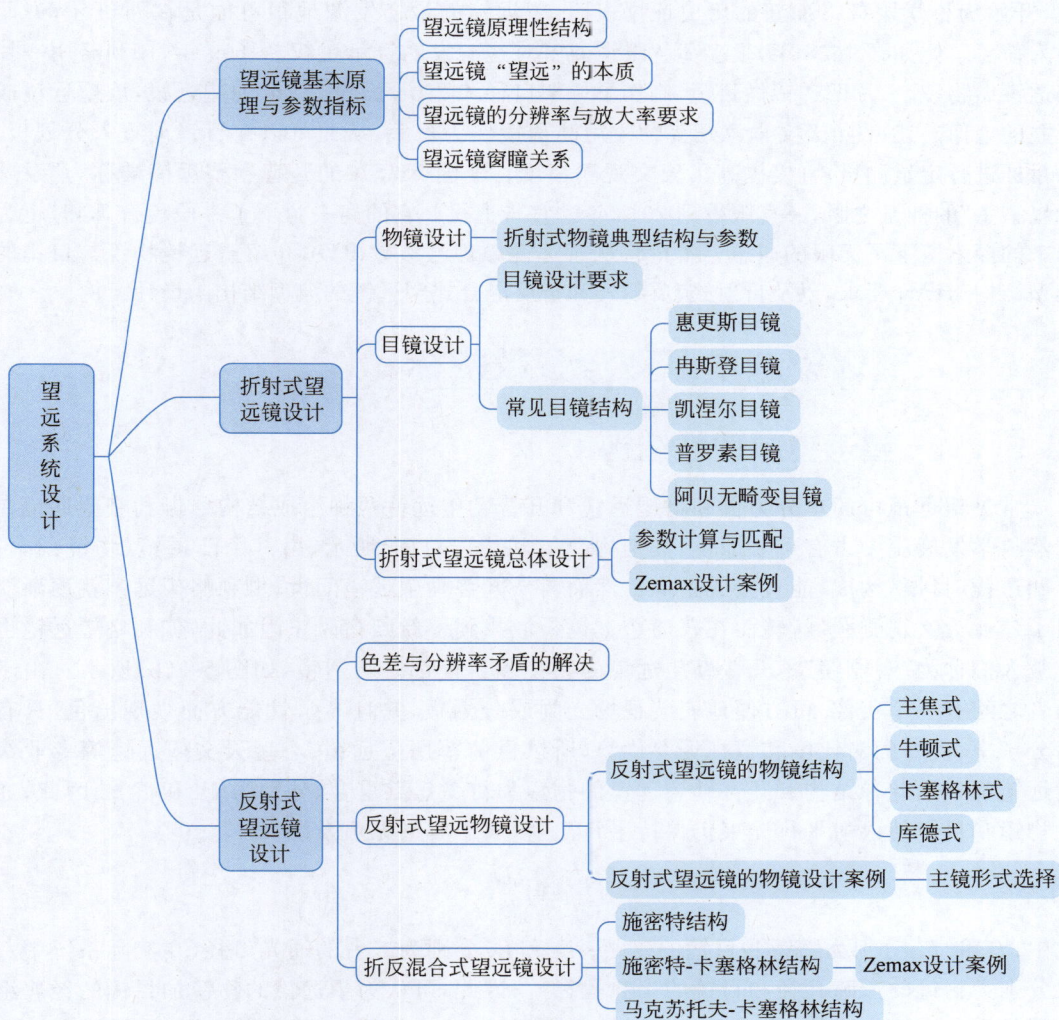

【知识目标】
◆ 掌握望远镜原理与相关概念。
◆ 了解折射式望远镜物镜的结构类型。

◆ 掌握反射式望远镜物镜的结构类型。
◆ 掌握不同类型的目镜参数特征。

【技能目标】
◆ 能够利用 Zemax 实现望远镜典型物镜设计与不同要求的目镜设计。
◆ 能够利用 Zemax 实现折射式望远镜物镜和目镜组合像差补偿。
◆ 能够利用 Zemax 实现反射混合式望远镜结构设计。

望远系统,作为人类探索宇宙奥秘的重要工具,自诞生之日起便承载着无尽的好奇与渴望。从伽利略手中简陋的折射望远镜到现代大型天文望远镜,每一次技术革新与突破都极大地拓展了人类的视野,让我们得以窥见宇宙的宏伟与神秘。通常的望远镜发明史认为是荷兰眼镜商人偶然发现用两块镜片组合可以看清远处的景物。伽利略制造了更精确的望远镜,开始为科学服务。而新的历史证据表明,望远镜的最初发源地很可能是在西班牙,进而传入荷兰。比如在 1608 年,很多荷兰眼镜商就对这一发明宣示主权。1609 年,伽利略用一片凸透镜做物镜,一片凹透镜做目镜,制作了一架口径 4.2cm,长约 1.2m 的望远镜,该望远镜成正立的虚像。1611 年天文学家开普勒改用凸透镜作为目镜,从而可以在目镜前置入分划板,对目标进行定量测量,直接提高了天文观测精度。美国 NASA 的开普勒望远镜被称为“系外行星猎手”的神奇之眼,一直服役到 2018 年才宣告退役。它的离去留下了一段传奇,同时也为未来的探索留下了无限的遐想。本章将从望远镜原理与参数出发,介绍望远镜物镜与目镜的典型结构与设计要求,以及折射式、反射式和折反混合式望远镜的典型结构与设计案例。

5.1 望远镜基本原理与参数指标

视频讲解

5.1.1 望远镜原理性结构

常见望远镜可简单分为伽利略望远镜和开普勒望远镜两种组成结构。伽利略望远镜在自然科学发展史中占有重要地位,其结构简单,如图 5-1(a)所示,由一个凸透镜(物镜)和一个凹透镜(目镜)构成,能直接成正像。然而自从开普勒望远镜问世,伽利略望远镜就逐渐淡出了专业天文观测领域,转而在普通望远镜领域找到了新归宿。正因如此,伽利略望远镜也常被人们称为“观剧镜”。开普勒望远镜的物镜和目镜都是凸透镜,如图 5-1(b)所示。由于两者之间有一个实像,可方便地安装视场光阑或分划板,并且光学性能方面表现出色,具有高分辨率、良好的对比度和宽视场等优势,所以目前军用望远镜、小型天文望远镜等专业级望远镜都采用此种结构。开普勒望远镜的物镜和目镜焦点重合,分别为 F_o' 和 F_e。因此,通过物镜和目镜使入射平行光束仍保持平行出射,属于典型无焦系统,即

$$\frac{f_o'}{f_e} = \frac{D}{D'} \tag{5-1}$$

式中,f_o' 和 f_e 分别为物镜和目镜的焦距;D 和 D' 分别为二者的通光口径(在实际系统中一般分别为物镜的入瞳孔径和目镜的出瞳孔径)。因此,可认为望远镜的物镜加目镜的经典组合都是无焦系统。当然,现代天文望远镜很多以工业(或科研)相机代替人眼。

5.1.2 望远镜“望远”的本质

人眼感觉物体的大小是由物体在视网膜上的像的张角决定的。人眼具有“近大远小”的视

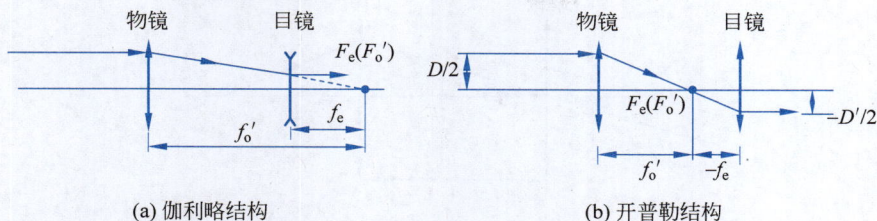

(a) 伽利略结构   (b) 开普勒结构

图 5-1　望远镜基本结构

觉感知特征,是因为越远处的物体上相同间距的两点对于人眼的张角 ω 越小,如图 5-2(a)和(b)所示(图中仅画出主光线)。即使体积庞大的星球,由于位于距离地球遥远处,对于人眼来说仍然看起来很小。如果小到一定程度,星球上下边缘对于人眼来说已经贴近到一起,即对人眼的张角极小,则很难看清或是分辨出物体,如图 5-2(b)所示。而望远镜正是用于解决这一问题的光学仪器,它能把远处物体对人眼很小的张角按一定倍率放大,使之在像空间具有较大的张角,和用眼睛看近处的物体一样,如图 5-2(c)所示,使得本来远处无法用肉眼看清或分辨的物体变得清晰可辨。望远镜的这种"视角放大"的能力就是其能够望远的奥秘,因此以视觉放大率来表述望远镜的这种能力。

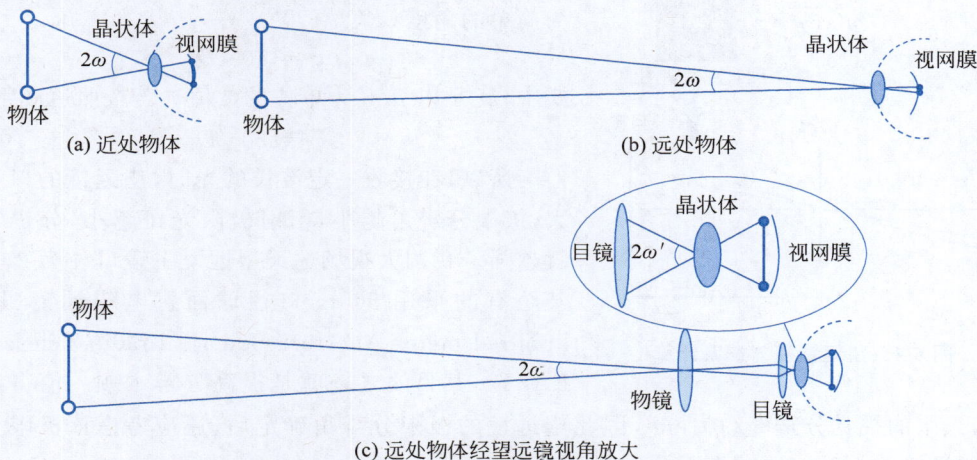

(a) 近处物体   (b) 远处物体

(c) 远处物体经望远镜视角放大

图 5-2　人眼对于物体的视角(视觉张角)

望远镜的视觉放大率也称倍率,是指望远镜对视觉张角的放大能力,一般以视角的正切值的放大倍数来表示视角放大率。如图 5-3 所示,远处物体对于望远镜的张角为 $-\omega$(这和无望远镜时物体对人眼的直接张角一致),经过望远镜后光束对于人眼的张角为 ω',则视觉放大率为

$$\Gamma = \frac{\tan\omega'}{\tan\omega} = \frac{f_o'}{f_e} = \frac{D}{D'} \tag{5-2}$$

20 倍望远镜观察到的 200m 远的物体的效果和人眼直接观察到的 10m 远的物体的效果是相似的。很多人总认为倍率越高越好,但实际中还需兼顾其成像视场和稳定性。高放大倍率一般意味着大口径,气流和空气的波动对其影响也较大,同时其物方视场也相对较小;手持观测的双筒望远镜的稳定性较之于支架型望远镜弱,一般倍率为 7～10 倍较为合适,例如我国军用手持望远镜放大率主要为 7～8 倍。

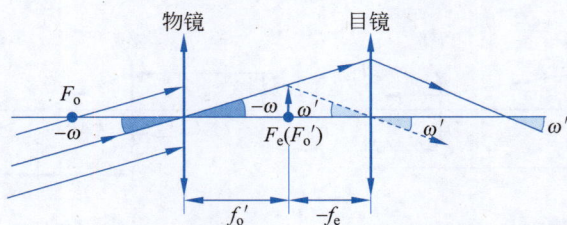

图 5-3　开普勒望远镜视觉放大率计算图示

5.1.3　望远镜的分辨率与放大率要求

分辨率是指望远镜能够分辨两个星点之间的最小间距。如图 5-4 所示，当两个星点经过物镜成像后的间距小于分辨率 σ 时，望远镜便不能分辨两个星点。但望远镜观察远处的物体本身与望远镜间距较大，不同距离处物方分辨率不一致，故其分辨率一般转化为物方分辨角 φ 表示，φ 是以 rad 为单位的数值。如图 5-4 所示，可用根据瑞利判据求得

$$\varphi = \sigma / f'_o = 0.61\lambda/(n'\sin u') = 1.22\lambda/D \tag{5-3}$$

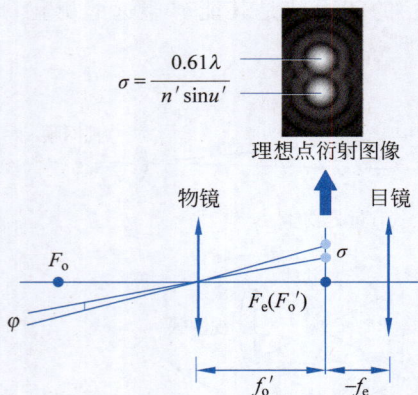

图 5-4　望远镜视分辨率计算

式中，D 为望远镜（物镜）的通光口径（直径）；λ 为光波长，可见光部分可以取 550nm，可将角分辨率转化为简单的角度计算

$$\varphi = 140''/D \tag{5-4}$$

式中，D 是以 mm 为单位的数值。若按照道威判据

$$\varphi = 120''/D \tag{5-5}$$

所以，在接收一定波长的光时，望远镜的口径越大，极限分辨角越小，衍射极限光斑越小，分辨本领就越强。我国大视场巡天望远镜主镜口径为 2.5m，甚至有的采用 500m 口径球面射电望远镜（Five-hundred-meter Aperture Spherical radio Telescope，FAST），其目的之一就是提高分辨本领。值得注意的是，人眼的视觉分辨率约为 60″，因此望远镜的极限分辨角确定后，还应考虑该极限分辨角经望远镜放大后能否被人眼分辨，即满足

$$\varphi\Gamma \geqslant 60'' \tag{5-6}$$

按照道威判据，有

$$\Gamma \geqslant 60''/\varphi \approx D/2.3 \tag{5-7}$$

式（5-7）的视觉放大率为有效放大率。当然人眼一直处在分辨极限条件下容易疲劳，因此在设计望远镜放大率时应留出足够的冗余度，称为工作放大率，比如取

$$\Gamma = D \tag{5-8}$$

当然，当物镜的分辨率确定后，过高的视觉放大率就没有意义了。

5.1.4　望远镜窗瞳关系

伽利略望远镜和开普勒望远镜结构中，眼睛作为出瞳都在目镜后。然而，由入瞳与出瞳的共轭关系可知，二者的入瞳完全不同。如图 5-5(a)所示，开普勒望远镜的入瞳是物镜框，经过目镜成像后的出瞳与人眼重合；图 5-5(b)所示的伽利略望远镜的入瞳由出瞳位置决

定,是人眼对于整个系统的共轭像。由于开普勒望远镜物镜有实际焦点,一般在此处放置分划板,分划板框即成为视场光阑,控制实际系统的视场大小,如图 5-5(c)所示;而伽利略望远镜的物镜框作为系统视场光阑,能够充满入瞳的离轴视场的光束并不能全部进入系统参与成像,如图 5-5(d)所示会出现渐晕现象。随着视场越大,渐晕越严重。

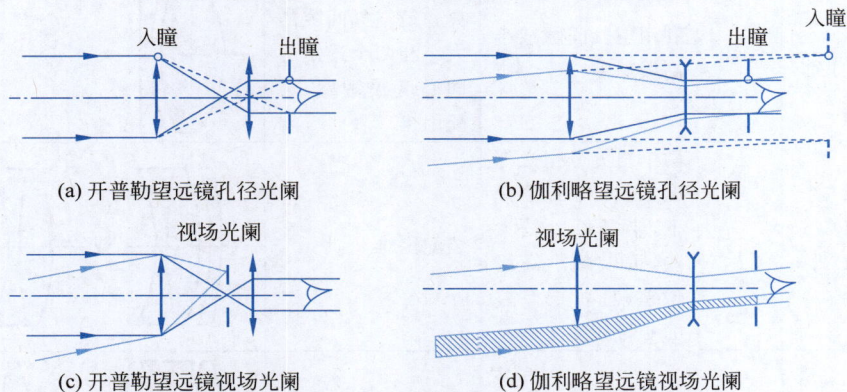

(a) 开普勒望远镜孔径光阑 (b) 伽利略望远镜孔径光阑

(c) 开普勒望远镜视场光阑 (d) 伽利略望远镜视场光阑

图 5-5 望远镜窗瞳关系

望远镜的视场越大,观测的范围就越开阔。以开普勒望远镜为例,由于开普勒望远镜的分划板一般放置在物镜焦面处作为视场光阑,因此望远镜物方视场角(不分正负)为

$$2\omega = \arctan(y'/f_o') \tag{5-9}$$

目镜视场为

$$\tan\omega' = \Gamma\tan\omega \tag{5-10}$$

5.2 折射式望远镜设计

5.2.1 物镜设计

望远镜物方视场 ω 不需要很大,就足以观察遥远距离处的大范围区域,视场角大多数小于 $12°$,且倍率越大,视场就越小。由于望远镜物镜的相对孔径和视场都不大,同时视场边缘成像质量要求不高,因此它的结构形式比较简单。望远镜物镜主要矫正球差、彗差、轴向色差,而对应于视场的二次方的各种单色像差(像散、场曲、畸变)和倍率色差则处于次要地位。望远镜物镜的光学特性和像差矫正要求决定了它的结构主要有双胶合物镜、双分离物镜、三片式物镜、三分离物镜、摄远物镜、对称型物镜等。表 5-1 列出了典型望远镜物镜结构的相关参数。

表 5-1 典型望远镜物镜结构的相关参数

望远镜物镜类型	D/f	2ω	优 点	缺 点	结 构
双胶合物镜	$<1/3$	$<12°$	结构简单	可消除的像差有限,胶合面易产生应力,口径太大时胶合不牢	

续表

望远镜物镜类型	D/f	2ω	优 点	缺 点	结 构
双分离物镜	1/3～1/2	<10°	利用空气间隙减小高级球差	成像质量对于双分离物镜空气间隙的大小和两个透镜的同心度很敏感，装配困难	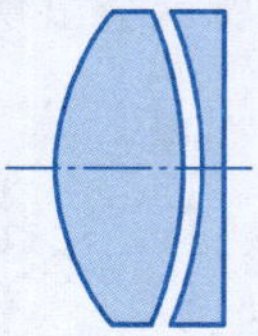
三片式物镜	1/3～1/2.5	<5°	两个组分分担光焦度，在同样的条件下，半径可以较大些，可以减小高级像差，且矫正像差的变量较多	装配困难	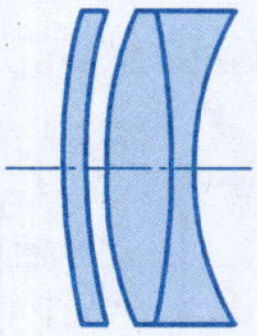 或 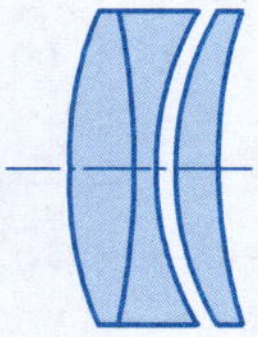
三分离物镜	1/2～2/3	<4°	相对孔径不大的情况可矫正二级光谱	装配调整困难，光能损失和多面反射杂光较大	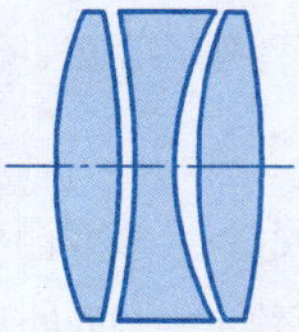 或 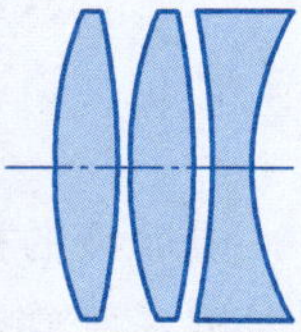
摄远物镜	1/8	/	视场角相对较大	相对孔径较小	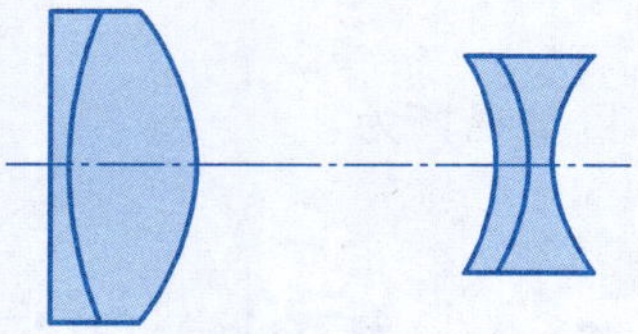
对称型物镜	/	20°～30°	视场角比较大	相对孔径较小	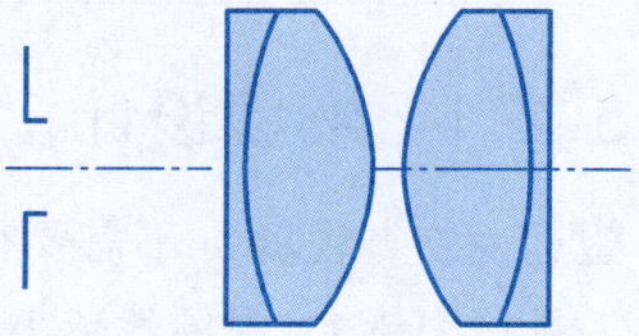

值得注意的是，由于望远镜物镜是与目镜甚至棱镜等转像系统组合起来使用的，所以在设计望远镜物镜时，应考虑到其像差可与其他部分之间的像差实现互相补偿。在存在棱镜转像的情况下，棱镜的像差等效于展开以后的平板像差，要靠物镜来补偿。另外，目镜中通常有少量剩余球差和轴向色差，也可以通过物镜的像差实现补偿。下面给出了相关物镜结构的详细说明。

1）双胶合物镜

双胶合物镜的结构简单，可以消除的像差有限，一般可以矫正球差、色差和彗差，但难以消除像散和高级球差。因此，它的相对孔径和视场受到限制，相对孔径不大于1/3，视场不超过12°。而在实际的望远镜物镜设计中，也尽量不要设计 $D>100\text{mm}$ 的双胶合物镜，口径太大时，胶合不牢。同时，当温度改变时，胶合面容易产生应力，影响像质。表5-2列出了常用焦距对应的相对口径比例，可作为设计参考。

表 5-2　双胶合透镜常用焦距对应的相对口径比例

焦距/mm	50	100	150	200	300	500	1000
相对孔径	1/3	1/3.5	1/4	1/5	1/6	1/8	1/10

2）双分离物镜

双分离物镜由一个正透镜和一个负透镜组成，两透镜之间不胶合，而是由一定的空气层隔开。在双分离物镜中，两透镜之间的距离也是一个变量，可以利用这一变量减小高级球差。相对孔径可能增大到 1/3～1/2。然而成像质量对于双分离物镜空气间隙的大小和两个透镜的同心度很敏感，这给实际装配带来了难度，因此双分离物镜在望远镜中应用不多。

3）三片式物镜

它通常由一个单透镜和一个双胶合透镜组成。单透镜可以在前，也可以在后。因为由两个组分分担光焦度，在同样的条件下，半径可以较大些，可以减小高级像差，且矫正像差的变量较多，能提高相对孔径至 1/3 左右。

4）三分离物镜

三分离物镜的特点是能够较好地控制高级球差和色球差，相对孔径可增大到 1/2～2/3，视场角不超过 4°。三分离物镜可矫正二级光谱，缺点是装配和调整困难，光能损失和多个反射面之间多次反射的杂光相对较多。

5）摄远物镜

一般物镜整体长度（筒长，第一面到像面的距离）都大于其焦距。尤其是高倍的望远镜中，物镜焦距长，导致系统整体体积大。为了减小仪器的体积和重量，希望在保持焦距长度的同时缩小物镜系统长度，甚至实现物镜整体长度小于焦距。这种物镜结构如图 5-6 所示，由一个正透镜组和一个负透镜组构成，使得整个物镜的后主面前移到第一透镜的前方，实现筒长 L 小于焦距 f'，这种物镜称为摄远物镜。

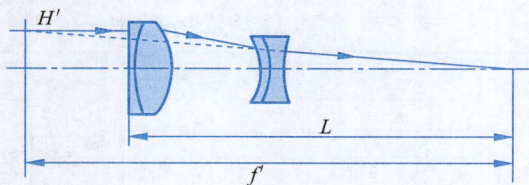

图 5-6　摄远物镜

由于这种物镜有两个双胶合透镜，因此除了矫正球差、彗差、轴向色差外，还有可能矫正像散和场曲。因此可以充分利用它的像差矫正能力来补偿目镜的像差，使目镜的结构简化或提高整个系统的成像质量。其缺点是相对孔径较小。因为为了使整体焦距较长，前组的相对孔径必然大于整体相对孔径，而其前组的简单双胶合透镜形式所能承担的相对孔径无法做到很大，这就限制了摄远物镜的整体相对孔径，一般约为 1/8。

6）对称型物镜

对称型物镜一般由两个双胶合透镜构成，主要用于焦距短、视场要求较大的情况，视场角可达 20°～30°。

5.2.2　目镜设计

1. 目镜设计要求

目镜是一种位于物镜之后，将物镜成像进行视角放大供眼睛再次成像观察的光学系统。

一般物镜的一次成像面在目镜的焦平面上,因此目镜出射平行光,平行光经过人眼成像至视网膜。人眼一般在目镜后方,与目镜的出瞳重合。为了观察舒适度,其出瞳要求距离目镜最后一面至少6mm。在某些军用光学仪器中更是要求大于20mm,一般该距离与目镜的像方焦距相当,这也就意味着其入瞳在距离目镜系统较远处。出瞳直径一般与人眼瞳孔相当,为2~8mm。由于目镜承担视场角放大的作用,其像方视场一般较大,为40°~50°,广角目镜视场可达60°~80°。当然其焦距相应就较小,一般只有10~40mm。

可见,目镜是一种大视场、小孔径、短焦距的光学系统。由于目镜的大视场特征,在设计时应着重考虑矫正其轴外像差。然而目镜的出瞳孔径较小,所以轴上像差与轴外像差对比相对不明显。目镜通常也不单独矫正场曲,因为用分离的负光焦度组矫正场曲的方案会增加像散的矫正难度。由于目视光学系统对畸变矫正要求不高,目镜40°视场允许5%的相对畸变,60°视场可允许最大10%的相对畸变。从上述分析来看,目镜的主要像差控制对象以像散和垂轴色差为主。

目镜设计时,可进一步考虑剩余像差与物镜相互补偿。首先应尽量单独控制物镜和目镜的像差,这对很多在物镜后焦面安装分划板的望远系统来说是必要的,否则将影响物镜成像面的测量精度。若系统中无须安装分划板,则可以在二者组合时综合优化整体性能。值得注意的是,目镜不仅可用于望远系统,还可用于很多目视光学系统中,如显微镜系统。显微镜的目镜和物镜一般经常以各种倍率搭配互换使用,所以必须独立完成像差矫正。

在设计目镜时,通常按反向光路计算像差,即假定物平面位于无限远,目镜对无限远目标成像,在目标的焦面上衡量系统的像差。实际系统的出瞳作为反向光路时目镜的入瞳。

2. 常见目镜结构

典型的目镜结构及参数如表5-3所示。

表5-3　典型的目镜结构及参数

目镜类型	F	$2\omega'$	出瞳距离	结　构
惠更斯目镜	8~25mm	25°~40°	5~10mm	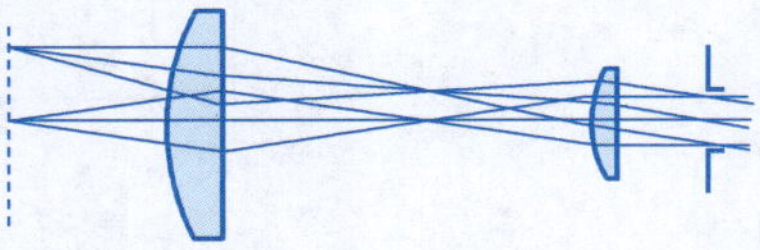
冉斯登目镜	4~30mm	25°~40°	0~5mm	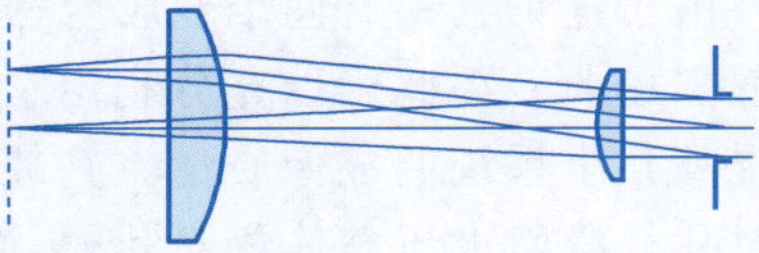
凯涅尔目镜	6~25mm	40°~52°	5~14mm	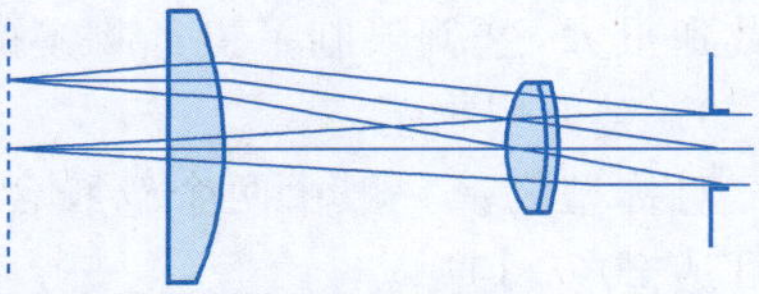
普罗素目镜	3~55mm	42°~52°	5~46mm	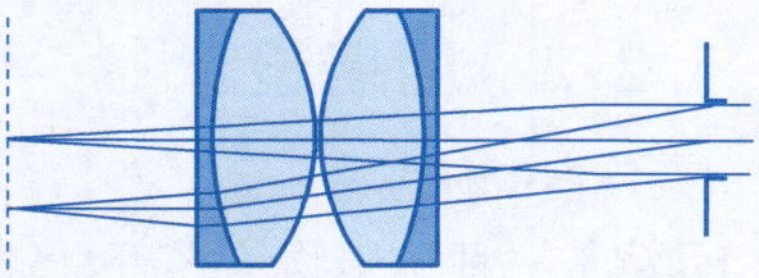

续表

目镜类型	F	$2\omega'$	出瞳距离	结　　构
阿贝无畸变目镜	4~34mm	40°~45°	5~27mm	

1）惠更斯（Huygenian）目镜

惠更斯目镜是小型目镜的首选，出自 1703 年惠更斯之手，由两片平凸透镜组成，叫作场镜和接目镜，两片透镜凸面都朝向物镜一端。场镜的焦距一般是接目镜的 2~3 倍，为消除垂轴色差，场镜与接目镜的间距是它们焦距和的 1/2。惠更斯目镜视场小，为 25°~40°，所以目前这种目镜一般出现在显微镜中。

2）冉斯登（Ramsden）目镜

冉斯登目镜于 1783 年设计成功，由两片平凸透镜组成，凸面相对。透镜间距为两者焦距和的 2/3~3/4，色差较大，目前已很少采用。图 5-7 所示为 $2\omega=30°$，4×角放大率的冉斯登目镜 Zemax 仿真，注意采用的是反向设计法，角放大率为 0.25。

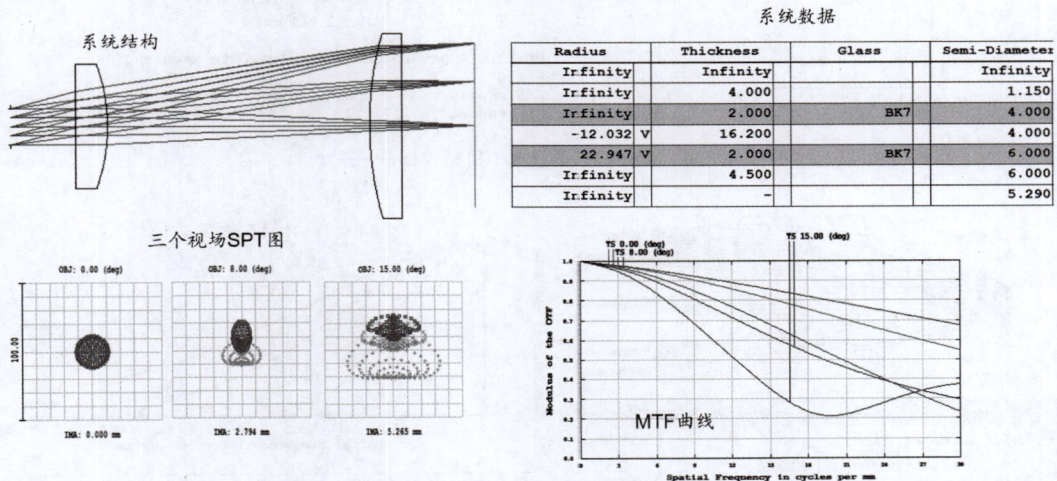

系统结构

系统数据

Radius	Thickness	Glass	Semi-Diameter
Infinity	Infinity		Infinity
Infinity	4.000		1.150
Infinity	2.000	BK7	4.000
-12.032 V	16.200		4.000
22.947 V	2.000	BK7	6.000
Infinity	4.500		6.000
Infinity	–		5.290

三个视场SPT图

MTF曲线

图 5-7　$2\omega=30°$ 的冉斯登（Ramsden）目镜 Zemax 仿真

3）凯涅尔（Kellner）目镜

将冉斯登目镜的单片接目镜分裂为双胶合消色差透镜，可大大改善色差和边缘像质，这就是凯涅尔目镜，其视场可达 40°~0°，低倍时可保持合适的出瞳距离，适合一些中低倍望远镜。但靠近焦平面的场镜表面灰尘容易参与成像，影响观测。美国一家公司制作了改进型凯涅尔（Revised Kellner，RKE）目镜，典型焦距为 6~25mm，出瞳距离为 5~14mm，视场为 40°~52°。图 5-8 所示为 $2\omega=40°$ 的 RKE 目镜 Zemax 仿真，出瞳直径为 4mm，出瞳距为 14mm，有效焦距为 27mm，视场为 40°，畸变为 5% 左右，可以适当牺牲清晰度平衡畸变。

4）普罗素（Plossl）目镜

普罗素目镜又叫对称目镜，由相同的两组双胶合消色差透镜组成，具有大出瞳距离和视场，由于前后组相同，因此成本更低。其适用于所有的放大倍率设计，是目前应用最为广泛的目镜结构。焦距约为 3~55mm，出瞳距离为 5~46mm，视场为 40°~50°。图 5-9 所示为

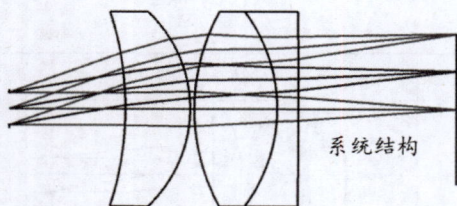

系统结构

系统数据

Radius		Thickness	Material	Clear Semi-I
Infinity		Infinity		Infinity
Infinity		14.000		2.000 U
-38.778	V	7.767	N-SK5	12.000 U
-16.753	V	0.500		12.000 U
25.362	V	10.000	N-BK7	12.000 U
-20.178	V	2.540	SF1	12.000 U
-1011.586		19.000		10.000 U
Infinity		-		9.285

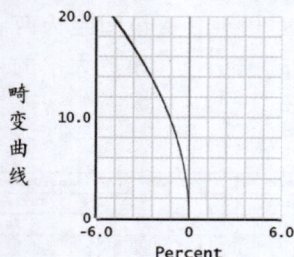

畸变曲线

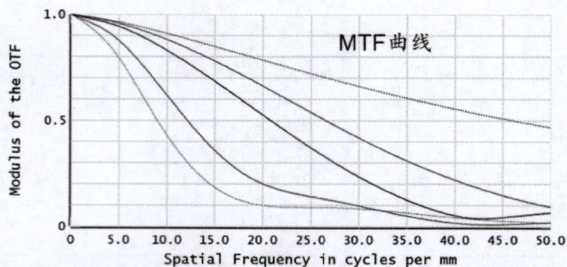

MTF曲线

☑—0.00 (deg)-Tangential ☑—0.00 (deg)-Sagittal ☑—10.00 (deg)-Tangential
☑—10.00 (deg)-Sagittal ☑—20.00 (deg)-Tangential ☑···20.00 (deg)-Sagittal

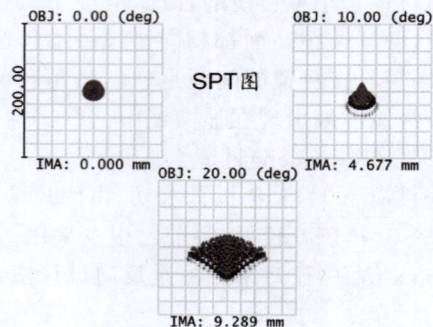

Units are μm. Legend items refer to Wavelengths
Field   :   1   2   3
RMS radius :   8.036 14.365 30.569
GEO radius : 13.112 36.593 59.683

图 5-8　2ω＝40°的 RKE 目镜 Zemax 仿真

系统结构

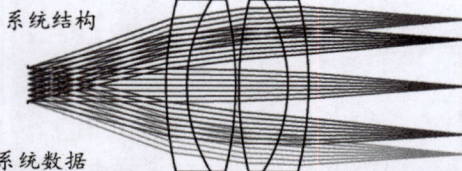

系统数据

	Surface	Type	Radius	Thickness	Material	Clear Semi-
0	OBJECT	Standard ▼	Infinity	Infinity		Infinity
1	STOP	Standard ▼	Infinity	20.000		2.500 U
2	(aper)	Standard ▼	57.426 V	3.000	SF1	13.000 U
3	(aper)	Standard ▼	25.626 V	7.070	N-SK14	13.000 U
4	(aper)	Standard ▼	-58.415 V	0.500		13.000 U
5	(aper)	Standard ▼	58.415 P	7.070 P	N-SK14	13.000 U
6	(aper)	Standard ▼	-25.626 P	3.000 P	SF1 P	13.000 U
7	(aper)	Standard ▼	-57.426 P	22.537 V		13.000 U
8	IMAGE	Standard ▼	Infinity			10.150

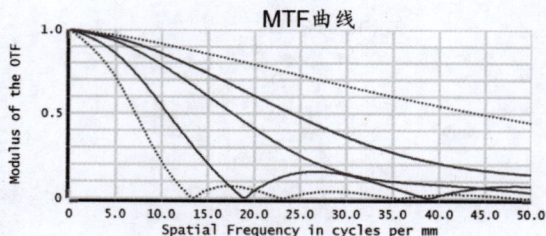

MTF曲线

☑—-20.00 (deg)-Tangential ☑···-20.00 (deg)-Sagittal ☑—-10.00 (deg)-Tangential
☑···-10.00 (deg)-Sagittal ☑—0.00 (deg)-Tangential ☑···0.00 (deg)-Sagittal
☑—10.00 (deg)-Tangential ☑···10.00 (deg)-Sagittal ☑—20.00 (deg)-Tangential
☑···20.00 (deg)-Sagittal

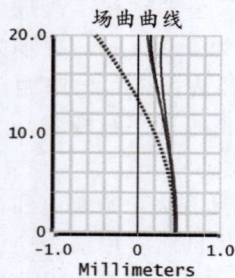

场曲曲线

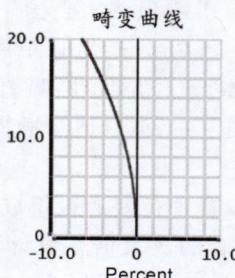

畸变曲线

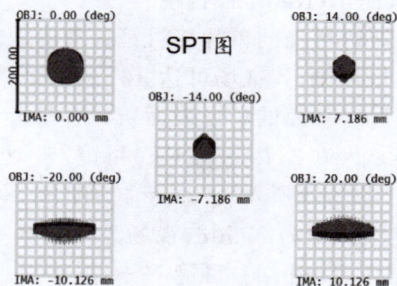

SPT图

Units are μm. Legend items refer to Wavelengths
Field   :   1   2   3   4   5
RMS radius : 23.739 11.447 11.447 28.833 28.833
GEO radius : 29.841 23.243 23.243 55.414 55.414

图 5-9　2ω＝40°的普罗素目镜的设计案例

$2\omega=40°$的普罗素目镜的设计案例,$10\times$角放大率,出瞳直径为 5mm,距离像面为 58.4mm,视场为 $40°$,畸变为 6.5% 左右。像散导致全视场弧矢 MTF 较差。

5)阿贝无畸变(Orthoscopic,OR)目镜

阿贝无畸变目镜 1880 年由德国物理学家、蔡司公司创始人之一的阿贝设计,为四片两组结构,其中场镜为三胶合透镜,接目镜为平凸透镜,该目镜成功地控制了色差和球差,并把场曲降低到难以察觉的程度,它还具有 $40\sim50°$ 的平坦视场和足够的出瞳距离,在各倍率都有良好表现,一直被广泛采用。典型焦距为 $4\sim34$mm,出瞳距离约为焦距的 0.8 倍,视场为 $40°\sim45°$。图 5-10 所示为 $2\omega=40°$ 的阿贝无畸变目镜的设计案例,出瞳直径为 5mm,距离像面为 59.36mm,视场为 $40°$,畸变接近于 0。

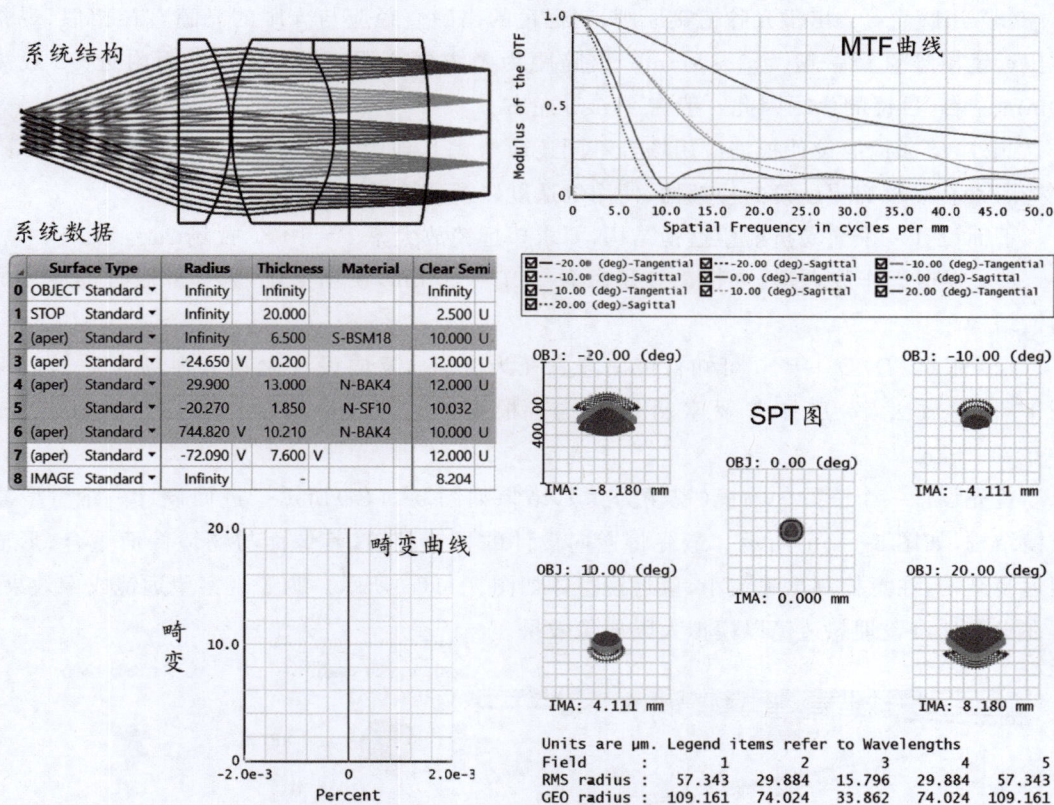

系统结构

MTF曲线

系统数据

	Surface Type		Radius	Thickness	Material	Clear Semi
0	OBJECT	Standard ▼	Infinity	Infinity		Infinity
1	STOP	Standard ▼	Infinity	20.000		2.500 U
2	(aper)	Standard ▼	Infinity	6.500	S-BSM18	10.000 U
3	(aper)	Standard ▼	-24.650 V	0.200		12.000 U
4	(aper)	Standard ▼	29.900	13.000	N-BAK4	12.000 U
5		Standard ▼	-20.270	1.850	N-SF10	10.032
6	(aper)	Standard ▼	744.820 V	10.210	N-BAK4	10.000 U
7	(aper)	Standard ▼	-72.090 V	7.600 V		12.000 U
8	IMAGE	Standard ▼	Infinity	-		8.204

畸变曲线

SPT图

OBJ: -20.00 (deg) IMA: -8.180 mm
OBJ: -10.00 (deg) IMA: -4.111 mm
OBJ: 0.00 (deg) IMA: 0.000 mm
OBJ: 10.00 (deg) IMA: 4.111 mm
OBJ: 20.00 (deg) IMA: 8.180 mm

Units are µm. Legend items refer to Wavelengths
Field   :   1   2   3   4   5
RMS radius : 57.343   29.884   15.796   29.884   57.343
GEO radius : 109.161 74.024   33.862   74.024   109.161

图 5-10 $2\omega=40°$ 的阿贝无畸变目镜的设计案例

5.2.3 折射式望远镜总体设计

望远镜的设计涉及放大倍数、分辨率、视场、物镜相对孔径和出瞳直径等关键参数的精确计算与调整。

(1)放大倍数:表示望远镜将物体放大的能力,等于物镜焦距与目镜焦距的比值。为匹配人眼的极限分辨率($60''$),望远系统的视觉放大倍率应大于极限放大率 $1.5\sim2$ 倍,以保证人眼观察的舒适度。高放大倍率会导致视场抖动明显,影响观察舒适度,故手持望远镜一

般放大率小于 $10\times$，地面观测类望远镜放大倍率一般小于 $30\times$ 或 $40\times$。

（2）分辨率：表征望远镜区分相近物体的能力，理想情况下由光学系统的衍射极限决定。即使望远镜具有高于人眼极限（$60''$）的分辨率，但超出部分对于肉眼来说并无实际意义。为提高分辨率，需矫正系统中的各类像差，主要是球差、彗差和轴向色差。

（3）视场：指望远镜能够观察到的物体角度范围，通常与目镜的视场有关。常用的目镜视场角大多在 $70°$ 以下，这限制了望远镜的视场设计。望远镜或者说望远镜物镜的视场较小，且允许边缘视场的成像质量适度降低。

（4）物镜相对孔径：决定了望远镜的聚光能力和成像质量。相对孔径 D/f' 小于 $1/5$ 的物镜设计相对容易保证足够的光通量并控制成像质量。

（5）出瞳直径：出于光瞳衔接原则，望远镜的出瞳直径应与人眼的光瞳直径相似，观察类望远镜出瞳直径一般为 $2\sim8\mathrm{mm}$。出瞳距为了方便人眼观察（在后焦面附近）一般为 $20\mathrm{mm}$ 左右，目镜的焦距因此一般在 $25\mathrm{mm}$ 左右。

此外，望远镜的设计根据应用场合不同还应考虑其他因素，如重量、体积、充氮防水等，这些因素直接影响望远镜的便携性、使用舒适度以及环境适应性。

下面设计一个简易折射望远镜结构，要求望远镜放大率 $\varGamma=10\times$，视场 $2\omega=4°$。

（1）根据工作放大率，取物镜口径为 $D=2\varGamma=20\mathrm{mm}$，视场为 $4°$，选择双胶合加单片式物镜结构。

（2）根据 $|D/D'|=10$ 可知目镜出瞳直径为 $2\mathrm{mm}$，反向设计时物方视场为 $40°$，以保证 10 倍角放大率，选择普罗素目镜结构。根据 $|f'_o/f_e|=10$，可选择 $f'_o=300\mathrm{mm}$，$-f_e=30\mathrm{mm}$。

首先设计一个三片式物镜（视场为 $4°$），结果如图 5-11（a）所示。进而设计一个普罗素目镜结构，如图 5-11（b）所示。最终将逆向设计的目镜翻转，其像面与物镜像面重合，形成望远镜结构，注意控制出瞳大小，望远镜整体如图 5-11（c）所示。为了观察望远镜成像效果，可在出瞳处设置理想透镜以模拟人眼成像效果。

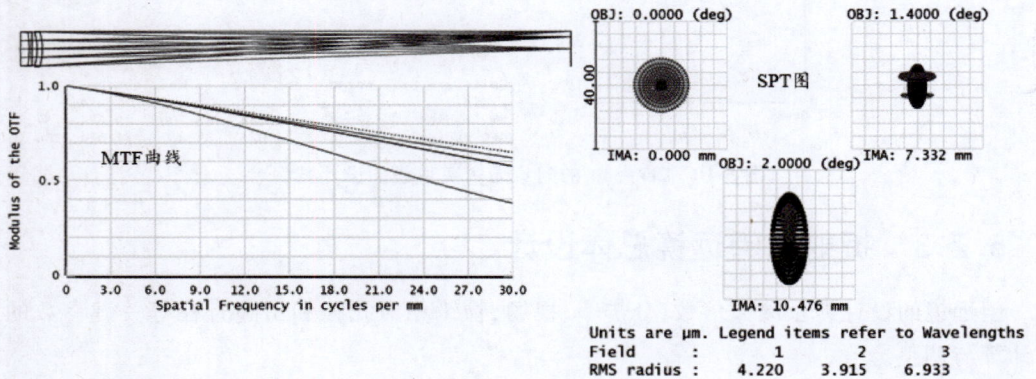

(a) 物镜

图 5-11　折射望远镜总体设计案例

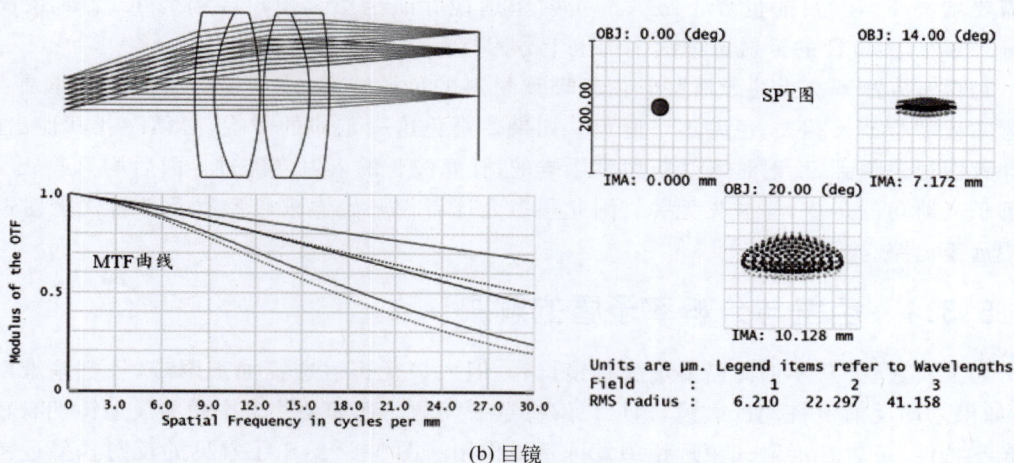

(b) 目镜

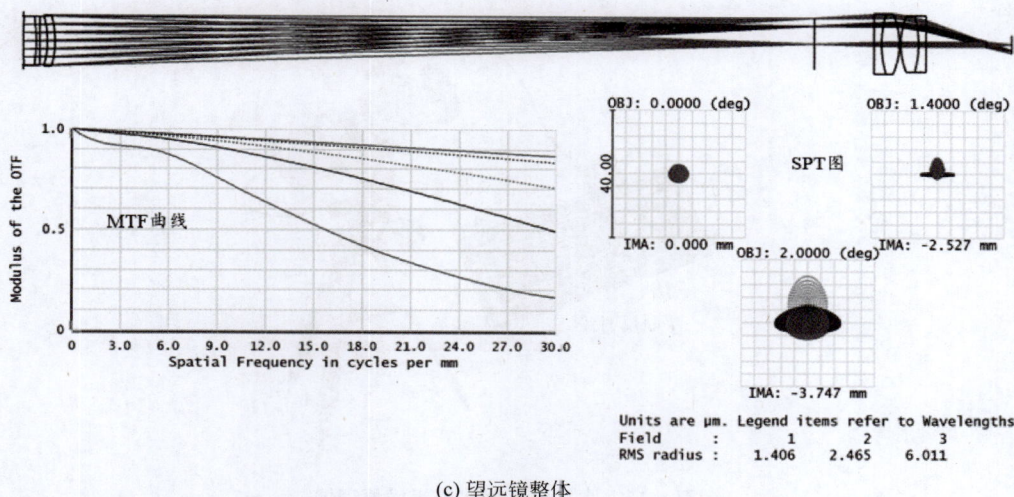

(c) 望远镜整体

图 5-11 （续）

5.3 反射式望远镜设计

　　虽然望远镜能把远处的物体放大,但由于色差的影响,早期的望远镜观测结果并不清晰。研究者们通过减小望远镜物镜相对口径或者增大 F/♯(f'/D)来制作更加清晰的望远镜(减小像差)。为了保证分辨率,物镜通光口径 D 越大越好,因此需要急剧增加物镜焦距 f' 来平衡像差。于是,早期"长颈鹿"式望远镜(图 5-12)诞生了,F/30、F/40 这样的 F/♯ 都算是小的,F/60、F/70 也是很常见的,如惠更斯 F/291 的巨大望远镜(物镜直径为220mm,焦距为 64m)。望远镜分辨率越高,需要物镜口径越大,但却越难以控制像差,尤其色差难以控制,因此

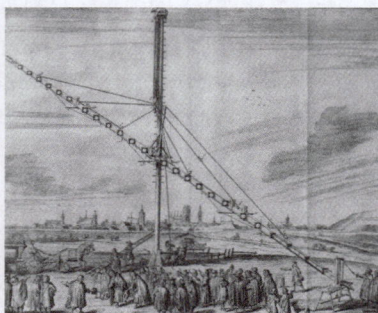

图 5-12 "长颈鹿"式望远镜

越需要增大 F/♯,目前世界上最大的折射望远镜叶凯士望远镜口径约为 1.02m,镜筒长 19m。另外,大口径的折射透镜的生产也十分困难。

是否有办法解决上述矛盾呢？由于玻璃材料的色散特性,或者说折射定律的本质:光线弯曲程度与波长相关,色差不可避免。如果要避免这一定律的干扰,必须寻找其他出路。设计者们很快想到,反射是不受折射率影响的,任意波长的入射光经过界面后均只遵从反射角等于入射角的定律,与波长无关。因此很多设计者们开始寻求以反射元件替代折射透镜的望远镜出路。

5.3.1 色差与分辨率矛盾的解决

如上所述,分辨率提高需要增大物镜口径,但大口径折射透镜加工困难,且色差难以控制,如果采用反射镜替代折射镜,则可以解决这一问题。例如某些二次曲面反射镜拥有较好的光学特性,可以在反射式望远镜中发挥重要作用。图 5-13 给出了常见的反射式望远镜原理图。

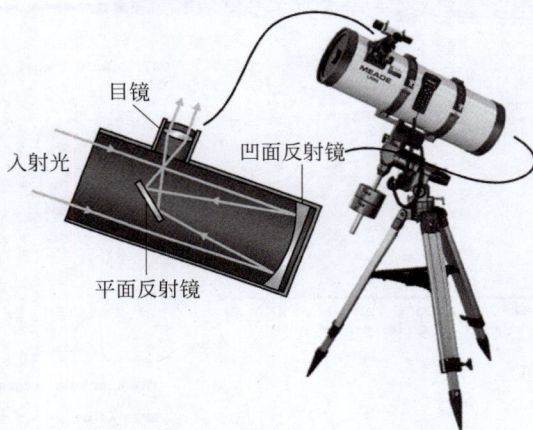

图 5-13 常见的反射式望远镜原理图

人们对于捕捉宇宙之魅影的大口径反射式望远镜的渴望永不止步。然而,反射式望远镜的口径扩展同样是对光学材料与加工技术的挑战,其难度随着口径增大呈几何级数增长。在这场与光的较量中,世界各国纷纷亮出了自己的王牌:超低膨胀系数的石英玻璃、轻盈坚硬的铍,以及坚韧不屈的碳化硅等。我国长春光机所于 2018 年研制成功了 4.03m 口径的碳化硅反射镜(见图 5-14),这面镜子如同巨人的瞳孔,成为了迄今为止世界上最大尺寸的碳化硅反射镜。它的诞生,无疑将法国为欧洲"赫歇尔"红外望远镜精心铸造的 3.5m 直径主反射式望远镜挤下了王座。另一个使用反射式望远镜的是大名鼎鼎的美国哈勃太空望远镜,它的直径为 2.4m。众所周知,哈勃望远镜在太空的观测几乎刷新了人类对于宇宙的认识,其观测效果简直堪称奇迹,分辨率竟然达到了惊人的 0.1m 级。可见大口径反射式望远镜在提高分辨率方面表现卓越。

当然,为了追逐分辨率的极致,科学家们翘首以盼更大的物镜诞生。然而大口径镜坯的制作和运输十分困难,目前世界上最大的光学单口径反射式望远镜口径约为 8.4m。尤其是太空望远镜,如 6.5m 口径的韦布望远镜,即使是在地面上使用,制造这么大的镜子都很有挑战性,况且还要被发射到太空。如果哈勃空间望远镜的 2.4m 镜面按比例放大到韦布

图 5-14　我国长春光机所 2018 年研制的 4.03m 口径的碳化硅反射镜

望远镜尺寸,则重量太大,无法发射到轨道。于是,韦布望远镜的设计团队巧妙地决定采用铍来打造众多正六边形的子镜面,如图 5-15 所示,每段大约重 20kg。最后拼接为近似圆形的镜面形状。比起圆形子镜面,六边形的子镜面具有较高的填充系数,意味着各段可以无间隙地结合在一起。

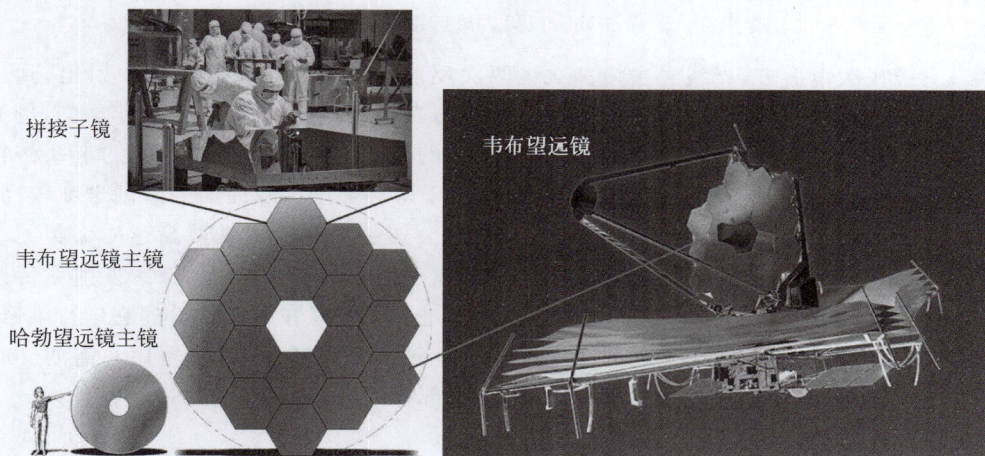

图 5-15　韦布望远镜的子孔径拼接技术

5.3.2　反射式望远物镜设计

反射式望远镜的物镜一般由主镜和次镜(有些结构没有次镜)组成,主要有以下几种结构类型。

1) 主焦式

主焦式结构是最简单的反射式望远镜物镜,如图 5-16(a)所示,其由一个凹面反射镜充当物镜,使无穷远处入射的平行光聚焦。该系统的成像是一个倒像,但并不影响天文观测。

2) 牛顿式

牛顿式如图 5-16(b)所示,便于观察,目镜被安置在靠近望远镜镜筒的侧方,利用一块反射镜改变主焦式结构的光学走向,实现物镜在镜筒侧方聚焦。

3) 卡塞格林式

卡塞格林式如图 5-16(c)所示,为了同时消除球差和色差,采用主镜和次镜两组系统进

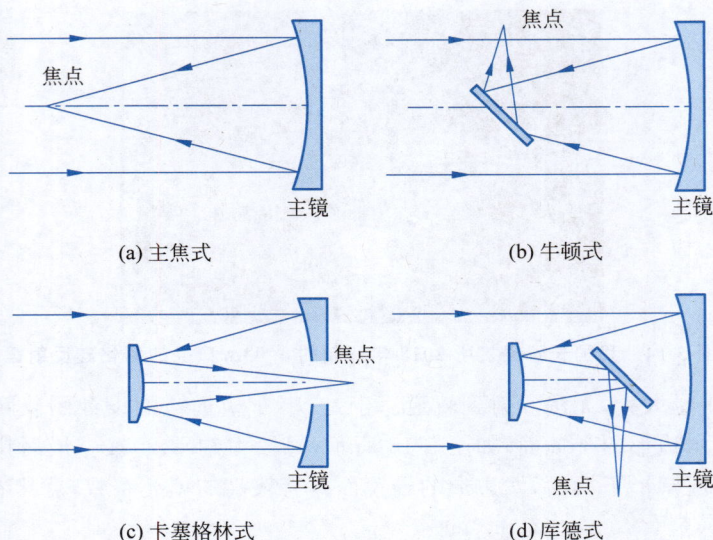

(a) 主焦式　　　　　　　　　　　　(b) 牛顿式

(c) 卡塞格林式　　　　　　　　　　(d) 库德式

图 5-16　反射式望远镜结构

行聚焦,主镜在次镜后方,光线经主镜和次镜两次反射后从主镜预留的小孔中射出,到达目镜。根据采用的主镜和次镜类型不同可以有不同的表现,表现良好的一般为非球面,例如主镜为抛物面凹面镜,次镜为椭球面凸面镜。最顶级的主镜和次镜都是双曲面的卡塞格林望远镜也叫作 RC-卡塞格林望远镜,哈勃望远镜就属于这种类型。双曲面的磨制难度较高,价格也非常高,哈勃用的 2.4m 主镜由 Perkin Elmer 公司制作时的成本就高达 4 亿美元。这就不得不提到哈勃曾因主镜镜面边缘区域加工出现了约 $2\mu m$ 面形偏差,导致发射后传回的第一批图像模糊(球差影响),使得航天员们不得不进入太空对在近地轨道的它进行维修,维修费用为 8600 万美元,而如果这一故障在地球上就被发现且矫正,维修费用只需要 200 万美元。这就体现了精密光学面形检测的重要性,这部分内容将在第 14 章进行描述。

4) 库德式

库德式(如图 5-16(d)所示)是将卡塞格林结构的焦点利用平面镜转向侧面,其结构对于卡塞格林结构,就相当于牛顿式结构对于主焦结构。

上述结构严格来说仅是望远镜的物镜结构。其中牛顿式和库德式结构仅是主焦式和卡塞格林结构的变形,将焦点转至侧面便于观察。以主镜口径为 100mm,后焦距约为 200mm 的主焦式结构为例,在 Zemax 中进行仿真,球面主镜如图 5-17(a)所示。当凹面镜为球面时,难以矫正轴上球差,点列图 RMS 半径约为 $61.2\mu m$,当半视场为 1°时,RMS 半径达 $92.599\mu m$,很多二次曲面(非球面)具有良好的光学性质,图 5-17(b)将凹面反射镜变为抛物面,可将轴上球差矫正为 0,半视场为 1°时 RMS 也仅有 $67.236\mu m$。从这个角度看,作为望远镜主镜时,抛物面似乎比球面镜有着更加优良的表现。

但真的是这样吗?离轴视场入射的光线必然带来彗差。观察到图 5-17 中非球面主镜中 1°视场中的彗差明显比球面主镜带来的彗差严重。打开 Zemax 中像差的分析图(见图 5-18)由图可见球面主镜的像差中绝大部分是球差,离轴彗差并不大,而抛物面主镜虽然可以完美矫正球差,但离轴彗差非常大。这是由于球面有无数的对称轴而抛物面仅有一条对称轴,即使入射角度很小,成像质量也迅速降低。从这个角度来看,使用非球面对于增大望远镜视场未

(a) 球面主镜

(b) 抛物面主镜

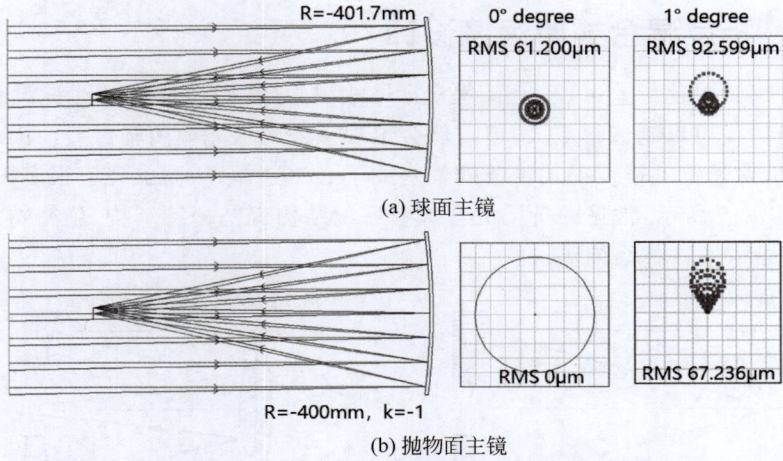

图 5-17 Zemax 仿真反射式望远镜物镜的轴上与离轴视场表现

必是有利的,在更大的视场上,彗差等离轴像差将急剧增加,在设计中应根据实际指标要求综合考虑使用。

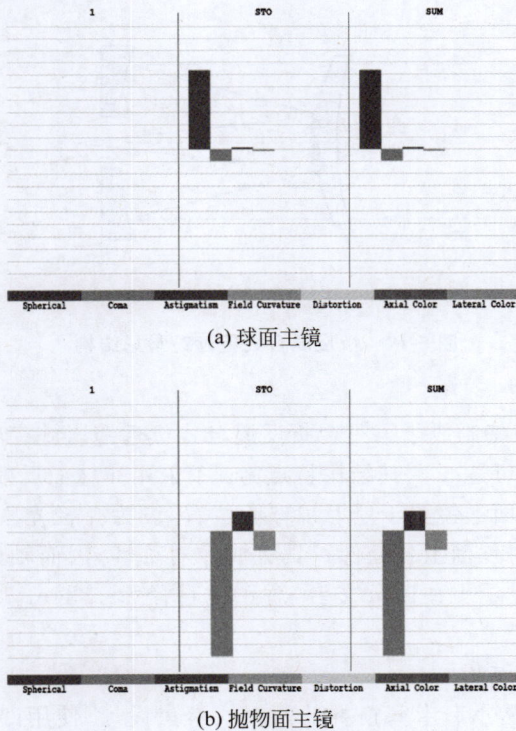

(a) 球面主镜

(b) 抛物面主镜

图 5-18 反射式望远镜的 1°离轴视场像差

因此,如果想增加视场,是否可以考虑仍然采用球面反射镜,并配上其他手段矫正球差呢?毕竟轴上球差的矫正手段较多,较之彗差矫正也更为简单。于是,折反混合式望远镜结构便呼之欲出了。

5.3.3　折反混合式望远镜设计

折射式望远镜单色像差可控,但有色差且尺寸越大越昂贵,反射望远镜没有色差、造价低廉且反射镜口径可以制造得更大,但可能会出现额外的彗差等离轴像差。因此,结合两者的优势,通过折射透镜补偿反射式物镜的像差成了必然选择,从而出现了很多折反混合式的望远镜。如图 5-19 所示,常见的折反混合式望远镜结构有施密特结构、施密特-卡塞格林结构、马克苏托夫-卡塞格林结构等。

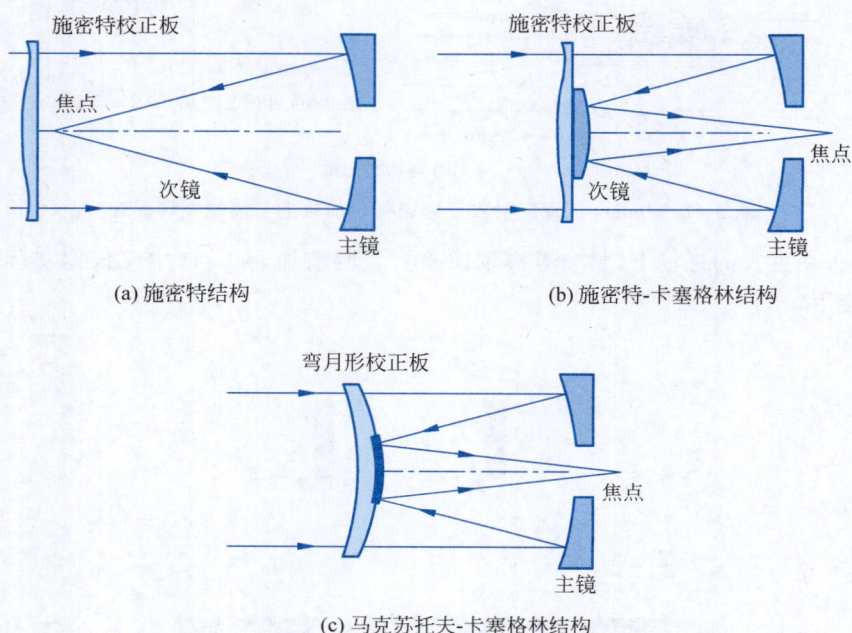

(a) 施密特结构　　　　　　　　(b) 施密特-卡塞格林结构

(c) 马克苏托夫-卡塞格林结构

图 5-19　折反混合式望远镜常见结构

1) 施密特结构

1930 年,德国人施密特制成了第一台折反混合式望远镜。施密特望远镜是最常用的大视场望远系统,最大视场可达 5°。其结构特点为:不采用非球面反射主镜,而是采用球面反射主镜,并用一块弱非球面透镜置于反射镜球心位置,设为孔径光阑,起到矫正单色像差的作用。这种特殊结构使得焦面上各处像点具有成像对称性,因而轴外像差很小。最大的施密特望远镜位于德国陶登堡史瓦西天文台,矫正镜直径为 1.34m,球面直径为 2m,焦距为4m,视场为 3.4°。

2) 施密特-卡塞格林结构

施密特-卡塞格林结构承袭卡塞格林的两组式聚焦设计,使用凹球面镜做主镜,以凸球面镜做次镜,并在入射光路中添加施密特校正板来矫正球差。施密特校正板通常设计为非球面透镜形式。有些设计还在焦平面的附近增加其他的光学元件,如平场镜。图 5-20 为视场 2° 的施密特-卡塞格林结构设计案例,相对口径为 0.3,筒长小于 300mm,由图可见其像差可以被控制得较好。

3) 马克苏托夫-卡塞格林结构

马克苏托夫-卡塞格林望远镜是另一种折反混合式望远镜。其主镜仍为球面镜,前端采

结构数据

	Radius	Thickness	Material	Clear Semi-Dia	Chip Zone	Mech Sem	Conic	TCE x 1E-6	2nd Order Te	4th Order Te	6th Order T
0	Infinity	Infinity		Infinity	0.000	Infinity	0.000	0.000			
1	3.448E+04	4.000	BK7	25.000	0.000	25.047	0.000	-	0.000	-1.708E-08	-3.530E-13
2	Infinity	198.000		25.047	0.000	25.047	0.000	0.000			
3	Infinity	80.000		14.000 U	0.000	14.000	0.000	0.000			
4	-260.559	-76.724	MIRROR	29.921	0.000	29.921	0.000	0.000			
5	-307.116	81.634	MIRROR	13.671	0.000	13.671	-1.540	0.000			
6	Infinity	-		3.491	0.000	3.491	0.000	0.000			

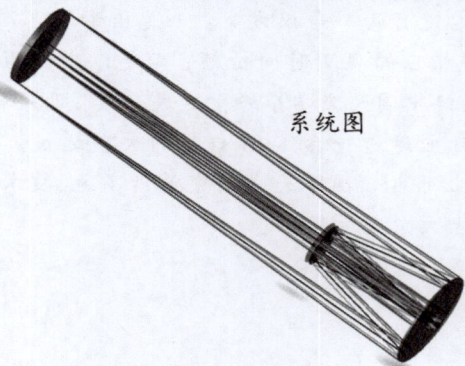

系统图

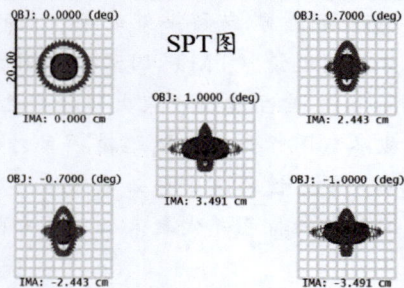

SPT图

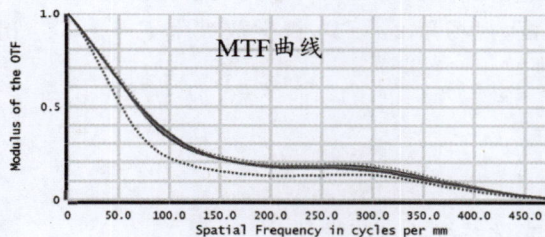

MTF曲线

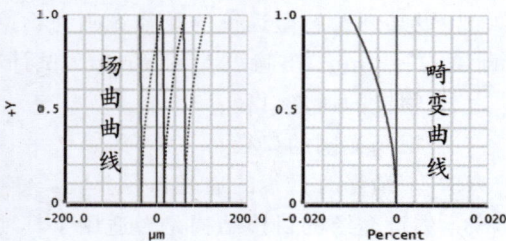

场曲曲线

畸变曲线

图 5-20　视场 2°的施密特-卡塞格林结构设计案例

用的校正板为一块较厚的双球面弯月透镜,可消除球差、色差和彗差。大部分的马克苏托夫-卡塞格林结构的次镜,都是直接在弯月透镜后方中央部分镀上铝反射膜。马克苏托夫-卡塞格林望远镜同施密特望远镜一样存在场曲,且焦点很可能处于镜筒内部,其优点是球面弯月镜加工成本相对较低。

拓展阅读

我国大口径光学天文望远镜

众所周知,我国最大的天文望远镜是位于贵州黔南布依族苗族自治州境内的直径为 500m 的"中国天眼"。"中国天眼"不只是中国最大的,也是全世界最大的单体射电望远镜,但却不是我们通常说的用于光学成像的天文望远镜。那么,中国最大的光学望远镜有多大?

自 20 世纪 90 年代起,国际天文学界见证了一系列 8～10m 级地基光学望远镜的落成,这些设施构成了当前全球顶尖观测阵列的核心。近年来,各国竞相提出 30～40m 级超大口径望远镜的设计蓝图。

我国最大口径的光学望远镜是建于国家天文台兴隆基地的 4～6m 级郭守敬望远镜 (LAMOST)。这是一台光谱巡天望远镜,并不具备成像观测的能力。因此只能说郭守敬望远镜是我国最大的专用型光学望远镜。

　　我国制造的通用型光学望远镜中最大的是 2.16m 望远镜。它和郭守敬望远镜都位于中国科学院国家天文台兴隆观测基地。另外在云南还有一台从国外购买的 2.4m 的望远镜,是截至目前我国及东亚地区口径最大的通用型光学望远镜。然而早在 1917 年美国就建成了同等级口径的胡克望远镜。这样的境况,让拥有一台大望远镜,成为多年来中国天文学家的梦想。

　　2016 年之前,获得一架梦寐以求的大望远镜有两个争议方案:一是出资 10% 参加"三十米口径望远镜"(TMT)国际合作项目,获得相应的观测时间份额;二是以中国为主导发起国际合作,自主建造一架大口径望远镜。最终中国天文学界终于达成一致:两条腿走路,除积极参与国际合作大望远镜项目外,也要自主建造一台 12m 口径的大望远镜。而 12m 口径的大望远镜的建成也必将成为一座科学上可占领国际天文研究前沿高地、技术方案上有中国创新和特色并代表未来发展方向的大型天文望远镜。

习题

　　1. 某天文望远镜物镜焦距为 600mm,F/5,出瞳直径为 4mm,求放大率和目镜焦距。

　　2. 设某开普勒望远镜的孔径光阑为物镜框,视场角 $2\omega = 6°$,视觉放大率 $\Gamma = -6\times$,出瞳直径 $D' = 4mm$,出瞳距 $l'_z = 13mm$。试计算:

　　(1) 物镜的通光口径;

　　(2) 视场光阑的口径;

　　(3) 不渐晕时目镜的通光口径。

　　3. 本章介绍的目镜结构是否适用于其他光学系统的目镜设计?

　　4. 简述望远镜结构中采用非球面的优缺点。

　　5. 利用 Zemax 设计一个视场为 20° 的惠更斯目镜。

　　6. 利用 Zemax 设计一个视场为 2°,相对口径为 0.3,筒长小于 300mm 的马克苏托夫-卡塞格林结构望远镜。

第6章 显微系统设计

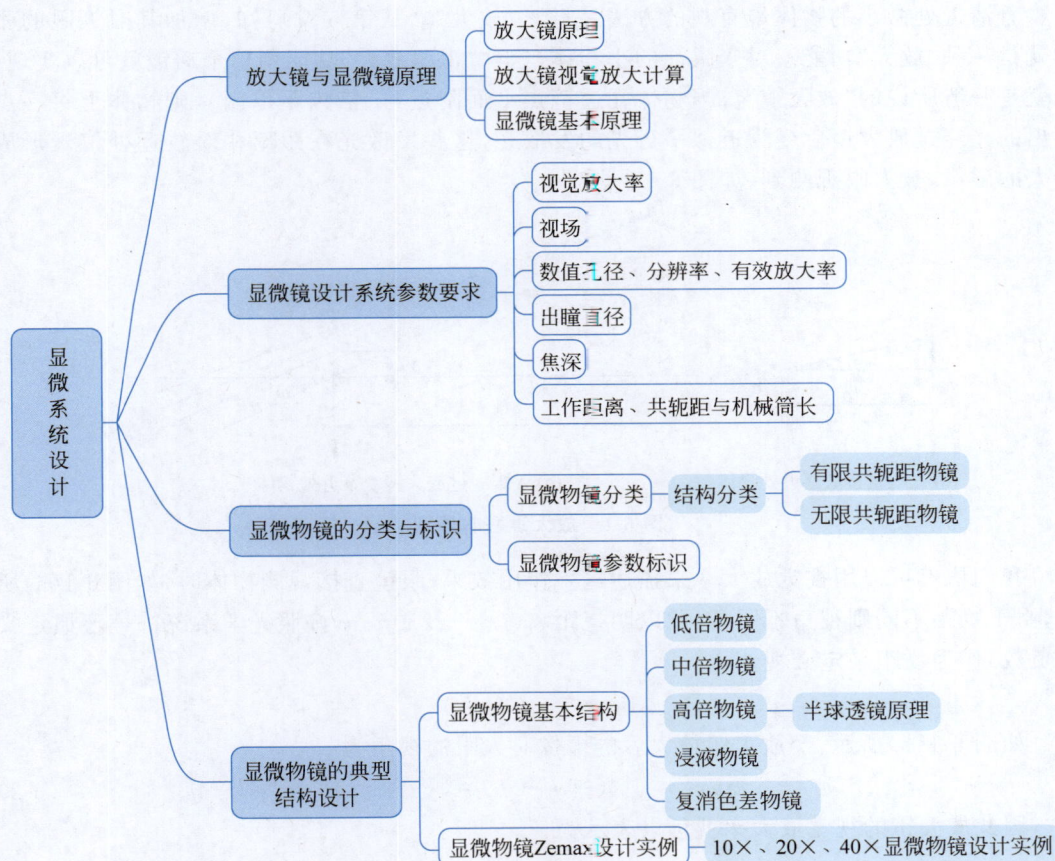

显微系统设计
├─ 放大镜与显微镜原理
│ ├─ 放大镜原理
│ ├─ 放大镜视觉放大计算
│ └─ 显微镜基本原理
├─ 显微镜设计系统参数要求
│ ├─ 视觉放大率
│ ├─ 视场
│ ├─ 数值孔径、分辨率、有效放大率
│ ├─ 出瞳直径
│ ├─ 焦深
│ └─ 工作距离、共轭距与机械筒长
├─ 显微物镜的分类与标识
│ ├─ 显微物镜分类 ── 结构分类 ── 有限共轭距物镜 / 无限共轭距物镜
│ └─ 显微物镜参数标识
└─ 显微物镜的典型结构设计
   ├─ 显微物镜基本结构
   │ ├─ 低倍物镜
   │ ├─ 中倍物镜
   │ ├─ 高倍物镜 ── 半球透镜原理
   │ ├─ 浸液物镜
   │ └─ 复消色差物镜
   └─ 显微物镜Zemax设计实例 ── 10×、20×、40×显微物镜设计实例

【知识目标】
◆ 熟悉显微镜系统基本原理与概念。
◆ 掌握显微物镜的分类与参数标识。
◆ 掌握显微镜相关参数计算方法。

【技能目标】
◆ 能够根据系统要求进行显微物镜参数选型。
◆ 能够利用 Zemax 实现不同参数要求的显微物镜设计。

从望远镜的基本原理可知,人眼看不清远处的物体是因为太远,物体上的两个点即使有较大间距,其对于人眼的张角依然很小,难以分辨,而望远镜的作用便是改善这一状况。那么如果物体本身就很小,即使距人眼很近,也同样会出现对人眼张角太小而难以分辨的情况,例如生物细胞和病毒。那么是否依然可以采用望远镜的结构进行改善呢?当然可以,但是要注意到望远镜的设计是针对无穷远处的平行光设计的,如果要观察微小物体,一般物距很小,因此要对原来的望远镜结构做一些修正,这就是这一章要介绍的显微镜结构,其目的依然是改善原本物体针对人眼的张角。

6.1 放大镜与显微镜原理

看清近处微小的物体最直观的方法是将其"放大"。从第 5 章可知,增加其对人眼的张角就是一种"放大"功能。对于眼前的小物体,这种"视角放大"功能用单个透镜就可以实现,也就是一般所说的"放大镜"。当物体在透镜焦平面附近(一倍焦距以内),则物体上每一点发出的光经过放大镜后变为近似平行光的发散光,这些发散光在距离相对较远处汇聚形成很大的虚像,被人眼观测到,如图 6-1 所示。

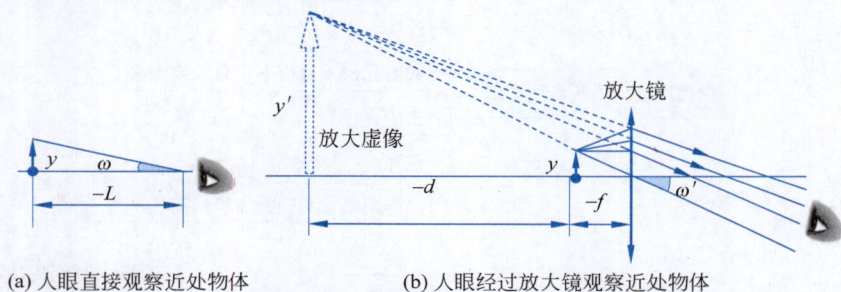

图 6-1　放大镜基本原理

我们依然可以用视觉放大率来描述这一作用效果,眼镜直接观测物体时,如图 6-1(a)所示,由于物距不同则视角不同,因此以明视距离($L=-250\text{mm}$,按照光学系统符号习惯定义为负数)作为物距来定义视角 ω:

$$\tan\omega = y/(-L) \tag{6-1}$$

如图 6-1(b)所示,经放大镜放大后的虚像对人眼的视角为

$$\tan\omega' = y'/(-d-f) \approx y/(-f) \tag{6-2}$$

因此放大镜的视觉放大率就可以表示为

$$\Gamma = \frac{\tan\omega'}{\tan\omega} = \frac{L}{f} \tag{6-3}$$

上述一倍焦距内的物体成像规律使得放大镜成为放大视角的利器,但普通放大镜的放大倍率有限,一般不超过 20 倍。若想进一步放大物体,可以在放大镜的前面再加一个具有一定横向放大率 β 的成像镜头,使得物体先经过一次成像并被放大 β 倍,进而再用放大镜对该实像进行视角放大。这样的结构便是显微镜的基本结构了。可见,这样的结构与望远镜类似,而上述视角放大的"放大镜"则承担了类似目镜的作用。实际上,望远镜和显微镜中目镜的工作原理也正是如此。

望远镜的设计一般是针对无穷远处的平行光设计的,对于距离较近的微小物体,其发出的发散光束无法成像到目镜的前焦面(即物镜的后焦面)附近,若要让物体的一次实像依然落在目镜前焦面附近,则物镜后焦面和目镜的前焦面就要分离。因此,显微镜的结构便呼之欲出了:即一个具有一定横向放大率的成实像的透镜(物镜),搭配一个具有视角放大作用的透镜(目镜),前者的后焦面与后者的前焦面分离,如图 6-2 所示。

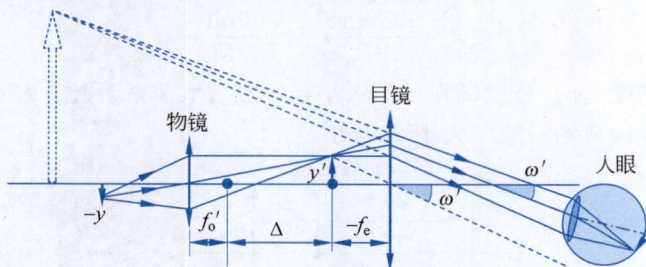

图 6-2 光学显微镜基本原理

典型显微镜的基本结构和望远镜类似,均是由物镜和目镜两部分组成,不同的是物镜的后焦面与目镜的前焦面分离。物体先经过物镜成放大的实像。而该实像作为新的物体,落在目镜的前焦面附近(目镜的一倍焦距以内),经过目镜第二次成像,从目镜出射的是近似平行的发散光束,即第二次成的像是一个放大的虚像。观察时人眼位于目镜的发散光一侧,观察到的像和真实物在同一侧。

6.2 显微镜设计参数要求

1. 视觉放大率

视觉放大率是显微镜的重要参数,根据图 6-2 所示原理,被显微镜放大的视场角正切为

$$\tan\omega' = \frac{y'}{-f_e} = \frac{\beta y}{-f_e} = -\frac{\Delta}{f_o'} \frac{y}{-f_e} = \frac{y\Delta}{f_o' f_e} \tag{6-4}$$

人眼直接观察该物体时,将其放在明视距离 L,显微镜的视觉放大率为

$$\Gamma = \frac{\tan\omega'}{\tan\omega} = -\frac{\Delta L}{f_o' f_e} \tag{6-5}$$

式中,f_o' 和 f_e 为物镜和目镜的焦距;Δ 为物镜后焦点与目镜前焦点之间的间距。Γ 又可以写成

$$\Gamma = \left(-\frac{\Delta}{f_o'}\right)\left(\frac{L}{f_e}\right) = \beta\Gamma_e \tag{6-6}$$

式中,β 是物镜的垂轴放大率;Γ_e 为目镜的视觉放大率。如前所述,显微镜的物镜对物体进行一次垂轴放大,目镜进行再一次视角放大,所以总的视觉放大率等于二者的乘积,式(6-6)也验证了这一点。由于显微镜 β 一般为负值,故一般用 β 的绝对值表示物镜的倍率。因为商业化的物镜与目镜间距 Δ 有国家标准,所以物镜的倍率 β 决定了其焦距 f_o' 的大小。倍率 β 的绝对值越大,焦距 f_o' 越短。

2. 视场

显微镜的视场是由目镜的视场决定的,如图 6-3 所示,一般在目镜的前焦面(物镜像面)

处可设置视场光阑，该视场光阑的直径由其视场角决定：

$$D = -2f_e \times \tan\omega' = 500\tan\omega'/\Gamma_e \tag{6-7}$$

由物镜成像规律可知，上述视场光阑的设置将限定显微镜的物方线视场大小为

$$2y = D/\beta \tag{6-8}$$

因此可得

$$2y = \frac{500\tan\omega'}{\beta\Gamma_e} = \frac{500\tan\omega'}{\Gamma} \tag{6-9}$$

可见，目镜视场确定后，显微镜视场的大小与视觉放大率成反比。显微镜观察的物体一般是微小物体，物方线视场一般不大于 20mm。

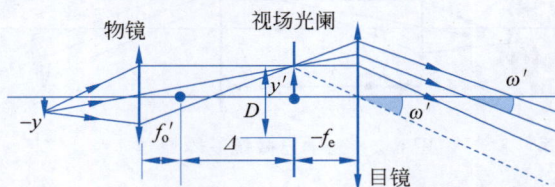

图 6-3　光学显微镜视场限定

3. 数值孔径、分辨率、有效放大率

数值孔径是显微物镜的主要技术参数，简写为 NA。如图 6-4 所示 NA = $n\sin u$，即物镜与观测物体之间的介质折射率(n)和半孔径角(u)的正弦值的乘积。

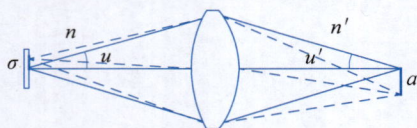

图 6-4　显微物镜数值孔径参数

由于目镜仅起到放大镜作用，并不能改变整体的分辨能力，因此如果物镜不能分辨的两点（即在其像面上两点间距小于艾里斑半径），即使目镜视觉放大率很大也依然不可分辨。物镜像面上的最小分辨距离仍然以艾里斑半径定义（显微镜视场较小，仅考虑视场中心代替全场）：

$$a = \frac{0.61\lambda}{n'\sin u'} \tag{6-10}$$

对应于物镜的物面上最小分辨距离应为

$$\sigma = \frac{a}{\beta} = \frac{0.61\lambda}{n'\sin u'} \cdot \frac{y}{y'} = \frac{0.61\lambda}{n\sin u} = \frac{0.61\lambda}{NA} \tag{6-11}$$

可见，物镜数值孔径 NA 决定了物镜的分辨率。若要提高分辨率，可降低波长 λ，使用短波长光源。另一条途径便是增加 NA。一方面，增大介质折射率 n 可以提高 NA，因此就产生了水浸物镜和油浸物镜。另一方面可以通过增大孔径角 u 以提高 NA。孔径角越大，进入物镜的光通量就越大。而显微镜线视场较小，增加孔径角可以有效增加光通量，提高视野的亮度。但是由于物距小，孔径角的增加明显增加了物镜设计难度，难以控制像差。因此对于商业化成品显微物镜来说，数值孔径是判断其性能高低的重要标志。

如果显微镜物面上的两点可以被物镜分辨，其经过整个显微镜视觉放大后也应该可被人眼分辨。如图 6-5 所示，设物面上两点恰好被分辨，其间距为 σ，经过显微镜放大后，两点虚像间距为 $\sigma\Gamma$。这两点应可被人眼分辨，即等于人眼在明视距离下极限分辨角 θ 所对应的间距，则有

$$\sigma\Gamma = 250\theta \tag{6-12}$$

一般,人眼最容易的分辨角约为 $2'\sim4'$,因此,式(6-12)可以写为

$$250\times\frac{2}{60}\times\left(\frac{2\pi}{360}\right)\leqslant\sigma\Gamma\leqslant250\times\frac{4}{60}\times\left(\frac{2\pi}{360}\right) \tag{6-13}$$

按照道威判据,有

$$250\times2\times0.00029\text{mm}\leqslant\frac{0.5\lambda}{\text{NA}}\Gamma\leqslant250\times4\times0.00029\text{mm} \tag{6-14}$$

在平均波长 500nm 条件下近似可得

$$500\text{NA}\leqslant\Gamma\leqslant1000\text{NA} \tag{6-15}$$

式(6-15)便是显微镜的有效放大率范围,若 $\Gamma\leqslant500\text{NA}$,则物镜可以分辨的间距 σ 并未被放到人眼可分辨的间距,这样便浪费了物镜的分辨能力;若 $\Gamma\geqslant1000\text{NA}$,则物镜可以分辨的间距 σ 被过度放大,Γ 呈现出了部分的无效放大。

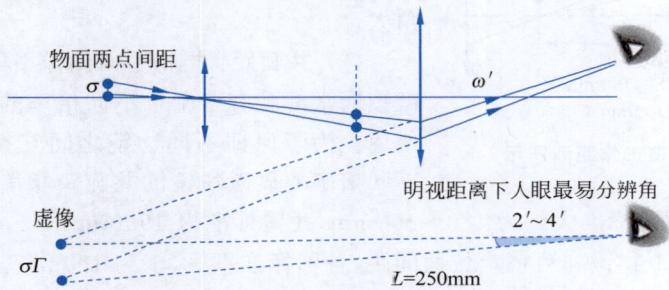

图 6-5　有效放大率

4. 出瞳直径

显微镜的孔径光阑一般为物镜框(或复杂物镜的最后一片透镜框),某些显微镜也在其物镜后焦面单独设置光阑用于测量。如图 6-6 所示,设显微镜出瞳直径为 D',根据正弦条件有

$$ny\sin u = n'y'\sin u' \tag{6-16}$$

$$n\sin u = n'\frac{y'}{y}\sin u' = -\Delta n'\sin u'/f'_\text{o}\approx-\Delta n'\tan u'/f'_\text{o}=\frac{-\Delta n'}{f'_\text{o}}\cdot\frac{D'}{-2f_\text{e}} \tag{6-17}$$

又有

$$\Gamma = \frac{250\text{mm}}{f'} \tag{6-18}$$

式中,f' 为显微镜组合焦距。因此式(6-17)可化简为

$$n\sin u = D'\Gamma/500\text{mm} \tag{6-19}$$

从而求得显微镜出瞳直径为

$$D' = 500n\sin u/\Gamma = 500\text{NA}/\Gamma\,(\text{mm}) \tag{6-20}$$

5. 焦深

焦深为焦点深度的简称,即焦平面前后可清晰成像的距离。焦深大小表征着是否可以看到被检物体的全层。焦深与总放大倍数和物镜的数值孔径都成反比,因此随着焦深变大其分辨率也随之降低。

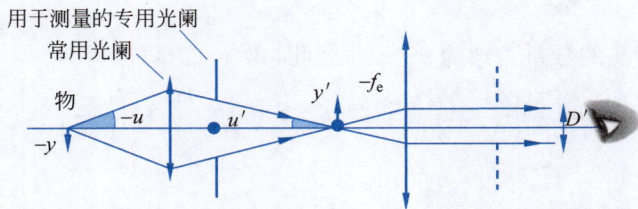

图 6-6　显微镜出瞳口径计算图示

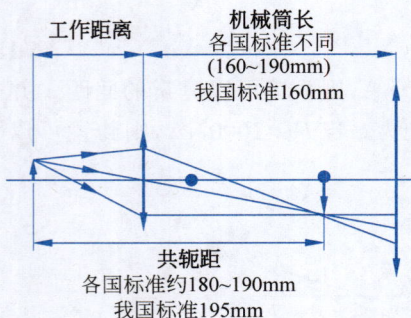

图 6-7　显微镜工作距离图示

6. 工作距离、共轭距与机械筒长

（1）**工作距离**：如图 6-7 所示，工作距离也称为物距，即物镜前透镜表面到观测物体的间距离。观测物体一般处在物镜的一倍至二倍焦距之间。在物镜数值孔径一定的情况下，工作距离短意味着孔径角大。

（2）**共轭距**：指物平面到像平面的距离，一台显微镜通常都配有若干个不同倍率的物镜目镜供互换使用。为了保证不同物镜之间互换的适配性，要求不同倍率的显微物镜的共轭距相等。各国生产的通用显微物镜的共轭距标准大约为 180～190mm，我国标准为 195mm。

（3）**机械筒长**：物镜和目镜定位面间距，各国标准不一，多为 160mm、170mm、190mm，我国标准为 160mm。

6.3　显微物镜的分类与标识

6.3.1　显微物镜分类

物镜是显微镜最重要的组分，是被观测物体第一次成像的部件，直接影响成像质量和各项光学指标，是衡量一台显微镜质量的首要标准。由于像差的矫正需要，其一般结构复杂，由多个透镜组合而成。

1. 有限共轭距与无限共轭距物镜

最基础的物镜分类是按照结构分类，6.2 节中介绍的物镜原理中所画出的物镜均是有限的共轭距，即物镜的物像共轭间距是有限距离，如图 6-8（a）所示。还有一种物镜会将物面点源发光变为平行光，即成像在无穷远处，称为无限共轭距物镜，如图 6-8（b）所示，也称远场矫正物镜。这种设计需要利用套管透镜（Tube Lens）额外配合物镜来产生成一次像。虽然此类显微镜的结构比有限共轭物镜更为复杂，但是它却使物镜和套管透镜之间留有足够的空间，允许用户将其他光学组件装入显微镜中（见图 6-8（b））。例如在物镜和套管透镜之间添加滤光片能让用户观察到光源的特定波长，或是阻挡会对显微镜设置带来干扰的多余波长。荧光显微镜就是采用这种设计类型。另外，这类结构的成像放大率是套管透镜焦距与物镜焦距之比，因此在应用中可根据特定应用的需求选择不同套管透镜调整放大倍率。值得注意的是，虽然物镜和套管透镜之间是平行光，但二者间距是可变的，间距改变会影响成像的视场，过长的间距会使得物镜的物方视场变小，如图 6-8（c）所示。

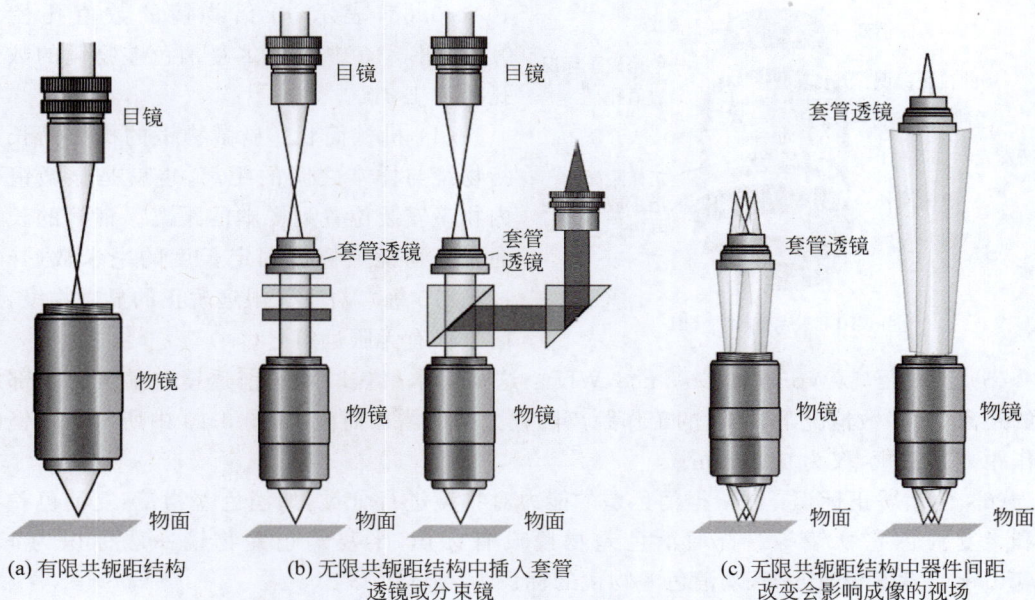

(a) 有限共轭距结构　　(b) 无限共轭距结构中插入套管透镜或分束镜　　(c) 无限共轭距结构中器件间距改变会影响成像的视场

图 6-8　有限共轭距与无限共轭距显微物镜成像

2. 反射式显微物镜

与望远物镜一样,显微物镜还有一种特殊结构,叫作反射式显微物镜。对高倍率聚焦需求,从深紫外光到远红外的色差矫正,促使了反射式显微物镜的出现。最常见的反射物镜类型是史瓦西反射物镜(见图 6-9)。该系统由一个小直径的次镜和一个大直径的主镜组成,由蜘蛛形支架固定。

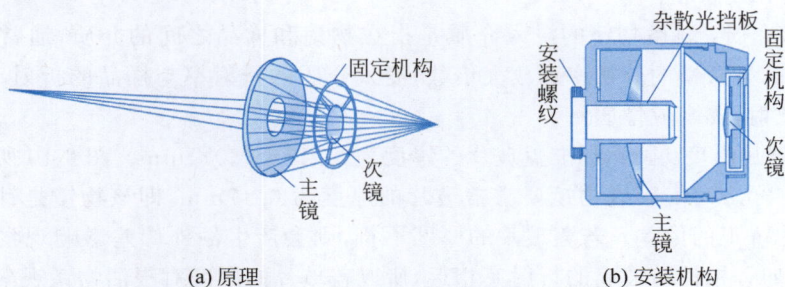

(a) 原理　　(b) 安装机构

图 6-9　史瓦西反射物镜

6.3.2　显微物镜参数标识

图 6-10 所示为奥林巴斯公司某物镜参数标识,相关参数标识的含义解释如下。

(1) 制造商:物镜制造商的名称一般包含在物镜标识中,图 6-10 中所示的物镜就是由奥林巴斯公司生产的。

(2) 线性放大倍数:常用的物镜放大倍数有 4×、10×、40×、100× 等,在图 6-10 中的复消色差物镜的情况下,线性放大倍数为 60×。

(3) 数值孔径(NA):数字孔径是物镜的一个重要参数,它与显微镜的分辨率密切相关,数值孔径越大,显微镜的分辨率越高,通常在物镜的编号后会标注其数字孔径,例如

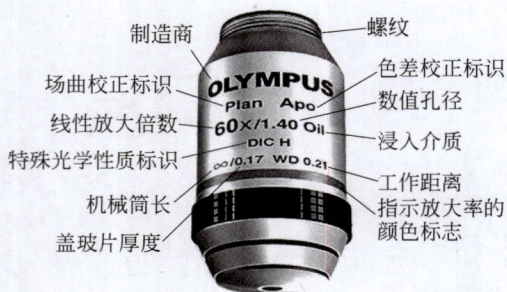

图 6-10　物镜参数标识

制造商
场曲校正标识
线性放大倍数
特殊光学性质标识
机械筒长
盖玻片厚度

螺纹
色差校正标识
数值孔径
浸入介质
工作距离
指示放大率的颜色标志

40×/0.65,表示 40 倍物镜的数值孔径为 0.65,图 6-10 中的 60×复消色差物镜的数值孔径为 1.4。

（4）机械筒长：显微物镜的机械筒长是指物镜与样本之间的距离,也就是显微镜管内物镜安装位置到样本的距离。镜筒的长度通常在物镜上标有固定长度的毫米数（160、170、210 等）,对于无限远矫正的显微物镜,镜筒上标有无限远符号（∞）。

（5）工作距离（Working Distance,WD）：这是标本聚焦时物镜前透镜与盖玻片顶部之间的距离,大多数情况下,物镜的工作距离随放大率的增加而减小,图 6-10 中所示的物镜的工作距离非常短,仅为 0.21mm。

（6）色差矫正标识：可根据消色差的能力对物镜进行分类,如消色差物镜、复消色差物镜和半复消色差物镜等。普通消色差物镜没有标识,半复消色差物镜一般标识为 Fl、Neofluar 或者 Fluorite 等,复消色差物镜的标识为 Apo。

（7）场曲矫正标识：有 Plan（平场矫正）、PL（大视场平场矫正）以及 Epiplan（反射专用平场）等。

（8）螺纹：显微物镜的螺纹是指连接物镜与显微镜管的一种接口标准,也称为接口规格,它是显微镜系统中的重要组成部分,不同的显微镜可能采用不同的物镜螺纹标准。通常用于表示螺纹尺寸的缩写是：RMS（皇家显微学会物镜螺纹）、M25（公制 25mm 物镜螺纹）和 M32（公制 32mm 物镜螺纹）。图 6-10 中的物镜的安装螺纹直径为 20.32mm,螺距为 0.706,符合 RMS 标准。

（9）浸入介质：显微物镜的浸入介质是指在物镜和样品之间的介质,通常是液体或气体,它可以提高显微镜的分辨率和放大倍数,浸入介质的折射率与样品的折射率相近,能够减小折射和散射,提高成像质量。

（10）盖玻片厚度：国际标准盖玻片的厚度为（0.17±0.01）mm。图 6-10 所示的物镜上所标记的数字"0.17"表明该物镜要求盖玻片的厚度为 0.17mm,即该物镜是针对 0.17mm 厚度的盖玻片矫正的像差。若盖玻片的厚度不符,则会产生额外像差影响观察效果。也有例外情况,例如香柏油与玻璃的折射率相近,所以盖玻片的厚度对浸油物镜观察效果的影响几乎可以忽略不计,在有、无盖玻片的情况下都可以使用。所以,有的油镜上不标"0.17"而代之以横线"—"。

6.4　显微物镜的典型结构设计

6.4.1　显微物镜基本结构

显微镜物镜的光学特性决定了其视场较小且焦距较短。因此,在设计显微镜物镜时,主要矫正轴上点的像差和小视场的像差,包括球差、正弦差和轴向色差。对于较高倍率的显微镜物镜,由于数值孔径增大且相对孔径远大于望远镜物镜,因此还需要矫正孔径的高级像差,如高级球差、高级正弦差和色球差。尽管显微镜物镜的视场较小,在优先保证前三种像差矫正的前提下,也需适当考虑轴外像差,如像散和倍率色差。最基本的显微物镜通常都采用消色差物镜的形式,以减少色差对成像质量的影响。

图 6-11 所示为一类结构简单、应用广泛的消色差物镜的典型结构。在这类物镜中只矫正球差、正弦差。消色差设计不考虑二级光谱。根据它们的倍率和数值孔径不同又分为低倍、中倍、高倍、浸液物镜。如需矫正二级光谱,则需采用复消色差物镜。

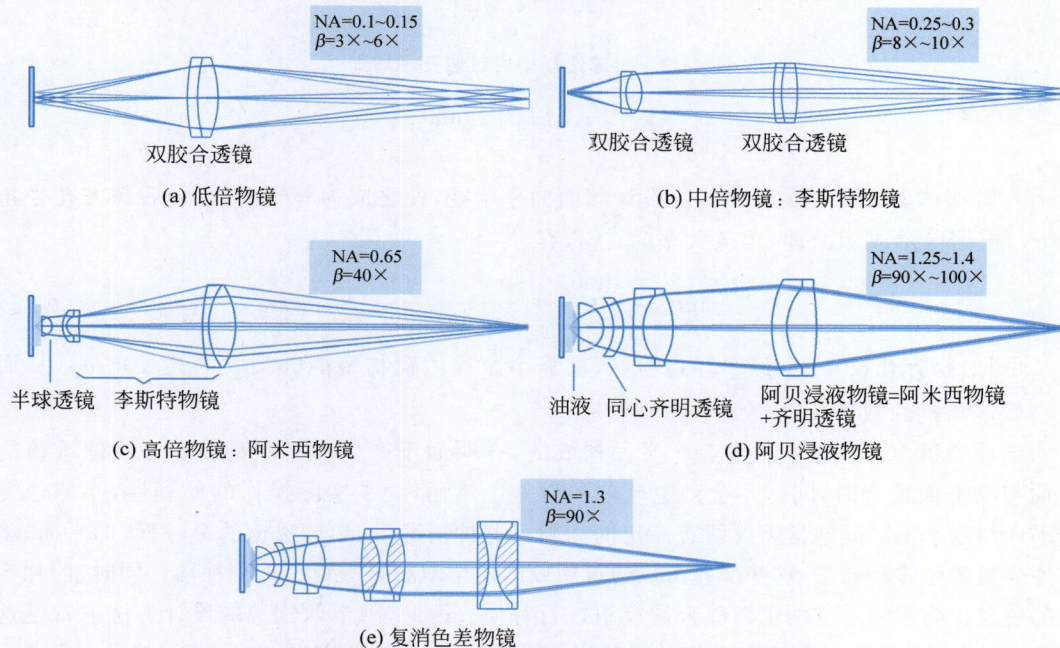

NA=0.1~0.15
$\beta=3\times\sim6\times$

NA=0.25~0.3
$\beta=8\times\sim10\times$

双胶合透镜

(a) 低倍物镜

双胶合透镜　双胶合透镜

(b) 中倍物镜:李斯特物镜

NA=0.65
$\beta=40\times$

半球透镜　李斯特物镜

(c) 高倍物镜:阿米西物镜

NA=1.25~1.4
$\beta=90\times\sim100\times$

油液　同心齐明透镜

阿贝浸液物镜=阿米西物镜
+齐明透镜

(d) 阿贝浸液物镜

NA=1.3
$\beta=90\times$

(e) 复消色差物镜

图 6-11　消色差物镜的典型结构

1) 低倍物镜

图 6-11(a)所示为低倍物镜,一般采用最简单的双胶合透镜形式。这类物镜一般用于倍率较低(约为 3~6 倍)、数值孔径较小(0.1 左右)、观场较小的情况。

2) 中倍物镜

中倍物镜倍率大约为 10 倍,数值孔径约为 0.25 左右。图 6-11(b)为中倍物镜的典型结构,采用两个双胶合透镜的组合,这种典型结构又称为李斯特物镜。两个透镜组之间通常有较大的空气间隔,最多能矫正四种单色像差。除了必须矫正的球差和彗差以外,还有可能矫正部分像散。设计中若对于两个双胶合透镜组各自矫正球差和彗差,则每个镜组都会残余一定的负像散,再加上各自场曲,会使得像面弯曲严重。所以通常是使得两个双胶合透镜的球差、彗差相互补偿,产生一定量的正像散以补偿场曲。

3) 高倍物镜

高倍物镜倍率一般大于 40 倍,NA 为 0.6~0.8,其典型结构如图 6-11(c)所示,称为阿米西物镜,是由李斯特物镜前方放置一半球透镜组成,该半球透镜的作用如图 6-12 所示,可将数值孔径增加到 n^2 倍(n 为半球透镜折射率)。

设入射孔径角为 u_1,经过平面折射的像方孔径角为 u_1',则

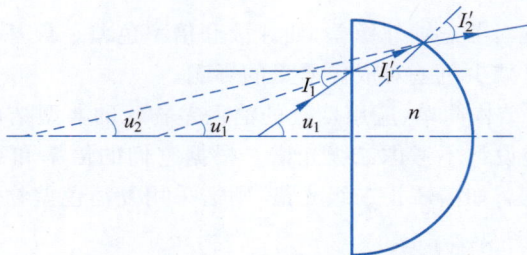

图 6-12　半球透镜助力数值孔径增加

$$\sin u_1' = \frac{\sin I_1}{n} = \frac{\sin u_1}{n} \tag{6-21}$$

入射到球面的孔径角 $u_2 = u_1'$，设计球面曲率半径，使之成为等晕面，折射后像方孔径角为 u_2'，根据等晕成像原理，角放大率为 $1/n$，有

$$\sin u_2' = \frac{\sin u_2}{n} = \frac{\sin u_1'}{n} = \frac{\sin u_1}{n^2} \tag{6-22}$$

可见，物方孔径角 u_1 经半球透镜后，被缩小至显微镜物镜能够接收的孔径角 u_2'，从而使显微镜物镜的数值孔径放大了 n^2 倍。

半球透镜由一个齐明面和一个平面构成的，齐明面不产生球差和彗差。当半球透镜的平面与物平面重合时，同样不会产生球差和彗差。然而，为了实际操作的便利性，半球透镜的平面与物平面之间通常需要留有一定的间隙。这种情况下，半球透镜的第一面（即平面）将产生少量的球差和彗差，这些像差可以通过后续的两个双胶合透镜组进行补偿。同时，前片产生的色差也需要通过这两个双胶合透镜组进行补偿。因此，阿米西物镜的设计方法通常是这样的：首先根据所需的倍率和数值孔径确定前组的结构，并计算出它们的像差；然后利用两个双胶合透镜组对这些像差进行补偿设计。注意，半球镜前方为盖玻片，一般材料为 N-K5。

4）浸液物镜

除了增加孔径角外，还可以提高物方介质的折射率来增加显微物镜的分辨率。普通显微镜，物点位于空气中，其数值孔径 $n\sin u$ 不可能大于 1。以液体灌注物方观测空间，使液体折射率（$n > 1$）与盖玻片折射率相近，从而形成一体，即可提高数值孔径，这种结构称为阿贝浸液物镜，如图 6-11(d) 所示，第一片为盖玻片，盖在被观察的物体上面，盖玻片与物镜之间充满油液。例如，使用杉木油（$n = 1.15$）数值孔径可达 $1.25 \sim 1.3$。

5）复消色差物镜

在上述的消色差物镜中，其二级光谱随着倍率和数值孔径的提高愈加严重。因此在高倍消色差显微镜物镜中二级光谱往往成为影响成像质量的主要因素。二级光谱近似与物镜的焦距成正比（1/2000），随着物镜倍率的增加，焦距变小，二级光谱看似随之减小。但实际上，焦距变小导致数值孔径变大，对应的波像差近似与数值孔径的平方成比例，总体上仍然导致所对应的波像差增大。因此在高质量显微物镜中就要求矫正二级光谱色差，这就是复消色差物镜。在显微镜物镜中矫正二级光谱色差通常也需要采用特殊的光学材料，早期的复消色差物镜中都采用萤石玻璃（氟化钙）。图 6-11(e) 的复消色差物镜结构中，画斜线的透镜就是萤石材料。由于萤石的工艺性较差、化学稳定性差、晶体内部应力等缺陷，常被 FK（氟冕玻璃）或 TK（特种冕玻璃）类玻璃替代。另外复消色差物镜通常还残留较大倍率色差,要求与具有反号倍率色差的目镜配合使用,这样的专用目镜称为补偿目镜。

前述的所有物镜都没有矫正场曲。高倍显微镜物镜焦距短,尽管视场不大,仍然有严重的场曲存在。一般高倍显微物镜只有在视场中心小范围内才具有清晰视野。对于显微照相等大视场清晰要求的场合,需要矫正场曲和像散,主要矫正 Petzval 和。这就是平像场物镜,可以实现平摊的大视场清晰像面。矫正场曲的方法主要是在靠近物面或像面的地方加入负光焦度,可以产生负的 Petzval 和而对成像偏角影响不大,或者采用厚弯月形透镜(等效于正负光焦度远离,中间填充玻璃材料)。平像场物镜的典型结构形式如图 6-13 所示。

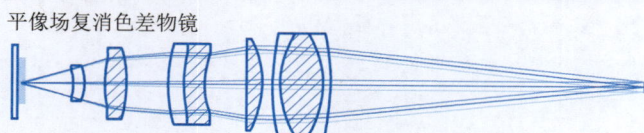

图 6-13 平像场物镜的典型结构形式

6.4.2 显微物镜 Zemax 设计实例

在很多有限共轭距显微物镜中可以采用反向设计方法。反向设计在显微物镜的设计中提供了一种从成像结果出发的设计方法,能够直接从最终的成像质量出发,确保设计结果满足特定的性能指标,如分辨率、数值孔径(NA)和视场(FOV)等。它能够在某些情况下提供更直接、更有效的设计路径。然而,这并不意味着反向设计总是优于正向设计,设计师需要根据具体的设计要求和条件来选择最合适的方法。

1. 10×显微物镜设计实例

设计指标:10×,NA=0.22,有效焦距为 15.7mm,物像共轭距为 180mm,像面直径为 16mm。

根据指标 10×,NA=0.22,该物镜属于中倍物镜,在 Zemax 设计中以李斯特物镜结构为原型进行设计。除默认的优化函数外,添加的优化操作数包括:

(1) 限定有效焦距 EFFL=15.7mm;

(2) 系统总长度 TTHI,以控制物像共轭距离为 180mm;

(3) PMAG 为垂轴放大率,由于系统的逆向设计,此处 PMAG 应为物镜放大率的倒数,即 $1/\beta=-0.1$。

(4) WFNO 为 Working F/♯ 的简写,$W=1/2n'\sin\theta'$,其中 θ' 为像空间边缘光学孔径角,n' 为像空间折射率。由于系统是逆向设计,其像方 F/♯ 即为实际物镜的物方 F/♯,其值等于 $1/(2\mathrm{NA})$。

设计结果如图 6-14 所示,10×放大率,NA=0.235,EFL=15.89mm,物像距为 180mm,像直径为 16mm。

2. 20×显微物镜设计实例

设计指标:20×,NA=0.4,有效焦距为 8.2mm,物像共轭距为 180mm,像面直径为 16mm。

根据指标 20×,NA=0.4,该物镜属于高倍物镜,在 Zemax 设计中以阿米西物镜结构为原型进行设计。由于 NA=0.4 并不是很大,此次设计并没有采用半球透镜。设计结果如图 6-15 所示,18.8×放大率,NA=0.406,EFL=8.2mm,物像距为 180mm,像直径为 16mm。读者可进一步优化放大倍率。

系统数据

	Surface Type	Comme	Radius	Thickness	Material	Clear Sem
0	OBJECT Standard ▼		Infinity	153.700		8.000
1	STOP Standard ▼		Infinity	0.300		3.800
2	(aper) Standard ▼		13.380 V	3.000	N-BK7	4.200 U
3	(aper) Standard ▼		-9.363 V	1.170	F5	4.200 U
4	(aper) Standard ▼		-61.888 V	11.300		4.200 U
5	(aper) Standard ▼		10.118 V	3.100	N-BK7	3.200 U
6	(aper) Standard ▼		-6.155 V	0.973	F5	3.000 U
7	(aper) Standard ▼		-35.025 V	6.284		3.000 U
8	(aper) Standard ▼	盖玻片	Infinity	0.178	N-K5	1.500 U
9	IMAGE Standard ▼		Infinity			1.500 U

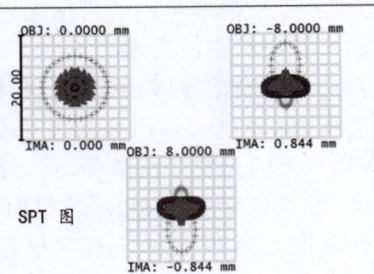

优化操作数

	Type	Wa	Hx	Hy	Px	Py	Target	Weight	Value
1	DMFS ▼								
2	BLNK ▼	Sequential merit function: RMS spot x+y centroid X Wgt = 1.0000 Y Wgt = 1.0000							
3	WFNC ▼						2.270	0.100	2.136
4	EFFL ▼	2					15.700	0.100	15.887
5	TTHI ▼ 0	8					180.000	0.000	180.005
6	PMAG ▼	2					-0.100	0.000	-0.106

SPT 图

Units are µm. Legend items refer to Wavelengths

Field	1	2	3
RMS radius	2.617	2.073	2.073
GEO radius	6.065	8.171	8.171

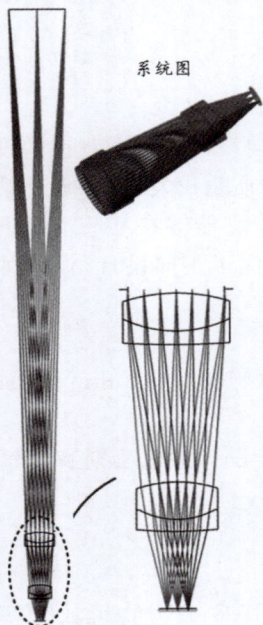

系统图

光线像差特性曲线（三个视场）
Maximum Scale: ± 10.000 μm

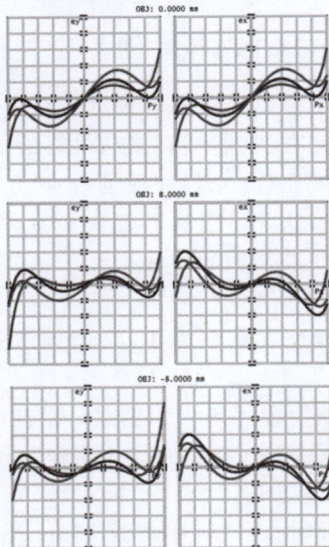

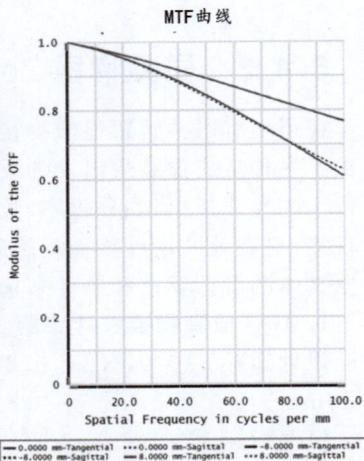

MTF曲线

图 6-14　10×显微物镜设计实例

系统数据

	Surface Type	Comment	Radius	Thickness	Material	Clear Semi-Dia
0	OBJECT Standard ▼		Infinity	159.205		8.000
1	(aper) Standard ▼		-6.070	2.390	N-SK16	3.800 U
2	(aper) Standard ▼		-4.988	1.050	SF4	4.200 U
3	(aper) Standard ▼		-8.159	0.250		5.000 U
4	(aper) Standard ▼		13.989	2.832	N-SK16	5.000 U
5	(aper) Standard ▼		-26.996	0.250		5.000 U
6	STOP Standard ▼		Infinity	5.679		4.404
7	(aper) Standard ▼		5.332	5.080	N-SK16	3.400 U
8	(aper) Standard ▼		-4.200	0.635	SF4	2.800 U
9	(aper) Standard ▼		8.322	2.451		2.500 U
10	(aper) Standard ▼	盖玻片	Infinity	0.178	N-K5	1.000 U
11	IMAGE Standard ▼		Infinity	-		1.000 U

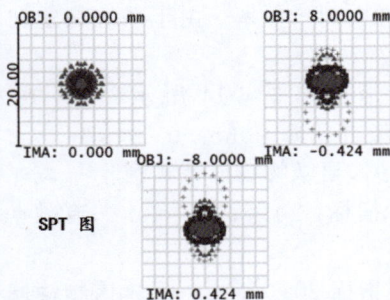

优化操作数

	Type	Wa	Hx	Hy	Px	Py	Target	Weight	Value
1	DMFS ▼								
2	BLNK ▼	Sequential merit function: RMS spot x+y centroid X Wgt = 1.0000 Y Wgt = 1.0000							
3	WFNC ▼						1.250	0.100	1.246
4	EFFL ▼	2					8.200	0.100	8.200
5	TTHI ▼ 0	10					180.000	0.100	180.000
6	PMAG ▼	2					-0.050	0.100	-0.053

SPT 图

Units are µm. Legend items refer to Wavelengths

Field	1	2	3
RMS radius	1.586	2.131	2.131
GEO radius	3.337	8.706	8.706

图 6-15　20×显微物镜设计实例

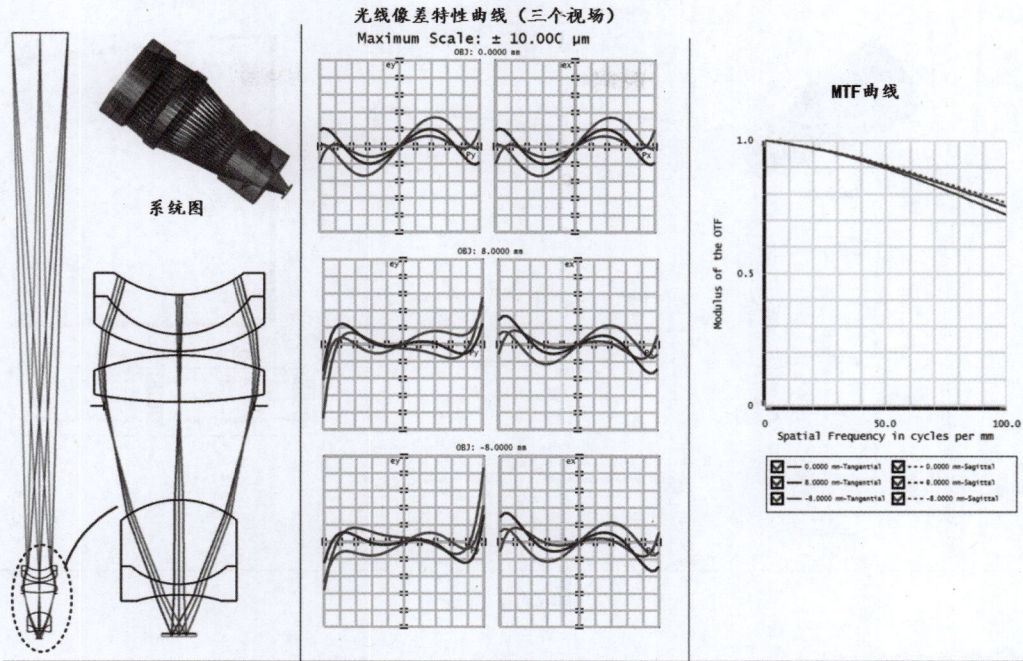

光线像差特性曲线（三个视场）

Maximum Scale: ± 10.00C µm
OBJ: 0.0000 mm

OBJ: 8.0000 mm

OBJ: -8.0000 mm

MTF曲线

图 6-15　（续）

3. 40×显微物镜设计实例

设计指标：40×，NA＝0.9，EFL＝4mm，物像距为180mm，像直径为16mm。设计结果如图 6-16 所示，41.7×放大率，NA＝0.9，EFL＝4mm，物像距为180mm，像直径为16mm。

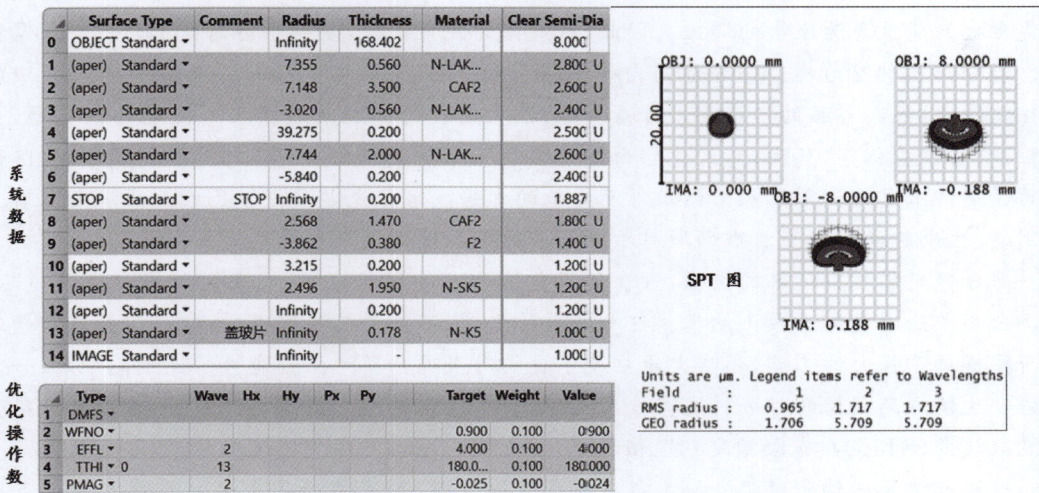

系统数据

	Surface Type	Comment	Radius	Thickness	Material	Clear Semi-Dia
0	OBJECT Standard ▾		Infinity	168.402		8.00C
1	(aper) Standard ▾		7.355	0.560	N-LAK...	2.80C U
2	(aper) Standard ▾		7.148	3.500	CAF2	2.60C U
3	(aper) Standard ▾		-3.020	0.560	N-LAK...	2.40C U
4	(aper) Standard ▾		39.275	0.200		2.50C U
5	(aper) Standard ▾		7.744	2.000	N-LAK...	2.60C U
6	(aper) Standard ▾		-5.840	0.200		2.40C U
7	STOP Standard ▾	STOP	Infinity	0.200		1.887
8	(aper) Standard ▾		2.568	1.470	CAF2	1.80C U
9	(aper) Standard ▾		-3.862	0.380	F2	1.40C U
10	(aper) Standard ▾		3.215	0.200		1.20C U
11	(aper) Standard ▾		2.496	1.950	N-SK5	1.20C U
12	(aper) Standard ▾		Infinity	0.200		1.20C U
13	(aper) Standard ▾	盖玻片	Infinity	0.178	N-K5	1.00C U
14	IMAGE Standard ▾		Infinity	-		1.00C U

OBJ: 0.0000 mm　　OBJ: 8.0000 mm

IMA: 0.000 mm　OBJ: -8.0000 mm　IMA: -0.188 mm

SPT 图

IMA: 0.188 mm

优化操作数

	Type	Wave	Hx	Hy	Px	Py		Target	Weight	Value
1	DMFS ▾									
2	WFNO ▾							0.900	0.100	0.900
3	EFFL ▾	2						4.000	0.100	4.000
4	TTHI ▾	0	13					180.000	0.100	180.000
5	PMAG ▾	2						-0.025	0.100	-0.024

Units are µm. Legend items refer to Wavelengths
Field　　：　　1　　　2　　　3
RMS radius：　0.965　1.717　1.717
GEO radius：　1.706　5.709　5.709

图 6-16　40×显微物镜设计实例

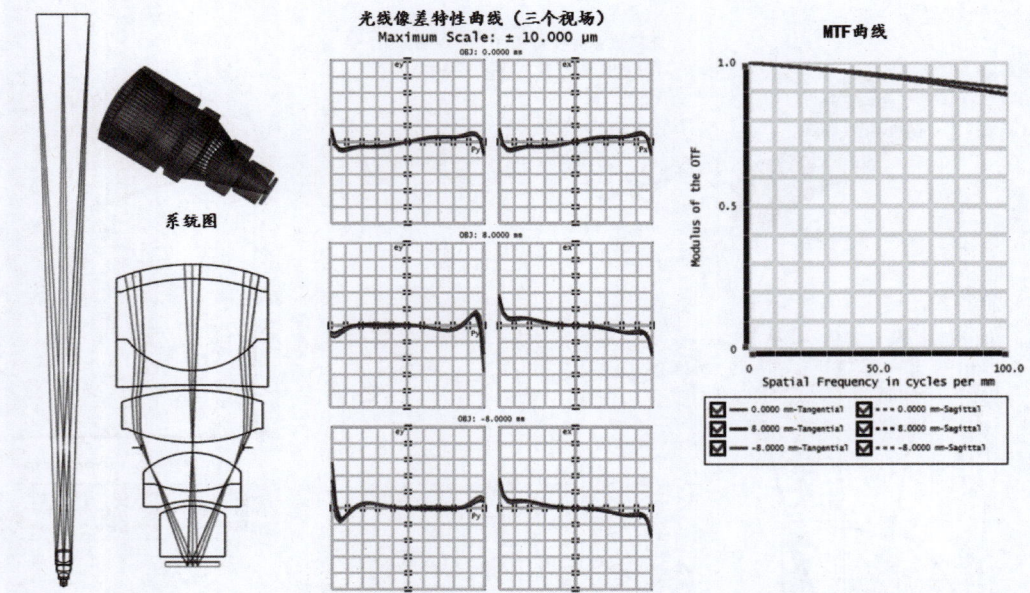

图 6-16 （续）

拓展阅读

科学如此"简单"：从显微镜到超分辨技术

2014 年的诺贝尔化学奖颁给了 3 位科学家：Eric Betzig、Stefan W. Hell 和 William E. Moerner，以表彰他们在超分辨荧光显微镜领域做出的贡献。那么什么是超分辨呢？

众所周知，德国物理学家阿贝揭示了显微镜的衍射极限，并自豪地将其公式镌刻于墓碑之上，象征性地表明了这一发现的重要性。受此衍射极限的制约，显微成像系统中的照明光仅能在样品表面形成极小的圆形光斑，即所谓的艾里斑；相应地，样品上的单个分子在成像设备上也只能呈现为微小的圆斑。因此，从成像的视角出发，受制于衍射极限的显微成像系统仅能分辨出约 200～300nm 范围内的细微结构。然而随着芯片技术、生命科学等领域的迅猛发展，对观测样品的尺度要求日益精细，已从宏观的细胞层级深入到微观的细胞器（如线粒体、高尔基体等）层面，其尺寸已由数十微米骤降至数十纳米。在芯片检测领域，缺陷识别的精度需求更是达到了几十纳米乃至更低的水平。可见光学显微镜已经无法满足当前芯片制造、生命科学研究等前沿领域对于更高分辨率的迫切需求。

超分辨光学显微技术的诞生，旨在利用尖端的光学创新技术，实现对衍射极限的超越，使得分辨率能够精细至数十纳米。这一技术的飞跃，不仅为芯片技术、生命科学等前沿领域的研究提供了强大的工具，还极大地拓展了我们对微观世界的探索能力。近十几年来，一系列适合生物样品成像的超分辨成像技术应运而生，包括结构光照明（SIM）、受激发射损耗荧光显微技术（STED）、光激活定位显微技术（PALM）、随机光学重建显微技术（STORM）等。

传统光学显微镜的照明光一次照亮整个成像范围，如果将照明光聚焦在样品上形成一个极小的光点，只要这个照明点足够小，每次只对光点对应的区域进行成像，则有可能摒弃其他点的衍射斑的影响；进而不断改变照明光点位置，就可扫描出一幅完整的图像。关键问题就在于如何实现上述足够小的照明点。

以受激发射损耗荧光显微技术(STED)为例,如图 6-17 所示,由于生物样品分子在吸收了照明光 A(或者叫激发光)后会发出荧光。然而在另一种照明光 B 同时照射下,分子即使吸收了原始激发光 A,也没法再发出荧光。因此可以利用照明光 B 构造"甜甜圈"式的照明面积,形成一个四周亮、中心暗的结构,中心的暗区域比艾里斑还要小;然后把甜甜圈套在聚焦照明光 A 的艾里斑上,二者重叠区不发出荧光,只有中心的暗区发出荧光,区域小于艾里斑半径,这样就突破了衍射极限。

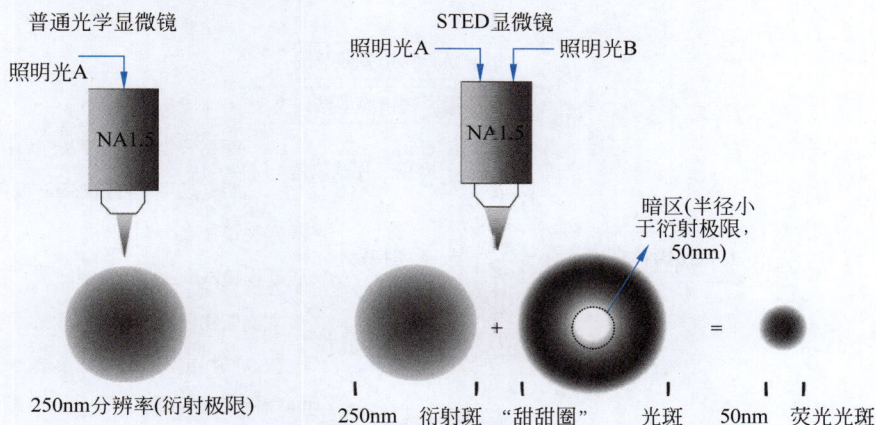

图 6-17 普通显微镜与 STED 显微镜原理对比

习题

1. 显微镜垂轴放大率 $\beta = -3$,数值孔径 NA=0.1,共轭距为 195mm,物镜框作为孔径光阑,目镜焦距 $f_e' = 25$mm,请计算:

(1) 显微镜视角放大率 Γ;

(2) 出瞳直径和出瞳距;

(3) 分辨率(波长 550nm);

(4) 物镜通光孔径;

(5) 物高为 5mm,渐晕系数为 0.5,求目镜通光孔径。

2. 有限共轭距与无限共轭距物镜分别有什么区别?分别有什么应用场景?

3. 显微镜与望远镜相比,二者的线视场和角视场各有什么特点?

4. 从本章的设计案例来看,显微物镜设计结果的 SPT 半径要远小于显微物镜,这是为什么?

5. 尝试利用 Zemax 为本章中 40×,NA=0.9,EFL=4mm,物像距为 180mm,像直径为 16mm 的物镜设计一个 10 倍放大的目镜,并将二者组合起来。

第 7 章 摄影物镜设计

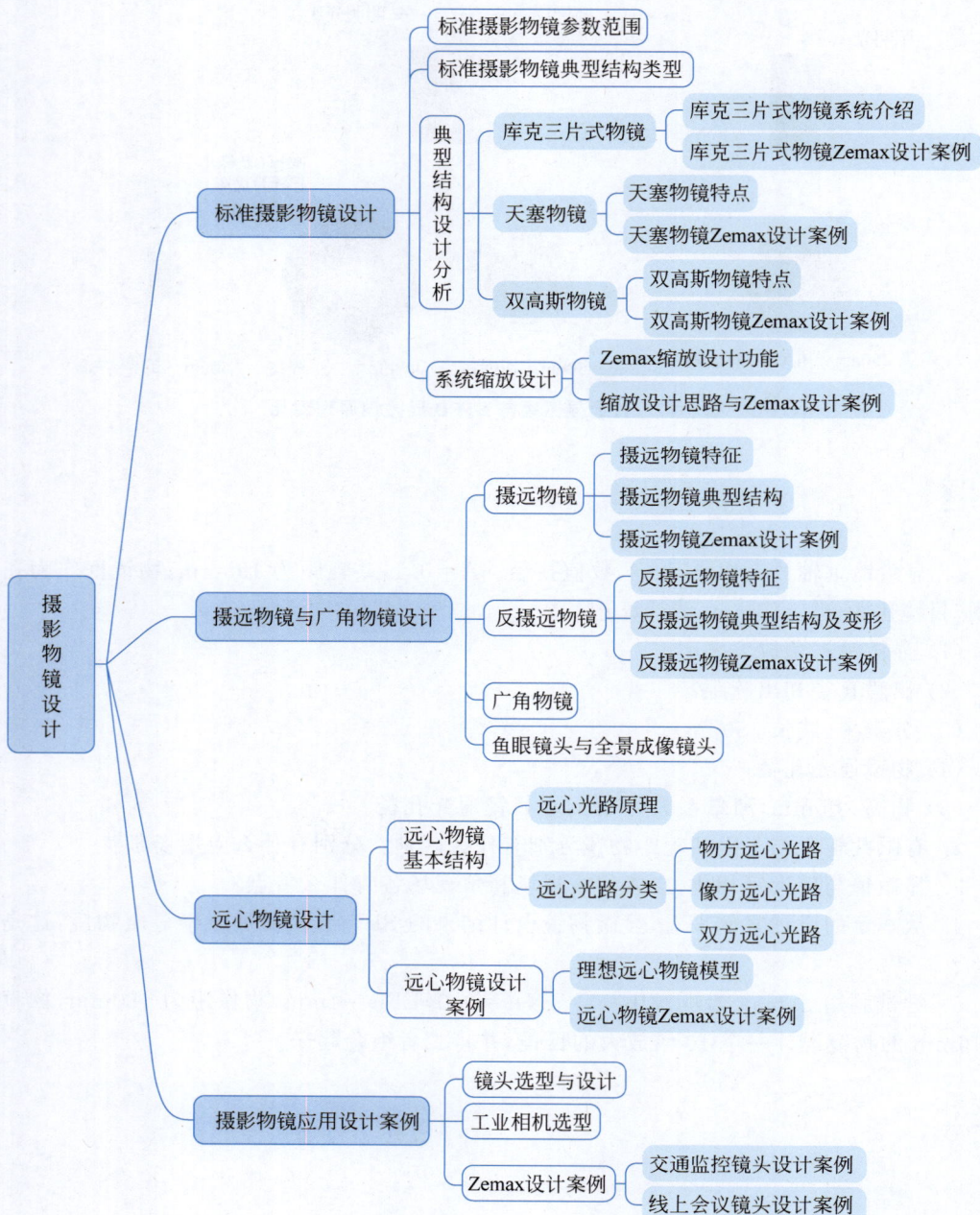

摄影物镜设计
- 标准摄影物镜设计
  - 标准摄影物镜参数范围
  - 标准摄影物镜典型结构类型
  - 典型结构设计分析
    - 库克三片式物镜
      - 库克三片式物镜系统介绍
      - 库克三片式物镜Zemax设计案例
    - 天塞物镜
      - 天塞物镜特点
      - 天塞物镜Zemax设计案例
    - 双高斯物镜
      - 双高斯物镜特点
      - 双高斯物镜Zemax设计案例
  - 系统缩放设计
    - Zemax缩放设计功能
    - 缩放设计思路与Zemax设计案例
- 摄远物镜与广角物镜设计
  - 摄远物镜
    - 摄远物镜特征
    - 摄远物镜典型结构
    - 摄远物镜Zemax设计案例
  - 反摄远物镜
    - 反摄远物镜特征
    - 反摄远物镜典型结构及变形
    - 反摄远物镜Zemax设计案例
  - 广角物镜
  - 鱼眼镜头与全景成像镜头
- 远心物镜设计
  - 远心物镜基本结构
    - 远心光路原理
    - 远心光路分类
      - 物方远心光路
      - 像方远心光路
      - 双方远心光路
  - 远心物镜设计案例
    - 理想远心物镜模型
    - 远心物镜Zemax设计案例
- 摄影物镜应用设计案例
  - 镜头选型与设计
  - 工业相机选型
  - Zemax设计案例
    - 交通监控镜头设计案例
    - 线上会议镜头设计案例

【知识目标】
◆ 熟悉不同摄影物镜的形式与视场特点。
◆ 掌握标准摄影物镜、摄远物镜与广角物镜及远心物镜的结构形式与设计要点。

【技能目标】
◆ 能够根据应用场景和要求进行摄影物镜初始选型。
◆ 能够利用 Zemax 实现标准摄影物镜、摄远物镜与广角物镜以及远心物镜的设计优化。
◆ 能够根据要求进行指标参数计算，利用现有初始结构，利用 Zemax 实现物镜优化设计。

摄影物镜是日常生活中最常见的镜头，如图 7-1 所示，单反镜头、手机镜头和监控镜头等随处可见。望远镜是大口径小视场光学系统，显微镜是小视场小孔径光学系统，而摄影物镜既要保证一定的孔径以确保光照度，又要实现一定视场内的景物成像，属于中等孔径大视场光学系统。1812 年，英国人沃拉斯顿（Wollaston）发明了最早的单片式弯月形摄影物镜。根据曲面朝向，其作为摄影使用时可分为前弯月镜头和后弯月镜头，如图 7-2 所示。其中后弯月镜头球差表现更佳，畸变一般为桶形畸变，人眼对桶形畸变的容忍度一般更高，且透镜凸面外漏，可以作为相机的防护窗口，可做成密封结构。随着科学技术的不断发展，光学设计、加工和检测各个领域都取得了巨大进步，各种优秀的光学物镜结构设计使得当代摄影物镜对实际像差的矫正平衡达到了较高的程度，成像质量有了明显的提高。

| 单反镜头 | 手机镜头 | 监控镜头 | 工业相机镜头 | 电脑摄像头 |

图 7-1　常见的摄影物镜使用场景

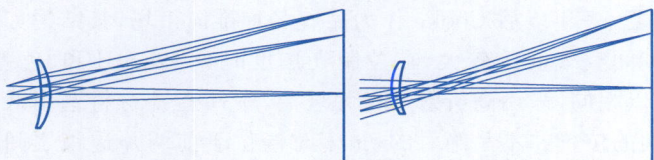

图 7-2　简易摄影物镜：前弯月镜头和后弯月镜头

作为针对人眼观察的图像来说，一般的摄影物镜的 SPT 直径在 $30\sim50\,\mu\mathrm{m}$ 以内是允许的。对高质量摄影物镜，其 SPT 直径应小于 $10\sim30\,\mu\mathrm{m}$。倍率色差最好不超过 $10\,\mu\mathrm{m}$，畸变一般小于 3％（广角物镜除外）。当然，用在某些特殊场合的精密光学成像系统则有着自身的指标要求。本章将介绍一些经典的摄影物镜应用与设计。

7.1　标准摄影物镜设计

标准摄影物镜是指在拍摄人像、景物、生活等各种日常影像时，视角与人眼的视角相当的镜头，其镜头的焦距、视场角、拍摄范围、景深以及在相同拍摄距离上所获得的影像尺寸适中,画面景物的透视关系符合视觉习惯,因而这种镜头应用最广泛。一般相机均配置有标准镜头,其焦距在 40~60mm,视场角大小一般在 50°左右。根据其视场角和焦距范围,匹配相机 35mm 胶片画幅(一般感光面积为 36mm×24mm,对角线为 43.2mm,与焦距相当)。光圈最大可达 F/2.8、F/2 或 F/1.2。图 7-3 列出了很多标准镜头的典型结构,包括匹兹伐物镜、库克物镜、天塞物镜、海利亚物镜、松纳物镜和双高斯物镜等基本形式。这些结构经过了时间检验,凝结了几代人的设计智慧。下面就以库克物镜、天塞物镜和双高斯物镜为代表进行标准摄影物镜设计介绍。

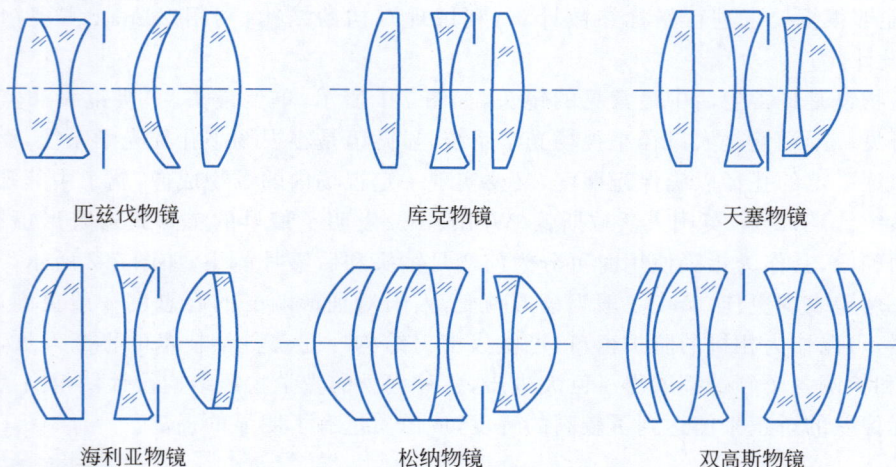

匹兹伐物镜　　　　库克物镜　　　　天塞物镜

海利亚物镜　　　　松纳物镜　　　　双高斯物镜

图 7-3　经典的摄影物镜结构类型

7.1.1　库克三片式物镜

1. 库克三片式物镜系统介绍

1893 年,Harold Taylor 在英格兰的 T. Cooke and Sons 公司工作时设计了库克(Cooke)三片式物镜。一年以后 Cooke 作为品牌名称推向市场,其结构如图 7-4(a)所示,由三片薄透镜组成,其间空气间隙较大,在控制光焦度时令 Petzval 和、色差为零。第一片和第三片透镜材料可以相同,采用高折射率冕牌玻璃,中间透镜材料选用低折射率火石玻璃。值得注意的是,光阑的位置并不是绝对的,很多时候位于前两片透镜之间,也有的将光阑放在第二片透镜后,以减少色差。还可以在像面前增加一个光阑,但这样做会使像面面积减小,边缘部分亮度低。该三片式结构不仅成为 Cooke 旗下产品的设计蓝本,更是全世界中等光圈镜头几乎普遍采用的方案。当然,除了最简单的三元件设计外,镜头设计师还可以用双胶合透镜替换其中任何一片,或将任何元件拆分为多个元件,产生很多变化,如图 7-4(b)所示的某个 1896 年的镜头专利中便将中间负透镜拆分为两个不同材料的透镜以增加自由度。因此,脱胎于 Cooke 三片式物镜便产生了很多新的物镜结构。

2. 库克三片式物镜 Zemax 设计案例

图 7-5 给出了一个 Cooke 三片式物镜结构设计案例,视场为 40°,F/6,焦距为 55.5mm,畸变小于 1.6%。设计中,三块单片透镜的厚度初始优化中一般不作为变量参与,否则难以保证其厚度的合理性。另外,当三块单片的玻璃材料参考同类镜头选定后,三块单片的六个球面半径和两个空气间隔可以作为变量以矫正像差和满足焦距的要求,这样共有八个变量。

Patented Sept. 22, 1896.

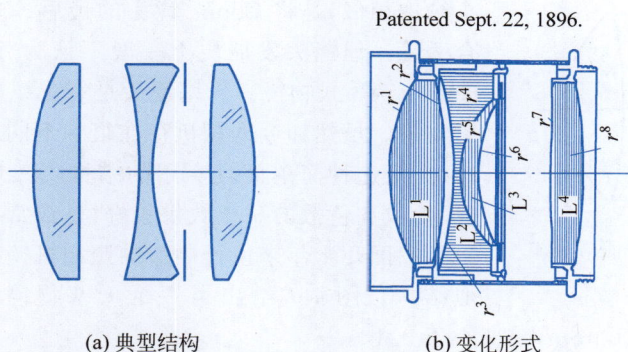

(a) 典型结构	(b) 变化形式

图 7-4 库克(Cooke)三片式物镜

除了用其中一个变量来满足焦距的要求外,其他七个变量可用以矫正七个像差。

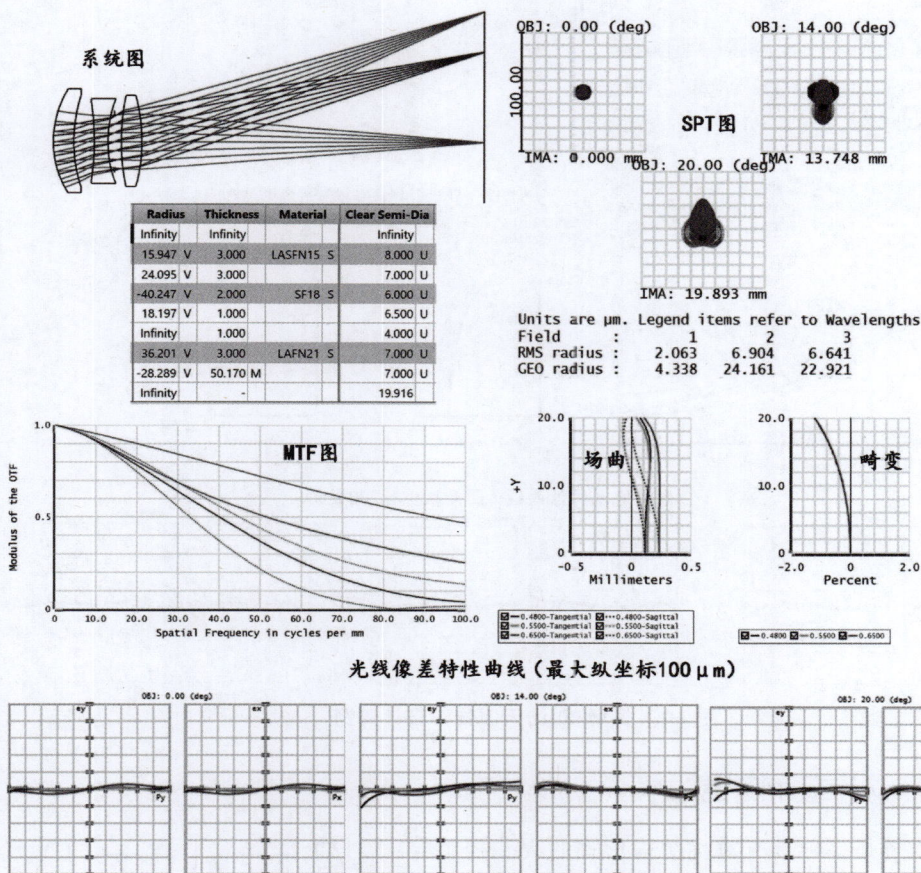

Radius		Thickness	Material		Clear Semi-Dia	
Infinity		Infinity			Infinity	
15.947	V	3.000	LASFN15	S	8.000	U
24.095	V	3.000			7.000	U
-40.247	V	2.000	SF18	S	6.000	U
18.197	V	1.000			6.500	U
Infinity		1.000			4.000	U
36.201	V	3.000	LAFN21	S	7.000	U
-28.289	V	50.170		M	7.000	U
Infinity		-			19.916	

图 7-5 库克(Cooke)三片式物镜结构设计案例(40°视场)

7.1.2 天塞物镜

天塞(Tesser)物镜结构是卡尔·蔡司公司的保罗·鲁道夫于 1902 年根据他自己设计的四片四组式乌那镜头(Unar)改制而成。基本结构形式如图 7-6 所示,和 Cooke 三片式镜

图 7-6　天塞物镜镜头基本形式

头结构相似,是将 Cooke 镜头的最后一片透镜分裂成双胶合透镜。但镜头发展史上一般不认为 Tesser 物镜脱胎于 Cooke 三片式物镜。天塞镜头是有史以来生产量最大的摄影物镜。虽然如今的相机存在很多不同结构形式的摄影物镜,但是这种简单而且实用的结构仍然广受重视。其对球差、像散和色散的矫正效果较好,是最常见的中档次镜头之一。我国几十年来设计制造的照相机镜头产中就有不少类似结构。图 7-7 给出了一个天塞物镜设计实例,视场为 20°,F/4.5,焦距为 100mm,畸变小于 0.1%。

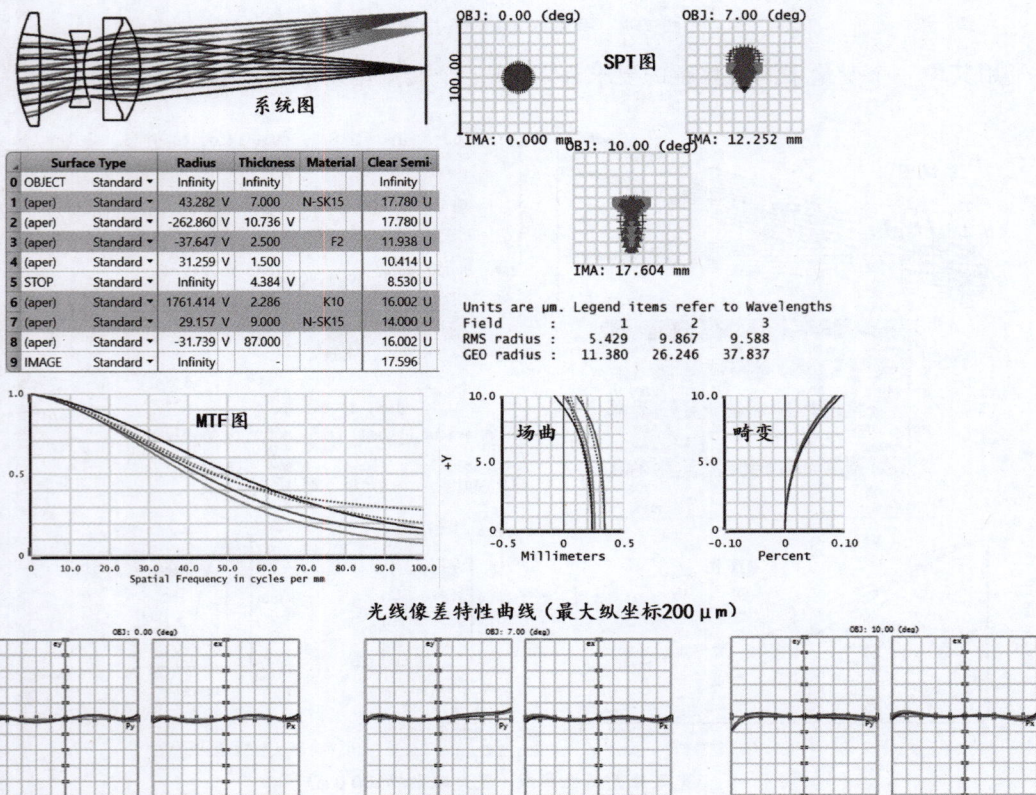

系统图

	Surface Type	Radius	Thickness	Material	Clear Semi-
0	OBJECT Standard ▾	Infinity	Infinity		Infinity
1	(aper) Standard ▾	43.282 V	7.000	N-SK15	17.780 U
2	(aper) Standard ▾	-262.860 V	10.736 V		17.780 U
3	(aper) Standard ▾	-37.647 V	2.500	F2	11.938 U
4	(aper) Standard ▾	31.259 V	1.500		10.414 U
5	STOP Standard ▾	Infinity	4.384 V		8.530 U
6	(aper) Standard ▾	1761.414 V	2.286	K10	16.002 U
7	(aper) Standard ▾	29.157 V	9.000	N-SK15	14.000 U
8	(aper) Standard ▾	-31.739 V	87.000		16.002 U
9	IMAGE Standard ▾	Infinity	-		17.596

SPT 图

Units are μm. Legend items refer to Wavelengths
Field　　　:　　1　　　2　　　3
RMS radius :　5.429　　9.867　　9.588
GEO radius :　11.380　26.246　37.837

MTF 图

场曲

畸变

光线像差特性曲线（最大纵坐标200μm）

图 7-7　视场 20°的天塞物镜设计实例

7.1.3　双高斯物镜

双高斯物镜是一种具有对称结构形式的大孔径中等视场物镜,其成像质量较高。今天所熟知的双高斯结构是由保罗·鲁道夫(Paul Rudolph)设计的,典型的双高斯物镜的基本结构如图 7-8 所示。对称系统对离轴像差具有普遍的矫正作用,双高斯物镜的左右对称结构可以很好地矫正彗差、畸变,中间的光阑可以用来矫正像散,中间的厚透镜组用来矫正场曲,后透镜分裂成胶合透镜

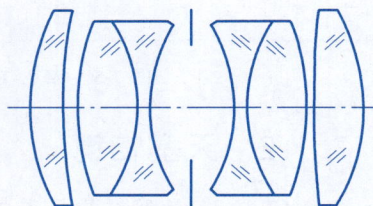

图 7-8　双高斯物镜的基本结构

用来矫正色差。

　　沃尔特·曼德勒为莱卡公司设计的 Summicron 是双高斯物镜的巅峰之作。当然，还有性能更好、光圈更快的双高斯镜头。这种镜头已经销售了近 40 年，一直没有更新。该结构两边透镜基本对称于光阑，使用了全部弧形和分离的镜片，多采用火石玻璃元件的凹面靠近光阑，主要光学性能指标为相对孔径 $D/f' = 1/2 \sim 1/1.7$，视场角 $2\omega = 40° \sim 50°$。现今 50mm 的定焦镜头基本上都是这种结构。另一种改进双高斯设计的方法是将前面的双片一分为二，可以减少彗差。双高斯物镜的演变形式很多，如图 7-9 所示，其失对称变形和结构复杂化的主要目的是矫正轴上与轴外的轴向像差，改善成像质量。

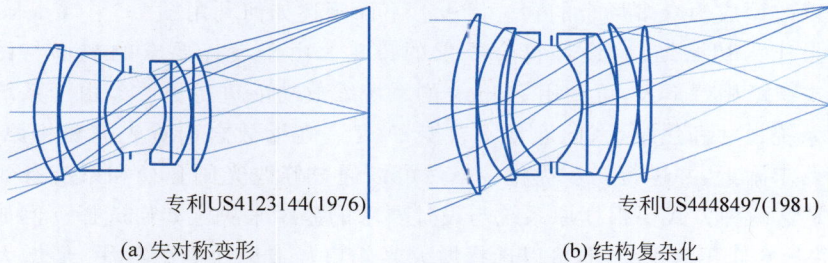

专利US4123144(1976)　　专利US4448497(1981)

(a) 失对称变形　　　　　(b) 结构复杂化

图 7-9　双高斯物镜变形形式

　　图 7-10 所示为一双高斯物镜的设计实例，焦距为 135.3mm，光阑直径为 16mm，全视场为 45°，F/5.3，有效焦距为 42.6mm。

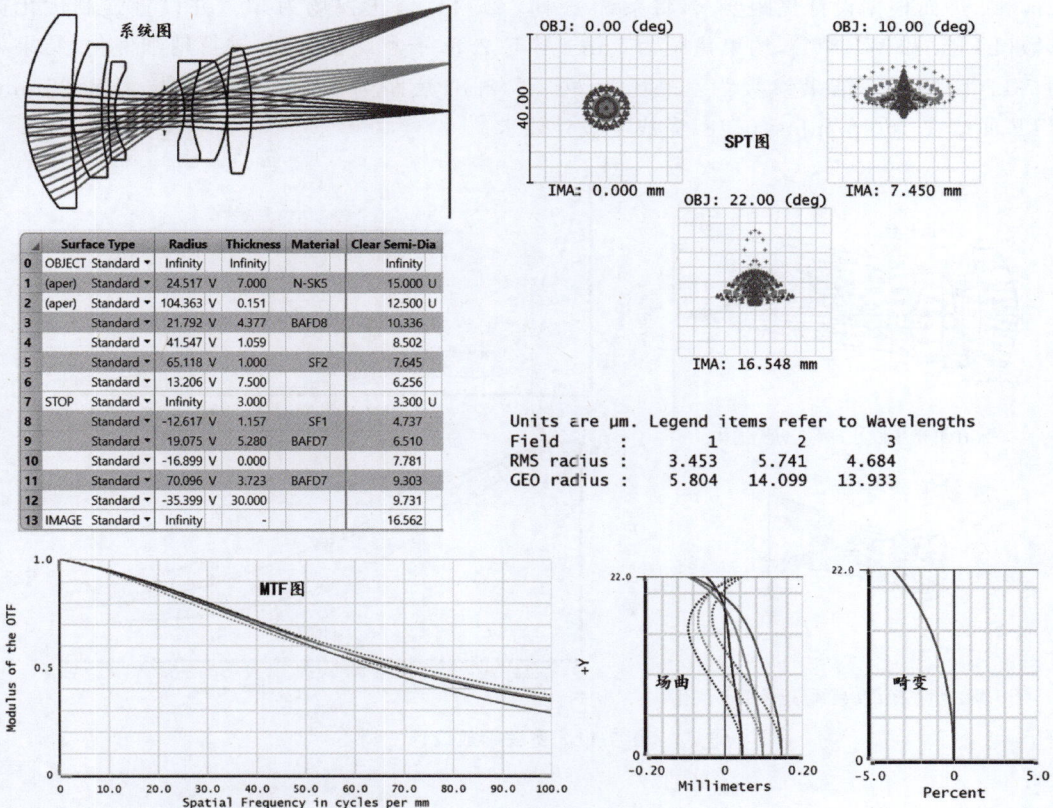

图 7-10　视场 45°双高斯物镜设计实例

7.1.4 系统缩放设计

在光学设计的整体思路中曾介绍过,利用现有的专利或文献报道的结构作为初始结构将事半功倍。Zemax 提供的系统缩放(Scale Lens)功能可以同比缩放系统尺寸和焦距,为设计提供了更多便利。本小节将介绍如何通过缩放现有结构系统进行目标系统设计。

例如要求设计一个微型相机镜头,视场为 50°,F/2.8,焦距为 7mm,系统总长不超过 10mm,MTF 曲线在 150lp/mm>0.15。作为摄影物镜中等视场镜头的典型结构,Cooke 三片式物镜可以改型成为众多场合的物镜模板。下面阐述如何利用图 7-5 中 Cooke 三片式物镜的设计结果作为初始结构,设计符合要求的镜头。由于设计要求的视场与图 7-5 中的 Cooke 三片式物镜相差不大,可利用 Zemax 的系统缩放功能进行更改。由于系统缩放功能同比缩放了系统尺寸和焦距,因此通常不改变 F/♯。在缩放之前首先需要将原系统 F/♯ 修正到设计要求附近,并进行初步优化。虽然可以通过修改光阑孔径和系统有效焦距来修正 F/♯,但是这两种方式要根据原系统与设计要求的差距来决定如何选择。例如本设计案例中,需要将 F/6 修正到 F/2.8,可以选择增大光阑口径或减小有效焦距,但增大光阑口径容易导致原系统元件发生畸变,因此选择保持光阑口径不变,逐渐减小有效焦距,可以直接缩小后焦距(系统最后一面到像面的距离),并不断优化系统元件的曲率半径或厚度,直到系统 F/♯ 接近设计要求,如图 7-11(a)所示。此时 F/2.89,焦距约为 25mm,系统总长约为 32mm。进而根据设计焦距要求,将系统缩小 7/25 倍,修正视场为 50°,并设置强制优化操作数(EFFL 和 WFNO),约束焦距为 7mm 与 F/2.8,不断修正间距,进行精细优化,结果如图 7-11(b)所示。结果参数为:视场为 50°,F/2.8,焦距为 7mm,系统总长为 8.25mm,MTF 曲线在 150lp/mm=0.18,完成了设计要求。

(a) 第一步修正F/#并初步优化

(b) 第二步系统缩放后修正参数并优化

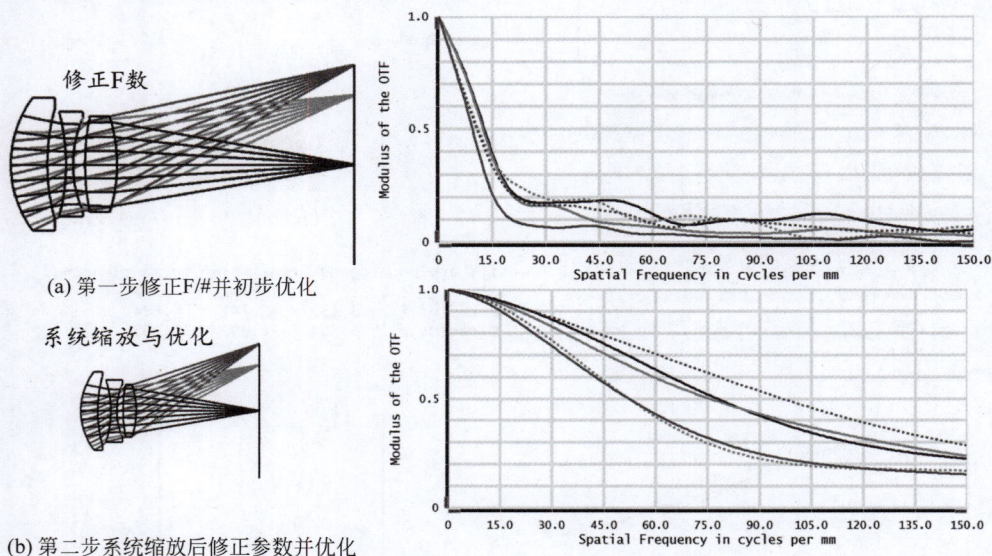

图 7-11 系统缩放设计

▦ 7.2　摄远物镜与广角物镜设计 ◆

7.2.1　摄远物镜

很多镜头都追求大视场以清晰地观察较大的物方区域,镜头视场越大往往意味着其焦距越小。那么视场较小、焦距很长的镜头有没有应用价值呢?答案是肯定的。最直接的应用就是摄远物镜,其拍摄距离很远,并且只关注某一个较小的拍摄区域。摄远物镜很适合拍摄一些远处的不容易接近的物体,比如野外动物摄影、无人机航拍等。如果采用广角物镜,由于拍摄区域过大,在像面看到大面积区域的缩小像,不会产生物体的拉近感,并且所关注的其中一小部分区域在探测器上占的像素数会很少,从而无法实现高分辨率。摄远物镜的焦距一般较长,因而视场角较小,对应拍摄区域也因此较小,可以把远处一块相对较小的区域成像至相机画面,给人呈现一种将远处物体拉近到面前的感觉,从而使被拍摄物体的远近感消失。摄远物镜由于视场较小,畸变容易控制。30～300mm 之间的镜头都可以称为长焦距镜头,大于 300mm 焦距的镜头可以称为超长焦镜头。

摄远物镜的基本结构形式是一对正负透镜组,正透镜组在前,负透镜组在后,如图 7-12 所示。其焦距 f' 一般大于系统总长 L,因此有利于缩小镜筒长度,L/f' 称为摄远比。根据薄透镜成像规律,可以对相关参数进行简单的计算如下:

$$\frac{1}{f'}=\frac{1}{f'_1}+\frac{1}{f'_2}-\frac{1}{f'_1 f'_2} \tag{7-1}$$

$$f_b = L - d = \frac{f'(f'_1 - d)}{f'_1} \tag{7-2}$$

$$\begin{cases} f'_1 = \dfrac{f'd}{f'-L+d} \\ f'_2 = \dfrac{d(d-L)}{f'-L} \end{cases} \tag{7-3}$$

式中,f'_1 和 f'_2 分别为前后组焦距;前后组间距为 d;f' 和 f_b 分别为系统总焦距和工作距(后焦距,镜组最后一面与像面间距)。当 $d=L/2$ 时,f'_2 取最大值。从图 7-12 中可以看出,摄远物镜的参数基本特征是:焦距 f'>筒长 L>工作距 f_b 即可以小筒长实现大焦距。

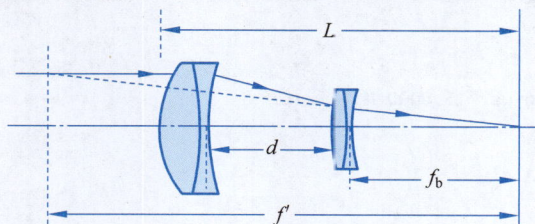

图 7-12　摄远物镜原理

摄远物镜是光学领域中的重要组件,应用广泛,除了用于需要捕捉远距离物体的场合,还可用于野生动物摄影、体育赛事拍摄和新闻摄影灯,它们还常被用于天文学中。由于其焦距长、视场小的特点和望远镜类似,也常被用于望远镜的设计,能够提供高倍率的放大。在安全监控系统中,摄远物镜可以安装在固定的位置,用于监视较远的区域,如停车场、高速公路等区域,以便于记录和分析发生在定点小区域的活动。在航拍领域,摄远物镜的设计要求结构紧凑,同时具有长的焦距,以满足特定的拍摄需求,如从飞机或无人机上拍摄地面的高清图像。

按照上述原理构成的摄远物镜由于视场较小,很多轴外像差并不突出。焦距长,即相对孔径较小,因而轴上像差也能得到较好的控制。然而正是由于焦距较长,二级光谱(焦距的1/2000)反而成为矫正的重点。摄远物镜结构形式各种各样,尤其是前组,由于负担较大的光焦度,结构一般要比后组复杂。一般摄远物镜的摄远比(L/f')大约在 $2/3\sim3/4$,其相对孔径与视场较小。图 7-13 给出了一种摄远物镜的典型结构形式。

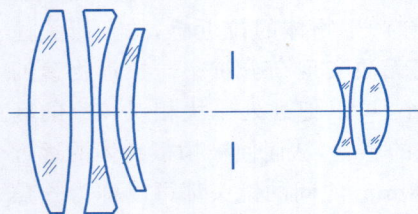

图 7-13　一种摄远物镜的典型结构形式

按照图 7-13 的典型结构形式,下面进行一款摄远物镜设计。设计目标:焦距为 300mm,摄远比为 0.7,F/10,视场为 6°。按照上述基本结构模型进行初始结构建模,图 7-14 给出了一个摄远物镜设计实例。由摄远比 0.7 和焦距 300mm 可知镜头总长为 210mm,因此在优化操作数中以 TOTR 和 OPLT 控制系统总长不大于 210mm,两组镜头间距(包括光阑间距)和物距可以作为优化变量。同时注意使用操作数 AXCL 进行色差控制(0.707 带)。注意系统采用的都是普通玻璃,未进行二级光谱矫正。

系统数据

Radius	Thickness	Material	Clear Semi-Dia
Infinity	Infinity		Infinity
78.357 V	8.000	BK7	22.000 U
-968.341 V	1.000		22.000 U
82.466 V	8.000	BK7	22.000 U
-421.158 V	1.000		22.000 U
-278.866 V	6.000	SF2	22.000 U
87.061 V	10.000		18.000 U
Infinity	73.333 V		11.635
-82.050 V	4.000	BK7	13.000 U
39.624 V	1.000		11.000 U
53.143 V	4.000	SF2	12.000 U
652.882 V	93.667 V		12.500 U
Infinity	-		15.876

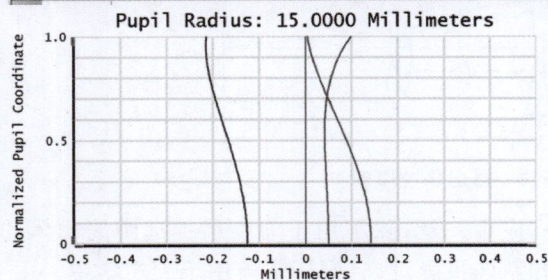

系统图

MTF图

优化操作数

	Type	Wave1	Wave2	Zone		Target	Wei	Value	% Contrib
1	DMFS ▾								
2	EFFL ▾		2			300.000	0.1	300.000	9.727E-06
3	TOTR ▾					0.000	0.0	210.000	
4	OPLT ▾	3				210.000	0.1	210.000	2.276E-05
5	AXCL ▾	1	3	0.707		0.000	0.1	8.328E-...	0.080

色差曲线

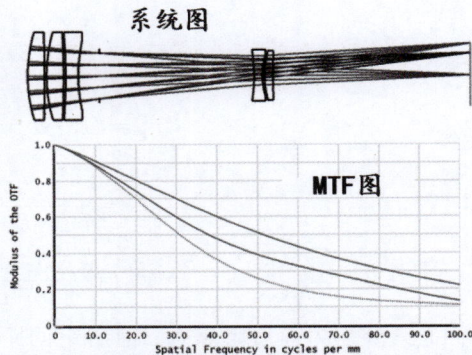

Pupil Radius: 15.0000 Millimeters

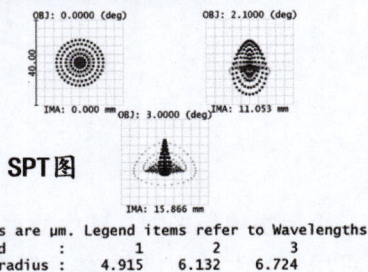

SPT图

Units are μm. Legend items refer to Wavelengths
Field　　　:　　1　　　2　　　3
RMS radius :　4.915　　6.132　　6.724

图 7-14　摄远物镜设计实例

7.2.2　反摄远物镜

如今越来越微型化的手机摄像头和数码相机都采用折叠光路,单反相机中的折叠光路如图 7-15 所示,利用反射棱镜改变光路方向,即通过使拍摄方向的长度变短,实现整体体积优化。前方镜头可以更换,每个镜头通过调焦将焦点准确落在探测器上实现清晰成像。但当前方镜头被更换成焦距较短的广角物镜时,可能会出现无论如何调焦也无法将焦点落在探测器上的情况,因为反射棱镜可能会阻挡镜头后移。这就要求前方镜头在具有较短的焦距的情况下,拥有较大的工作距离。7.2.1 节所示的摄远物镜其焦距 $f' >$ 工作距 f_b 便不符合条件。

反摄远物镜解决的是工作距离问题。它的结构可以实现工作距 $f_b >$ 焦距 f',这样就可以满足上述条件。在单反相机上出现的广角、超广角、鱼眼镜头等短焦镜头都得益于这一技术。图 7-16 给出了反摄远物镜基本原理性结构。反摄远物镜的原理就是把一个长焦的摄远物镜反过来,这样的结构才能使得工作距离 f_b 比焦距 f' 更大。如图 7-16 所示,其显著特点是:筒长 $L >$ 工作距 $f_b >$ 焦距 f'。

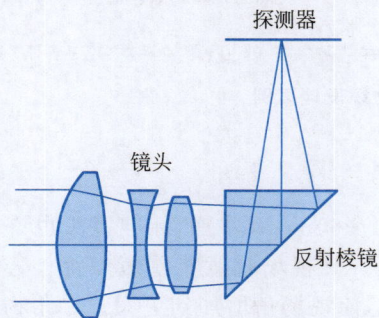

图 7-15　单反相机中的折叠光路

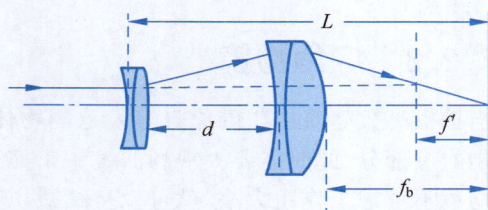

图 7-16　反摄远物镜原理性结构

要实现真实的反摄远物镜设计,可以一些经典结构作为初始结构来进行优化设计。简洁的反摄远结构一般由 4 个组分构成,如图 7-17 中间结构所示,4 个组分可以分别进行光焦度分裂和变形。图 7-17 给出了经典的反摄远物镜及变形结构。

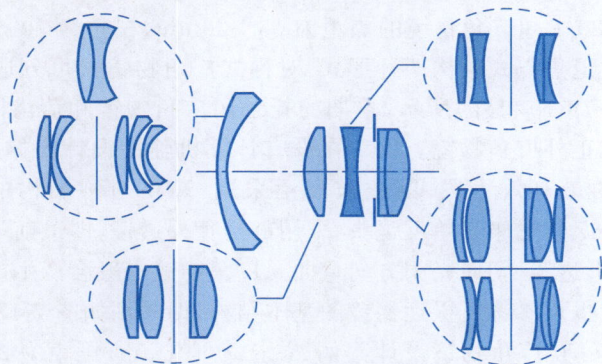

图 7-17　经典的反摄远物镜及变形结构

图 7-18 给出了一个视场 24°的反摄远物镜设计案例。焦距 $f' = 29.8$mm,工作距离

f_b＝56.5mm。

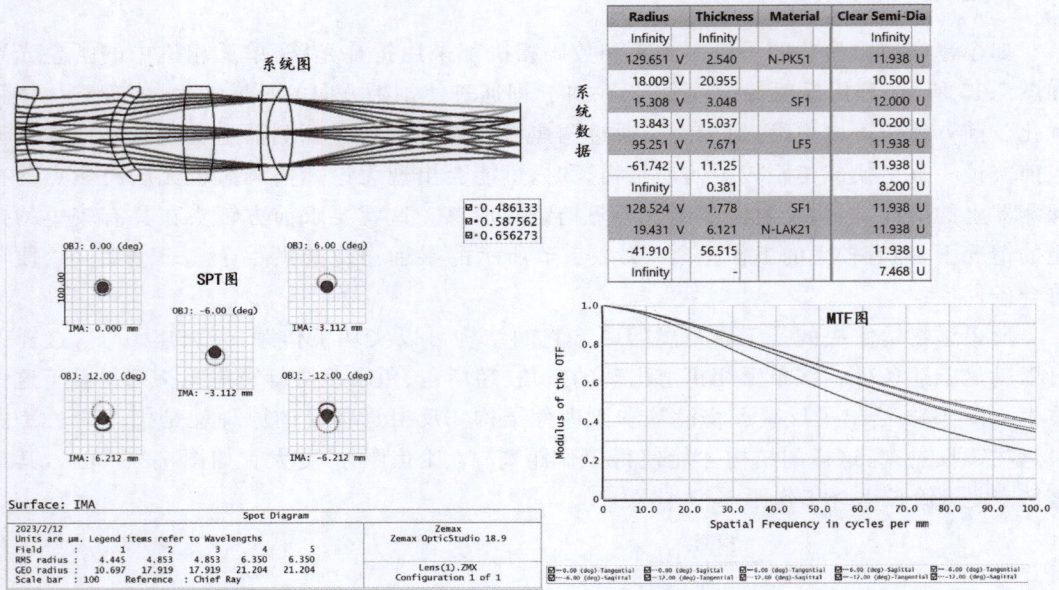

系统图

SPT图

系统数据

Radius		Thickness	Material	Clear Semi-Dia	
Infinity		Infinity		Infinity	
129.651	V	2.540	N-PK51	11.938	U
18.009	V	20.955		10.500	U
15.308	V	3.048	SF1	12.000	U
13.843	V	15.037		10.200	U
95.251	V	7.671	LF5	11.938	U
-61.742	V	11.125		11.938	U
Infinity		0.381		8.200	U
128.524	V	1.778	SF1	11.938	U
19.431	V	6.121	N-LAK21	11.938	U
-41.910		56.515		11.938	U
Infinity		-		7.468	U

MTF图

图 7-18　视场 24°的反摄远物镜设计案例

7.2.3　广角物镜

当拍摄高大建筑或广阔原野等大范围物体时,40～60mm 焦距的标准镜头也许只能拍到景物的一部分,此时需要大视场的镜头来完成拍摄。大视场就意味着短焦距。若上述反摄远物镜不考虑工作距大小,就可以持续减小其焦距,使视场角增加到更大。广角物镜就是这样一种物镜,其延续了反远摄物镜的结构形式,焦距短于标准物镜(小于 40mm),视角大于标准物镜(大于 60°)。因此广角物镜的特点就是焦距短,视角大,景深大,适合大面积的景物拍摄。结合其大景深的特点,在很多场合几乎不用对被摄物聚焦,就能极快地完成抓拍。

广角物镜又分为普通广角物镜和超广角物镜两种。普通广角物镜的焦距一般为 24～38mm,视角为 60°～80°;超广角物镜的焦距为 13～20mm,视角为 90°～118°。广角物镜主要有对称式结构和后退焦点式结构两种形式,对称式广角物镜又可分成正外透镜和负外透镜两个类型。如图 7-19(a)和(b)所示,早期的托普冈广角物镜和荷洛冈(Hologon)广角物镜便是标准的对称式正外广角物镜。因为在没有计算机辅助设计支撑的时代,对称设计是矫正轴外视场像差的最有效手段,因此被广泛采用,高斯对称结构的意义也正是如此。图 7-19(c)所示为 1967 年尼康某单反镜头,采用的是负外透镜,即最前端为负光焦度的负透镜,大多采用大弯月形透镜,朝向光阑方向弯曲。广角物镜一般会产生严重畸变。

广角物镜的设计也可参考反摄远物镜的基本结构,即采用如图 7-17 所示的一些基本结构。图 7-20 给出了某 70°广角物镜设计案例,总长为 191mm,焦距为 20.5mm,F/2.27,从图 7-20 中可以看出畸变达 16%。图 7-21 给出了 100°超广角物镜设计案例,总长为 245mm,焦距为 24.2mm,F/2.34。从图 7-21 中可以看出畸变达 36%,明显高于普通摄影物镜。

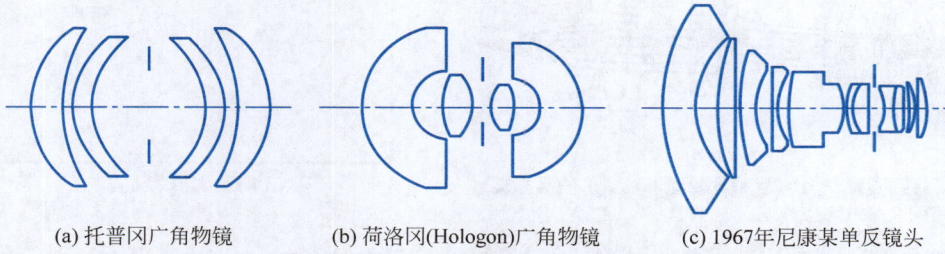

(a) 托普冈广角物镜　　　　(b) 荷洛冈(Hologon)广角物镜　　　　(c) 1967年尼康某单反镜头

图 7-19　广角物镜结构举例

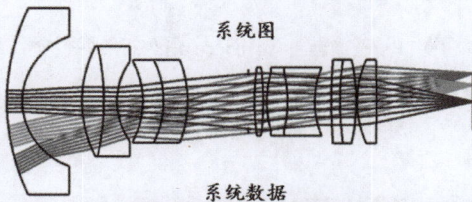

系统图

系统数据

	Surface Type		Radius	Thickness	Material	Clear Semi-D
0	OBJECT	Standard ▾	Infinity	Infinity		Infinity
1	(aper)	Standard ▾	92.918 V	6.350	N-SK4	39.370 U
2	(aper)	Standard ▾	29.222 V	24.417		27.432 U
3	(aper)	Standard ▾	52.310 V	9.088	SF1	23.368 U
4	(aper)	Standard ▾	-104.286 V	5.425	N-SK4	23.368 U
5	(aper)	Standard ▾	29.956 V	10.531		16.764 U
6	(aper)	Standard ▾	-36.750 V	8.466	SF1	16.764 U
7	(aper)	Standard ▾	-40.131 V	9.812	N-SK4	17.526 U
8	(aper)	Standard ▾	-50.503 V	24.999		17.526 U
9	STOP	Standard ▾	Infinity	2.540		11.430 U
10	(aper)	Standard ▾	118.054 V	3.556	N-SK4	14.478 U
11	(aper)	Standard ▾	-116.809 V	1.524		14.478 U
12	(aper)	Standard ▾	46.604 V	8.463	N-SK4	12.200 U
13	(aper)	Standard ▾	-50.825 V	11.110	SF1	12.200 U
14	(aper)	Standard ▾	38.860 V	6.805		14.478 U
15	(aper)	Standard ▾	254.247 V	3.556	SF1	17.780 U
16	(aper)	Standard ▾	135.460 V	6.604	N-SK4	17.780 U
17	(aper)	Standard ▾	-81.919 V	0.381		17.780 U
18	(aper)	Standard ▾	43.803 V	8.044	N-SK4	17.780 U
19	(aper)	Standard ▾	-606.695 V	39.634		17.780 U
20	IMAGE	Standard ▾	Infinity	-		12.017

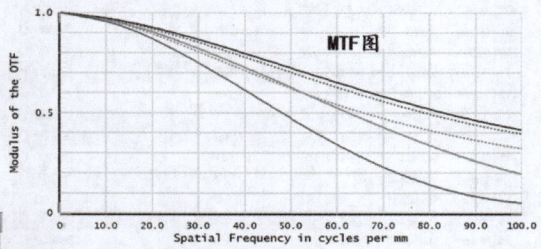

MTF图

- ☑ —0.00 (deg)-Tangential ☑ ---0.00 (deg)-Sagittal ☑ —20.00 (deg)-Tangential
- ☑ ---20.00 (deg)-Sagittal ☑ —35.00 (deg)-Tangential ☑ ---35.00 (deg)-Sagittal

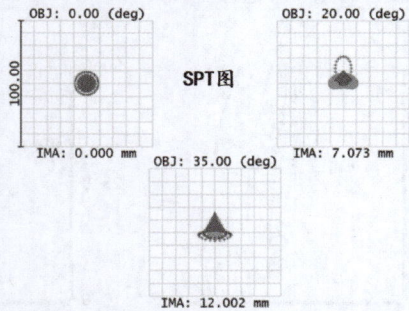

SPT图

OBJ: 0.00 (deg)　　IMA: 0.000 mm
OBJ: 20.00 (deg)　　IMA: 7.073 mm
OBJ: 35.00 (deg)　　IMA: 12.002 mm

Units are μm. Legend items refer to Wavelengths

Field	:	1	2	3
RMS radius	:	4.007	5.748	5.966
GEO radius	:	8.923	20.944	14.954

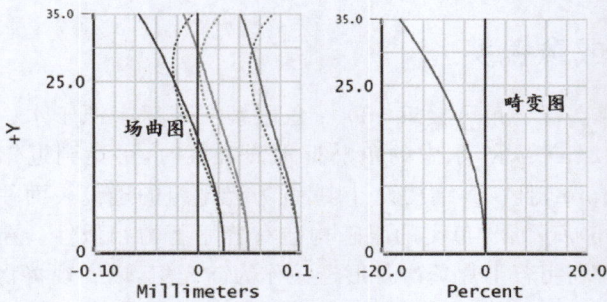

场曲图　　畸变图

畸变像面模拟

图 7-20　70°广角物镜设计案例

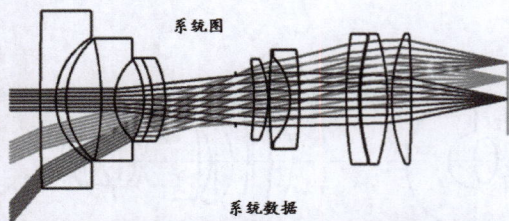

	Surface Type		Radius	Thickness	Material	Clear Semi-Dia
0	OBJECT	Standard ▾	Infinity	Infinity		Infinity
1		Standard ▾	Infinity	15.240		0.000 U
2	(aper)	Standard ▾	1637.502	7.590	N-SK4	45.000 U
3	(aper)	Standard ▾	36.948	5.080		31.500 U
4	(aper)	Standard ▾	41.689	17.500	SF1	31.000 U
5	(aper)	Standard ▾	-130.542	6.523	N-SK4 P	31.000 U
6	(aper)	Standard ▾	27.252	14.500		20.000 U
7	(aper)	Standard ▾	-41.310	4.237	SF1	20.000 U
8	(aper)	Standard ▾	-43.709	6.309	N-SK4 P	21.000 U
9	(aper)	Standard ▾	-48.734	34.625		21.000 U
10	STOP	Standard ▾	Infinity	9.114		12.000 U
11	(aper)	Standard ▾	-135.973	6.888	N-SK4 P	18.000 U
12	(aper)	Standard ▾	-52.141	0.640		20.500 U
13	(aper)	Standard ▾	217.693	10.363	N-SK4 P	20.500 U
14	(aper)	Standard ▾	-31.716	4.450	SF1	21.600 U
15	(aper)	Standard ▾	-221.849	23.104		25.000 U
16	(aper)	Standard ▾	219.859	6.309	SF1	33.000 U
17	(aper)	Standard ▾	110.783	0.640		30.500 U
18	(aper)	Standard ▾	117.267	13.472	N-SK4 P	30.500 U
19	(aper)	Standard ▾	-117.539	2.164		33.000 U
20	(aper)	Standard ▾	86.015	9.662	N-SK4 P	33.000 U
21	(aper)	Standard ▾	-549.468	47.582		33.000 U
22	IMAGE	Standard ▾	Infinity	-		18.487

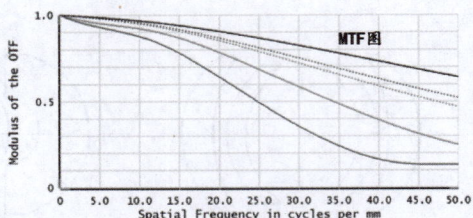

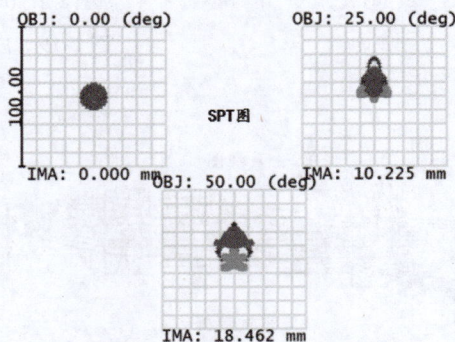

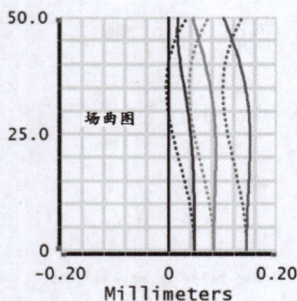

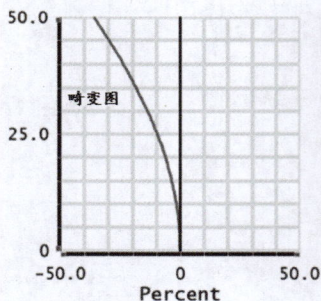

图 7-21 100°超广角物镜设计案例

7.2.4 鱼眼镜头与全景成像镜头

鱼眼镜头是一种极端广角物镜系统,视场角可接近 180°。鱼眼镜头启示来源于水中的鱼贴近水面仰望天空的情况,如图 7-22(a) 所示,水中的鱼贴近水面观察时,可达到近 180°的超广泛视野。其焦距一般不超过 16mm,且在其结构设计中,前方光学组的透镜表面往往呈现出向外部凸起的形态,如图 7-22(b) 所示,与鱼类的眼睛构造有着显著的相似性。在构成超大视场光学成像系统时,鱼眼镜头利用若干片负弯月形透镜作为前光组,以实现将物体侧的大视场聚焦至符合传统镜头视场需求的范围内。这种超大的视角设计使得鱼眼镜头通常会产生非常显著的图像畸变。然而,正是这种强烈的畸变为摄影艺术爱好者提供了丰富的创意空间。当然,由于畸变并不影响图像清晰度,可以通过后期图像处理矫正。此外,鱼眼镜头满足现代战争对大范围空间情报获取的需求,在国防及军事领域,作为光学侦察设备,扮演着至关重要的角色。

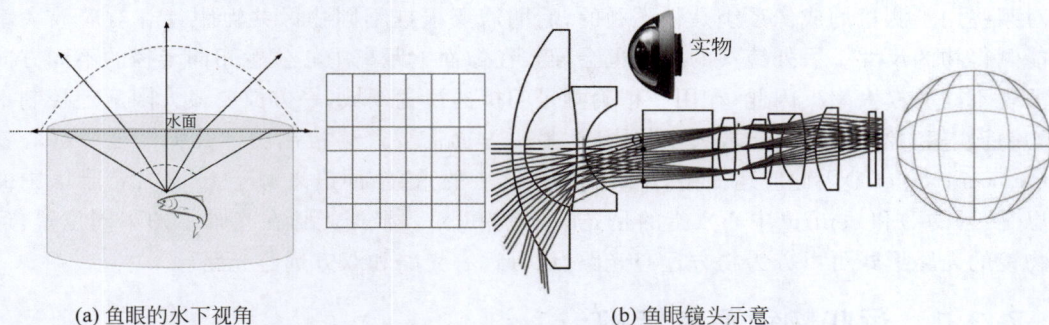

(a) 鱼眼的水下视角　　　　　　　　　　　　　(b) 鱼眼镜头示意

图 7-22　鱼眼镜头工作示意图

　　全景成像镜头是一种能够在水平方向上提供 360°的全视场,同时在垂直方向上提供一定视场角的特殊镜头。图 7-23(a)所示为一种折反全景成像镜头结构,通常由三个主要组件构成:一个全景周视镜、光阑以及后续的中继镜组。这一系统的核心在于其利用光线在全景周视镜内部的多次反射,从而实现了光路的有效折叠。这种设计不仅巧妙地将广阔视野内的光线聚焦于一小块成像平面上,而且极大地优化了整体光学系统的空间结构,使其更为紧凑。全景环形镜头在探测器上所成的像为环带像,如图 7-23(b)所示,同一视场角下的景物在像面上位于同一个圆,该圆的半径就是像高。环状像面的内半径由环带镜头视场上边缘对应的视场角决定,外半径则由环带镜头的下边缘对应的视场角决定。相较于传统的鱼眼镜头,全景成像镜头在保持同等甚至更广阔视野的同时,显著减少了系统的体积和重量。这种紧凑的结构特性使得全景成像镜头在需要小型化和轻量化设备的应用场景中具有显著的优势。可在无人机、便携设备以及需要严苛空间限制的监控设备中使用,如管道探测、医学内窥检查等。

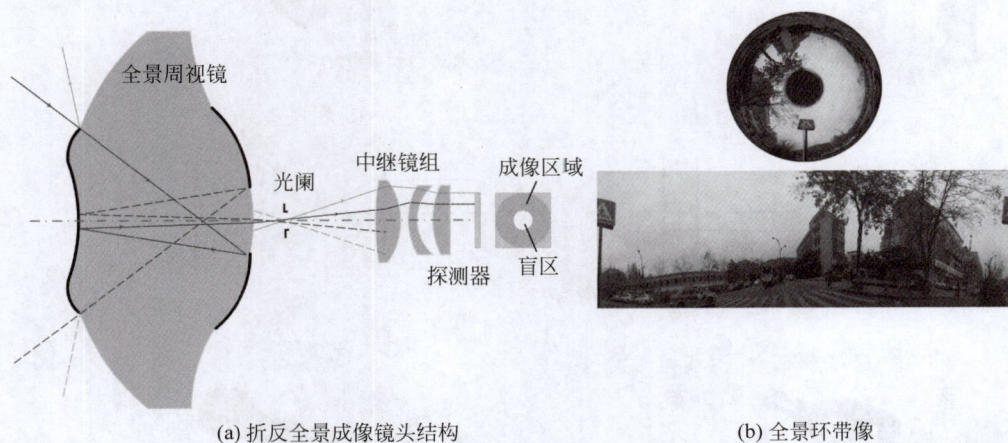

(a) 折反全景成像镜头结构　　　　　　　　　　(b) 全景环带像

图 7-23　全景成像镜头

■ 7.3　远心物镜设计

　　普通镜头在不同的共轭距离处呈现不同的放大倍率,如图 7-24(a)所示。因此,物距不同,像的尺寸也不同。调焦不准确导致像面不在正确位置上同样会导致放大倍率计算误差。这对某些用于测量的成像系统是很不利的,后期需要根据不同物像共轭距计算对应放大率才能测得物的尺寸。另外镜头的畸变也会导致在像面上距离中心位置相同半径的不同方向上呈现不同的放大率。因此,在用于精确测量的机器视觉领域,一方面要最大限度地控制不同物距误差和像距误差对于放大率的影响,另一方面需要严格控制图像几何畸变。远心物镜(telecentric lens)因此应运而生,telecentric(远心的)这个词语来源于 tele(古希腊语中的意思是"远的")和 centre(中心)(指的是光阑孔径中心)。根据光瞳在光轴上的不同位置,远心物镜的光路形式可以分为物方远心光路、像方远心光路和双方远心光路。

7.3.1 远心物镜基本结构

图 7-24 直观地给出了普通镜头与远心光路对测量精度的影响。

1. 物方远心光路

物方远心光路要求所有的主光线(从轴外点发出且通过孔径光阑中心的光线)都必须在物空间中与光轴平行,如图 7-24(b) 所示。要做到这一点,必须使孔径光阑位于透镜后焦平面,于是入瞳便处于无穷远,主光线在像方全部经过焦点。因此,当物体在预设成像物距前后一定范围内移动时,远心物镜获得的图像大小不会发生变化。当然,为了捕获物体的主光线,前端镜头的直径至少要与物体最大尺寸一样大。

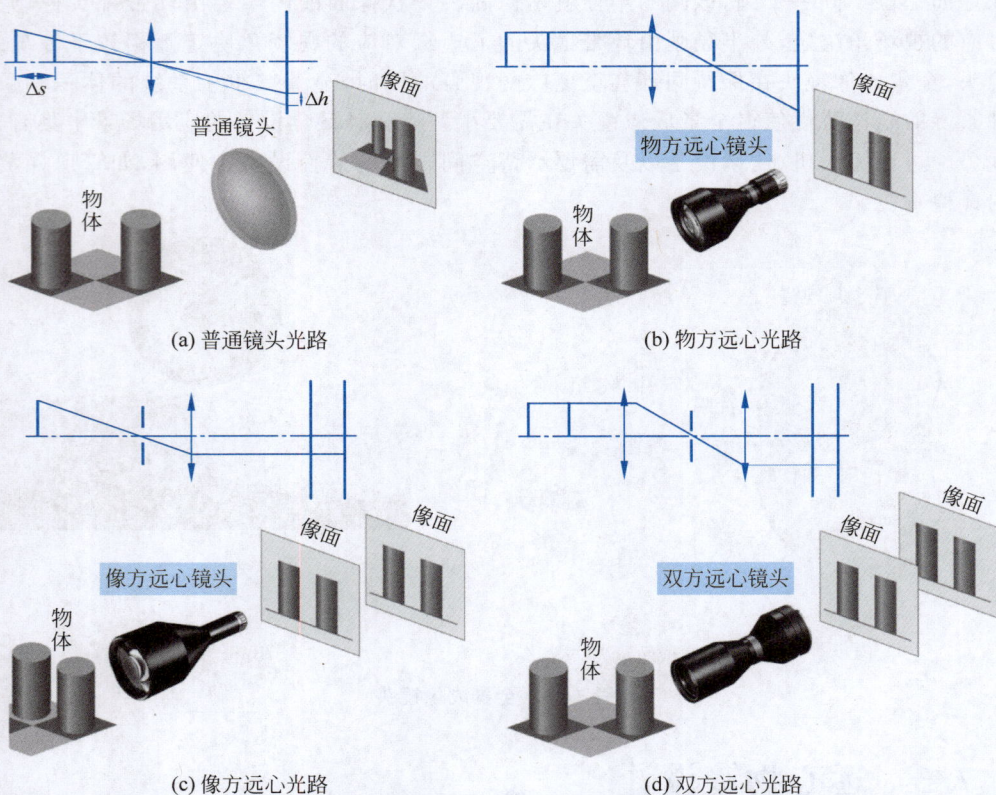

(a) 普通镜头光路   (b) 物方远心光路

(c) 像方远心光路   (d) 双方远心光路

图 7-24 普通光路与远心光路对测量精度的影响

2. 像方远心光路

对于像方远心镜头，如图 7-24(c)所示，主光线在透镜像方所在的一边（像空间）与光轴平行。要做到这一点，必须使孔径光阑位于透镜前焦平面。于是出瞳位于无穷远，而主光线必须通过出瞳的中心，因此主光线在透镜像方空间必须与光轴平行。这种设计特点是即使像方调焦不准确（像面位置不准确）也不会影响测量精度。

3. 双方远心光路

双方远心镜头的前后透镜组的焦平面和孔径光阑互相重叠，使得入射光瞳和出射光瞳都在无穷远处，如图 7-24(d)所示，物方和像方主光线均平行于光轴。对于双方远心镜头，物体和像面所在位置都不会影响放大率。

由于上述特性，远心物镜在机器视觉高精度测量领域应用较广，特别适合用于某些三维物体的成像测量，被检测物体厚度较大，不在同一平面；或者当被测物体的摆放位置与镜头平面呈一定角度；又或者被检测过程中物体位置不停变动的场合。

另外，畸变导致物像之间的几何尺寸变化脱离了简单的放大率这样的线性变换，而是接近 2 阶或 3 阶的多项式变换，因此图像会有拉伸和变形。普通光学镜头的畸变值会从百分之几到百分之几十不等，大多数机器视觉光学系统最初是针对监控或摄影而设计的，并不涉及精确测量，因此存在部分畸变也是可以接受的，因为人眼可以补偿 1%～2% 的畸变误差。高质量的远心物镜通常可将畸变控制在 0.1% 以下，尽管这个值看起来非常小，但在测量物体较大（或放大率较大）时，例如若像的尺寸达到 10mm，则 0.1% 的畸变的实际值已经达到 10μm，将导致测量误差接近于相机一个像素的大小。因此在大多数应用中，光靠镜头设计减小畸变也无法得到精确测量结果，需要使用软件来做额外的校准：即提前标定好畸变，进而通过软件算法将原始图像转换为无畸变图像。

7.3.2　远心物镜设计案例

1. 理想远心物镜模型

在 Zemax 中利用理想透镜设计一个放大率为 −1 的双方远心光路，如图 7-25(a)所示，物高为 20mm，物距为 50mm，经双理想透镜成像（焦距均为 50mm），光阑位于两个理想透镜中间，在前透镜的后焦面和后透镜的前焦面处，像距为 50mm，可见其像高（SPT 中心高）为 −20mm。图 7-25(b)和图 7-25(d)中物距变为 40mm 和 60mm，像面上观察 SPT 图的中心所表征的像高依然为 −20mm。图 7-25(c)和图 7-25(e)中像距变为 40mm 和 60mm，像面上观察 SPT 图的中心所表征的像高依然为 −20mm。可见，在双方远心光路中，物面和像面的位置不影响测量精度。

视频讲解

2. 远心物镜 Zemax 设计案例

由上述分析可知，远心光学系统的设计最重要的是确定光阑的位置。

1）物方远心设计

对于物方远心系统，要求入瞳位于无穷远，等价条件是入射主光线平行于光轴。在设计开始时，一般不确定光阑在什么位置才能满足条件，因此在系统参数设置中孔径类型（Aperture Type）下方选择"远心物空间"选项，无论初始光阑位置在何处，这一选项都强行使得物方入射主光线平行于光轴。注意这一选项只有在有限物距且视场设置为物高（或像高）模式下才能勾选。以某双胶合透镜成像系统为例，如图 7-26(a)所示，一般无特殊要求以

视频讲解

(a) 双方远心光路正确位置成像

(b) 双方远心光路物体位置靠前

(c) 双方远心光路探测器位置靠前

(d) 双方远心光路物体位置靠后

(e) 双方远心光路探测器位置靠后

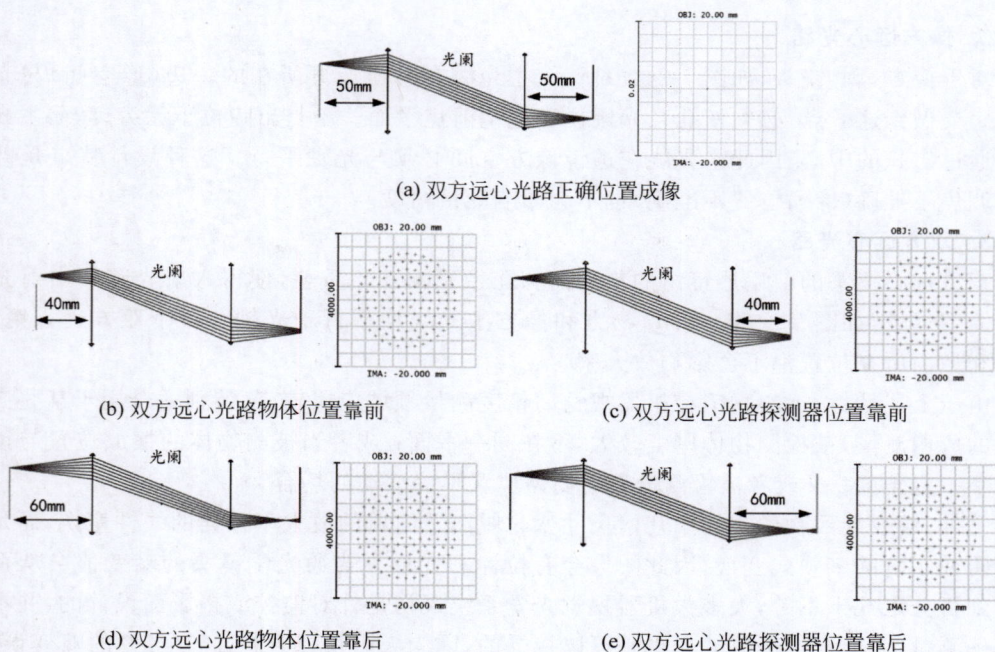

图 7-25 理想远心结构仿真

其镜框为光阑。设置"远心物空间"选项后,系统迅速将入瞳拉至无穷远,如图 7-26(b)所示,入射主光线与光轴平行。可以在透镜最后一个面使用"主光线高度"求解主光线与光轴的交点为 0 的位置,该位置即可设置为光阑。设置光阑大小来调控光束不超出透镜孔径范围,即可实现物方远心的初始设计。

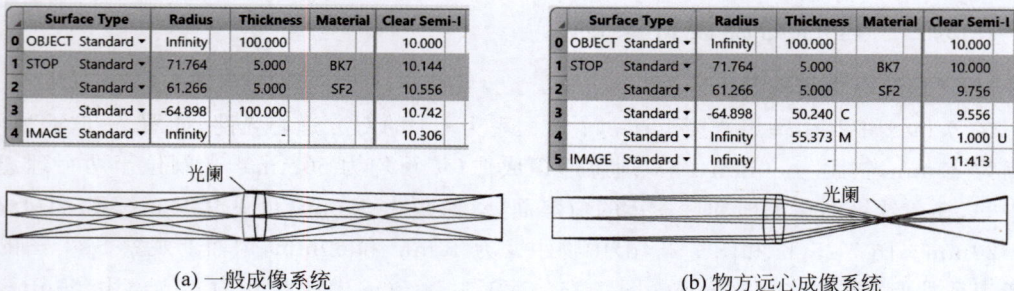

	Surface Type		Radius	Thickness	Material	Clear Semi-I
0	OBJECT	Standard ▾	Infinity	100.000		10.000
1	STOP	Standard ▾	71.764	5.000	BK7	10.144
2		Standard ▾	61.266	5.000	SF2	10.556
3		Standard ▾	-64.898	100.000		10.742
4	IMAGE	Standard ▾	Infinity	-		10.306

	Surface Type		Radius	Thickness	Material	Clear Semi-I
0	OBJECT	Standard ▾	Infinity	100.000		10.000
1	STOP	Standard ▾	71.764	5.000	BK7	10.000
2		Standard ▾	61.266	5.000	SF2	9.756
3		Standard ▾	-64.898	50.240 C		9.556
4		Standard ▾	Infinity	55.373 M		1.000 U
5	IMAGE	Standard ▾	Infinity	-		11.413

(a) 一般成像系统

(b) 物方远心成像系统

图 7-26 Zemax 物方远心设计方法

2) 像方远心设计

像方远心系统要求出瞳位于无穷远,等价于出射主光线平行于光轴。Zemax 提供了几种不同的方法实现。从第 3 章可知,对于出瞳位置的优化操作数有 EXPP,可设置为无穷远。具体操作中,Zemax 设计一般更倾向于不选择无穷远(大)作为操作数来约束设计,而选择其倒数为 0 来控制,如图 7-27(a)所示。上述操作数若和其他系统默认优化函数一起约束,则其权重应设置较大才能起作用。优化结果如图 7-27(b)所示。当然也可以利用RANG 操作数约束其主光线角度,同时控制其畸变量。

3) 设计实例

(1) 物方远心设计。设计指标:被测物为 45mm,工作距离为 300mm,前后景深大于

(a) 像方远心操作数   (b) 像方远心设计结果

图 7-27   Zemax 像方远心设计方法

8mm(设清晰成像的 SPT 半径允许为 $15\mu m$),系统总长小于 200mm,F/10,CCD 相机靶面尺寸为 1 英寸(1 英寸=2.54cm)。

1 英寸相机靶面的对角线为 16mm,可计算放大率为 -0.355。根据物方远心的特点,其镜头最大口径应略大于被测物轴向尺寸。以最大口径为 50mm,焦距为 135mm 的双高斯镜头作为初始结构,如图 7-28(a)所示。该镜头 F/5.4 可以通过后期光阑尺寸的修改来修正。首先将双高斯物镜的物方工作距离优化为 300mm。并将原先的视场角设置修改为物

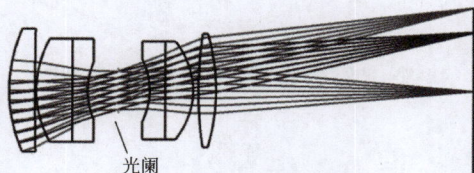

(a) 双高斯镜头初始结构与数据

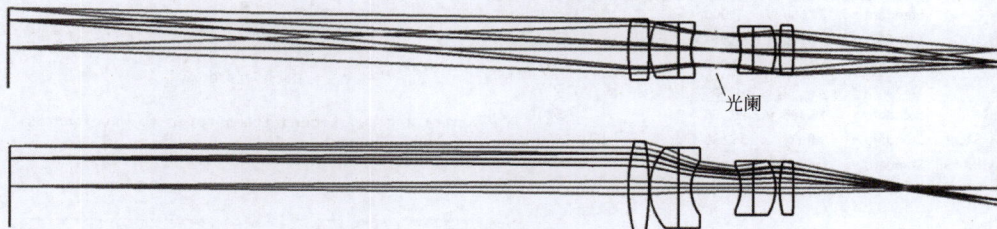

(b) 优化中间结构

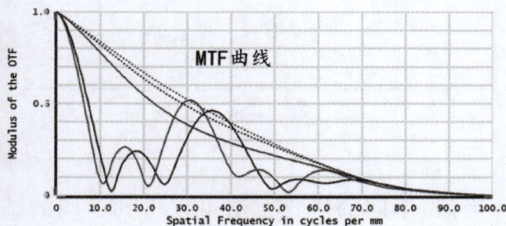

(c) 物方远心系统锥形结构与数据

图 7-28   基于双高斯镜头初始结构的物方远心系统优化雏形

高的设置,半视场为 22.5mm,结果如图 7-28(b)所示。进而选择"远心物空间"选项,使得物方入射主光线平行于光轴,并将光阑口径减小为 2～3mm,进行优化。结果如图 7-28(c)所示,可见原系统的光阑现已不起作用,可能的光阑位置将位于镜组最后一面和像面之间。此时系统 MTF 曲线比较糟糕,下一步是优化系统的成像质量。

为了优化 MTF,选择分裂光焦度,将原胶合透镜拆分增加自由度。控制成像距离小于 200mm,并利用操作数 PMAG 控制放大率为 -0.355,利用操作数 DIMX 控制畸变小于 0.1%。最后利用前述的物方远心设计中确定光阑位置的方法重新设置光阑,最终结果如图 7-29 所示,光阑位于透镜组最后一面后方 25.058mm 处,系统总长为 192.8mm,F/10,放大率为 -0.355。从 MTF 曲线中可以看出离轴视场的子午 MTF 曲线与弧矢 MTF 曲线分离较远,可见仍有部分像散,读者可继续进行优化。观察物距 300mm 和前后 4mm 的物面上各个视场的 SPT 半径,如图 7-30 所示,最大不超过 $15\mu m$,满足 8mm 景深要求。

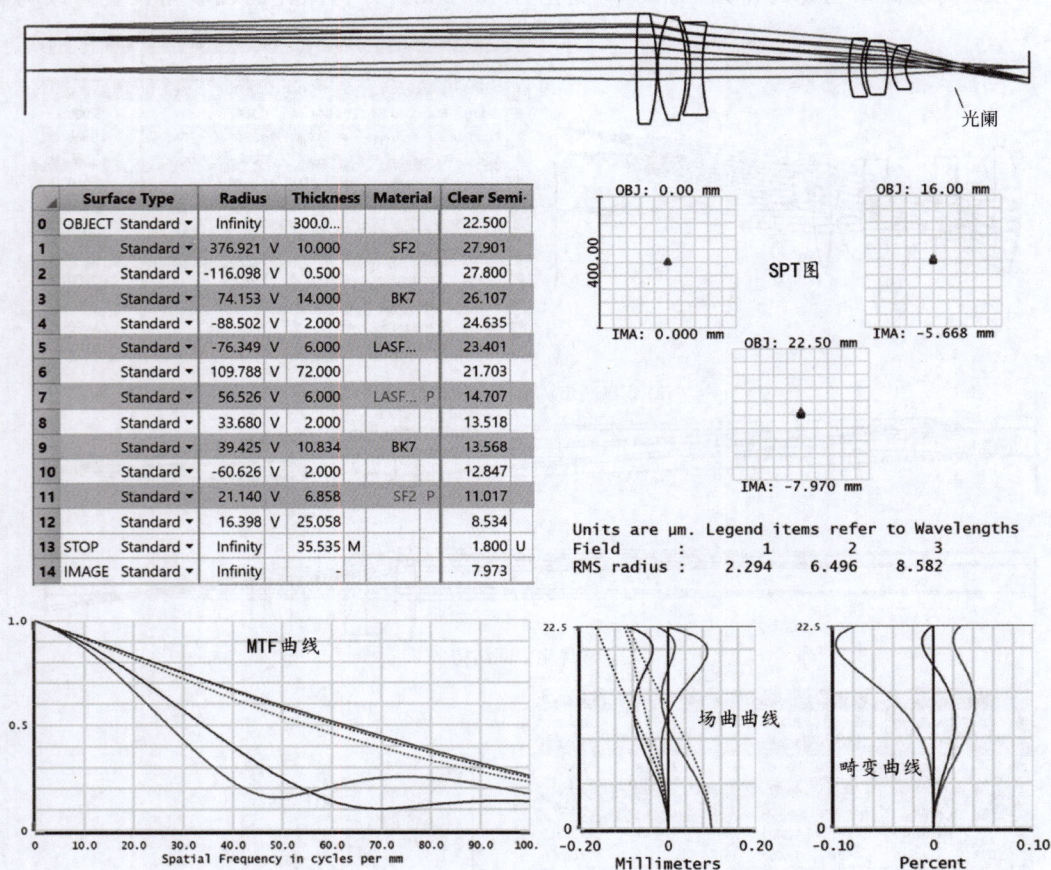

	Surface Type	Radius	Thickness	Material	Clear Semi-
0	OBJECT Standard ▾	Infinity	300.0...		22.500
1	Standard ▾	376.921 V	10.000	SF2	27.901
2	Standard ▾	-116.098 V	0.500		27.800
3	Standard ▾	74.153 V	14.000	BK7	26.107
4	Standard ▾	-88.502 V	2.000		24.635
5	Standard ▾	-76.349 V	6.000	LASF...	23.401
6	Standard ▾	109.788 V	72.000		21.703
7	Standard ▾	56.526 V	6.000	LASF... P	14.707
8	Standard ▾	33.680 V	2.000		13.518
9	Standard ▾	39.425 V	10.834	BK7	13.568
10	Standard ▾	-60.626 V	2.000		12.847
11	Standard ▾	21.140 V	6.858	SF2 P	11.017
12	Standard ▾	16.398 V	25.058		8.534
13	STOP Standard ▾	Infinity	35.535 M		1.800 U
14	IMAGE Standard ▾	Infinity	-		7.973

SPT图

OBJ: 0.00 mm   OBJ: 16.00 mm

400.00

IMA: 0.000 mm   OBJ: 22.50 mm   IMA: -5.668 mm

IMA: -7.970 mm

Units are µm. Legend items refer to Wavelengths
Field   :   1   2   3
RMS radius :   2.294   6.496   8.582

MTF曲线

Spatial Frequency in cycles per mm

场曲曲线

Millimeters

畸变曲线

Percent

图 7-29 物方远心系统优化结果

当然,不同的优化方法可以得到不同的结构,例如将双高斯结构原有的光阑位置保留在两组透镜之间,优化两组之间以及与光阑的间隔,可以设计出不同的物方远心结构,如图 7-31 所示。

(2)像方远心设计。图 7-32 给出了一个像方远心物镜设计实例:F/2,视场为 20°,$f=20$mm,畸变为 -0.16%。

(a) 300mm物距

(b) 296mm物距

(c) 304mm物距

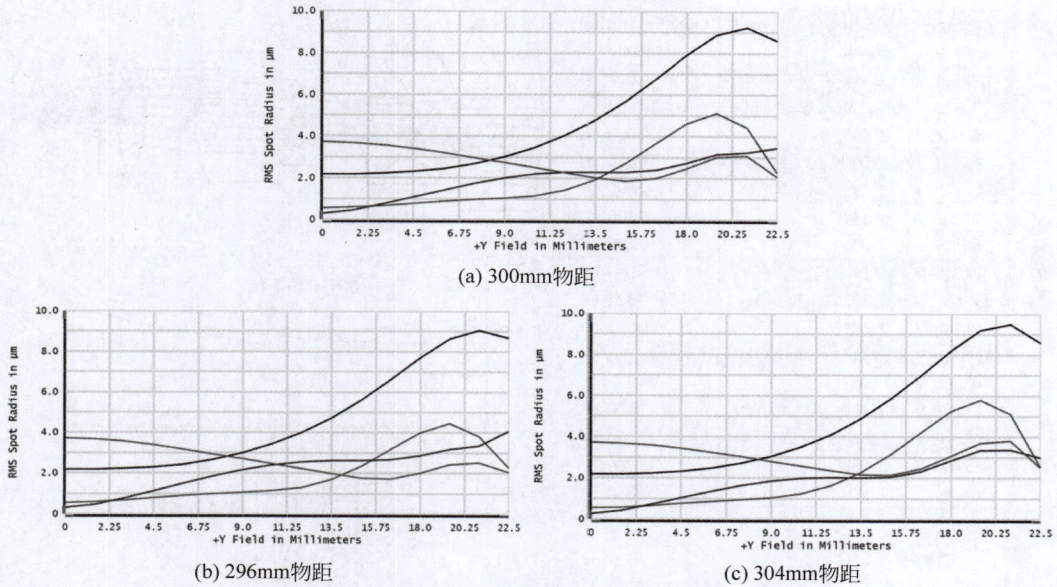

图 7-30　物方远心系统不同物距的各个视场的 SPT 半径

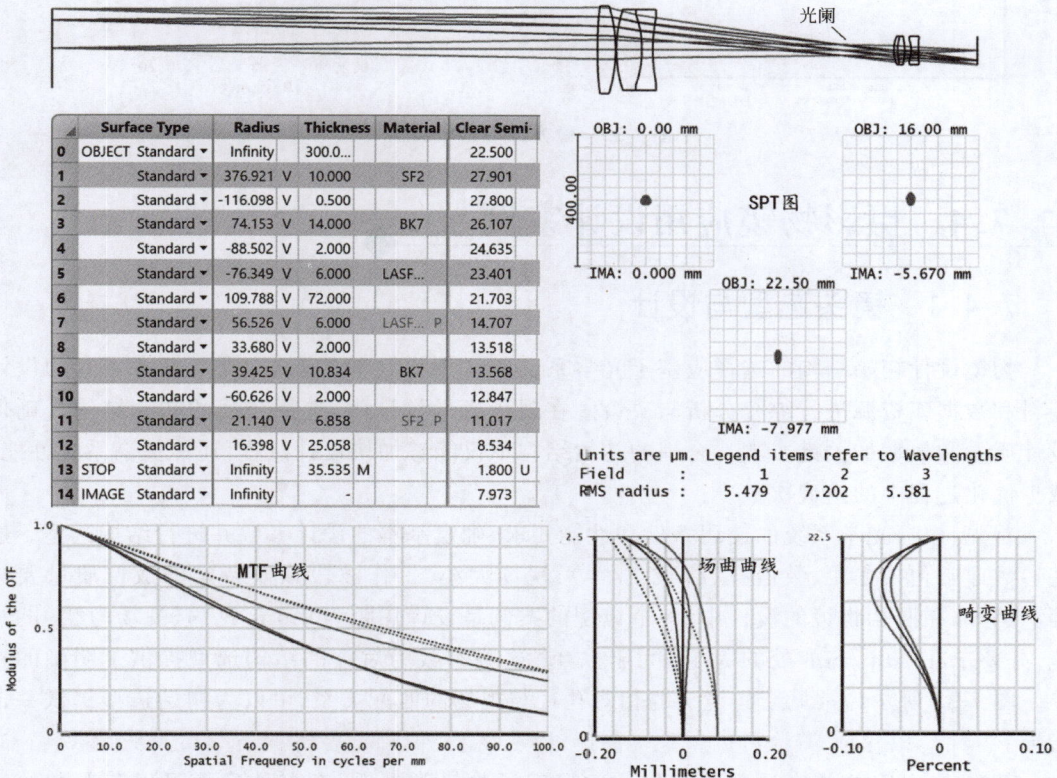

	Surface Type		Radius		Thickness		Material	Clear Semi-
0	OBJECT	Standard ▼	Infinity		300.0...			22.500
1		Standard ▼	376.921	V	10.000		SF2	27.901
2		Standard ▼	-116.098	V	0.500			27.800
3		Standard ▼	74.153	V	14.000		BK7	26.107
4		Standard ▼	-88.502	V	2.000			24.635
5		Standard ▼	-76.349	V	6.000		LASF...	23.401
6		Standard ▼	109.788	V	72.000			21.703
7		Standard ▼	56.526	V	6.000		LASF... P	14.707
8		Standard ▼	33.680	V	2.000			13.518
9		Standard ▼	39.425	V	10.834		BK7	13.568
10		Standard ▼	-60.626	V	2.000			12.847
11		Standard ▼	21.140	V	6.858		SF2 P	11.017
12		Standard ▼	16.398	V	25.058			8.534
13	STOP	Standard ▼	Infinity		35.535	M		1.800 U
14	IMAGE	Standard ▼	Infinity		-			7.973

Units are μm. Legend items refer to Wavelengths
Field : 1 2 3
RMS radius : 5.479 7.202 5.581

图 7-31　光阑位于两组镜头组中间的物方远心系统优化结果

系统数据

Radius	Thickness	Material	Clear Semi-Dia
Infinity	Infinity		Infinity
108.771 V	6.337	N-LAF21	21.000 U
25.318 V	12.000	N-BAF52	18.000 U
-87.927 V	0.400		20.000 U
24.212 V	10.000	SF4	15.000 U
14.498 V	5.095	N-BAF10	12.000 U
10.092 V	14.544		8.890 U
Infinity	0.800		5.486 U
-17.318 V	3.810	SF4	6.096 U
-236.059 V	8.285	N-SK16	10.922 U
-18.106 V	0.381		10.922 U
131.518 V	15.448	N-LAK12	14.732 U
-40.366 V	11.087		14.732 U
27.286 V	6.447	N-SK16	13.000 U
-34.874 V	3.810	SF4	13.000 U
745.456 V	19.050		13.000 U
Infinity	-		9.550 U

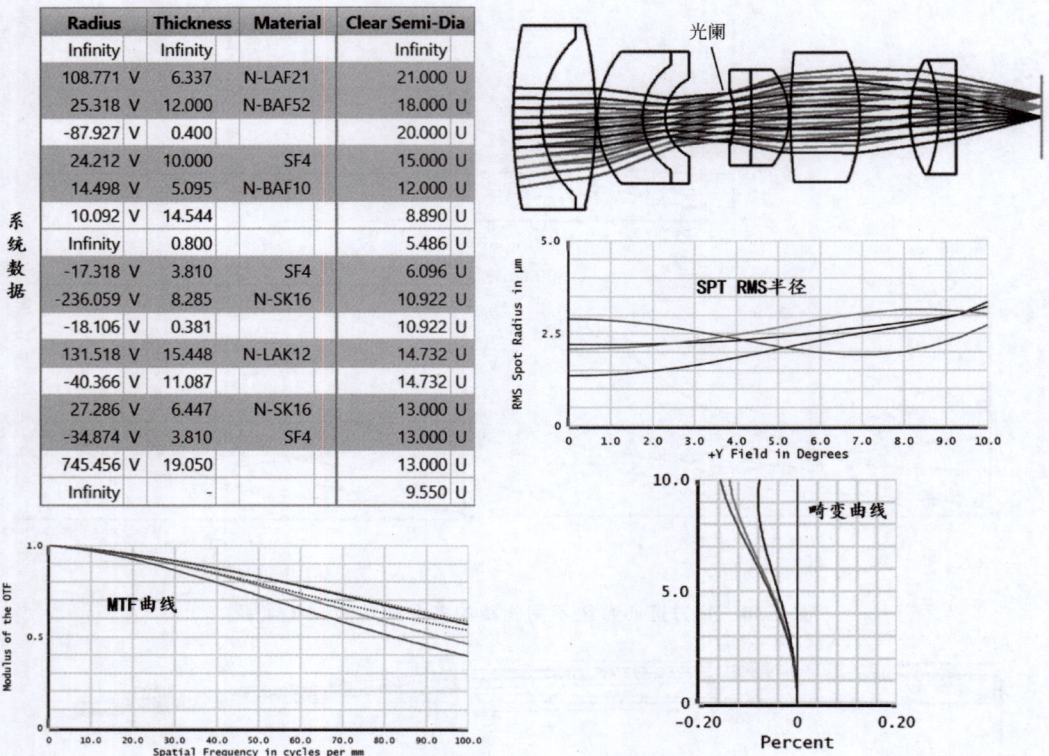

图 7-32　像方远心物镜实例

7.4　摄影物镜应用设计案例

7.4.1　镜头选型与设计

物镜设计初始结构的选择应基于光学系统的详细设计参数要求,同时参考现有的设计资料和数据库资源进行综合分析与决策。在现代光学设计中,选择合适的初始结构是确保设计质量和效率的关键步骤。合理的初始结构不仅能够加快设计过程,还能提高系统性能,减少优化过程中的迭代次数。

首先,根据光学系统的使用条件和性能要求,确定基本的设计参数并进行结构选型。这些参数通常包括焦距、数值孔径(或 F/♯)、视场大小、工作波段以及特定的成像质量要求等。例如,在照相物镜的设计中,一个典型的案例是设计焦距为 9mm、F/ 4、视场为 40°的物镜,并要求在 70lp/mm 处的 MTF 大于 0.3。这些参数为后续的结构选型提供了明确的指导。图 7-33 所示为常见结构镜头的相对孔径与视场的匹配关系,可以为初始选型提供一定指导。

其次,查找和选择合适的初始结构。确定了物镜类型后,有多种途径可以获取初始结构,如专利搜索、学术文献、专业软件的示例库以及镜头数据库等。利用 Zemax 软件自带的 Zebase 库、Code V 的专利管理功能或者通过 Google、Free Patents Online 等网站搜索相关专利都是常见方法。另外,还可以参考已有的学术论文和书籍。

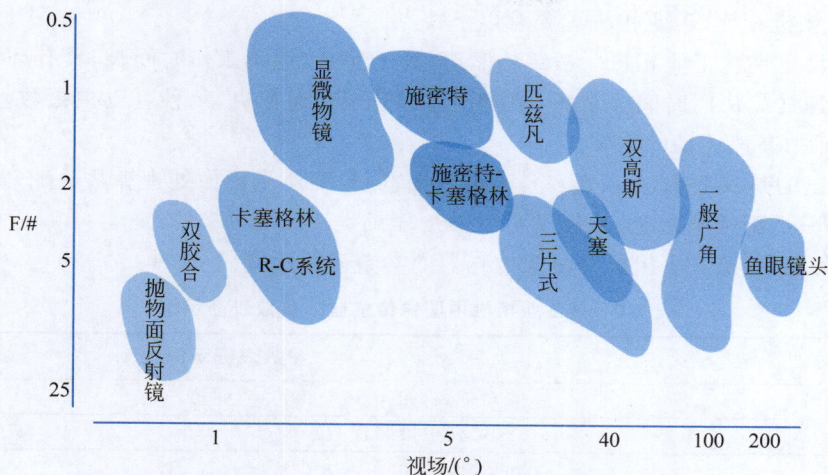

图 7-33　常见结构镜头的相对孔径与视场的匹配关系

　　再者,对选定的初始结构进行缩放和调整以符合具体的设计要求。这一步通常需要借助光学设计软件来完成。例如,在 Zemax 中可以通过 Scale Lens 功能来按照比例缩放镜头结构,使其焦距等参数满足设计要求。在具体操作中可能会遇到口径不合理或厚度出现负值等问题,这时需要进一步调整这些参数以满足制造和实际应用的要求。

　　最后,对初始结构进行性能评价和优化。这一步骤也是通过光学设计软件来实现的,例如查看点列图、MTF 曲线等,判断系统是否满足成像质量要求。若不满足,则需要反复进行参数优化,直至达到设计指标。在这个过程中,可能需要多次调整系统各表面曲率半径、透镜厚度、空气间隔以及玻璃材质等变量。

7.4.2　工业相机选型

　　工业相机是有别于普通民用相机的另一种相机,是对常用于工业环境或特殊环境的视觉传感器的统称。随着近年来机器视觉技术的发展,工业相机已经成为机器视觉系统中最关键的组件(见图 7-34)。选择与成像系统匹配的相机或者说设计与相机匹配的镜头,是机器视觉系统设计中的重要环节。工业相机的选择一般包括选择相关成像镜头和 CCD/CMOS 传感器两大部分。

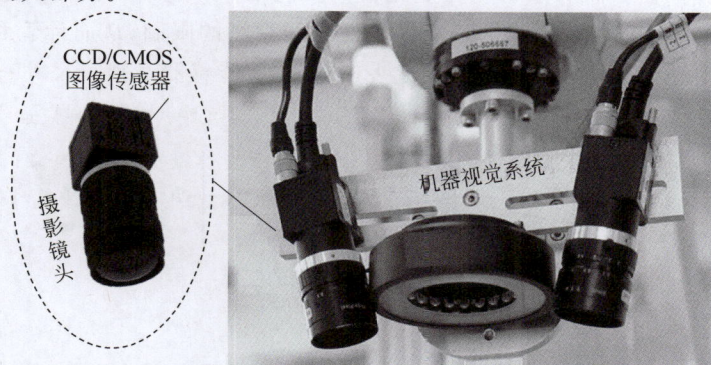

图 7-34　机器视觉系统中的工业相机

和普通相机相比,工业相机主要有以下特点。

(1) 高稳定性。工业相机一般结构紧凑,易于安装,连续工作时间长,具有环境稳定性。

(2) 高速性。快门时间非常短,帧率也远远高于普通相机,每秒可以拍摄数十幅到几千幅图片,可抓拍高速运动的物体。

(3) 输出的是裸数据(raw data),光谱范围宽,与高质量图像处理算法适配,普通相机成像光谱范围只适配人眼视觉,且经过了 mjpeg 压缩。

表 7-1 所示为某工业相机中图像传感器的参数表征示例。

表 7-1　某工业相机中图像传感器的参数表征示例

参　　　数	参数表征示例
分辨率	像素总数,如 4096×3000
帧率(fps)	32(每秒拍摄照片数)
像元尺寸	3.45μm(每个像素大小)
像素深度	8bit,10bit
数据接口	USB3/Gige/(数据传输接口)
镜头接口	C/CS(镜头与图像传感器的安装接口)
光谱	彩色/黑白
图像数据格式	Bayer RG8,Bayer RG10
信噪比	40.79dB
供电要求	5VDC
额定功率	< 3.5W @ 5VDC
工作温度/存储温度	0～+45℃/-20～+70℃
工作湿度	10%～80%
机械尺寸(W×H×L)	36mm×31mm×38.8mm
重量	66g

传感器参数与镜头参数在配合中需要注意以下几点。

1. 传感器靶面尺寸与镜头视场

工业相机有多种不同尺寸规格的传感器,感光面(靶面)长宽比通常是 4：3。传感器靶面通常可以作为视场光阑,以限制视场大小。镜头的像面视场需大于整个传感器靶面。值得注意的是,光学设计中的视场角 2ω 一般是旋转对称性的描述,在实际中一般以成像探测器的直径作为计算依据。而对于常见工业相机的探测器,由于其感光面是矩形的,如图 7-35 所示,因此常以矩形感光面对角线的长度作为像方线视场的限制,从而计算和选择适配镜头的视场角 2ω。如式(7-4)所示,其中 f 是镜头焦距,h 是传感器对角线尺寸。

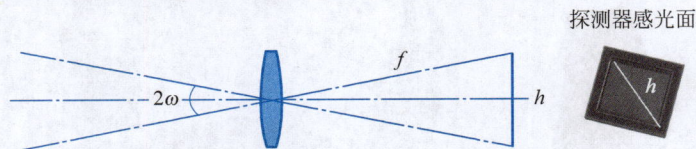

图 7-35　焦距与视场的关系

$$2\omega = 2\arctan(h/2f) \tag{7-4}$$

常见 CCD 相机的感光面(靶面)尺寸如表 7-2 所示。可以看出,1/3 英寸的摄像机可以用 1/3～1 英寸的所有镜头。例如,1/3 英寸 12mm 镜头与 2/3 英寸 12mm 镜头最终获得的视场角一样。后者的图像像素和成像质量有所提升,因为只取了镜头中心部分的图像,而这部分范围的图像因占据更多像素通常更加清晰。

表 7-2 常见 CCD 相机的感光面(靶面)尺寸

CCD 尺寸	水平/mm	垂直/mm	对角线/mm
1 英寸	12.7	9.6	16
2/3 英寸	8.8	6.6	11
1/2 英寸	6.4	4.8	8
1/3 英寸	4.8	3.6	6
1/4 英寸	3.6	2.4	4

2. 像素数与镜头 MTF

一般来说,相机传感器的成像质量要和镜头的成像质量相匹配,否则镜头分辨率再高,传感器的分辨率上不去,其整体分辨率也是由二者当中的较低者决定的。一般在对工业相机与镜头进行选型时,在分辨率匹配方面,为了方便记忆镜头与相机的匹配关系,人们常采用对应相机的分辨率来命名镜头,如 200 万像素分辨率相机对应 200 万像素镜头。这种命名方式其实并不科学,科学的方式应当是匹配二者的空间分辨率。镜头的分辨率应当是由传递函数 MTF 对应的截止频率确定。相机传感器上每毫米像素数 $2m$ 对应镜头的空间分辨率 $m\,\mathrm{lp/mm}$,即

$$m = \frac{1(\mathrm{mm})}{2u(\mathrm{mm})} \tag{7-5}$$

式中,u 为像素尺寸。假设要求相机的整体静态 MTF 在全视场内大于 0.15,则意味着镜头的 MTF 曲线在 $m\,\mathrm{lp/mm}$ 处要大于 0.15。例如,像素大小为 $4.5\mu\mathrm{m}$,则镜头 MTF 在 112lp/mm 处应大于 0.15。

3. 传感器与物镜机械接口

CS 接口的镜头后法兰距(镜头接口处到传感器靶面之间的距离)为 12.5mm,C 接口的后法兰距为 17.5mm。CS 接口的镜头只能匹配 CS 接口的摄像机,但是 C 接口的镜头除了可以匹配 C 接口的镜头外还可通过加一个 5mm 的 C 转 CS 接圈来匹配 CS 接口的相机。

7.4.3 交通监控镜头设计案例

设计一种用于交通监控系统的宽波段光学成像镜头,监控 4m 宽车道的车辆,拍摄距离约为 15～25m。并且可以实现全天候车辆牌照监控,即能在白天、黑夜乃至能见度不佳的天气中实现对车牌的清晰识别。现有 1/2 英寸的 CCD 相机(宽 6.324mm,高 4.762mm),共有 1300×1024 个像素。

(1) 工作波段:可见光成像 400～700nm,同时利用红外光"大气窗口"可在黑暗中或能见度不佳的环境中成像,波段 700～1000nm 即可。综合成像波段为 400～1000nm。

(2) 焦距:由于道路水平宽度为 4m,CCD 靶面上成像水平宽度为 6.324mm,物距最近为 15m。根据成像公式可得 $f' = 6.324\mathrm{mm} \times 15\mathrm{m}/4\mathrm{m} \approx 24\mathrm{mm}$。

(3) 视场:CCD 相机靶面对角线 $h = 8\mathrm{mm}$,视场角为 $2\omega = 2\arctan(h/2f) = 2\arctan(8\mathrm{mm}/2 \cdot 24\mathrm{mm}) = 19°$。

视频讲解

（4）F/♯：成像系统的像面分辨率必须小于 CCD 像素尺寸。由于本文采用的是 1/2 英寸，像元尺寸为 4.762mm/1024＝4.65μm。成像物镜最小分辨角为 $\varphi=\sigma/f'=1.22\lambda/D$，因此像面分辨率为 $\sigma=1.22\lambda(f'/D)=1.22\lambda(F/♯)<4.65\mu m$，取 $\lambda=400\sim1000$nm，得 F/♯＜3.8。

（5）MTF：要想使设计的镜头与该 CCD 相匹配，根据公式（7-5）可得

$$m=\frac{1}{2u(\text{mm})}\text{lp/mm}=\frac{1}{2\times4.65\times10^{-3}(\text{mm})}\text{lp/mm}=107.5\text{lp/mm}$$

即该镜头的分辨率必须达到 107.5lp/mm。

（6）我国标准民用车牌总长度为 440mm，高度为 140mm。单字符的宽度为 45mm，整个车牌区域字符长度为 409mm，字符的高度为 90mm，第二和第三个字符之间的距离为 34mm，其他每两个字符之间的距离为 12mm。每个字符仅占画幅的 45mm/4m＝1.1%，约 15 个像素。为了能够正确辨别出图像内的字符，其变形量根据经验畸变应小于 0.1%。

基于以上背景，设计一款简易的交通监控镜头，具体指标如下。

（1）工作波段：400～1000nm。

（2）焦距 24mm。

（3）全视场：19°。

（4）F/♯＜3.8。

（5）MTF 曲线截止频率大于 107.5lp/mm。

（6）光学畸变：小于或等于 0.1%。

根据 F/♯ 和视场，可考虑三片式库克结构、天塞物镜结构、双高斯物镜结构。图 7-7 所示的天塞物镜设计实例，其视场为 20°，F/4.5，焦距为 100mm，畸变小于 0.1%，部分参数符合要求，但焦距和波长不符合。因此，根据设计指标焦距 24mm 对上述天塞物镜进行结构缩放。

首先，将波段拓宽至 400～1000nm，视场可保持不变，原结构 F/4.5 与设计指标 F/♯＜3.8 相差不多，也保留该参数，因此同比缩放 f'/D，原先的 $f'=100$mm 将被缩小约 1/4 至 24mm，但该缩小应由总体结构优化完成。因此选择先将控制通光孔径的光阑口径缩小 1/4。进而在优化函数中利用 EFFL 操作数逐步缩小焦距至 24mm（多数情况下不可一蹴而就，应循序渐进地优化）。优化变量为系统透镜的曲率半径和相关透镜组之间的间隔，并将像面距离设置为 Marginal ray Height＝0，让其随优化改变。优化结果如图 7-36 所示，可见此时 F/3.6，$f'=24$mm，MTF 曲线截止频率大于 107.5lp/mm，但畸变约为 0.6%，未达到设计要求。

此时，上述镜头结构中透镜厚度较大，因此可适当降低透镜厚度，同时不断优化修正。过程中要保持 F/♯ 满足要求，可能需要修正光阑口径，并在优化函数中添加 DIMX 操作数控制畸变小于 0.1%。设计结果如图 7-37 所示，F/3.75，畸变已经降至 0.1%以下，MTF 曲线依然满足要求，焦距为 24mm，各项指标基本达标。虽然如此，各个视场的弧矢 MTF 曲线和子午 MTF 曲线差别较大，因此可以适当添加相关优化操作数控制各个视场的 MTF 在不同频率处的表现，此处不再赘述。

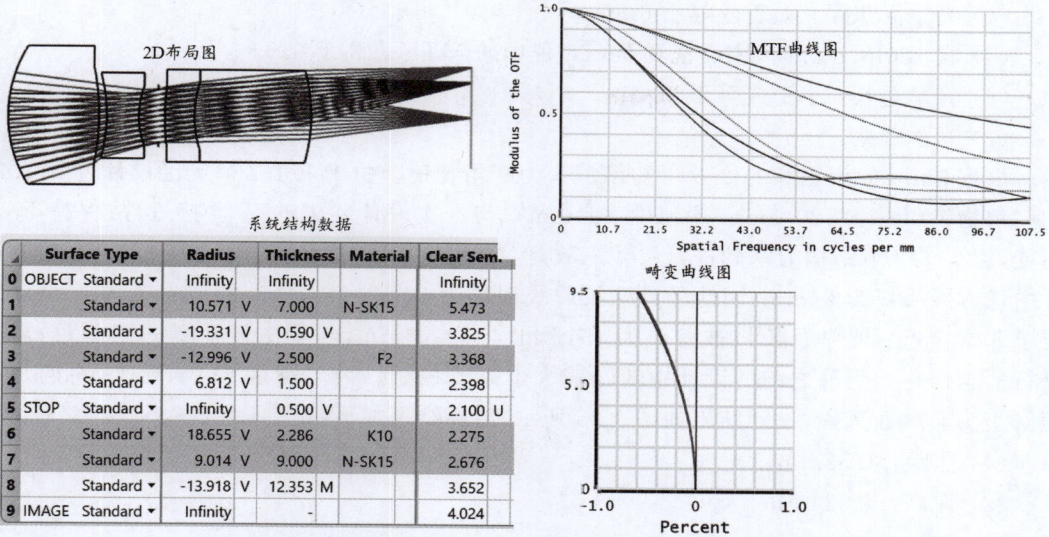

图 7-36 交通监控系统的宽波段光学成像镜头过程性结构

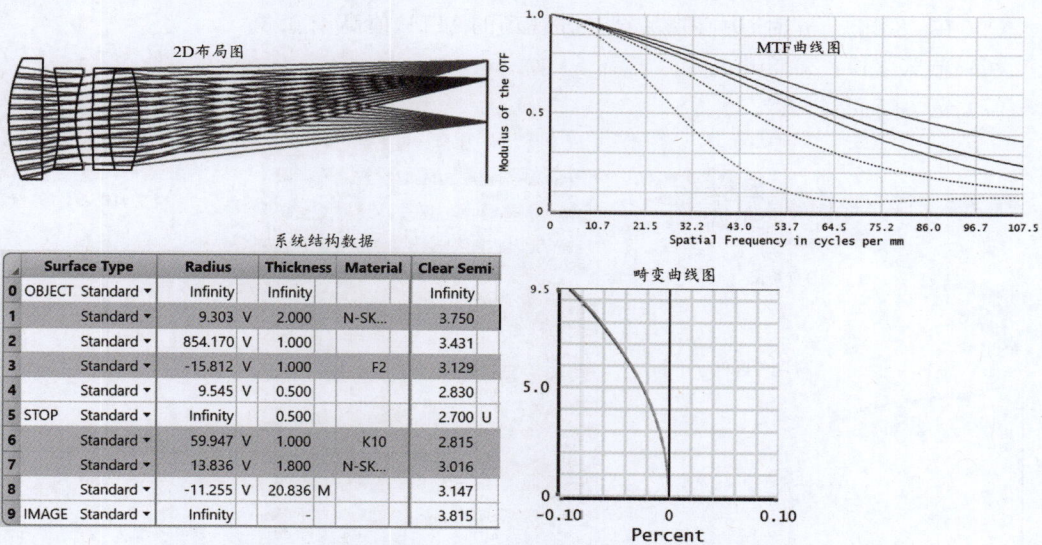

图 7-37 交通监控系统的宽波段光学成像镜头优化结果

7.4.4 线上会议镜头设计案例

线上办公、教学、开会逐渐成为主流,大大提高了人们工作的效率。这对线上会议镜头提出了更加严格的要求,微型化、高清、广角、小畸变一直是线上会议镜头不断要努力的方向。

基于以上背景,设计一款简易的线上会议镜头,具体指标如下。

(1)焦距:小于 5mm。

(2)选用工业相机靶面尺寸:1/3 英寸(宽 4.8mm×高 3.6mm,对角线为 6mm)。

(3)F/(2.5±5%)。

（4）光学后焦距：大于或等于 6mm。

（5）在 180lp/mm 时，中心视场至 0.8 视场的 MTF 值高于 0.3。

（6）光学总长：小于或等于 30mm。

（7）光学畸变：−5%～1%。

根据 5mm 的焦距和 F/2.5 可知该镜头为广角物镜。由于 7.4.3 节已经设计过 F/2.27 的广角物镜（焦距为 20.5mm，总长为 191mm），与本次设计要求的 F/♯ 接近，故保持 F/♯ 不变，以 7.4.3 节结构为基础进行尺寸缩放，焦距缩放比例 20.5mm/5mm＝4.1。之前的设计中像方线视场为 24mm，因此经过缩放后线视场为 24mm/4.1＝5.85mm，与本次设计的要求非常接近。光学总长将被缩放为 191mm/4.1＝46mm，与本次设计有一定差距，需要进行适当修正。另外之前的设计中畸变较大也需要控制。为了满足 MTF 要求，将两片透镜修正为非球面透镜，设计结果如图 7-38 所示，指标结果如下。

（1）焦距：4.52mm。

（2）像高：6.034mm。

（3）F/2.5。

（4）光学后焦距：7.47mm。

（5）在 180lp/mm 时，中心视场至 0.8 视场的 MTF 值高于 0.3。

（6）光学总长：28.8mm。

（7）光学畸变：−5%。

系统结构数据

Radius	Thickness	Material	Clear Semi-Dia	Conic
Infinity	Infinity		Infinity	0.000
5.754	0.948	N-SK4	4.878	0.083
3.641	1.888		3.784	-0.177
6.351	2.685	SF1	3.719	0.000
-559.570	1.003	N-SK4	2.880	0.000
2.841	1.407		1.839	0.000
-12.729	2.687	SF1	1.542	0.000
-207.804	2.308	N-SK4	1.248	0.000
-6.477	0.912		1.641	0.000
Infinity	0.500		1.500 U	0.000
-7.002	0.612		2.209	0.478
-4.655			2.361	-0.931
31.801	0.939	N-SK4	2.606	0.000
-4.867	0.200		2.618	0.000
14.813	2.069		2.867	0.000
-62.826	0.500	SF1	3.847	0.000
-34.282	1.000	N-SK4	3.977	0.000
-7.271	0.471		3.991	0.000
49.769	1.283	N-SK4	4.335	0.000
-10.546	7.473		4.348	0.000
Infinity	-		3.017	0.000

2D布局图

MTF曲线图

畸变曲线图

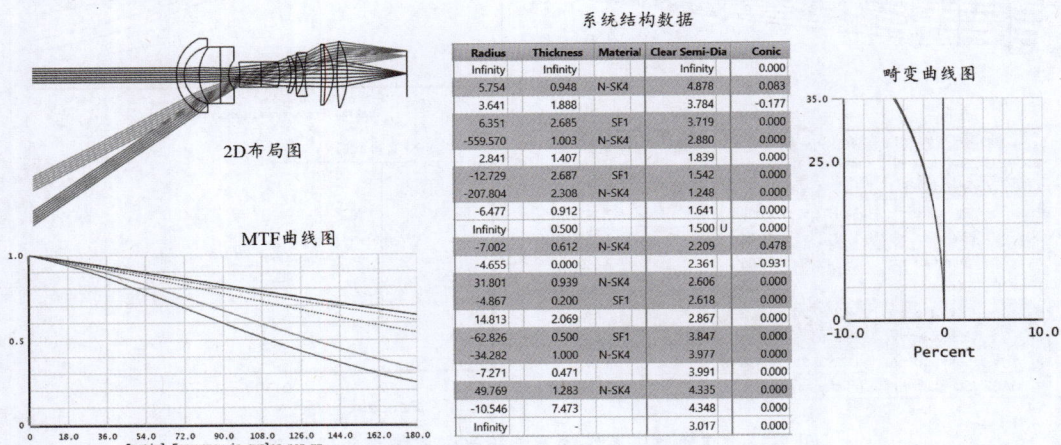

图 7-38　线上会议镜头设计案例

📝 拓展阅读

从水下成像谈到海洋强国

光学成像是潜水器探测水下目标最直观有效的手段之一。然而水下自然光照弱，需主动照明成像。水分子和悬浮粒子对光的吸收和散射使得照明光迅速衰减，成像距离受限。当光强衰减到初始光强的 $1/e(37\%)$ 时，光所经过的距离定义为衰减长度。常规成像系统利用连续宽谱光源照明，在物距两倍于衰减长度内成像相对清晰。清澈水域的成像距离可达 20～30m，浑浊水域可能不足 1m。使用激光作为照明光源可以将成像距离增大到超过三倍衰减长度,更有利于水下作业的开展。出于保密原因,各国在水下成像的技术并未大面积披露细节。目前,国外已经推出了多款水下激光成像系统,这些系统主要应用于海下摄像和探测等领域。它们可以被安装在船只和舰艇的底部,用于捕捉水下的二维图像。此外,一些国外研发的具有快速旋转特性的棱镜控制激光技术系统已经在军用潜艇上得到了应用。

我国是个海洋大国,拥有1.8万公里大陆海岸线,曾拥有世界上最庞大、最先进的海上舰队,对世界文明产生了深刻影响。但自郑和第七次下西洋后,进入了漫长的海禁锁国时期。在18世纪工业革命的浪潮中,西方国家纷纷强化其海上力量,而我国却长期陷入有海无防、有海无权的困境。这一落后状态与近代史上我国的衰败和屈辱紧密相连。据统计,从1840年至1949年新中国成立的百年间,日、美、英、法等国军舰竟入侵我国沿海地区达470余次。

新中国成立后我国的海洋之路发展筚路蓝缕。在刘公岛铁码头的不远处竖立着一块石头,上面写着:"记下来,1950年3月17日,海军司令员萧劲光乘渔船视察刘公岛"。1950年3月,新上任的海军司令员萧劲光到刘公岛进行设防考察,随行人员向当地渔民租了一条小船。途中,渔民得知借船的是海军司令员,笑言道:"海军司令还要租我的渔船?"萧对随行人员说了这样一句话:"记下来,1950年3月17日,海军司令员萧乘渔船视察刘公岛!"。若未能充分认识并重视海洋这一新的生存与发展空间、资源开发基地以及重要的战略安全方向,我们必将在新一轮的竞争中落后。随着时间的推移,我国在海洋科技上逐渐取得了突破。尤其党的十八大以来,深入实施科技兴海战略,做大做强海洋经济,海工装备、海洋电力等新兴产业不断取得突破。尤其是在深海领域,"蛟龙"号、"深海勇士"号、"奋斗者"号等深载人潜水器不断涌现,不断刷新人类纪录。现已可在万米海底连续作业数小时,标志着我国载人深潜的技术已具有世界领先地位。

习题

1. 设计一套以松纳物镜结构为雏形的镜头。

(1) 要求视场为40°,F/6,焦距为50mm,畸变小于2%;

(2) 利用Zemax缩放功能,将上述设计结构改为焦距为20mm的结构。

2. 以图7-11所示双高斯案例为初始结构,设计焦距为50mm,全视场为40°,F/5的摄影物镜。

3. 以反摄远物镜基本结构为初始结构设计一款摄影物镜,并不断将其各部分变形分裂,体会如何逐渐增加其视场角。

4. 设计一款监控镜头,配合1英寸的CCD相机监控10m宽车道的车辆行驶状态,拍摄距离约为40m。

第8章 投影物镜与光刻投影物镜设计

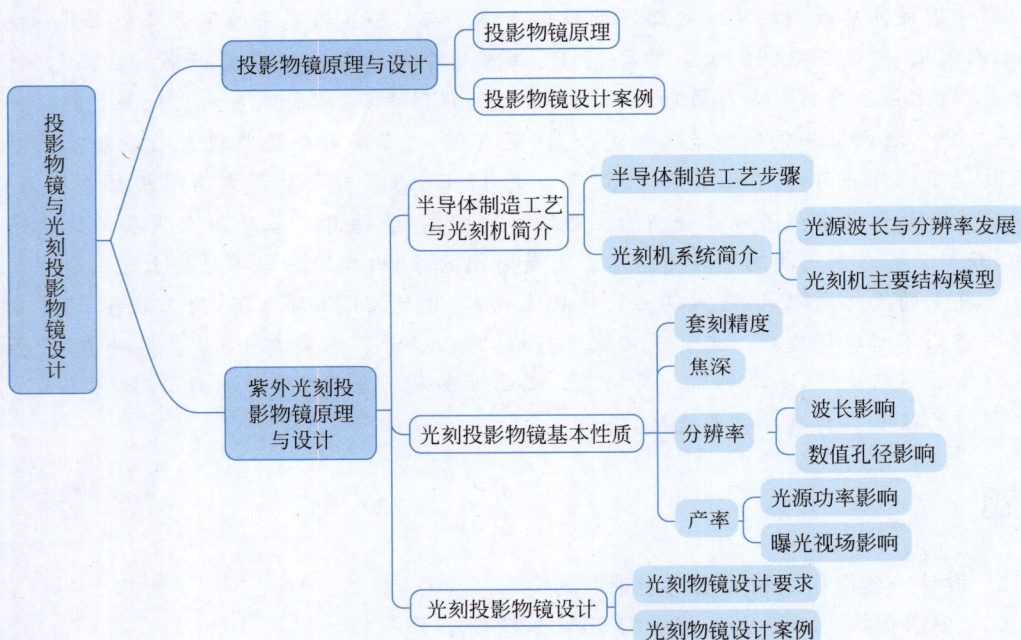

【知识目标】
◆ 了解投影物镜的原理与设计特点。
◆ 了解光刻投影物镜原理与光刻机基本结构。
◆ 掌握光刻投影物镜的指标参数。
◆ 掌握光刻投影物镜设计要求。

【技能目标】
◆ 能够利用 Zemax 实现一般投影物镜的设计优化。
◆ 能够利用 Zemax 实现光刻投影物镜的优化。

最早的投影技术可以追溯到中国汉朝的皮影戏,它运用了针孔成像的原理,这种艺术形式后来被称为"中国影灯",并成为幻灯机和投影机的灵感来源。19 世纪末,以幻灯片形式存在的投影技术使用光源和透镜将图像投射到屏幕上,该技术在教育和商业演示中被广泛应用。20 世纪 80 年代末期到 21 世纪初,以数字光处理器(Digital Light Processing,DLP)

技术为首的数字化投影机开始出现,随着投影技术逐渐成熟,各类投影仪器开始逐渐进入商业展示和家庭娱乐。21世纪的投影技术迎来了数字化和智能化的时代,除了更丰富的影音服务和无线技术外,现代投影技术还在不断突破传统的平面投影形式,开始出现全息投影、交互式投影等多种新型投影方式,并开始与虚拟现实(Virtual Reality,VR)和增强现实(Augmented Reality,AR)技术融合。投影系统的发展历程反映了人类对光与影像技术的探索和应用,从最早的皮影戏到现代的高清智能投影,每一步都体现了科技的进步和创新精神。其中,投影物镜作为图像远程投射的关键器件,也在分辨率、对比度、材料和涂层技术上不断提升。投影物镜除了在传统的投影仪器领域的应用外,还是光刻机领域的核心部件,用于将掩模版上的图形精确地投影到硅片上。这种高精度的投影物镜具有极高的分辨率和精度,是制造集成电路等微纳器件的重要工具,其设计与制造更是代表了当代精密光学与机械的最高水平。本章介绍投影物镜设计的相关知识。

8.1 投影物镜原理与设计

8.1.1 投影物镜原理

如图 8-1 所示,传统投影仪一般包含照明系统、图像显示芯片和投影物镜等几个重要组成部分。照明系统一般包含光源、光束整形镜头以及色轮,其作用是把光源整形分色并照射到图像显示芯片。投影仪照明光源的功率一般较大,否则白天日照情况下看不清投影画面。光源的选择会影响到投影仪的亮度、色彩表现和使用寿命,现代投影仪通常使用高压汞灯、LED 或激光作为光源。其中色轮主要用于单通道光源的投影机中,例如采用 DLP 技术的投影机,通常由数个透明或半透明的色段组成,每个色段负责产生一种基本颜色(红、绿、蓝等)。当光源发出的白光照射到高速旋转的色轮上时,通过不同色段的滤光作用,光线被分离成不同颜色的分量。这些颜色分量投射到图像显示芯片上(如 LCD、DLP 或 LCoS 等),最终合成为全彩图像。然而,由于色轮的物理旋转,可能导致噪声和机械磨损的问题,这也促使了激光投影技术的发展。激光投影机直接使用红、绿、蓝三种颜色的激光光源,无须通过色轮进行色彩分离,因此在色彩的准确性和真实性上更为突出。图像显示芯片上的全彩图像再经过投影物镜进行放大和投射。

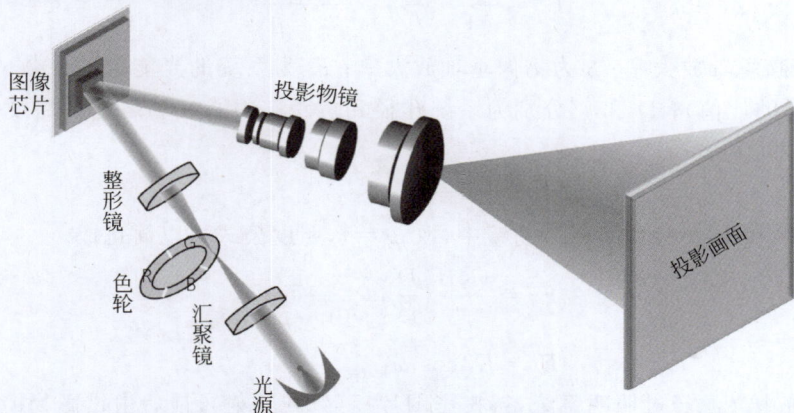

图 8-1 投影物镜工作原理

　　传统投影物镜的作用是将光源照明的物体成像在大屏幕上,从而得到一幅放大的图像,现实生活中随处可见的商用和家用投影仪便是这种原理。因此,投影物镜的作用相当于倒置的摄影物镜,即摄影物镜缩小成像,而投影物镜放大成像。不同的是,由于光源的存在,投影物镜必须能经受较高的功率密度的光源照射,对镜头镀膜层和胶合透镜组的胶合材料要求较高。当然,并不是所有投影物镜都成放大像,光刻机中的投影物镜恰恰和摄影物镜类似,呈缩小像,被投影物镜投射的图像照射到光刻胶上,引起光化学反应,从而实现掩模图形的精确转移,其精度较高,且只针对单一波长。投影物镜的重要参数计算可以参考摄影物镜,具体如下。

1. 共轭距、焦距和放大率

　　设投影物体到屏幕间的共轭距为 L,物镜的垂轴放大率为 $\beta = y'/y$,即屏幕尺寸与被投影图像尺寸之比,则物镜的焦距与二者间有如下关系:

$$f' = \frac{\beta}{(\beta - 1)^2} L \tag{8-1}$$

由此可见,共轭距与焦距成正比,当 β 一定时,共轭距越大,f' 越大。

2. 视场

　　投影物镜的焦距决定了其视场的大小。短焦距的投影物镜通常具有更宽的视场,适用于需要大范围成像的应用,如大幅面投影仪。长焦距的投影物镜则提供较小的视场,但能够提供更高的成像精度和分辨率,适用于精密制造和其他需要高精度成像的场合,如某些类型的光刻机。另外,投影物镜的视场要求高度平坦,以避免图案传递过程中的不均匀性。其视场角 ω' 应满足

$$\tan\omega' = \frac{y'}{l'} = \frac{\beta y}{f'(1 - \beta)} \tag{8-2}$$

3. 相对孔径

　　由于投影物镜像距很远,所以投影物镜的成像关系可以看成是倒置的照相物镜。在照相物镜中,像面中心的照度与物镜的相对孔径有关,与被拍摄的物体的亮度 B 有关,根据光照度公式有

$$E'_0 = \frac{\pi K B}{4} \left(\frac{D}{f'}\right)^2 \frac{\beta_c^2}{(\beta_c - \beta)^2} \tag{8-3}$$

式中,β_c 为光瞳垂轴放大率;β 为物像垂轴放大率;K 为系统的光能通过系数(出射光能量和入射光能量的比值);D 和 f' 分别为系统孔径和焦距。中心视场之外的照度与其视场角的大小有关,即

$$E' = E'_0 \cos^4\omega' \tag{8-4}$$

把式(8-3)和式(8-4)用于投影物镜中,取 $\beta_c = 1$,照度公式可以简化成

$$E'_0 = \frac{\pi K B}{4} \left(\frac{D}{f'}\right)^2 \frac{1}{(1 - \beta)^2} \tag{8-5}$$

$$E' = E'_0 \cos^4\omega' \tag{8-6}$$

　　投影系统中光源经过照明系统,待投影图片反射(或透射),最后由投影物镜透射到屏幕上,整个系统的吸收反射损失较大,照度公式中的 K 值可能不超过 0.6,并且通常的投影仪

β 值较大,最终导致投影系统像面照度较低。因此为了满足像面照度的要求,投影物镜相对孔径一般较大。同时,在投影仪中为保持轴外像点和轴上像点具有接近的光照度,轴外物点的孔径角与轴上物点的孔径角应尽量接近。对于投影系统其相对孔径应优先保证其像面照度要求:

$$\frac{D}{f'} = \frac{2(1-\beta)}{\sqrt{\pi KB}} \sqrt{E'_0} \tag{8-7}$$

8.1.2 投影物镜设计案例

投影物镜由于像距较远,设计时一般针对无穷远进行逆向设计。由于投影物镜基本等同于逆向的摄影物镜,因此投影物镜的设计可以直接参考摄影物镜的设计过程,但需要注意远距离共轭距对像差的影响。例如,设计时若按照无限远共轭距设计,系统翻转后需针对特定成像距离范围矫正像差。

图 8-2 为一固定共轭距逆向设计的视场 $60°$ 投影物镜设计实例,其待投影画幅对角线为 60mm,要求 F/3.2,投影距离为 3m,幕布对角线为 3.5m。设计结果是根据 7.2.3 节图 7-20 给出的 $70°$ 广角物镜优化而来。图 8-2(a)为逆向设计结构,畸变矫正到 -1%。注意广角物镜的畸变一般较大,设计中应特别注意畸变矫正,该投影物镜的畸变已被矫正到 1% 以下。图 8-2(b)为正向投影结构。设计中无法计算绝对的光照度,只能分析相对光照度,边缘照度下降到中心照度 82% 左右,畸变为 1%。

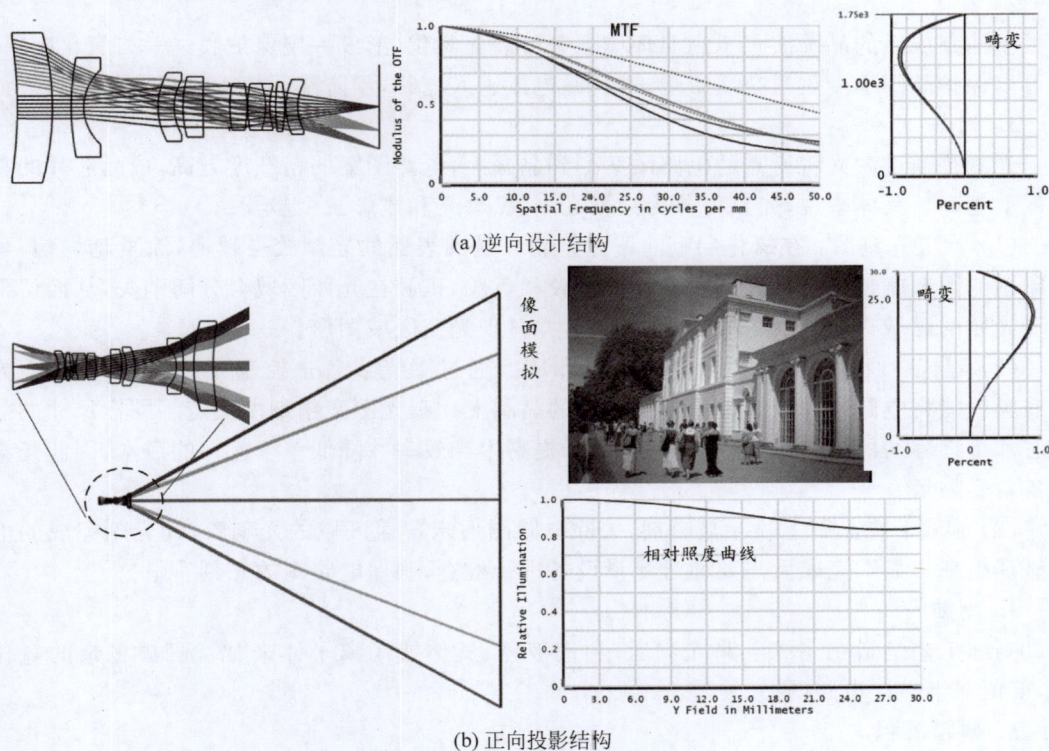

(a) 逆向设计结构

(b) 正向投影结构

图 8-2 视场 $60°$ 投影物镜设计实例

8.2　紫外光刻投影物镜原理与设计

8.2.1　半导体制造工艺与光刻机简介

所有的半导体制造工艺都是从自然界中的砂石开始的。虽然常见的元素半导体有硅、锗、硼、碲、碘、碳、磷、砷、硫、锑、锡等 12 种元素，但由于自然界中的砂石中就含有大量的硅元素，具有天然的价格优势，所以通常会使用硅砂提炼，制得多晶硅，并通过掺入杂质元素，进而改变其导电性能。通过这种方式，可以制作出具有不同电流电压特性的晶体管。将成万上亿只晶体管集成在一起便形成了常说的集成电路，之后经过设计、制造、封装、测试，使无数的集成电路集合成为一个可以立即使用的独立整体，这就是我们常说的芯片。除集成电路之外，半导体也应用于分立器件、光电子器件、传感器等产品。半导体的加工流程大致可以分为以下几步。

1. 晶圆加工

自然界中的硅砂中杂质和缺陷太多，需要进行提炼。提炼得到的一般是多晶硅，其中硅原子排列混乱，影响电子运动。利用长单晶的办法可以将多晶硅凝固成单晶固体，称为"锭"。再切掉锭的两端，将其切割成一定厚度的薄片，称为"裸片"。"裸片"直径决定了晶圆的尺寸，裸片的表面凹凸不平，需要经过研磨和化学刻蚀去除表面瑕疵，然后通过抛光清洗形成表面光洁的成品晶圆。

2. 氧化

清洁完成后的晶圆需置于高温环境下进行表面氧化，形成一层保护膜——二氧化硅层。它可以保护晶圆不受化学杂质影响，避免漏电流进入电路，预防离子植入过程中的扩散等。

3. 光刻

光刻是通过激光将所需的电路图案刻到晶圆上，电路图案的精细度越高，成品芯片的集成度就越高。具体来说，光刻可分为涂覆光刻胶、曝光和显影三个步骤。

（1）涂覆光刻胶：在氧化层上涂覆光刻胶。晶圆表面的光刻胶层越薄，涂覆越均匀，可以印刷的图形就越精细。光刻胶可分为正胶和负胶，正胶在光照区域会分解消失，从而留下未受光照的区域，而负胶在光照区域会聚合并显现光照区域图形。

（2）曝光：通过控制光照来完成电路印刷。通过曝光设备来控制光照图案，光照上方的掩膜就能将电路印制到下方涂有光刻胶的晶圆上。曝光图案精细度决定了同样尺寸的晶圆芯片最终容纳的电路单元数量，这有助于提高生产效率并降低单个元件的成本，因此光刻设备备受瞩目。

（3）显影：在晶圆上喷涂显影剂，去除电路图形未覆盖区域的光刻胶，让光刻完成的电路显现出来。显影完成后需要通过测量设备进行检查，确保电路图的光刻质量。

4. 刻蚀

刻蚀工艺是指在完成电路光刻后，利用液体、气体或等离子体来"清洗"掉多余的氧化膜，仅留下半导体电路图。

5. 薄膜沉积

要形成多层的半导体结构，需要先制造器件叠层，即在晶圆表面交替堆叠多层薄金属（导电）膜和介电（绝缘）膜，之后再通过重复刻蚀工艺去除多余部分，将包含所需分子或原子单元的薄膜放到晶圆上的过程就是"沉积"。

6. 互连

半导体的导电性处于导体与非导体(即绝缘体)之间,这种特性使工程师们能完全掌控电流。通过基于晶圆的光刻、刻蚀和沉积工艺可以构建出晶体管等元件,但还需要将它们连接起来才能实现电力与信号的发送与接收。

7. 测试

检验半导体芯片的质量是否达到标准,从而淘除不良产品,并提高芯片的可靠性。

8. 封装

经过之前几个工艺处理的晶圆上会形成大小相等的方形芯片(又称"单个晶片"),需要通过切割获得单独的芯片。刚切割下来的芯片很脆弱且不能交换电信号,需要单独进行处理。这一处理过程就是封装,包括在半导体芯片外部形成保护壳和让它们能够与外部交换电信号。整个封装制程分为五步,即晶圆锯切、单个晶片附着、互连、成型和封装测试。

上述工艺中,光刻机是集成电路晶圆制造工艺中最核心的设备,被誉为半导体制造业皇冠上的明珠。从光刻方式上大致可以分为直写式、接触/接近式、投影式。直写光刻机不需要物理掩膜,通过运动控制台或镜头扫描,使用激光或电子束直接描绘光刻胶图形,可以对设计图形进行快速修改。其缺点是效率较低,因此仅适合在科研实验室中使用。工业生产中普遍使用的是大面积曝光掩模的接触/接近式、投影式光刻方式。目前,全世界光刻机已经经历了五个代际发展,如表 8-1 所示。

表 8-1　五代光刻机发展

	光刻机类型	光源及波长	分　辨　率	制程精度
第一代(20 世纪 80 年代初期)	接触/接近式光刻机	g-line 汞灯光源:436nm	230nm	>5μm
第二代(20 世纪 90 年代初期)	接触/接近式光刻机	i-line 汞灯光源:365nm	220nm	350~500nm
第三代(20 世纪 90 年代后期)	扫描投影式光刻机	氟化氪(KrF)准分子深紫外光源:248nm,深紫外(Deep Ultra-Violet,DUV)	80nm	150~250nm
第四代(21 世纪 00 年代初期到中期)	步进式投影式光刻机	氟化氩(ArF)准分子激光源:193nm	65nm	65~130nm
	浸入步进式投影式光刻机		38nm	7~45nm
第五代(21 世纪 10 年代末期)	极紫外光刻机	准分子激光照射锡等靶材激发光:13.5n,极紫外(Extreme Ultra-Violet,EUV)	13nm	<7nm

图 8-3 所示为著名的光刻机制造商荷兰阿斯麦(Advanced Semiconductor Material Lithography,ASML)公司设计和制造的 EUV 光刻机设备简易原理图。其中投影物镜口径大于 400mm,透镜组分数量大于 15。

8.2.2　光刻投影物镜基本性质

作为光刻机的核心分系统,光刻投影物镜是用来将掩模图案复制到晶圆上的一套复杂

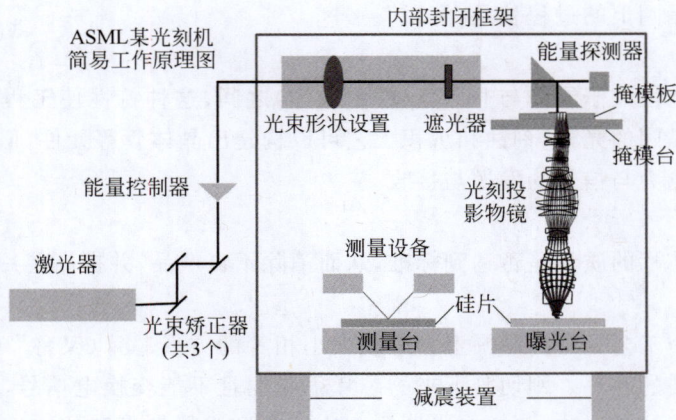

图 8-3　ASML 某光刻机简易原理图

的物镜系统。光刻投影物镜的发展历程与光学技术的进步紧密相连。从最初的简单透镜系统到现在的复杂多元件系统,光刻投影物镜的设计和制造技术不断突破,为半导体行业的发展提供了强大的支持。在光刻机中,投影物镜的性能直接影响最终产品的质量。因此,光刻投影物镜需要具备高分辨率、低畸变、高透过率和良好的抗反射性能。同时,由于光刻过程需要在纳米尺度上进行精确控制,投影物镜还需要具备极小的像差和热稳定性。如图 8-4所示为某数值孔径为 0.38 的像方远心光刻投影物镜,由图可见其结构复杂,加工装调和检测的难度都极高。光刻投影物镜性能直接影响光刻机的核心指标:套刻精度、焦深、分辨率、产率、良率等。

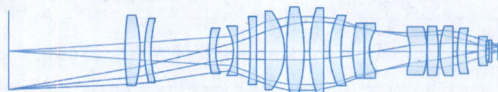

图 8-4　NA0.38 像方远心光刻投影物镜

1. 套刻精度

套刻精度指前后两道光刻工序之间彼此图形的对准精度。如果对准的偏差过大,就会直接影响产品的良率。光刻机套刻精度对光刻投影物镜畸变有着较高要求,因此投影物镜经常采用远心光路结构。

2. 焦深

光刻投影物镜的焦深特指硅片实际位置与理想曝光位置之间可容忍的最大偏移量,主要由光刻焦深工艺因子、工作波长和投影物镜的数值孔径决定。

3. 分辨率

光刻机的分辨率要求极高,要求整个视场范围内都要达到衍射极限,表征光刻物镜在硅片上曝光的最小关键尺寸(Critical Dimension,CD),单位为 nm。分辨率由工艺因子、工作波长和数值孔径三个参数决定:

$$CD = k\lambda/NA \tag{8-8}$$

式中,k 为分辨率工艺因子,无量纲,与照明条件、掩模和光刻工艺等因素有关;λ 为光刻机光源波长;NA 为数值孔径。为提高光刻机分辨率,可通过偏振照明、离轴照明、光学临近效应、多重曝光等光刻工艺技术不断减小工艺因子 k;将工作波长不断缩短,从可见光向紫外、深紫外发展；不断增大光刻投影物镜 NA，这也对光刻投影物镜波像差和畸变矫正提出了更高要求。

1）波长

为提高光刻机分辨率，光刻投影物镜使用的光源波长在不断缩短，从 436nm、365nm、248nm、193nm、逐渐缩短至如今的 13.5nm。其中 KrF(248nm) 和 ArF(193nm) 激光器是前期应用较为广泛的光源。光刻投影物镜工作波长从可见光到紫外，再到深紫外、极紫外，对光刻投影物镜光学材料选择提出了新要求。可见光波段可选光学材料众多，但紫外到深紫外波段的透射光学材料极少，而且还要做消色差配合。光学系统一般主要使用熔融石英和氟化钙搭配来消色差。由于光源线宽只有 pm 量级，无须矫正二级光谱。但是，鉴于氟化钙材料的硬脆特性，光学制造难度较大，只有在熔石英不能承受激光辐照强度时使用氟化钙，这就把消色差的任务交到了窄线宽光源手中。而极紫外波段只能采用反射式光学结构，这是由于极紫外光很容易被空气和其他气体吸收，要求其传播路径尽量为真空环境，因此传统的折射镜头系统不能用于 EUV 光刻，需要使用高度复杂的曲面反射镜，且采用反射式光学结构也不会引入色差。图 8-5 所示为 NA＝0.14 和 NA＝0.25 的反射式 EUV 光刻投影物镜光学结构示意图。

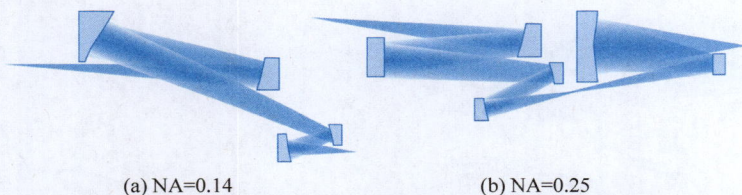

(a) NA=0.14　　　　　(b) NA=0.25

图 8-5　反射式 EUV 光刻投影物镜光学结构示意图

2）数值孔径

光刻投影物镜的数值孔径一般指的是像方数值孔径。为提高光刻机分辨率，光刻投影物镜的数值孔径不断增大，从最初像方数值孔径 0.16 增大至目前的 1.35。光刻投影物镜光学结构复杂度也在不断增加，从普通显微结构演变为肚腰结构，从折射式结构演变为折反混合式结构，从干式结构演变为浸液结构。如图 8-6(a) 和 (b) 所示的光刻投影物镜结构，即从折射式结构演变成了折反混合式结构。球面折射式光刻投影物镜的数值孔径一般在 0.7 以下，NA＞0.7 将超出光学制造能力。非球面元件的使用可以使数值孔径提升到 0.9 以上。和显微物镜一样，利用像方浸液提高折射率，可将数值孔径提升到 1.1。而浸液方式配合折反混合式物镜可以进一步提高数值孔径到 1.35。

极紫外光刻投影物镜局限于采用反射结构，虽然解决了色差问题和光学材料吸收等问题，但难以同时实现大数值孔径和大视场。为增加数值孔径，其使用的反射镜数目不断增多，如图 8-7 所示 NA＝0.7 的 8 镜反射系统中已不可避免地出现了光瞳遮拦。目前，8 镜和 10 镜设计主要用于学术研究和基础研究，ASML 公司推出了两款商业化的 EUV 光刻机，数值孔径也仅为 0.25 和 0.33。

4. 产率

产率是指光刻速度。12 英寸硅片曝光一般需 130～250 个/小时。提高光源功率和增大曝光视场可以提高光刻机产率。

(a) NA=0.75的折射式结构

(b) NA=1.2折反混合式结构

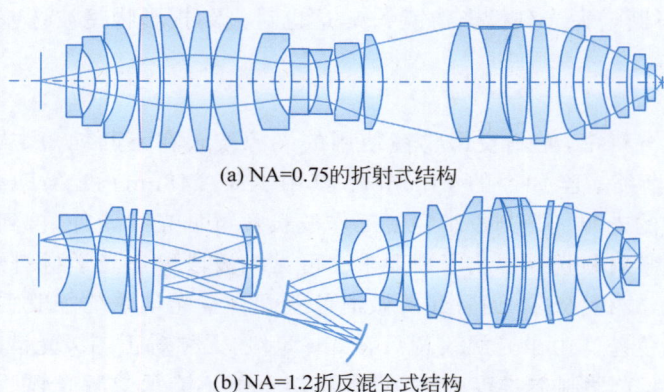

图 8-6　肚腰结构的物像双方远心光刻投影物镜

（1）**提高光源功率**。提高光刻机产率需要将投影光刻物镜像面照度提高，要求光源功率不断提高。图 8-8 所示为光源功率随最小关键尺寸节点变化曲线，最小关键尺寸 130nm 节点到 22nm 节点期间，光源功率由 40W 增大到 90W。

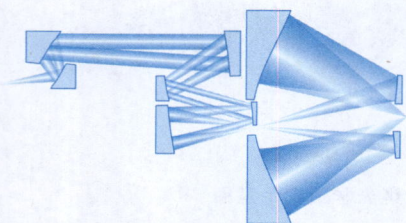

图 8-7　NA0.7 的极紫外 8 镜反射系统

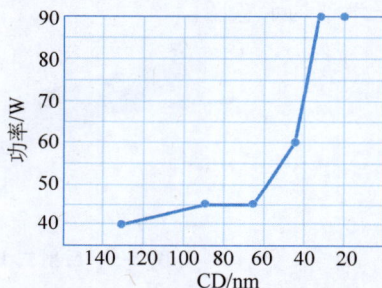

图 8-8　光源功率随最小关键尺寸节点变化曲线

（2）**增大曝光视场**。提高光刻机产率，要求光刻投影物镜具有较大的单曝光视场。光刻投影物镜单曝光视场一般为 26mm×10.5mm。可通过步进和扫描方式扩大视场，一般可增大到 26mm×33mm。折反混合式光学结构提升了光刻投影物镜的 NA，其单曝光视场一般降为 26mm×5.5mm 视场，转而通过提高曝光功率和扫描性能加以平衡。极紫外（EUV）光刻投影物镜由于是反射结构，单曝光视场一般较小，例如数值孔径为 0.33 的物镜单曝光视场为 26mm×2mm，为降低视场离轴量和光刻投影物镜设计难度，一般可根据数值孔径平衡视场。

8.2.3　光刻投影物镜设计

光刻投影物镜作为极小像差系统，其质量主要通过波像差来评估。为提升数值孔径，这些物镜采用了更多的光学元件及非球面设计，以增强设计自由度并优化波像差控制。在传统光学中，波像差的峰谷值（PV）和均方根值（RMS）是衡量系统性能的常用指标，如瑞利判据指出，当 PV 值小于四分之一波长或 RMS 值小于十四分之一波长时，可认为成像质量良好。然而，在高分辨率光刻技术中，这一标准已不适用，要求 RMS 值达到波长的百分之一级别。此外，不同类型的波像差对光刻过程的影响各异，因此除了整体 RMS 值外，还需针对特定波像差设定更严格的标准，这通常借助泽尼克多项式实现精确表征。尽管如此，追求最小波像差并非无上限,考虑到制造与装配误差,设计中会允许一定量的像差残留,以权衡成本与性能。除波像差外,畸变也是光刻投影物镜需严格控制的因素,特别是在 193nm 波长下,要求畸变控制在纳米级,以保证图形转移的精准度。

图 8-9 给出了一个用于深紫外光刻投影物镜的设计案例,使用的是 KrF 248nm 光源,相关技术指标为:放大率为 -0.25,物方数值孔径 $NA_o=0.2$,像方 $NA=0.8$。紫外投影光刻物镜的物距 $l=-5.425$mm,物高 $y=1.84$mm,物镜所用材料全部为熔融石英(Fused Silica)。相关设计结果如图 8-9 所示。三个归一化视场(0、0.707 以及 1)波像差分别为 0.0010λ,0.0044λ 和 0.0119λ,最大畸变为 18nm。

系统数据			
Radius	Thickness	Material	Clear Semi
Infinity	5.425		1.840
-16.016 V	1.519	F_SILICA	2.575 U
-7.228 V	0.043		2.764 U
8.201 V	3.688 V	F_SILICA	2.781 U
-25.886 V	0.025		2.451 U
8.933 V	0.356	F_SILICA	2.388 U
6.298 V	0.670		2.306 U
16.553 V	0.350	F_SILICA	2.216 U
4.527 V	1.580		2.106 U
-8.783 V	0.580	F_SILICA	2.125 U
42.945 V	1.680		2.214 U
-3.806 V	0.580	F_SILICA	2.358 U
36.160 V	0.460		2.902 U
-80.919 V	1.850	F_SILICA	3.096 U
-7.135 V	0.046		3.508 U
55.391 V	2.120	F_SILICA	3.895 U
-11.056 V	0.038		4.126 U
26.494 V	1.560	F_SILICA	4.241 U
-34.608 V	0.028		4.244 U
16.483 V	1.108	F_SILICA	4.205 U
151.615 V	0.029		4.130 U
9.428 V	1.144	F_SILICA	3.991 U
31.151 V	3.414		3.861 U
40.195 V	0.422		2.343
4.871 V	1.217		2.156
-28.745 V	0.555	F_SILICA	2.108
7.795 V	2.606		2.099
354.029 V	0.571	F_SILICA	2.475
37.426 V	0.000		3.080 U
Infinity	1.200		2.500 U
-5.364 V	1.118	F_SILICA	2.724 U
-8.182 V	0.070		3.227
-153.678 V	2.000	F_SILICA	4.188 U
-10.721 V	0.046		4.526 U
81.017 V	1.827	F_SILICA	4.829 U
-13.738 V	0.027		4.936 U
16.179 V	1.566	F_SILICA	4.973 U
-88.166 V	0.042		4.913 U
8.043 V	1.403	F_SILICA	4.615 U
14.408 V	0.040		4.422 U
5.307 V	3.800	F_SILICA	3.974 U
4.791 V	2.348		2.391 U
2.841 V	0.874	F_SILICA	1.290 U
4.337 V	0.854 U		0.929 U
Infinity	-		0.454 U

系统图

三个视场波像差

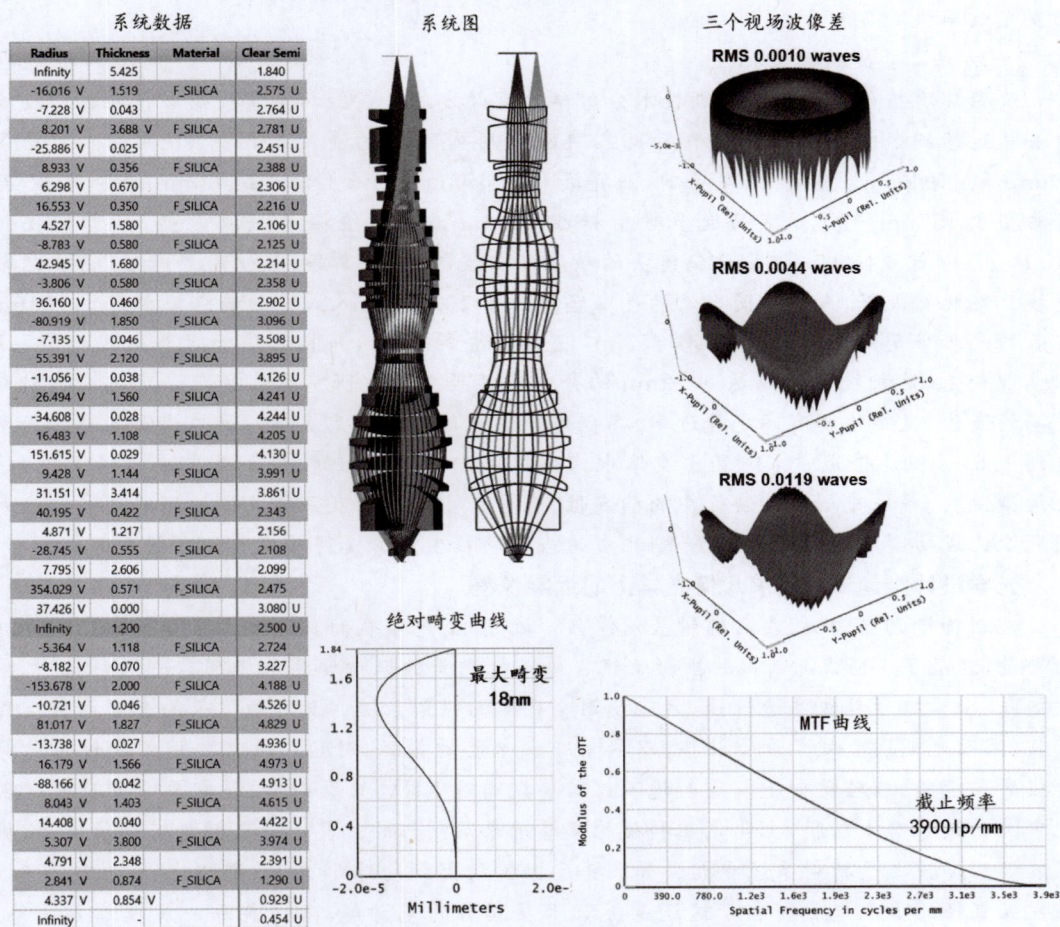

绝对畸变曲线

图 8-9　深紫外光刻投影物镜的设计案例

拓展阅读

光刻机中的光学设计到底难在哪?

光学设计难题一:追求物理光学上的衍射极限

- 方法一:减小光源波长。

短波长可以提升分辨率,但短波长光源制造难度大。目前,先进光刻机采用的是激光等离子体光源,波长 13.5nm 的极紫外光(EUV)。其是利用高功率激光照射金属锡,产生高温高密度的等离子体,从而发射出极紫外光。但固态锡板一次激光激发产生的光源强度很低,无法满足光刻的需求。科学家们使用熔化的锡(20μm 直径的液滴)在真空环境中自由下落,下落过程中经过两次激发。一次使用 193nm 的深紫外光将锡液滴打成云状,紧接着再用功率高达 20kW 的二氧化碳激光器再次击中,激发出 EUV。两次激发光需要准确击中正在自由下落的锡液滴,且激发产生的紫外光转瞬即逝,需要每秒钟激发约 50000 次。同时,激发所用的 20kW 二氧化碳激光器制造困难,工作电源功率高达 200kW。其激发的极紫外光功率大约只有 210W,效率只有 5.5%,这还是经过数次技术迭代实现的最高水平,最初发光效率仅有 0.8%。

• 方法二:提高数值孔径。

改变环境折射率是提升光刻技术分辨率的有效方法。显微物镜中提高数值孔径的浸液方法被延续到光刻机中。IBM 早在 1999 年就使用 257nm 的浸入式干涉系统成功制作出了 89nm 精度的图形。直到 2002 年前,业界还认为 193nm 光源无法达到 65nm 的分辨率,而寄希望于 157nm 光源。然而大多数材料在 157nm 波长下会强烈吸收光能,只有氟化钙(CaF_2)可以勉强使用。但氟化钙镜头的精度难以控制,成本高昂,且使用寿命短,需要频繁更换。在此背景下,来自中国台湾的林本坚提出了 193nm 浸入式光刻概念。水对于 193nm 波长的光几乎是完全透明的(水对 157nm 波长透过率极低),并且水的折射率高达 1.44,这意味理论上,这种技术可以达到 22nm 的分辨率甚至更低。研究人员也在寻找比水折射率更高的液体,且必须具有高光透过率、高稳定性以及与光刻胶无反应。第二代浸入液折射率达到 1.64。但是将光学系统置于液体中需要解决许多复杂问题,例如如何充入浸入液、防止污染镜头、确保光刻胶在液体中的稳定性、避免产生气泡以及保持液体的高纯度等。这些问题业已成功解决,使得浸入式光刻机成为当前芯片生产中使用最广泛的光刻设备之一。

光学设计难题二:追求几何光学上的近零像差

光刻物镜需要 30 枚左右的镜头消像差。近 60 个光学表面,最大直径达到 80cm,500kg 的重量,组成了 DUV 光刻机的投影物镜。每一枚镜头加工精度要求极高。EUV 光刻机难度更高,由于极紫外线穿透性强,只能使用全反射的投影系统。此外短波长的光容易被空气吸收,因而光刻间要处于真空状态,以尽量减少光能的损耗。EUV 所需要用到的镜子是具有极高精度的钼/硅反射镜。反射镜不仅需要提高对 EUV 的反射率,还需要吸收杂光。因此它上面镀了四十层膜,主要是钼和硅的交替纳米层制作的。其次是表面加工精度极高,位置装调难度较之于折射系统更大。如果将反射镜放大到地球那么大,那它上面只能有一根头发丝直径的小凸起。别忘了这还是镀数十层膜后的光滑度,意味着每一层膜都要平整。这可能是宇宙中最光滑的人造结构之一。即使是这样的镀膜水平,每个镜片依然会对 EUV 有 30% 的吸收率,而整个反射系统需要 10 余枚反射镜,因此真正用于光刻芯片的光强只剩下 2%。

习题

1. 利用 Zemax 软件实现如图 8-2 所示的视场 60°投影物镜设计。
2. 查阅相关文献,完成一份 PPT 制作,阐述光刻投影物镜的发展历程与逻辑。

第 9 章 光学系统多重结构设计

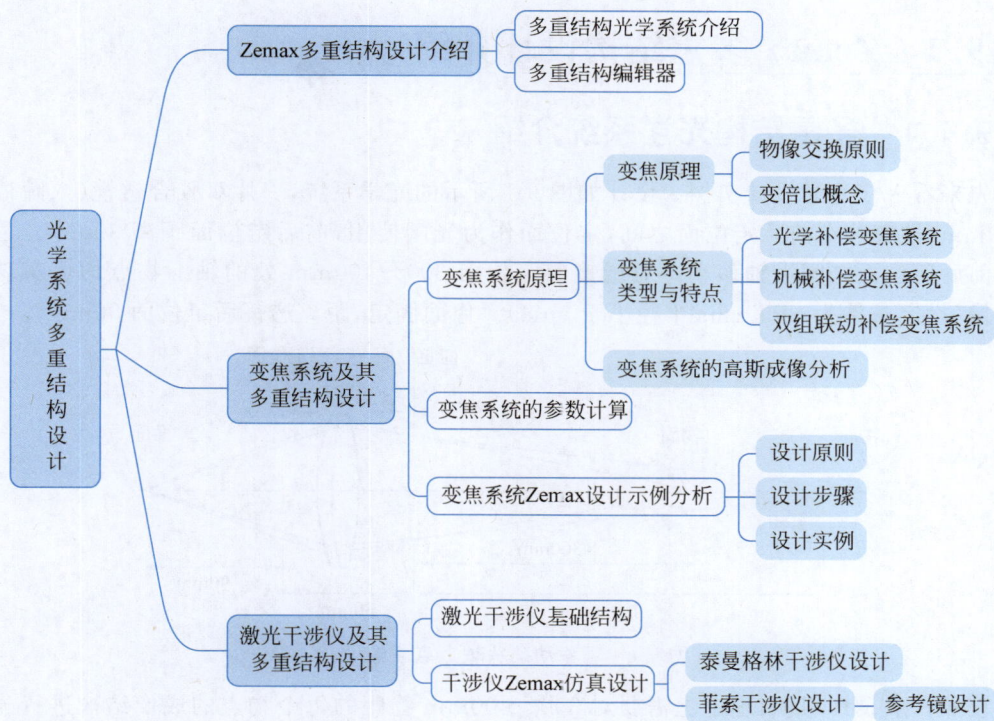

光学系统多重结构设计
- Zemax多重结构设计介绍
  - 多重结构光学系统介绍
  - 多重结构编辑器
- 变焦系统及其多重结构设计
  - 变焦系统原理
    - 变焦原理
      - 物像交换原则
      - 变倍比概念
    - 变焦系统类型与特点
      - 光学补偿变焦系统
      - 机械补偿变焦系统
      - 双组联动补偿变焦系统
    - 变焦系统的高斯成像分析
  - 变焦系统的参数计算
  - 变焦系统Zemax设计示例分析
    - 设计原则
    - 设计步骤
    - 设计实例
- 激光干涉仪及其多重结构设计
  - 激光干涉仪基础结构
  - 干涉仪Zemax仿真设计
    - 泰曼格林干涉仪设计
    - 菲索干涉仪设计 — 参考镜设计

【知识目标】
◆ 了解 Zemax 多重结构的适用范围与方法。
◆ 掌握 Zemax 多重结构的编辑方法、常用操作符与优化方法。
◆ 掌握变焦系统原理、设计方法及流程。
◆ 掌握常见干涉仪及其关键部件的设计方法。

【技能目标】
◆ 能够利用 Zemax 实现多重结构设计。
◆ 可以根据变倍比要求合理构建和计算变焦系统初始参数。
◆ 能够根据初始参数利用 Zemax 实现变焦系统设计。
◆ 能够利用 Zemax 实现常见干涉仪设计,包括平面检测和球面检测干涉仪设计。

多重结构设计,作为一种高效而灵活的光学系统设计方法,为设计师提供了极大的便利。它允许在一个单一的项目中,创建和管理多个结构配置,这极大地简化了设计过程。设计师可以通过这种方法,模拟和分析光学系统中的各种参数变化,包括系统参数、环境参数及镜头参数等。这种设计方法的优势在于其能够实现多状态操作,即在设计过程中,可以同时考虑到系统在不同状态下的表现。这对于设计那些需要适应多种工作条件和系统参数的光学系统极为重要,如变焦系统的多个不同状态。另外,多重结构设计也适用于那些在同一器件中同时存在折射和反射光路的复杂光学系统,如分光棱镜、干涉仪等。此外,对于那些需要在不同环境变化下保持稳定性能的光学系统,多重结构设计也提供了一种有效的解决方案。总之,多重结构设计不仅提高了光学系统的设计精度和效率,还增强了系统的适应性和可靠性,是现代光学设计领域中一个强有力的工具。

9.1 Zemax 多重结构设计介绍

9.1.1 多重结构光学系统介绍

先来看一个光学设计实例。设计如图 9-1 所示的光学系统,一片双胶合透镜(入瞳口径为 20mm)被安装在前后定位面之间,定位面作为光阑使用,前后定位面距离 30mm。透镜可在前后定位面之间沿轴移动。对透镜前定位面 300～400mm 处的轴上物点均可实现清晰成像(设定条件为 SPT rms 半径小于 $5\mu m$)。像面固定,距离透镜后定位面 90mm。

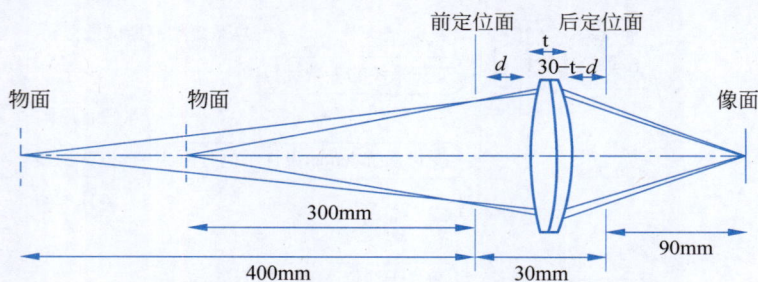

图 9-1 可移动镜头轴上点成像设计

按照一般设计习惯,理论上需要对 300～400mm 物距的每个物点的成像结构进行建模和优化。为了简化模型,即便假设物点在透镜前定位面 300～400mm 处的成像模型是均匀变化的,也至少要设计 3 个结构的模型,即物距 300mm、400mm 以及中间某个距离的物点成像系统。那么在不同的结构中,除了满足上述设计要求外,其中还隐含了一个重要约束:即每个结构中的透镜参数是一致的。但是每个结构的优化都是单独进行的,如何保证最终的不同结构中透镜是同一透镜呢?这就需要利用 Zemax 软件中提供的多重结构设计功能。

根据上述要求,理论上需要 3 个 Lens Data 编辑器来设置不同的透镜参数,3 个系统中的透镜参数设为一致,但物距是不一样的(分别为 300mm、400mm 和某个中间距离),然后在两个 Lens Data 编辑器中将透镜距前定位面的距离 d 设置为变量,而透镜距后定位面的距离则等于 $30-t-d$(其中 t 为透镜厚度,此处为定值),这个距离需要用 Pick up 功能进行跟随。但实际上 Zemax 中并不能出现两个 Lens Data 编辑器,软件制作者也不会这么做,因为如果遇到很多的结构,多个 Lens Data 编辑器会显得非常混乱。那么有没有其他思路可以解决这个功能问题呢？答案就是多重结构（Multi-Configuration，MC）编辑器。

9.1.2 多重结构编辑器

为了不出现多个 Lens Data 编辑器，Zemax 额外给出了一个多重结构（Multi-Configuration，MC）编辑器，即在该 MC 编辑器中只是单独定义几个结构中不同的参数，而绝大部分相同的参数则不需要重新定义。可以在 MC 编辑器中添加多个结构，如图 9-2 所示，每一列均表示一个光学系统结构，可以给每个结构（每一列）定义不同的操作符（不同的行参数），来操纵这些结构中的参数，比如透镜厚度、口径、曲率半径等。这些参数当然也是 Lens Data 编辑器中的常用参数。多重结构编辑器的意义就在于：给定一个操作符，例如某个表面的口径（操作符为 SDIA，半口径），那么每个结构中的口径都可以自由定义，也可以设置为变量。而没有在 MC 编辑器中出现的参数，则默认在每个结构中都一致，由 Lens Data 编辑器给出共同参数定义。这种操作就可以在优化时保持多重结构中的参数一致，除非在多重结构编辑器中单独将某个结构中的某个参数设置为变量。因此多重结构设计的主要步骤如下。

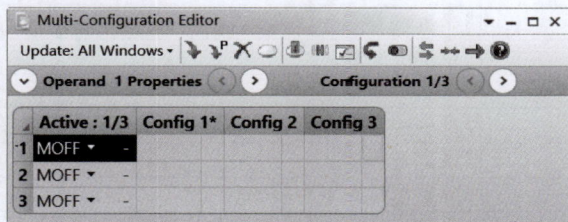

图 9-2 多重结构编辑器

第一步：定义初始结构。
第二步：在多重结构编辑器中设置结构数。
第三步：设置相应操作符。
第四步：编辑评价函数并进行整体优化。
其中 MC 编辑器中可定义的多重结构操作符均列在了表 9-1 中。

表 9-1 多重结构操作符

类 型	数 值	说 明
CRVT	表面编号	表面曲率
THIC	表面编号	表面厚度
GLSS	表面编号	玻璃材料
CONN	表面编号	表面圆锥系数
PAR1	表面编号	自定义参数 1
PAR2	表面编号	自定义参数 2
PAR3	表面编号	自定义参数 3
PAR4	表面编号	自定义参数 4
PAR5	表面编号	自定义参数 5
PAR6	表面编号	自定义参数 6
PAR7	表面编号	自定义参数 7

续表

类　型	数　值	说　明
PAR8	表面编号	自定义参数 8
XFIE	视场编号	X 方向视场
YFIE	视场编号	Y 方向视场
FLWT	视场编号	视场权重
FVDX	视场编号	渐晕因子 VDX
FVDY	视场编号	渐晕因子 VDY
FVCX	视场编号	渐晕因子 VCX
FVCY	视场编号	渐晕因子 VCY
WAVE	波长编号	波长
WLWT	波长编号	波长权重
PRWV	/	主波长编号
APER	/	系统孔径
STPS	/	光阑面编号,可将光阑移到任意一个表面
SDIA	表面编号	半孔径
CSP1	表面编号	曲率求解参数 1
CSP2	表面编号	曲率求解参数 2
TSP1	表面编号	厚度求解参数 1
TSP2	表面编号	厚度求解参数 2
TSP3	表面编号	厚度求解参数 3
HOLD	/	将数据保存在多重结构缓冲器
APMN	表面编号	孔径最小值
APMX	表面编号	孔径最大值
APDX	表面编号	孔径的 X 方向偏心
APDY	表面编号	孔径的 Y 方向偏心
TEMP	/	温度(℃)
PRES	/	气压(0 为真空,1 为正常大气压)
EDVA	表面编号/特殊数据编号	将多个数值赋给特殊数据值
PSP1	表面编号	参数求解参数 1(复制)
PSP2	表面编号	参数求解参数 2(比例)
PSP3	表面编号	参数求解参数 3(补偿)
MIND	表面编号	玻璃材料折射率
MABB	表面编号	玻璃材料阿贝数
MDPG	表面编号	玻璃材料相对色散
CWGT	/	结构权重
FLTP	/	视场类型:0 表示视场角,1 表示物高,2 表示近轴像高,3 表示实际像高
RAIM	/	光线定位:0 表示无,1 表示理想光线参考,2 表示实际光线参考
COTN	表面编号	膜层
GCRS	/	空间坐标参考表面
NPAR	表面编号/对象/参数编号	在非序列编辑器中的对非序列对象的参数列修改

续表

类　型	数　值	说　明
NPOS	表面编号/对象/位置	在非序列编辑器中对非连续对象的 x、y、z 位置和 x、y、z 倾斜的修改,分别对应标记是 1~6
SATP	/	系统孔径类型:0 表示入瞳直径,1 表示像空间 F/♯,2 表示物空间 NA,3 表示通过光阑尺寸浮动,4 表示近轴工作 F/♯,5 表示物方锥角

　　利用 MC 编辑器功能可以轻易实现上述设计中的三重结构设计。在 MC 编辑器中建立如图 9-3(a)所示的 300mm、350mm 和 400mm 物距的模型两重结构模型。采用 THIC 操作符,分别定义三重结构中的物距,如图 9-3(b)所示,并对该模型进行成像优化,其中优化变量除了透镜本身曲率半径等参数外,还包括其在前后定位面间的位置。

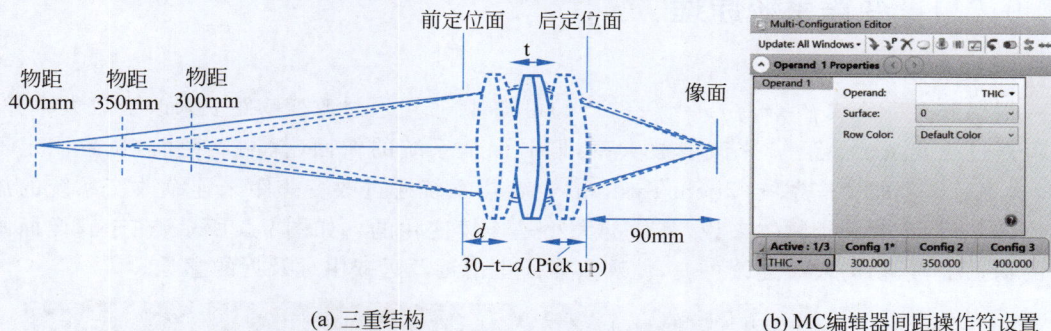

(a) 三重结构　　　　　　　　　　　　(b) MC 编辑器间距操作符设置

图 9-3　不同物距的多重结构设置

　　实际上,上述结构便是一个最简易的变焦(变倍)系统,可以实现对焦不同距离处物体的清晰成像,当然由于物距不同,其放大倍率也相应不同。上述单个定焦镜头通过改变物距来改变放大倍率的这种方法有很大的不方便之处,很多自然环境不支持物距做较大改变,且无法保证在长距离的物距范围内都能实现像面稳定。9.2 节将探索其他的方法来实现变焦,当然离不开多重结构设计方法的支持。

9.2　变焦系统及其多重结构设计

　　变焦镜头的实用化始于 20 世纪 30 年代。由于生产成本较高且光学质量不如定焦镜头,以及镜片数量较多导致的低透光率问题,早期的变焦镜头在实际使用中表现并不理想。然而,被誉为"变焦镜头之父"的弗兰克·巴克(Frank Back)推出了焦距为 17~53mm、光圈为 F/2.9 的变焦镜头被新闻广播公司采纳,并开始在拍摄实践中得到应用。随着时间的推移,变焦系统的设计变得更加复杂,涌现出多种结构形式和变焦方法。这些创新使得变焦系统在平衡像差和提供高质量成像性能方面取得了显著进步。进入 21 世纪,变焦技术已经达到了高度成熟的水平。现代变焦系统不仅能够提供更大的变焦范围和更优异的成像质量,还实现了体积和重量的显著减少。如今,变焦镜头不再局限于摄影和电影拍摄领域,而是扩展到了监控、机器视觉等多个行业。市场上涌现了大量结构复杂、性能卓越的商业化变焦镜头,如图 9-4 所示。从最初的简单设计到如今的高性能产品,变焦系统已经成为现代光学领域的一个重要分支。

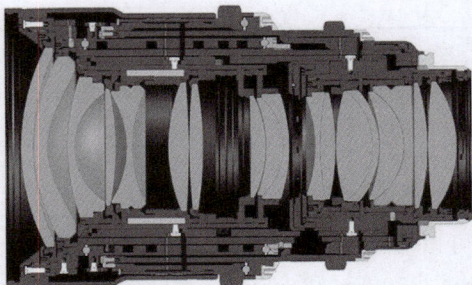

图 9-4　商业变焦镜头结构

9.2.1　变焦系统原理

1. 变焦原理

根据放大率公式 $\beta=-f/x=f/(f-l)$ 可知，除了可通过改变物距 l 来改变放大率外，还可通过改变系统焦距 f 来改变放大率，同时保证系统的像面（探测器靶面）位置固定不变，这就是典型的变焦系统（Zoom System）。变焦系统通过改变焦距来连续改变系统的放大率，对于特定的某个物体来说，其像的大小是连续变化的。如图 9-5 所示，在充满像面画幅的场景中，景物的大小连续可变，使观察者产生由近及远或由远及近的感觉。

图 9-5　镜头变焦过程中拍摄的景物放大率变化

单个镜头的焦距是固定的，因此变焦系统最少应由两组透镜组成才能实现整体焦距的变化。根据系统组合焦距的计算公式 $1/f=1/f_1+1/f_2-d/f_1f_2$ 可知，通过改变透镜间距 d 可以改变整体焦距。其中一组负责通过移动来改变间距进而改变整体焦距，从而改变整体放大率，这组透镜称为变焦组（或者变倍组）。变焦组透镜的移动一定会带来像面的移动，而另一组镜头（补偿组）负责通过移动来补偿变焦组移动带来的像面位置漂移，这就是变焦系统最朴素的原理。

上述原理是建立在物像交换原则之上的，这一原则在变焦距系统理论中占据着至关重要的地位。如图 9-6(a)所示，固定焦距值的透镜，可以存在两个特定的位置，这两个位置被定义为"物像交换位置"。在这些位置上，物像之间的共轭距离会保持不变。在这两对共轭位置上，不仅共轭距离相等，而且它们的放大率是彼此的倒数。这一点体现了物像交换原则的数学精确性，是设计和分析变焦透镜系统时必须严格遵循的光学法则。

当透镜处于 A 位置时有

$$\beta_1=\frac{l'}{l} \tag{9-1}$$

当透镜由位置 A 移动到位置 B 时，且使 $l^*=-l',l'^*=-l$，则有

$$\beta_2=\frac{l'^*}{l^*}=\frac{l}{l'}=\frac{1}{\beta_1} \tag{9-2}$$

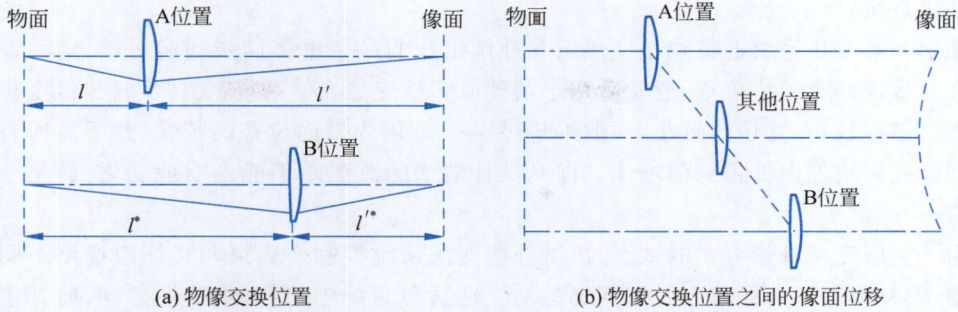

(a) 物像交换位置　　　　　　　　　(b) 物像交换位置之间的像面位移

图 9-6　物像交换原则

位置 A 和位置 B 符合物像交换原则。在这两个位置处,共轭距相同,倍率由 β_1 变至 β_2,变化范围为 $1/\beta_1^2$ 倍。由此可看出,通过移动单个透镜可以使倍率发生变化,但像面位置不再是固定的,只有在物像交换位置处才可以使像面保持稳定,而处于中间位置处的像面,随着倍率的不断变化在不断地移动,如图 9-6(b)所示。因此需要补偿组也不断移动,以保证像面稳定。

变焦系统存在一定的变焦范围,最大焦距和最小焦距之比称为变焦比,用 M 表示。由于焦距变化会引起倍率的变化,所以变焦比又称为变倍比。一般 $M>10$ 的系统称为高变倍比系统。

$$M = \frac{f'_{max}}{f'_{min}} \tag{9-3}$$

除了上述变焦组和补偿组等核心组件以外,很多变焦系统还有"前固定组"和"后固定组",如图 9-7 所示。这两个透镜组是不参与运动的,前固定组的作用一般是会聚光线,为变倍组提供一个固定的物点,而后固定组是将补偿组所成的像再次成像到指定的平面位置,以满足系统像面位置要求,并提供一些像差补偿自由度。变焦组位移实现焦距变化,补偿组位移用于补偿焦距变化带来的像面位移。

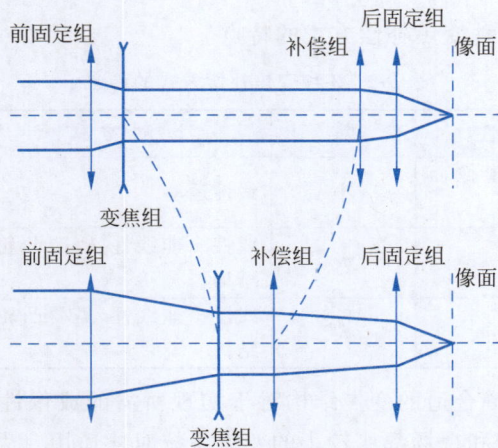

图 9-7　变焦系统基本构成

2. 变焦系统类型与特点

根据图 9-7 中补偿组的补偿方式不同,可以将变焦系统分为光学补偿、机械补偿和双组联动补偿系统。

　　光学补偿变焦系统的特点是变焦组和补偿组作为一个整体同步同向运动,这种设计简单但会导致像面有微小位移,通常适用于两档或多档变焦光学系统,无法实现连续变焦。且一般光学结构较长,变倍比较小,一般不超过4：1。因为像面位移的特性,并不是所有变倍位置都能在固定像面处得到清晰像。即光学补偿法的总焦距不能连续地变化,而是一些离散的值。

　　为了克服光学补偿方式的缺点,机械补偿变焦系统控制变焦组和补偿组按照不同的轨迹运动,即补偿组不与变焦组一起捆绑运动。在这种系统中,变焦组线性运动,而补偿组通过机械凸轮作非线性运动,它们的移动方向和速度不同,这种方式可以保证像面位置稳定,并且可以实现焦距的连续变化。其中,变焦组的运动轨迹称为变倍曲线,补偿组的运动轨迹称为补偿曲线,也可以叫凸轮曲线,如图9-8所示。

　　双组联动补偿系统结合了光学补偿和机械补偿各自的优势,可实现更高性能的成像质量和更大的变焦范围。如图9-9所示,双组联动式补偿变焦系统在补偿组后增加了一个变焦组,补偿组位于两个变焦组之间,前后两个变焦组做同步线性运动。这种设计使得传统结构中一个变倍组所承担的光焦度由两个变焦组分担,有助于减小处于中间补偿组处接收的光线偏折角度,有助于像差矫正。

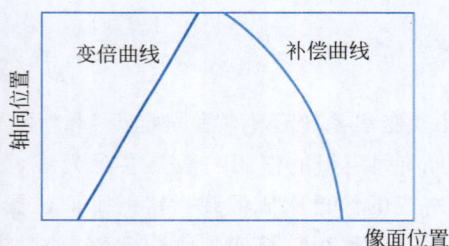

图 9-8　机械补偿式变焦系统的变倍曲线和补偿曲线

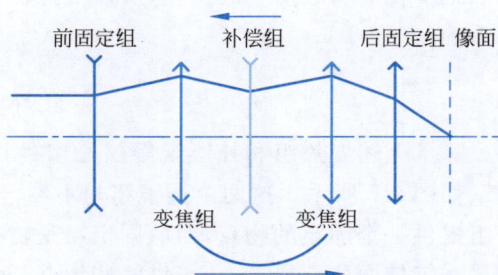

图 9-9　双组联动式补偿变焦系统

　　表9-2详细列出了3种变焦补偿方式的特点。

表 9-2　3 种变焦补偿方式的特点

变焦结构	像面稳定性	变焦比	运动方式	系统长度	像质
光学补偿	几个位置实现像面稳定	小	线性运动	较长	一般
机械补偿	稳定	大	线性＋非线性,需要凸轮结构	中等	佳
双组联动补偿	稳定	大	线性＋非线性,需要凸轮结构	较短	佳

　　设计变焦系统时,选择合适的变焦结构对于实现所需的成像性能至关重要。光学补偿结构只有在设计相对孔径和视场都比较小的变焦系统时才适用。大多数场合使用的是机械补偿结构。

　　1) 机械补偿结构的变倍组

　　一般的机械补偿结构中的变倍组为负透镜组,如图9-10(a)和(b)所示。当变倍组靠近前固定组时,它的结构类似于广角物镜,系统处于短焦状态;当变倍组远离前固定组时,结构类似于摄远物镜,系统处于长焦状态。

2) 机械补偿结构的补偿组

机械补偿变焦结构的补偿组又分为正补偿组和负补偿组两种,如图 9-10(a)和(b)所示。正补偿组结构(见图 9-10(a))的变焦镜头通常相对较长、口径较小。其中前固定组的焦距相对较长,补偿组上的光线偏折较大,因此需要更复杂的结构来承担补偿组的任务。正补偿组结构更容易消除二级光谱和球差,适用于对成像质量要求较高,对系统长度不限制的场合。负补偿组结构的变焦镜头(见图 9-10(b))总体长度相对较短,孔径较大,前固定组焦距较短,系统在结构上更为紧凑。但由于负补偿组结构的二级光谱和球差相对较大,因此可能需要额外的像差矫正措施。负补偿组结构适合对成像质量有一定容差,对系统尺寸有限制的场合。

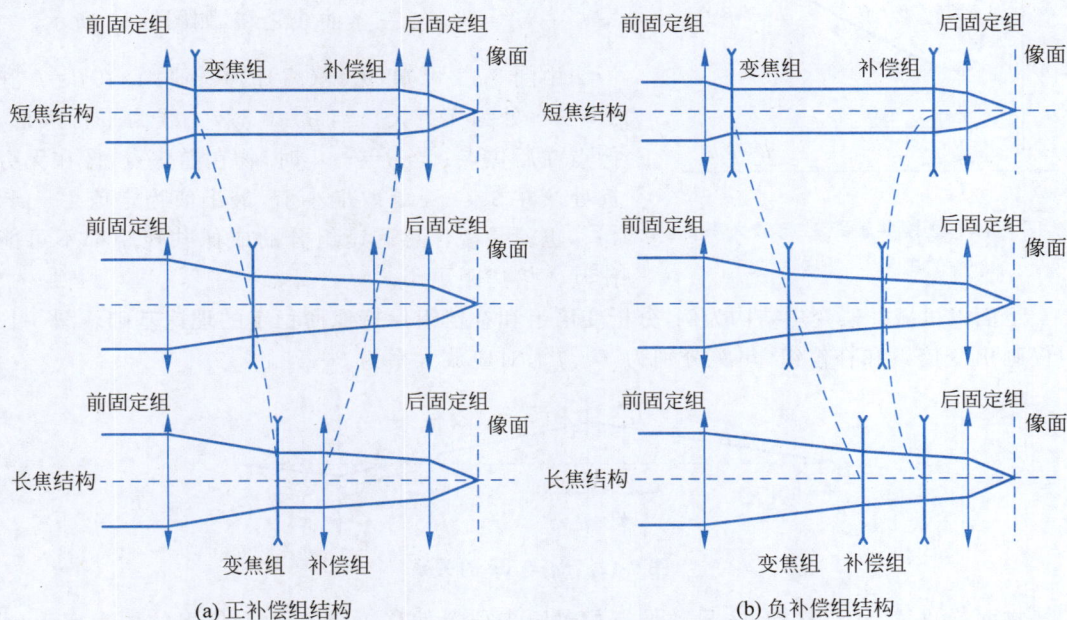

(a) 正补偿组结构　　　　　　　　　　(b) 负补偿组结构

图 9-10　机械补偿变焦系统

3. 变焦系统的高斯成像分析

当任意两个具有固定焦距值的透镜组组合在一起时,设第一个透镜组的焦距为 f'_1,第二个透镜组的垂轴放大率为 β_2,由几何光学可知,系统的总焦距为

$$f' = f'_1 \beta_2 \tag{9-4}$$

当第二透镜组沿着光轴方向移动时,β_2 的大小就发生变化,系统总焦距也发生改变,同时像面位置也随着移动。同理,对于包含 n 组元的光学系统,可以得出以下结果:

$$f' = f'_1 \beta_2 \beta_3 \cdots \beta_n \tag{9-5}$$

即一个包含多个透镜组的光学系统的合成总焦距可以表示成前固定组的焦距与其后各组元的垂轴放大率的乘积。从式(9-5)可以看出,如果想要改变系统总焦距进行变焦操作,可以通过改变后面各组元的垂轴放大率来实现。

无论是变倍组还是补偿组,由高斯成像公式可知

$$\frac{1}{l'} - \frac{1}{l} = \frac{1}{f'} \tag{9-6}$$

式中，l 为物距；l' 为像距。两边同时乘以物距 l 得

$$l = f'\left(\frac{1}{\beta} - 1\right) \tag{9-7}$$

同理可得

$$l' = f'(1 - \beta) \tag{9-8}$$

透镜的共轭距为

$$L = l' - l = f'\left(2 - \frac{1}{\beta} - \beta\right) \tag{9-9}$$

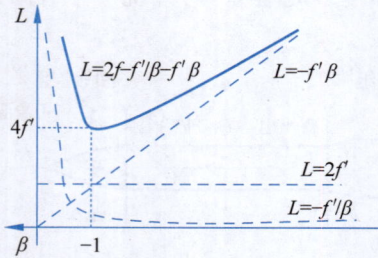

图 9-11　透镜共轭距 L 与放大率 β 的关系

由式（9-9）可知，L 可以看作是 $L = 2f'$，$L = -f'\dfrac{1}{\beta}$，$L = -f'\beta$ 三条曲线之和，如图 9-11 所示。

由图 9-11 可知，透镜（组）的共轭距 L 在 $\beta = 0$ 和 $\beta = -\infty$ 处为无穷大。当 $\beta = 0$ 时，光线为平行入射，像点在后焦点；当 $\beta = -\infty$ 时，物在前焦点，像在无穷远处。在 $\beta = -1$ 处取最小值，最小值为定值 $L_{\min} = 4f'$，也就是说任意透镜组分的成像共轭距都不可能比其 4 倍焦距更小。

下面以机械补偿变焦结构为例，分析变倍组和补偿组保持像面稳定的理论基础。图 9-12 中仅画出变倍组和补偿组，焦距分别为 f'_2、f'_3，对应放大率为 β_2、β_3。

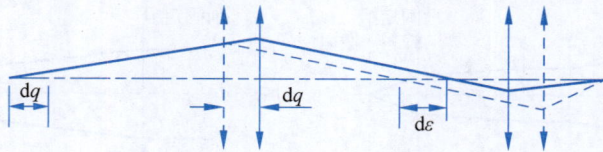

图 9-12　dq 与 $d\varepsilon$ 的关系

物面静止，变倍组移动 dq 导致像点相对原来位置偏移了 $d\varepsilon$。由变倍组的放大率为 β_2 可知其轴向放大率为 β_2^2，则

$$d\varepsilon = (1 - \beta_2^2)dq \tag{9-10}$$

变倍组移动导致整个变焦系统的像面偏移为

$$\beta_3^2(1 - \beta_2^2)dq \tag{9-11}$$

补偿组做补偿运动，移动 $d\Delta$ 引起整个变焦系统的像面位移为

$$(1 - \beta_3^2)d\Delta \tag{9-12}$$

变焦系统像面稳定意味着上述两个像面位移相互抵消，代数和为零，即

$$\beta_3^2(1 - \beta_2^2)dq + (1 - \beta_3^2)d\Delta = 0 \tag{9-13}$$

即

$$(1 - \beta_2^2)dq + \frac{1 - \beta_3^2}{\beta_3^2}d\Delta = 0 \tag{9-14}$$

对于变倍组，可将式（9-7）两边微分，得到用倍率表示的物距，即

$$\mathrm{d}l_2 = -\frac{f'_2}{\beta_2^2}\mathrm{d}\beta_2 = (-\mathrm{d}q) \tag{9-15}$$

同理对于补偿组,对式(9-8)取微分,有

$$\mathrm{d}l'_3 = -f'_3\mathrm{d}\beta_3 = (-\mathrm{d}\Delta) \tag{9-16}$$

将式(9-16)带入式(9-14)中得

$$\frac{1-\beta_2^2}{\beta_2^2}f'_2\mathrm{d}\beta_2 + \frac{1-\beta_3^2}{\beta_3^2}f'_3\mathrm{d}\beta_3 = 0 \tag{9-17}$$

式(9-17)就是变焦过程的微分方程。而将任意组分的共轭距公式(9-7)微分可得

$$\mathrm{d}L = \frac{1-\beta^2}{\beta^2}f'\mathrm{d}\beta \tag{9-18}$$

可见式(9-17)中的 $(1-\beta_i^2)f'\mathrm{d}\beta_i/\beta_i^2$ 是各个组分共轭距微分的表达式,因此变焦过程的微分方程则意味着变焦系统的原则就是所有组分的共轭距变化之和为零。

9.2.2 变焦系统的参数计算

为了分析方便,可以将前后固定组省略,只画出变倍组和补偿组,如图 9-13 所示。图 9-13(a)和(b)分别表示正补偿组和负补偿组的情况。O 点是变倍组的物点(也是前固定组的像点),而 O' 点是补偿组的像点(也是后固定组的物点)。OO' 间距为变倍组和补偿组总体系统的共轭距 L。根据变焦原则,在整个变倍和补偿过程中,应该始终保持总的共轭距变化为 0,即保持 L 值为一常量。由图 9-13 可得出

$$L = L_2 + L_3 = (l'_3 - l_3) + (l'_2 - l_2) \tag{9-19}$$

式中,$L_2 = l'_2 - l_2$ 为变倍组的共轭距;$L_3 = l'_3 - l_3$ 为补偿组的共轭距。如图 9-13(a)所示,在正补偿组系统中,O 点位于 O' 点左侧,$L>0$;而在如图 9-13(b)所示的负补偿组系统中,O 点位于 O' 点右侧,$L<0$。

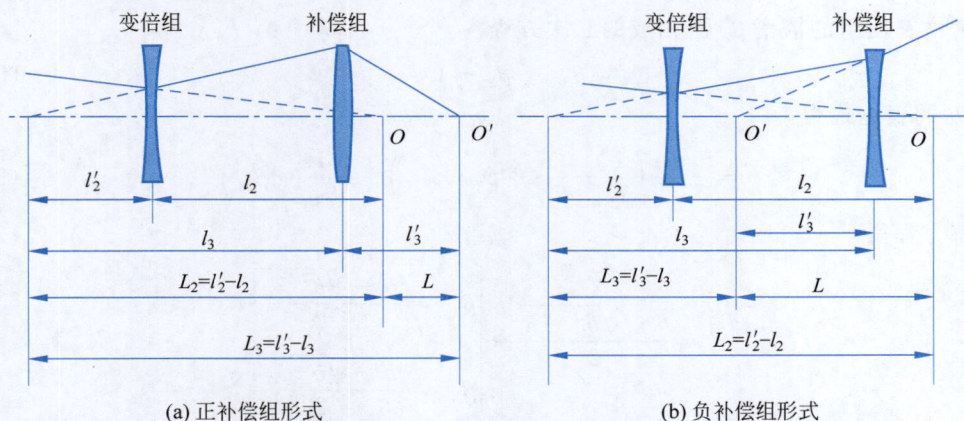

(a) 正补偿组形式 (b) 负补偿组形式

图 9-13 单变倍单补偿变焦形式

由高斯公式和放大率公式可知

$$\begin{cases} l_2 = f'_2\left(\dfrac{1}{\beta_2}-1\right), & l'_2 = f'_2(1-\beta_2) \\ l_3 = f'_3\left(\dfrac{1}{\beta_3}-1\right), & l'_3 = f'_3(1-\beta_3) \end{cases} \tag{9-20}$$

将式(9-20)代入式(9-19),可求得系统总共轭距 L 为

$$L = 2(f'_2 + f'_3) - f'_2\left(\frac{1}{\beta_2} + \beta_2\right) - f'_3\left(\frac{1}{\beta_3} + \beta_3\right) \tag{9-21}$$

若给定变倍组焦距 f'_2 和补偿组焦距 f'_3,变倍组的倍率 β_2,以及变倍组与补偿组之间的主面间距 d_{23},即可求得该状态下补偿组的倍率 β_3 为

$$\beta_3 = \frac{f'_3}{f'_3 + f'_2(1 - \beta_2) - d_{23}} \tag{9-22}$$

将上述变倍组和补偿组的焦距 f'_2、f'_3,放大倍率 β_2、β_3 以及二者主面间距 d_{23} 代入式(9-21),即可以求出 L 值。整个变倍过程中 L 保持常数。

值得注意的是,在计算补偿组的倍率 β_3 时,为了保证在变焦过程中变倍组和补偿组不相碰,即 $d_{23} > 0$,一般从整体结构的长焦位置开始计算。因为从图 9-10 中可以看出长焦状态下二者的距离一般最近,给定一个自定义的大于零的 d_{23} 值相对容易。如果从短焦开始计算则很难保证最终长焦状态下 d_{23} 仍然大于零。即初始状态(长焦,用下标 l)时

$$\beta_{3l} = \frac{f'_3}{f'_3 + f'_2(1 - \beta_{2l}) - d_{23l}} \tag{9-23}$$

式中,$d_{23l} > 0$。在前面已经提到过,L 值在整个过程中都是常量。根据式(9-21),当变倍组和补偿组处于新的任意位置时,与上述初始状态相比,其放大倍率 β_2、β_3 都满足

$$f'_2\left(\frac{1}{\beta_2} + \beta_2\right) - f'_3\left(\frac{1}{\beta_3} + \beta_3\right) = f'_2\left(\frac{1}{\beta_{2l}} + \beta_{2l}\right) - f'_3\left(\frac{1}{\beta_{3l}} + \beta_{3l}\right) \tag{9-24}$$

化简得到

$$f'_2\left(\beta_2 - \beta_{2l} + \frac{1}{\beta_2} - \frac{1}{\beta_{2l}}\right) = f'_3\left(\beta_3 - \beta_{3l} + \frac{1}{\beta_3} - \frac{1}{\beta_{3l}}\right) \tag{9-25}$$

式(9-25)表明了变倍过程中 β_3 与 β_2 的相互制约关系。将 β_3 作为未知量,可将式(9-25)化简为由补偿组的倍率 β_3 所构成的二次方程

$$\beta_3^2 - b\beta_3 + 1 = 0 \tag{9-26}$$

其中,b 的表达式为

$$b = -\frac{f'_2}{f'_3}\left(\frac{1}{\beta_2} - \frac{1}{\beta_{2l}} + \beta_2 - \beta_{2l}\right) + \left(\frac{1}{\beta_{3l}} + \beta_{3l}\right) \tag{9-27}$$

解方程得

$$\beta_3 = \frac{b \pm \sqrt{b^2 - 4}}{2} \Rightarrow \begin{cases} \beta_{3\_1} = \dfrac{b + \sqrt{b^2 - 4}}{2} \\[2mm] \beta_{3\_2} = \dfrac{b - \sqrt{b^2 - 4}}{2} \end{cases} \tag{9-28}$$

这里需要注意的是,由式(9-26)求解得到的 β_3 通常是两个互为倒数的根,这意味着补偿组存在两个位置可以使像面位置保持稳定不变,但实际上根据变倍比要求,只有一个位置能满足条件。另一个位置的补偿曲线并不连续,需要舍去。下面给出方程有解的条件

$$\begin{cases} L_{3l} > 0, & 4f'_3 \leqslant L_3 = L - L_2 \\ L_{3l} < 0, & 4f'_3 \geqslant L_3 = L - L_2 \end{cases} \tag{9-29}$$

用 Δ_2 和 Δ_3 分别表示变倍组和补偿组相对于原始位置的移动距离,均从长焦初始位置

开始,对式(9-15)和式(9-16)进行积分得

$$\begin{cases} \Delta_2 = \displaystyle\int_0^{\Delta_2} \mathrm{d}q = \int_{\beta_{2l}}^{\beta_2} \frac{f_2'}{\beta_2^2} \mathrm{d}\beta_2 = f_2'\left(\frac{1}{\beta_{2l}} - \frac{1}{\beta_2}\right) \\ \Delta_3 = \displaystyle\int_0^{\Delta_3} \mathrm{d}\Delta = \int_{\beta_{3l}}^{\beta_3} f_3' \mathrm{d}\beta_3 = f_3'(\beta_3 - \beta_{3l}) \end{cases} \tag{9-30}$$

系统变焦比为

$$\Gamma = \frac{\beta_{2l}\beta_{3l}}{\beta_2\beta_3} \tag{9-31}$$

当光学系统处于短焦状态,前固定组和变倍组间距为 d_{12s},补偿组与后固定组间距为 d_{34s},后固定组倍率为 β_{4s},则前后固定组焦距为

$$f_1' = d_{12s} + \frac{f_2'(1 - \beta_{2s})}{\beta_{2s}} \tag{9-32}$$

$$\frac{1}{f_4'} = \frac{1}{\beta_{4s}(l_{3s}' - d_{34s})} - \frac{1}{(l_{3s}' - d_{34s})} \tag{9-33}$$

9.2.3 变焦系统 Zemax 设计示例分析

1. 变焦系统设计原则

(1) 像面位置稳定。

(2) 相对孔径基本保持不变。

(3) 物像交换原则。这个变焦系统中任一透镜组的成像都是基于一个物像交换原则,即在其前后有两对互为物像关系的共轭面,两对共轭距相等,且在这两对共轭位置的放大率互为倒数。

(4) 不同倍率均有满足要求的成像质量。一般设计中应使得前固定组、变倍组、补偿组的单独像差得到充分矫正,剩余像差由后固定组矫正。

2. 变焦系统设计步骤

变焦系统的设计与定焦镜头相比更为复杂,所需的计算量更大。根据上述变焦系统的高斯光学理论计算和前人的设计实践总结,机械补偿变焦系统的总体设计步骤如下。

(1) 根据变焦系统的光学参数,如变焦比、变焦范围、相对孔径、视场角、光学总长等,选择正补偿组结构或者负补偿组结构。开始计算时,首先给定变倍组的归一化焦距 f_2',例如取 $f_2' = -1$;补偿组的归一化焦距 f_3',例如 $f_3' \leqslant 1.3$(较大的 f_3' 在变倍组与补偿组间距比较小时可能无解);初始状态(长焦)时变倍组的倍率 β_2 以及变倍组和补偿组主面间的间隔 d_{23} 等,然后就可以根据上述变焦系统的高斯光学理论公式计算出其他相关参数。最后,将各参数缩放成实际要求值即可。

(2) 根据上述求解参数,利用近轴理想镜头在光学设计软件中进行建模优化,建立多重结构,每个结构具有独立的焦距,并保证各个结构的光学系统总长一致(在前组固定的情况下)和近轴像高一致。或者从专利原有的结构中选取与所需设计的变焦距光学系统类似的结构。

(3) 根据上述各个组分的焦距和口径,利用真实透镜组替代近轴透镜。根据几何像差理论,分析系统存在的像差及产生此像差的原因,并进行优化修正。

（4）计算变焦曲线和补偿曲线，保证凸轮结构平滑变焦。

（5）对已设计的变焦距镜头的成像质量进行综合测评。

下面以某 10 倍变焦系统设计为例详细分解变焦系统的设计过程。其设计指标如下。

（1）焦距：16～160mm（变倍比为 10）。

（2）系统总长：小于 400mm。

（3）工作波长：486～656nm。

（4）光圈：F/3。

（5）视场角：2°～20°。

（6）MTF：大于 0.4@100lp/mm。

（7）弥散斑 RMS 半径：小于 5μm。

以下是详细设计步骤。

（1）**总体形式确定**：根据前面的说明，本次设计采用正补偿组结构，即变倍组和补偿组焦距分别为负组和正组，参数均按照归一化设定，等设计完成后按照要求的焦距进行整体缩放。

（2）**归一化参数设定**：先设定初始归一化的参数 $f_2' = -1$，$f_3' = 1.2$。一般设计从长焦开始，如图 9-10 所示，此时变倍组和补偿组位置相互靠近，分别远离前后固定组，为防止二者碰撞，设定此时的二者间距 $d_{23l} = 0.5$mm；设定变倍组此时（长焦）归一化放大倍率 $\beta_{2l} = -1.2$（变倍组为负光焦度，且初始归一化放大倍率设定大于 1 倍）。因此，可根据式（9-23）算出 $\beta_{3l} = -0.8571$。同样，在短焦时变倍组靠近前固定组，补偿组靠近后固定组，为了使位置不互相干涉，设定此时 $d_{12s} = 0.35$，$d_{34s} = 0.25$。

（3）**根据设定的变倍组位移计算变倍组放大倍率**：从上述长焦位置开始，Δ_2 初始值为 0，取不同归一化位移值。由于从初始长焦结构开始到短焦结构结束，变倍组向左移动，位移为负数（此处取值间隔 -0.05，如表 9-3 第一列所示）。根据式（9-30）算出变倍组不同位移 Δ_2 对应的倍率 β_2，如表 9-3 第二列所示。（此处为了方便计算，这部分计算由 MATLAB 软件编程完成）。

（4）**补偿组放大倍率计算**：对应于上述变倍组移动距离 Δ_2 和倍率变化 β_2，为保持像面稳定，补偿组应相应移动，倍率 β_3 也随之变化。根据式（9-28）计算相应的补偿组倍率 β_3 的两个解 β_{3_1} 和 β_{3_2}，分别如表 9-3 第三列和第六列所示。

（5）**补偿组位移计算**：根据补偿组倍率的两个解 β_{3_1} 和 β_{3_2}，利用式（9-30）第二行公式计算相应的补偿组位移 Δ_{3_1} 和 Δ_{3_2}，分别如表 9-3 第四列和第七列所示。

（6）**变倍比计算**：根据式（9-31）计算对应的变焦比 $\Gamma_{\_1}$ 和 $\Gamma_{\_2}$，分别如表 9-3 第五列和第八列所示。

表 9-3　初始变焦参数计算结果

变倍组位移 Δ_2	变倍组放大率 β_2	补偿组放大率 β_{3_1}	补偿组位移 Δ_{3_1}	变焦比 $\Gamma_{\_1}$	补偿组放大率 β_{3_2}	补偿组位移 Δ_{3_2}	变焦比 $\Gamma_{\_2}$	备注
0.000	-1.100	-0.857	0.000	1.000	-1.167	-0.371	0.735	
-0.050	-1.043	-0.876	-0.022	1.033	-1.142	-0.342	0.792	
-0.100	-0.991	-0.880	-0.028	1.081	-1.136	-0.335	0.837	

续表

变倍组位移 Δ_2	变倍组放大率 β_2	补偿组放大率 β_{3_1}	补偿组位移 Δ_{3_1}	变焦比 $\Gamma_{\_1}$	补偿组放大率 β_{3_2}	补偿组位移 Δ_{3_2}	变焦比 $\Gamma_{\_2}$	备注
−0.150	−0.944	−0.871	−0.017	1.146	−1.148	−0.349	0.870	
−0.200	**−0.902**	**−0.853**	**0.004**	**1.225**	**−1.172**	**−0.378**	**0.892**	长焦
−0.250	−0.863	−0.831	0.032	1.315	−1.204	−0.416	0.908	
−0.300	−0.827	−0.807	0.061	1.413	−1.240	−0.459	0.920	
−0.350	−0.794	−0.782	0.090	1.518	−1.278	−0.506	0.929	
−0.400	−0.764	−0.758	0.119	1.628	−1.319	−0.554	0.936	
−0.450	−0.736	−0.735	0.146	1.743	−1.360	−0.603	0.942	
−0.500	−0.710	−0.713	0.173	1.862	−1.402	−0.654	0.948	
−0.550	−0.685	−0.692	0.198	1.987	−1.444	−0.704	0.953	
−0.600	−0.663	−0.673	0.221	2.115	−1.487	−0.756	0.957	
−0.650	−0.641	−0.654	0.244	2.248	−1.530	−0.807	0.961	
−0.700	−0.621	−0.636	0.265	2.386	−1.572	−0.858	0.965	
−0.750	−0.603	−0.619	0.286	2.527	−1.615	−0.910	0.968	
−0.800	−0.585	−0.603	0.305	2.672	−1.658	−0.962	0.972	
−0.850	−0.568	−0.588	0.323	2.822	−1.701	−1.013	0.975	
−0.900	−0.553	−0.573	0.341	2.976	−1.745	−1.065	0.978	
−0.950	−0.538	−0.559	0.357	3.134	−1.788	−1.117	0.981	
−1.000	−0.524	−0.546	0.373	3.295	−1.831	−1.168	0.983	
−1.050	−0.510	−0.534	0.388	3.461	−1.874	−1.220	0.986	
−1.100	−0.498	−0.522	0.403	3.631	−1.917	−1.272	0.988	
−1.150	**−0.486**	**−0.510**	**0.416**	**3.805**	**−1.960**	**−1.323**	**0.991**	中焦
−1.200	−0.474	−0.499	0.429	3.983	−2.003	−1.375	0.993	
−1.250	−0.463	−0.489	0.442	4.165	−2.046	−1.427	0.995	
−1.300	−0.453	−0.479	0.454	4.351	−2.089	−1.478	0.997	
−1.350	−0.443	−0.469	0.466	4.541	−2.132	−1.530	0.999	
−1.400	−0.433	−0.460	0.477	4.735	−2.175	−1.581	1.001	
−1.450	−0.424	−0.451	0.488	4.933	−2.218	−1.633	1.003	
−1.500	−0.415	−0.442	0.498	5.135	−2.261	−1.684	1.005	
−1.550	−0.407	−0.434	0.508	5.341	−2.304	−1.736	1.007	
−1.600	−0.399	−0.426	0.517	5.551	−2.346	−1.787	1.008	
−1.650	−0.391	−0.419	0.526	5.765	−2.389	−1.839	1.010	
−1.700	−0.383	−0.411	0.535	5.983	−2.432	−1.890	1.012	
−1.750	−0.376	−0.404	0.544	6.205	−2.475	−1.941	1.013	
−1.800	−0.369	−0.397	0.552	6.431	−2.518	−1.992	1.015	
−1.850	−0.362	−0.391	0.560	6.660	−2.560	−2.044	1.016	
−1.900	−0.356	−0.384	0.568	6.894	−2.603	−2.095	1.018	
−1.950	−0.350	−0.378	0.575	7.132	−2.646	−2.146	1.019	
−2.000	−0.344	−0.372	0.582	7.374	−2.688	−2.197	1.020	
−2.050	−0.338	−0.366	0.589	7.619	−2.731	−2.249	1.022	
−2.100	−0.332	−0.361	0.596	7.869	−2.774	−2.300	1.023	
−2.150	−0.327	−0.355	0.602	8.123	−2.816	−2.351	1.024	

续表

变倍组位移 Δ_2	变倍组放大率 β_2	补偿组放大率 β_{3_1}	补偿组位移 Δ_{3_1}	变焦比 $\Gamma_{\_1}$	补偿组放大率 β_{3_2}	补偿组位移 Δ_{3_2}	变焦比 $\Gamma_{\_2}$	备注
−2.200	−0.322	−0.350	0.609	8.380	−2.859	−2.402	1.025	
−2.250	−0.317	−0.345	0.615	8.642	−2.901	−2.453	1.027	
−2.300	−0.312	−0.340	0.621	8.907	−2.944	−2.504	1.028	
−2.350	−0.307	−0.335	0.627	9.177	−2.986	−2.555	1.029	
−2.400	−0.302	−0.330	0.632	9.450	−3.029	−2.606	1.030	
−2.450	−0.298	−0.326	0.638	9.727	−3.071	−2.657	1.031	
−2.500	−0.293	−0.321	0.643	10.009	−3.114	−2.708	1.032	
−2.550	−0.289	−0.317	0.648	10.294	−3.156	−2.759	1.033	
−2.600	−0.285	−0.313	0.653	10.583	−3.199	−2.810	1.034	
−2.650	−0.281	−0.309	0.658	10.876	−3.241	−2.861	1.035	
−2.700	−0.277	−0.305	0.663	11.173	−3.283	−2.912	1.036	
−2.750	−0.273	−0.301	0.668	11.474	−3.326	−2.962	1.037	
−2.800	−0.270	−0.297	0.672	11.779	−3.368	−3.013	1.038	
−2.850	−0.266	−0.293	0.677	12.088	−3.411	−3.064	1.039	
−2.900	**−0.263**	**−0.290**	**0.681**	**12.401**	**−3.453**	**−3.115**	**1.040**	短焦
−2.950	−0.259	−0.286	0.685	12.718	−3.495	−3.166	1.041	
−3.000	−0.256	−0.283	0.689	13.039	−3.538	−3.217	1.042	

（7）**变焦参数曲线绘制与取舍**：此时，相关参数计算完成。上述参数均是根据变倍组的位移 Δ_2 计算所得，将上述计算结果绘制成曲线，如图 9-14 所示。首先，根据计算所得的变焦比（图 9-14(f)和(g)）来看，仅有 $\Gamma_{\_1}$ 能满足变倍比从 1 迅速变化至 10。$\Gamma_{\_2}$ 变化速度缓慢，变焦比是从 0.735 到 1 附近，不符合要求。因此判定计算出的补偿组倍率 β_3 的两个解中仅有 β_{3_1} 符合要求。因此仅保留和 β_{3_1} 相关的计算结果。

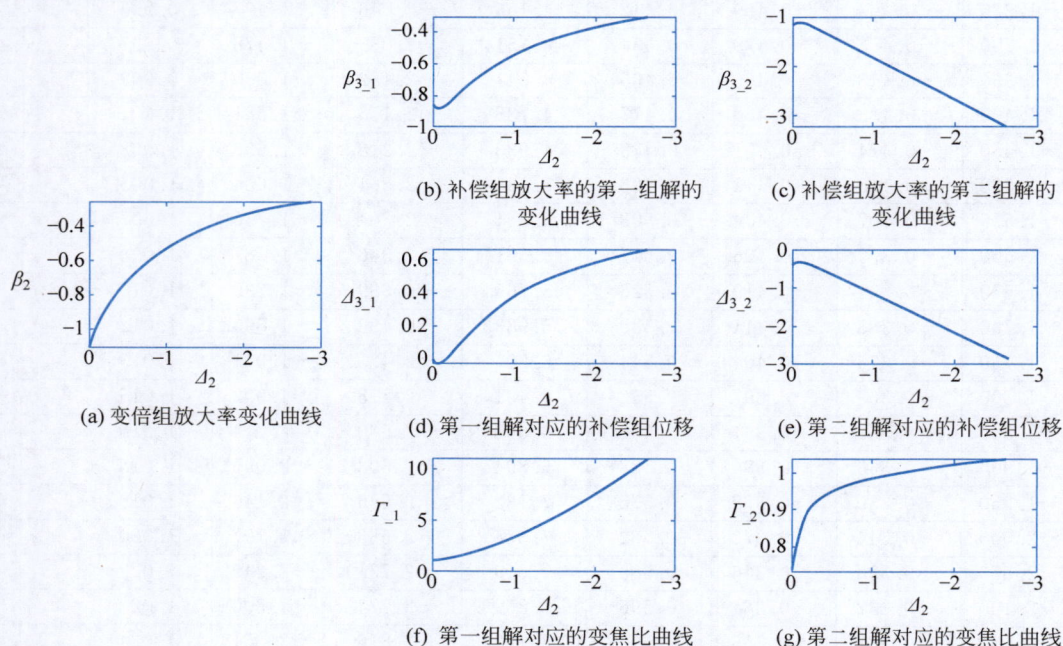

(a) 变倍组放大率变化曲线

(b) 补偿组放大率的第一组解的变化曲线

(c) 补偿组放大率的第二组解的变化曲线

(d) 第一组解对应的补偿组位移

(e) 第二组解对应的补偿组位移

(f) 第一组解对应的变焦比曲线

(g) 第二组解对应的变焦比曲线

图 9-14　变焦参数曲线

（8）**变焦范围确定**：上述计算是从长焦结构开始，初始 $\Delta_2=0$，其对应的变倍比 $\Gamma_{-1}=1$，理论上计算到 $\Gamma_{-1}=10$（对应 $\Delta_2=-2.5$）为短焦位置即可完成 10 倍变焦的设计要求。然而从图 9-14(d)观察到随着 Δ_2 的单调变化，Δ_{3_1} 呈现出一小段非单调变化。即补偿组位移在变焦过程中出现反复移动，这是不允许的。从表 9-3 第四列中也可以看出 $\Delta_2=-0.2$ 之前的 Δ_{3_1} 是一段位移反复的过程，当 $\Delta_2=-0.2$ 时，Δ_{3_1} 重新回到近零位置。为了使补偿组单调运动，取 $\Delta_2=-0.2$ 为初始长焦位置，此时变倍比 $\Gamma_{-1}=1.225$。若要实现 10 倍变焦的设计要求，最终变倍比应当为 $\Gamma_{-1}=12.25$，从表 9-3 中取 $\Gamma_{-1}=12.401$（对应 $\Delta_2=-2.9$）为最终短焦位置。为了方便 Zemax 多重结构设计，可再取一个中焦位置结构（一般变焦比为 $\sqrt{\Gamma}$），即 $\Gamma_{-1}=3.8$ 的位置。

（9）**初始化间隔参量计算**：3 个位置的相关参数可由初始值和表 9-3 中的长、中、短焦位置处的 Δ_2 和 Δ_{3_1} 计算出，如表 9-4 所示。

表 9-4　变焦系统初始化结构参量

	变 倍 比	d_{12}	d_{23}	d_{34}
长焦	1.225	3.2	0.5	0.927
中焦	3.8	2.25	1.862	0.515
短焦	12.4	0.35	3.877	0.25

（10）**前固定组初始焦距计算**：根据式（9-32）计算出前固定组的焦距 $f_1'=0.35+\dfrac{-1\times(1+0.263)}{-0.263}=5.15$，初始值 $f_2'=-1，f_3'=1.2$。

（11）**理想透镜建模**：在 Zemax 中利用理想透镜建模，如图 9-15 所示，其中为了保持 F 数不变，在后固定组位置设置光阑，以光阑口径控制 F/3。模型中显示短焦结构焦距为 0.413，长焦结构焦距为 4.81，二者变倍比约为 11.6。这是由于前面取表 9-3 中长短焦位置的 Γ_{-1} 不完全准确。可以选择一个结构进行间隔参数优化（以准确 10 倍焦距为目标），也可以最后集中优化。

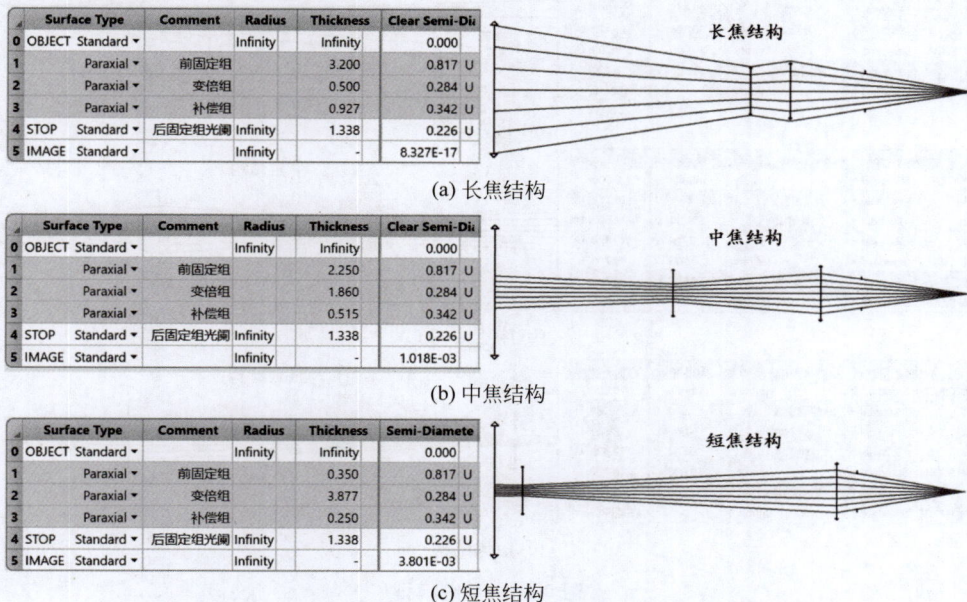

(a) 长焦结构

(b) 中焦结构

(c) 短焦结构

图 9-15　理想透镜建模三透镜组变焦结构

（12）**后固定组设计**：上述 Zemax 设计结果中，考虑到将前三组理想透镜替换成真实透镜组后，其剩余像差还需要一组额外的后固定组矫正，因此需在光阑处设计一后固定组。固定组的归一化焦距设定不可太小，否则给定 f'_4 后，系统总焦距也会随之变得很小，从而系统整体需要放大很多倍才能达到真实焦距指标，会导致系统总长也随之放大，乃至超出指标要求的系统总长。例如设定 $f'_4=1$，其焦距变为 $0.178\sim1.76$，系统总长为 5。当焦距放大到 $16\sim160\text{mm}$ 时，总长达到约 453mm，已经超出设计指标 400mm 了。因此，设定 $f'_4=5$，其焦距变为 $0.327\sim3.287$，系统总长约为 5.6。当焦距放大到 $16\sim160\text{mm}$ 时，总长约为 274mm，系统总长留有一定冗余度，因为理想透镜替换成真实透镜组后会增加系统总长。

（13）**系统优化**：此时将 3 个结构中后固定镜组到像面的距离设为一致（作为统一变量），固定 3 个结构的系统总长一致，优化相关结构参数至准确的焦距值。最后修正光阑口径，达到 F/3 的要求。得到的变焦系统多重结构参数表如表 9-5 所示，系统总长为 276.7mm。通过系统缩放，得到变焦系统各组焦距如表 9-6 所示。系统模型如图 9-16 所示。

表 9-5　变焦系统多重结构参数

	长　焦	中　焦	短　焦
前固定组与变倍组间隔	142.913	107.546	21.063
变倍组与补偿组间隔	29.075	89.231	190.765
补偿组与后固定组间隔	50.504	25.715	10.664

表 9-6　变焦系统各组焦距

镜　头　组	前　固　定　组	变　倍　组	补　偿　组	后　固　定　组
焦距/mm	250.702	−48.680	58.416	243.400

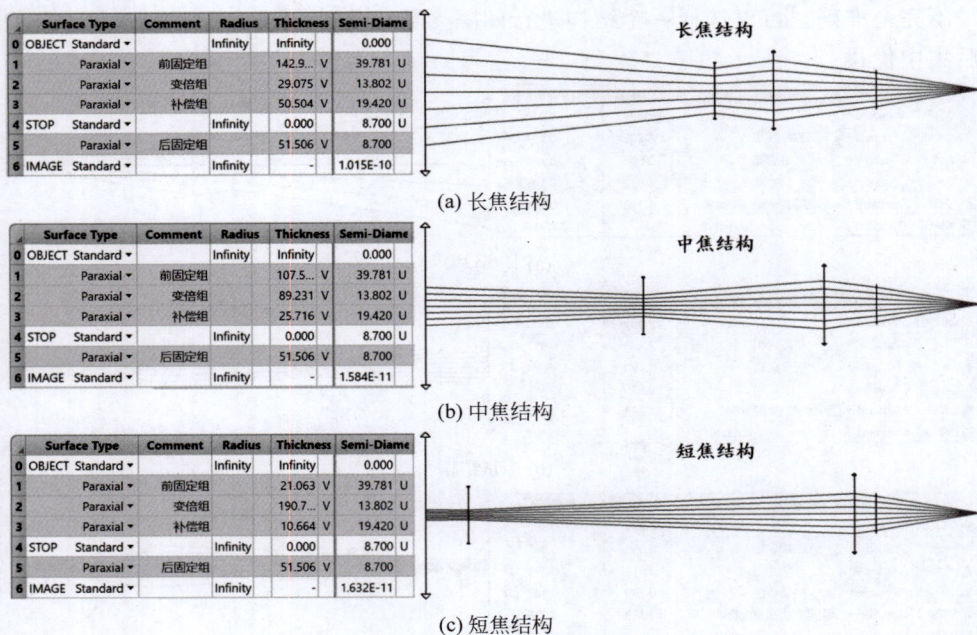

(a) 长焦结构

(b) 中焦结构

(c) 短焦结构

图 9-16　系统模型

（14）**透镜组替代优化**：此时，设计的理想变焦系统已经满足焦距 16～160mm（变倍比 10）和 F/3 的要求，且系统总长为 276.7mm＜400mm。进而可用真实透镜组逐步替代理想镜头，每组需单独矫正像差，后固定组修正整体系统像差。需要注意的是，替代过程中焦距和间距均是以透镜的主面为准，而非透镜组的最后一面。此处不再赘述像差修正过程。

由上述所有分析可知，若设置的归一化初始值不同，则可能得到不同结构的变焦系统。下面便给出了另一种结构的参数计算结果以及最终设计实例。设计结果中，系统结构总长为 375mm，新的多重结构参数如表 9-7 所示。

表 9-7　新的多重结构参数

	长　焦	中　焦	短　焦
前固定组与变倍组间隔	177.512	144.519	5.000
变倍组与补偿组间隔	1.000	53.270	218.340
补偿组与后固定组间隔	46.828	27.550	2.000
Y 半视场/(°)	1	2	10

设计结果及成像质量评价如图 9-17 所示。要获得变焦系统的凸轮曲线，必须优化众多不同结构的间距参数，请读者利用多重结构编辑器数据自行绘制。

镜头编辑器数据

	Surface Type		Radius	Thickness	Clear Semi-
0	OBJECT	Standard ▾	Infinity	Infinity	Infinity
1	(aper)	Standard ▾	516.632	16.790	58.000 U
2	(aper)	Standard ▾	-180.364	6.980	58.000 U
3	(aper)	Standard ▾	819.350	1.000	58.000 U
4	(aper)	Standard ▾	200.269	10.000	53.000 U
5	(aper)	Standard ▾	678.524	5.000 V	53.000 U
6	(aper)	Standard ▾	-1892.277	2.500	21.000 U
7	(aper)	Standard ▾	115.402	5.000	21.000 U
8	(aper)	Standard ▾	-102.891	3.400	19.600 U
9	(aper)	Standard ▾	41.386	6.200	19.600 U
10	(aper)	Standard ▾	2318.989	218.340 V	19.600 U
11	(aper)	Standard ▾	464.791	4.900	19.000 U
12	(aper)	Standard ▾	-172.454	0.170	19.000 U
13	(aper)	Standard ▾	86.926	10.300	19.000 U
14	(aper)	Standard ▾	33.139	9.500	16.000 U
15	(aper)	Standard ▾	-300.747	2.000 V	19.000 U
16	STOP	Standard ▾	Infinity	7.200	7.500 U
17	(aper)	Standard ▾	-27.522	2.000	9.000 U
18	(aper)	Standard ▾	-20.213	2.000	9.000 U
19	(aper)	Standard ▾	-42.863	14.600	9.000 U
20	(aper)	Standard ▾	-131.427	3.270	10.000 U
21	(aper)	Standard ▾	-35.815	8.490	10.000 U
22	(aper)	Standard ▾	29.630	18.990	10.000 U
23	(aper)	Standard ▾	-17.559	5.390	8.000 U
24	(aper)	Standard ▾	35.587	10.980	8.000 U
25	IMAGE	Standard ▾	Infinity	-	2.766

多重结构编辑器数据

Active : 1/3			Config 1*	Config 2	Config 3
1	THIC ▾	5	5.000 V	144.519 V	177.512 V
2	THIC ▾	10	218.340 V	53.270 V	1.000
3	THIC ▾	15	2.000 V	27.550 V	46.828 V
4	YFIE ▾	2	10.000	2.000	1.000

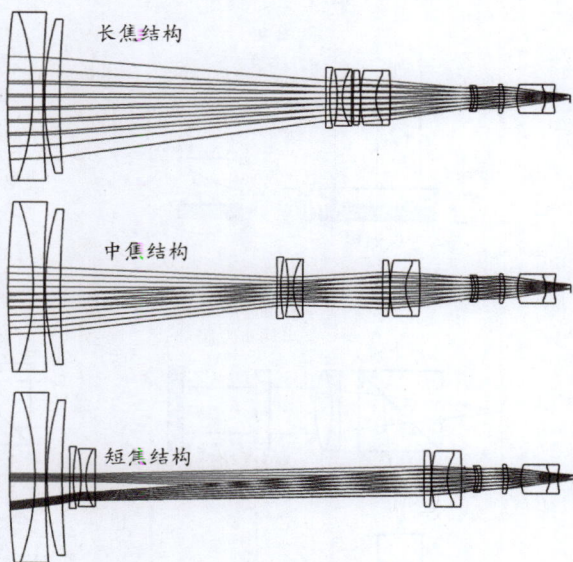

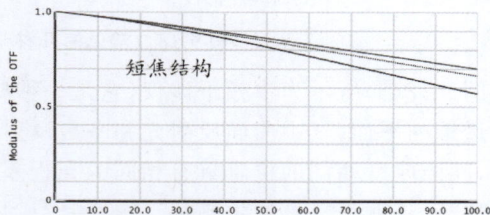

长焦结构

中焦结构

短焦结构

短焦结构

图 9-17　设计结果及成像质量评价

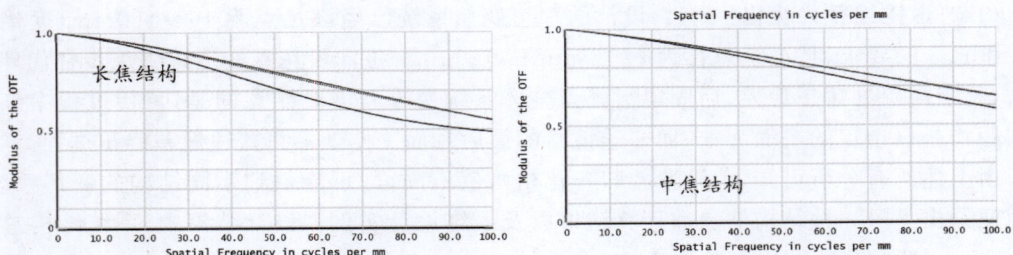

图 9-17 （续）

9.3 激光干涉仪及其多重结构设计

9.3.1 激光干涉仪基础结构

激光干涉仪一般由参考臂和检测臂组成，图 9-18 列出了常见的几种干涉仪结构的基本形式，分别为牛顿（Newton）干涉仪、泰曼-格林（Twyman-Green）干涉仪、菲索（Fizeau）干涉仪及马赫-曾德（Mach-Zehnder）干涉仪。

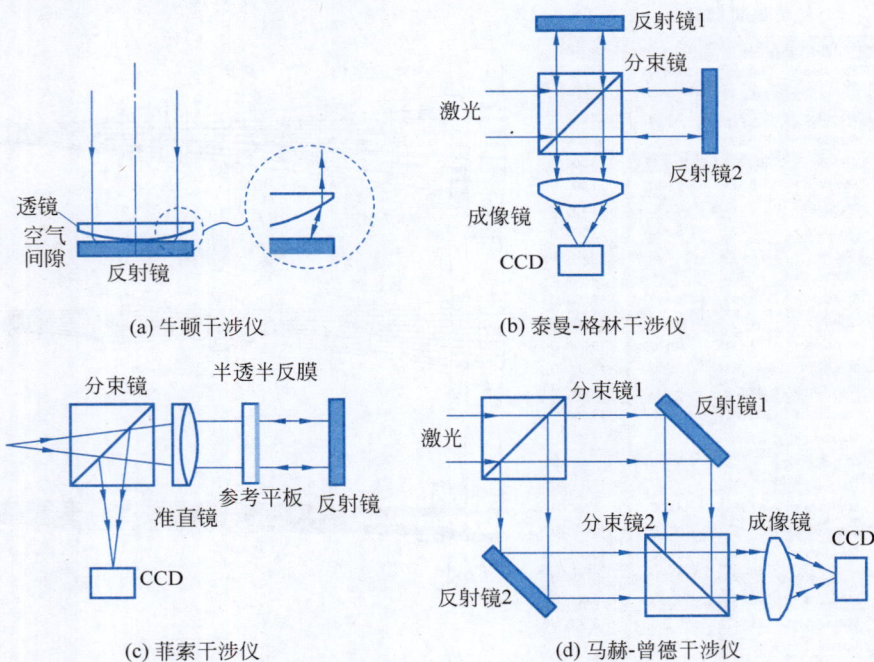

图 9-18 常见的几种干涉仪结构的基本形式

图 9-18(a)所示为牛顿干涉仪，它是一种典型的等厚干涉装置。单色平行光垂直入射至平凸透镜的平面，其中曲面反射光和平板反射镜反射光之间发生干涉，在空气间隙很小的情况下，间隙厚度相同的位置具有相同的光程差，因而将对应同一干涉条纹，从而使干涉图样呈圆环状，这就是常见的牛顿环。图 9-18(b)所示为泰曼-格林干涉仪的基本光路形式之一。平行光束经过分束镜分束后，反射光经反射镜 1 反射，透射光经反射镜 2 反射，两束光在分束镜处相遇发生干涉，干涉图经成像镜成像至探测器（一般采用 CCD 器件）。其干涉条纹为

等厚干涉条纹,意味着同一条纹处在波面等高的地方。相邻条纹的过渡意味着波面对应处的高度差为一个波长。泰曼-格林干涉仪被广泛应用于光学零件表面检测,检测零件时可将被测件放入两支光路的其中一支以替代反射镜1或反射镜2,两路光分别作为检测路和参考路,通过干涉条纹判断被测面表面缺陷,本质上是将被测面和参考面做比较。在学习泰曼-格林干涉仪时需要注意其与迈克尔逊干涉仪的不同。图9-18(c)所示的菲索干涉仪一般作为一种典型的等厚干涉系统应用,发散光经过准直镜准直后成为平行光,该平行光被参考平板后表面(略带楔形)和反射镜反射,两反射光经过分束镜反射后成像至探测器。注意,参考平板后表面略带楔形是为了防止其前表面的反射光进入视场影响干涉图对比度。菲索干涉仪也常被用来进行光学元件表面检测和像差检测,其中反射镜可以换成任意被测平面。该结构最著名的商业化仪器便是美国的 ZYGO 干涉仪。当然,图9-18(c)所示的仅是菲索干涉仪的一种基本结构形式,其经过修改还可以进行球面(包括凹面与凸面)缺陷和光学系统像差检测。图9-18(d)为马赫-曾德干涉仪的基本结构,准直光经分束镜后分为两束,分别由反射镜1和反射镜2反射,通过分束镜2汇合,经过成像镜将干涉条纹成像至 CCD 上。

图 9-19 给出了菲索干涉仪进行光学表面检测的局部测量光路,其中图9-19(a)为检测凹球面光路,图9-19(b)为检测凸球面光路,图9-19(c)为检测有限共轭距光学系统透射像差光路,经后方标准反射镜反射可实现光束两次穿越被测光学系统,图9-19(d)为检测无限共轭距光学系统透射像差光路,原理与有限共轭距光学系统透射像差检测类似。

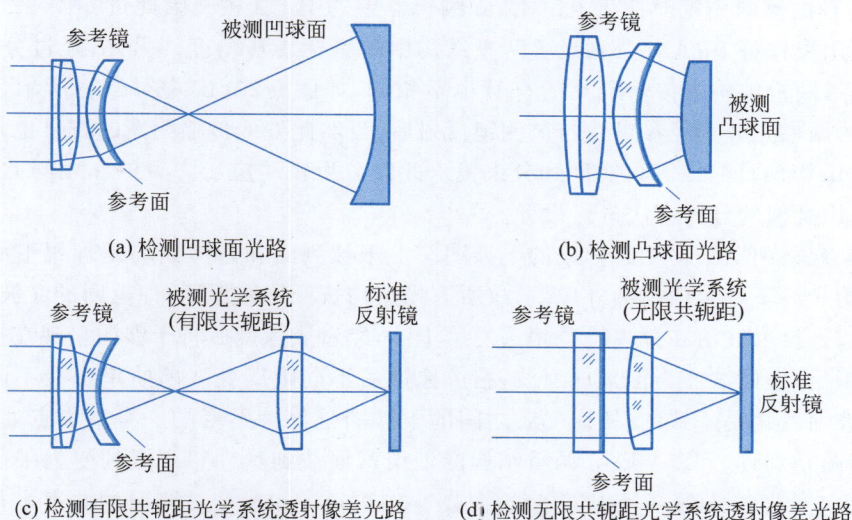

(a) 检测凹球面光路

(b) 检测凸球面光路

(c) 检测有限共轭距光学系统透射像差光路

(d) 检测无限共轭距光学系统透射像差光路

图 9-19　菲索干涉仪进行光学表面检测的局部测量光路

9.3.2　干涉仪 Zemax 仿真设计

1. 泰曼-格林干涉仪设计

常见双光束干涉仪结构最主要的特征是存在两个干涉臂,在设计中并非顺序光路,需要多重结构的配合。以用于平面检测的泰曼-格林干涉仪为例,采用理想器件(薄膜分束镜和理想透镜)情况下,对于干涉仪的仿真设计可以采用如图9-20(a)所示的两重结构实现。

两重结构的区别在于分束镜后的光路走向不同,可用如图9-20(b)所示多重结构编辑

视频讲解

视频讲解

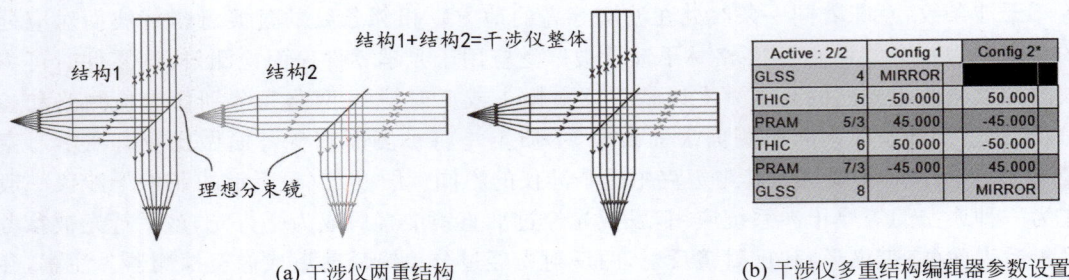

Active : 2/2		Config 1	Config 2*
GLSS	4	MIRROR	
THIC	5	-50.000	50.000
PRAM	5/3	45.000	-45.000
THIC	6	50.000	-50.000
PRAM	7/3	-45.000	45.000
GLSS	8		MIRROR

(a) 干涉仪两重结构   (b) 干涉仪多重结构编辑器参数设置

图 9-20 干涉仪两重结构设计

器进行参数设置。以第一次分光为例,在两重结构中,分束镜的作用不同。对于结构 1 来说,分束镜是反射镜作用;对于结构 2 来说,分束镜是一个透射平板作用。这就意味着在两重结构下,分束镜的材料不同,如图 9-20(b)的第一行所示。此后光束在两重结构中的走向不同,即在两重结构中坐标方向不同,因此需要在两重结构中设置不同的坐标断点。其中,分束镜前面的坐标断点一致,均绕 x 轴旋转 45°,因此不需要分结构设置;后面的断点坐标分别绕 x 轴旋转了 45° 和 −45°,需要在两重结构中分别设置。值得注意的是 Zemax 中并没有针对坐标断点的专门操作符,但是 Zemax 的 lens Data 编辑器中设置了一些自由参数栏(Par 1—Par 8),可以设置为不同操作符 PRAM。如此处的分束镜后的坐标断点为第 5 个面,其绕 x 轴的倾斜角度对应于 lens Data 编辑器中的 Par 3 栏。因此可如图 9-20(b)第三行所示,利用操作符 PRAM 分别设置两重结构中的坐标旋转角度。另外,经过分束镜后的坐标断点后,两重结构中传输距离的符号也不相同,如图 9-20(b)中第二行所示。此后,分束镜分开的两束光分别经参考镜与被测镜反射后(当然此处的传输距离的符号也是相反的,见图 9-20(b)第四行),二者再次回到分束镜。此时分束镜对应于二者的作用与此前正好相反,可以采用类似的分析方法进行设置。

接下来观察两重结构光路形成的干涉图。由于被测面和参考面均是理想平面反射镜,二者反射的光波不产生任何额外像差,故所有光路均按照原路返回,即返回的光波均属于理想平面波前。反射波前在分束镜处相遇发生干涉,经过成像镜后将干涉图呈现在探测器处。经过成像镜后,平面波变为汇聚球面波,在成像镜后不同距离处波前曲率半径不同,但两重结构中的波前变化是一致的,所以二者之间的干涉图是保持不变的。考察焦点处的波前和干涉图,如图 9-21(a)和(b)所示,两重结构的汇聚球面波到达理想焦点处变为平面波前(曲率半径变为 0),二者干涉图呈现零条纹(见图 9-21(c))。如改变被测面的曲率半径,在双重结构编辑窗口中增加操作符 CRVT(曲率)调控两个结构中参考面和被测面的曲率,参考面曲率保持不变,被测面曲率变为 −0.0005,即其曲率半径变为 $1/(−0.0005) = −2000$mm,即被测面变得弯曲,其反射的平面波将携带像差,无法原路返回。两重结构在最终成像镜焦点处的波前如图 9-21(d)和(e)所示,产生如图 9-21(f)所示的干涉条纹。

注意,在序列模式下,干涉图分析是直接将不同结构中像面上的波前进行差分求余弦所得,而不管这些结构的对应光线是否相交于一处。此时,即使在 3D Layout 中看到两个结构的像面根本不在同一个位置,也是可以进行干涉分析的,与结构方式无关。

从上述分析可以看出,在干涉仪多重结构仿真中,最主要的就是明确分束镜在两个干涉臂中的对应作用。实际中常见的分束镜有两种,如图 9-22 所示,一种是分光平板,一种是分

(a) 第一重结构的汇聚球面波到达
理想焦面处的波前

(b) 第二重结构的汇聚球面波到达
理想焦面处的波前

(c) 两重结构中波前干涉图

(d) 被测面弯曲后第一重结构的汇聚
球面波到达理想焦面处的波前

(e) 被测面弯曲后第二重结构的汇聚
球面波到达理想焦面处的波前

(f) 被测面弯曲后两重结构中
波前干涉图

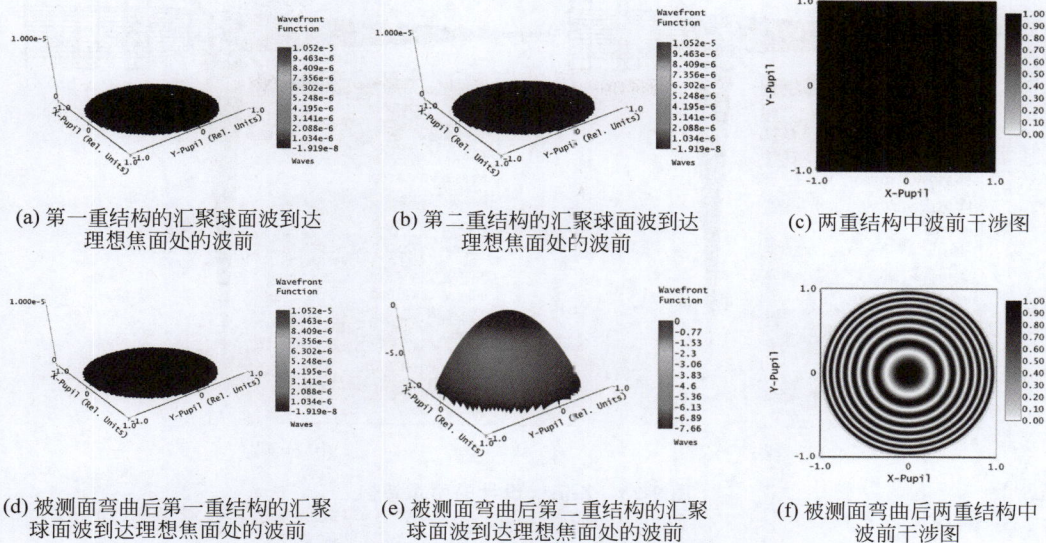

图 9-21　泰曼-格林干涉仪的两臂波前与干涉图

束立方体。分光平板是将半透半反膜镀在光学平板的其中一个表面,分束立方体是将膜层
镀在立方体对角斜面上。读者可以尝试利用这两种分束结构替代图 9-20 中的理想分束镜。

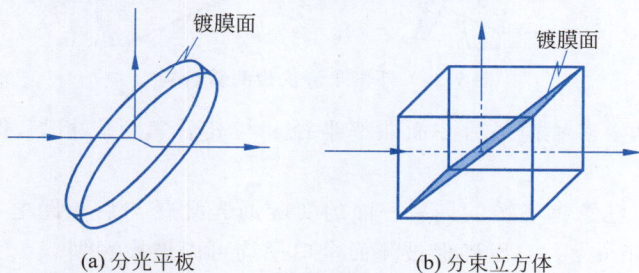

(a) 分光平板

(b) 分束立方体

图 9-22　分束镜基本类型

2. 菲索干涉仪设计

菲索干涉仪本质与泰曼-格林干涉仪一样,只不过相比泰曼-格林干涉仪,菲索干涉仪更
像一个共路干涉仪。首先依然采取理想器件进行如图 9-18(c)所示的菲索结构设计,Zemax
设计的两重结构分别如图 9-23(a)和(b)所示,两重结构的区别在于检测路比参考路多了一
段从参考面到检测面的光路,因此只要将检测路的这一段光路距离设为零,即可变为参
考路。

如果该菲索干涉仪针对的被测面是球面呢? 例如设计一个检测 $R=400\text{mm}$,口径 $D=$
80mm 的凹球面反射镜的菲索干涉仪($\lambda=632.8\text{nm}$),要求其检测精度达 $1/10\lambda$ PV。其检测
臂结构如图 9-24 所示,与上述结构不同的是参考面的设计。首先,参考镜出射的必须是汇
聚或发散的球面波,该波前在某处的曲率半径需与被测面半径一致,此时该波前所有点的法
线均与被测面垂直,因此光波可沿原路返回,这是设计的基本要求。其次,参考光波如要出
现零像差,也必须按原路返回,这就要求参考镜出射光波前法线与参考镜最后一面垂直。这
就给参考镜的优化提出了更多要求,如图 9-24 所示。

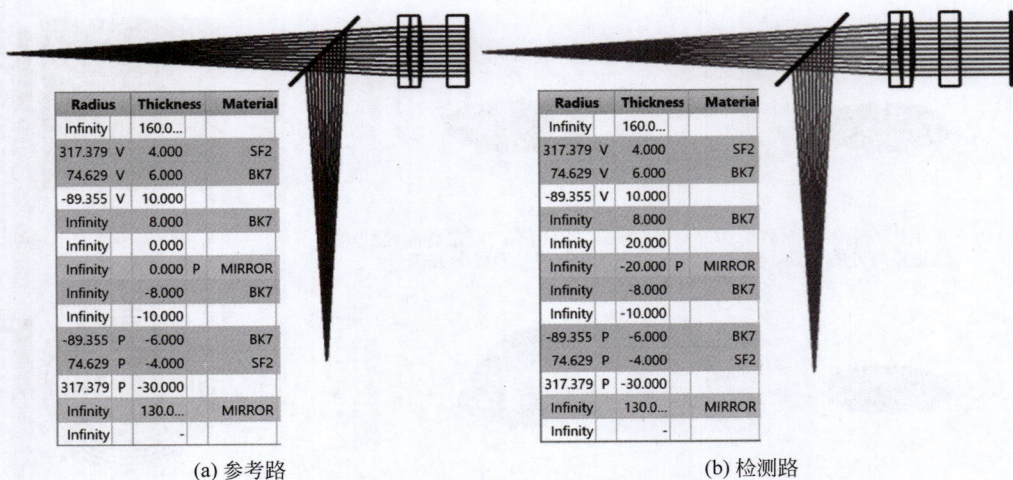

(a) 参考路 (b) 检测路

图 9-23 Zemax 设计的两重结构

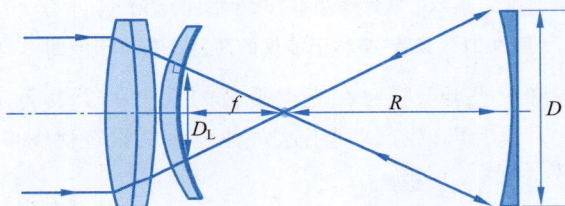

图 9-24 菲索干涉仪检测臂结构

(1) 参考镜精度:参考镜最后一面曲率半径 r 与其后焦距 f 相等,保证参考面反射波前精度小于 $1/10\lambda$。

(2) 检测范围:注意参考镜的最后一面的实际通光孔径与后焦距之比应满足 $D_L/f > D/R = 80\text{mm}/400\text{mm} = 0.2$,以确保被测面全口径均可以被检测到。

(3) 平面波穿过参考镜后,经理想被测面反射再次透过参考镜的波前像差小于 $1/10\lambda$。

综上所述,具体设计过程如下。

(1) **第一步:参考镜设计**。首先设计参考镜,如图 9-25 所示,这里需要明确参考镜的后焦距,按照约束条件(1),设置参考镜后焦距(参考镜最后一面至焦点的距离)跟随参考镜最后一面的曲率半径。利用默认优化函数(最小点列图半径目标)进行优化,结果如图 9-25 所示,最后一面曲率半径与后焦距一致的情况下(87.329mm),焦点处点列图 RMS 半径约为 $0.005\mu\text{m}$。

这里的镜头的最后一个表面口径没有进行人为定义,让其自动生成(8.233mm),通过这个操作可以观测到目前 $D_L/f = 2 \times 8.233/87.329 = 0.189 < 0.2$,因而其后续传输波前将无法覆盖被测面全口径。可见,仅按照约束条件(1)进行优化并不一定能直接达到设计要求。因此应加入约束条件(2),即要求参考镜的后焦距(表面 8 与焦点的间距)与其最后一面(表面 8)的有效通光孔径之比大于或等于 0.2。因此在默认的优化函数中应再次插入几个补充的优化操作符,用来满足约束条件,如图 9-26(a)所示。所插入的优化操作符分别为 CTVA(表面 8 的厚度,此处显示为 87.329mm),DMVA(表面 8 的口径,此处显示为 16.466mm),DIVI(上述两个操作符的比值,此处显示为 0.189),OPGT(对上述两个操作的

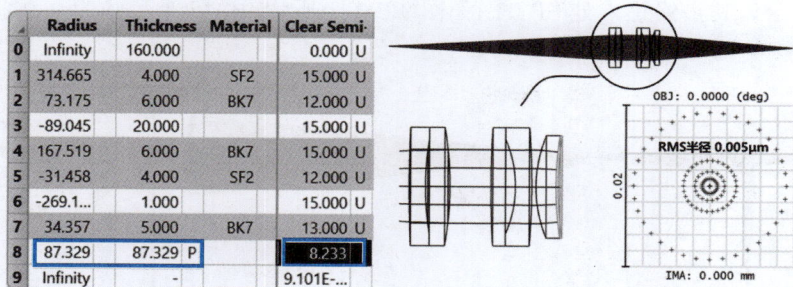

图 9-25 菲索干涉仪参考镜初步优化结果

比值设置优化目标,最小值为 0.2,优化权重为 0.5)。经优化后,结果如图 9-26(b)所示,由图可见此处 DIVI 操作符显示的上述比值已达到 0.2,满足条件。

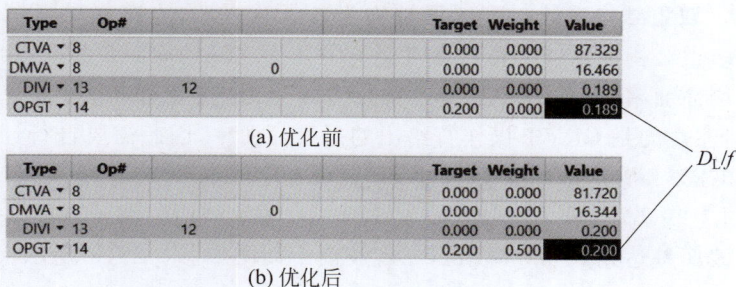

Type	Op#					Target	Weight	Value
CTVA ▾ 8						0.000	0.000	87.329
DMVA ▾ 8			0			0.000	0.000	16.466
DIVI ▾ 13	12					0.000	0.000	0.189
OPGT ▾ 14						0.200	0.000	0.189

(a) 优化前

Type	Op#					Target	Weight	Value
CTVA ▾ 8						0.000	0.000	81.720
DMVA ▾ 8			0			0.000	0.000	16.344
DIVI ▾ 13	12					0.000	0.000	0.200
OPGT ▾ 14						0.200	0.500	0.200

(b) 优化后

D_L/f

图 9-26 菲索干涉仪参考镜设计添加优化操作符

优化设计结果如图 9-27 所示,由图可见其 $D_L/f=2\times 8.880/88.489=0.2$,焦点处点列图 RMS 半径约为 $0.005\mu m$。

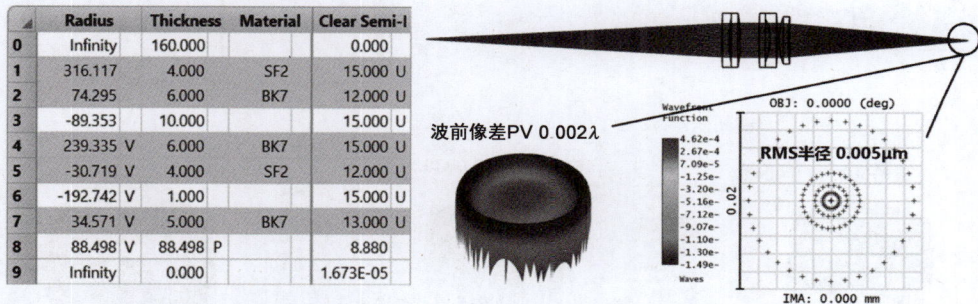

图 9-27 菲索干涉仪参考镜优化设计结果

值得注意的是,这里要判断参考镜的精度,即判断最后一面反射波前的像差。可以做个初步判断,观察焦点处的波像差(见图 9-27),其 PV 约 0.002λ,因此可判断在焦点处若放置反射镜让光路原路返回,其波像差约被放大至两倍。由于在设计时焦点的精度与参考面直接相关,故可以推断此处参考面反射波前像差也约等于焦点处波像差的两倍,远小于设计精度 $1/10\lambda$ 要求。

(2) **第二步:检测光路设计**。接下来进行检测臂光路设计,根据上述设计结果可知检测面大概位置为从参考镜焦点处向后 400mm(被测面 R),将上述聚焦光路从焦点处继续向后延伸(最后的像面距离从 88.498mm 延伸至 488.498mm),并设置被测面返回光路,如

图 9-28(a)所示。其最终焦点处 SPT 图如图 9-28(b)所示，RMS 半径约为 $0.009\mu m$，几何半径约为 0.015λ。

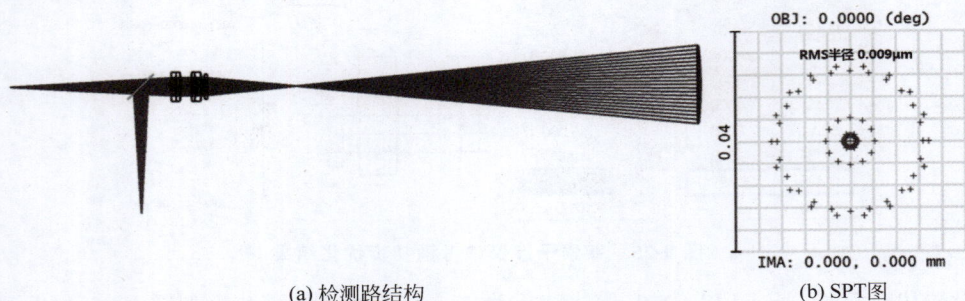

(a) 检测路结构 (b) SPT图

图 9-28　菲索干涉仪检测路设计结果

（3）**第三步：双重结构设计**。第二重结构为参考臂光路，光路在参考镜最后一面即被反射回，因此在多重结构编辑器中可将参考镜与被测面之间的间距设置为零，即引入 THIC 操作符，并将被测面曲率半径（CRVT 操作符）与口径（SDIA 操作符）设置为与参考镜最后一面一致。值得注意的是 CRVT 操作符给出的是表面曲率，因此需要自行计算参考面的曲率，也可以利用 CRVT 操作符计算显示曲率，然后在下一行跟随即可，如图 9-29(a)所示。参考臂结构如图 9-29(b)所示，图 9-29(c)为 SPT 图，两重结构的波前如图 9-19(d)所示，均优于设计要求，波像差达到 0.0003 波长，二者波前干涉图如图 9-29(e)所示。

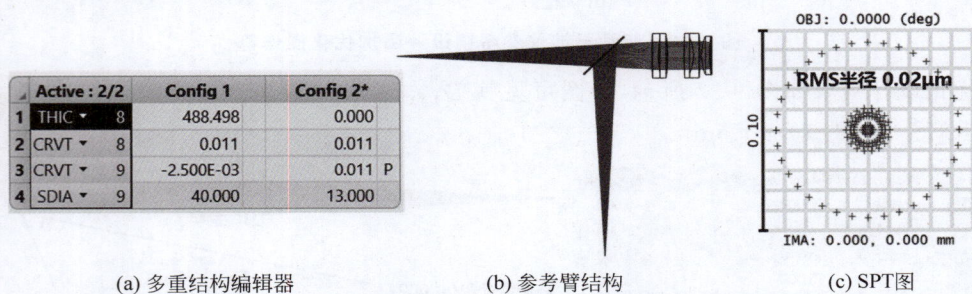

Active : 2/2		Config 1	Config 2*
1 THIC ▾	8	488.498	0.000
2 CRVT ▾	8	0.011	0.011
3 CRVT ▾	9	-2.500E-03	0.011 P
4 SDIA ▾	9	40.000	13.000

(a) 多重结构编辑器 (b) 参考臂结构 (c) SPT图

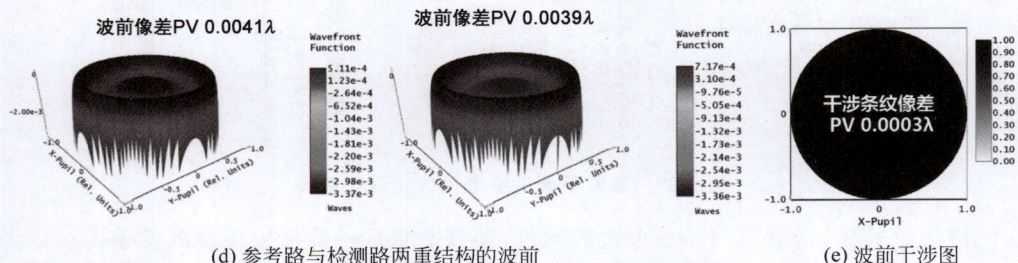

波前像差 PV 0.0041λ　　波前像差 PV 0.0039λ

(d) 参考路与检测路两重结构的波前 (e) 波前干涉图

图 9-29　菲索干涉仪参考路设计结果

拓展阅读

超大型干涉仪——LIGO

1915 年，那位伟大的思想巨人爱因斯坦，用他笔下那如诗如画的场方程，揭示了引力的奥秘——时空如何指挥物质起舞，物质如何引领时空弯曲。在他的思绪中，自然而然地出现了这个问题：当物质在时空中翩翩起舞时，时空的纹理又将怎样随之变幻呢？很快，他就捕捉到了一个他称为引力波的数学精灵。这个精灵的舞步如此神奇，以至于当它向你走来时，你会忽而变得又高又瘦，忽而又矮又胖，如同被施了魔法般循环往复。当然，这种变化是如此的细微，几乎无法察觉，以至于爱因斯坦很快就断定，这引力波是人类所无法捕捉到的。

2015年9月14日，一个看似平凡的日子，却在历史的长河中留下了浓墨重彩的一笔。这一天，人类对宇宙的认知迎来了一场革命性的突破。从此，人类开启了全新的方式倾听宇宙的心跳。这一切，都要归功于两个激光干涉引力波天文台（Laser Interferometer Gravitation Wave Observatory，LIGO）的引力波探测器。在一个宁静的夏夜，它们犹如宇宙的耳朵，捕捉到了一阵时空的涟漪。这串名为GW150914的引力波信号，穿越了十几亿光年的距离，最终传入人类的耳畔。当后世的考古学家回望这段历史时，他们或许已经无法记起这个信号背后的具体细节：那是两个分别为29倍和36倍太阳质量的超恒星级黑洞并合产生的信号；并合发生在北京时间下午5:51；信号的频率在短短0.2s内从20Hz跃升至150Hz。然而，他们一定会铭记，人类首次直接探测到引力波信号的那一年，恰恰是爱因斯坦发表广义相对论的一百周年。这一巧合仿佛是历史的安排，为这场宇宙探索增添了几分神秘的色彩。

LIGO项目由两个地点相距约3000km的探测站点组成，一个位于美国华盛顿州的汉福德镇，另一个位于路易斯安那州的利文斯顿镇，每台设备都是一个L形的结构，如图9-30所示。LIGO的核心是上述两个长臂相互垂直的L形光路，每条臂长约4km，共同组成了一个干涉仪结构。L形的两条臂都被抽成了真空，压强仅有大气压的一万亿分之一。光路行进在1.2m宽的真空钢管中，并覆盖有10英尺宽、12英尺高的混凝土防护罩，保护真空管不受周围环境的影响。激光束在这些管道内往复传播，当引力波通过时，它们会微微扭曲时空本身，导致空间伸展或收缩，进而使得LIGO的臂长发生极微小的变化。这种变化是如此细微，以至于需要探测小到质子直径的万分之一的变化。

图 9-30　LIGO 布局图

要实现这一壮举，LIGO的技术团队必须解决一系列前所未有的技术挑战。首要的挑战是隔离振动。地球的自然环境充满了各种频率的振动，从轻微的风震到远处交通的隆隆声，甚至地震活动都可能影响仪器的灵敏度。为此，LIGO采用了多层隔离系统，包括地震摆和振动隔离平台，以最大限度地减小这些干扰。LIGO的激光器也必须极为稳定。常规的激光频率可能会漂移，而LIGO需要的是连续稳定的光源来进行长时间的测量。因此，LIGO运用了特殊的稳定技术，确保激光的频率几乎不变。此外，LIGO的镜面也展示了人类工艺的极限。这些镜面的抛光精度高达原子级列的平滑度，以便激光能在其中反射数千次而不损失光强。这样的精度要求,无疑将材料科学推向了一个新的高度。数据处理也是 LIGO 项目的一个关键部分。每次探测所产生的数据量巨大,需要强大的计算机算法进行实时分析和处理。LIGO 的科研团队开发了复杂的软件来识别引力波信号,并将它们与背景噪声区分开。

自 2015 年首次探测到引力波以来,LIGO 已经取得了多项重大成果,开启了天文学的一个新窗口。它不仅证实了引力波的存在,还揭示了黑洞和中子星等奇异天体的性质。未来 LIGO 的灵敏度还有望进一步提高。这意味着它将能够观测到更远、更弱的引力波事件,从而拓宽我们对宇宙极端事件的理解。

习题

1. 根据分光平板中镀膜面的不同朝向,尝试仿真所对应泰曼-格林干涉仪,并观察其结构设计有何不同。

2. 设计一个 10 倍变焦系统,设计指标如下。

(1) 焦距:20~200mm(变倍比 10)。

(2) 系统总长:小于 400mm。

(3) 工作波长:400~700nm。

(4) F♯:4。

(5) 视场角:2°~20°。

(6) MTF:大于 0.3@100lp/mm。

(7) 弥散斑 RMS 半径:小于 $5\mu m$。

3. 利用双重结构设计如图 9-18(d)所示的马赫-曾德干涉结构。

4. 用 Zemax 仿真一个分束立方体。

5. 设计一个 F/5,通光孔径为 100mm 的菲索干涉仪参考镜,要求波前精度(PV)优于 $\lambda/20(\lambda=632.8nm)$。

第10章 高斯(激光)光学设计

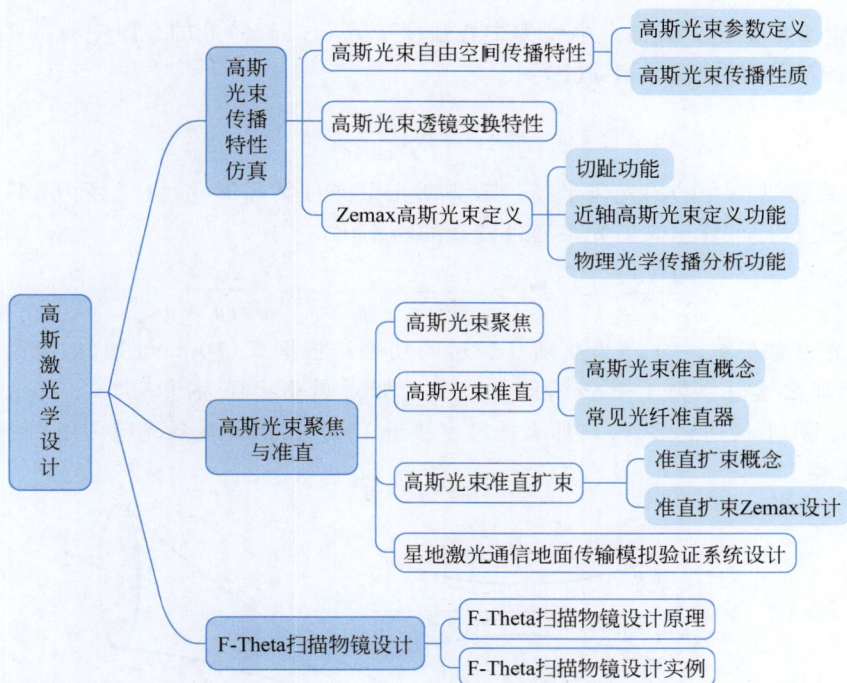

高斯激光学设计
- 高斯光束传播特性仿真
  - 高斯光束自由空间传播特性
    - 高斯光束参数定义
    - 高斯光束传播性质
  - 高斯光束透镜变换特性
  - Zemax高斯光束定义
    - 切趾功能
    - 近轴高斯光束定义功能
    - 物理光学传播分析功能
- 高斯光束聚焦与准直
  - 高斯光束聚焦
  - 高斯光束准直
    - 高斯光束准直概念
    - 常见光纤准直器
  - 高斯光束准直扩束
    - 准直扩束概念
    - 准直扩束Zemax设计
  - 星地激光通信地面传输模拟验证系统设计
- F-Theta扫描物镜设计
  - F-Theta扫描物镜设计原理
  - F-Theta扫描物镜设计实例

【知识目标】
◆ 掌握高斯光束传输基本特性与自由传输公式。
◆ 了解激光准直需求与概念,掌握激光准直方法和常用结构。
◆ 了解 Zemax 高斯光束设计方法。
◆ 掌握 F-Theta 扫描物镜原理与设计方法。

【技能目标】
◆ 能够根据参数要求利用 Zemax 实现多种激光准直结构设计,并完成高斯传播属性查看。
◆ 能够根据参数要求利用 Zemax 实现扫描物镜设计。

■■ 10.1 高斯光束传播特性仿真 ◆

10.1.1 高斯光束自由空间传播特性

高斯光束一般由具有稳定谐振腔的激光器发出,其在自由空间传输的特性描述如图 10-1 所示,设光束沿 z 轴方向传播,光斑在径向上振幅和强度始终保持高斯分布特性,光强表达式为

$$I(r) = I_0 \exp\left(\frac{-2r^2}{\omega(z)^2}\right) \tag{10-1}$$

式中,I_0 为光斑中心处的峰值强度;r 为离轴的径向距离;$\omega(z)$ 为传播距离 z 处的光斑半径参数,其定义是半径 r 方向上强度为中心强度 $1/e^2$(13.5%)处的点距中心的距离。不同距离 z 处具有不同的光斑半径 $\omega(z)$:

$$\omega(z) = \omega_0 \left[1 + \left(\frac{\lambda z}{\pi \omega_0^2}\right)^2\right]^{1/2} \tag{10-2}$$

式中,ω_0 为束腰处($z=0$)的光斑半径。若高斯光束穿过某圆形孔径(半径为 a),通过在整个圆形孔径上积分可算出高斯光束通过圆孔的功率比:

$$\frac{P(a)}{P} = \int_0^a I(r) \frac{2\pi r \, dr}{P} = 1 - \exp\left(\frac{-2a^2}{\omega(z)^2}\right) \tag{10-3}$$

式中,P 为光束总功率;$P(a)$ 为从圆孔透过的功率。根据式(10-3)可知,如果圆孔半径刚好为 $\omega(z)$,那么透过率为 $1-1/e^2$,即 86.5%;如果圆孔半径为 $0.5\omega(z)$,那么透过率为 39%;如果圆孔半径达到 $2\omega(z)$,那么透过率接近 100%。因此在激光应用中需注意光学元件的通光孔径。

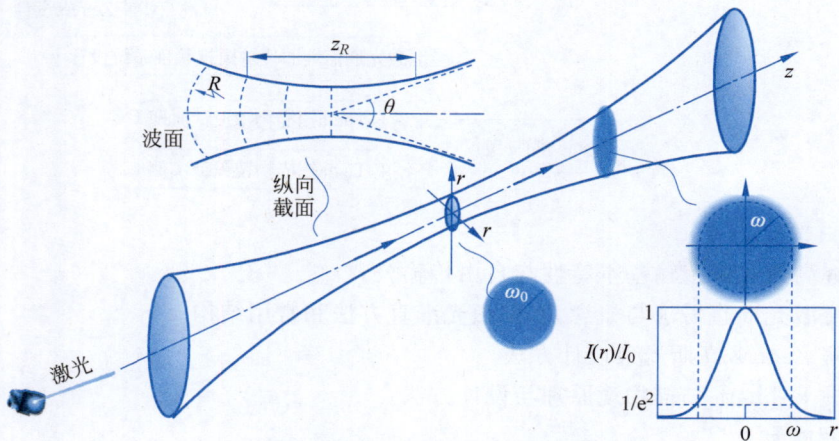

图 10-1 高斯光束传输特性描述

高斯光束波面可近似看成非均匀球面波,曲率中心随传播过程而不断改变,等相位面始终为球面,其不同传播距离 z 处的波面曲率半径为 $R(z)$:

$$R(z) = z \left[1 + \left(\frac{\pi \omega_0^2}{\lambda z}\right)^2\right] \tag{10-4}$$

$z=0$ 和无穷大处波前曲率半径为无穷大，即平面波。随着高斯光束传播，其波前曲率半径逐渐变大，光束逐渐趋于发散，其发散角定义为

$$\theta = \frac{\lambda}{\pi\omega_0} \tag{10-5}$$

θ 是远场近似值，因此其不能准确反映束腰附近的发散，但与束腰的距离越远，θ 越准确。

从高斯光束传输公式角度考虑是否有减小发散角的方法？可以看出束腰越小，发散角越大；束腰越大，发散角越小（或者光束越准直）。在任何一束高斯光束的传播中，在其束腰附近一定传播距离内，光束的发散角都保持在较小的程度。定义瑞利长度 z_R，即束腰（在传播方向上）与光束半径增加到 $\sqrt{2}\omega_0$ 处的距离：

$$z_R = \frac{\pi\omega_0^2}{\lambda} \tag{10-6}$$

此处，光斑面积比束腰处增大一倍。一般在 $z < z_R$ 的距离内认为光束近乎于准直光束。可见，束腰越小，发散角越大，瑞利距离越短；束腰越大，发散角越小，瑞利距离越长。因此，增加瑞利长度（准直距离）的有效手段是增大束腰半径 ω_0。

10.1.2　高斯光束透镜变换特性

如图 10-2(a)所示，从左侧入射到透镜上的高斯光束，通常会在透镜右侧转换成不同的高斯光束。要完全确定透镜后的高斯光束，必须知道两个参数：束腰尺寸 ω_{02}，以及镜头与光束束腰之间的距离 d_2。可以通过透镜后光斑尺寸 ω_2 和曲率波前半径 R_2 确定上述两个参数。很明显，透镜前后光斑大小相等，$\omega_2 = \omega_1$，否则光能传播将不连续，能量会突然出现或消失，这样就只需观察波前曲率半径在穿过透镜时的变化了。

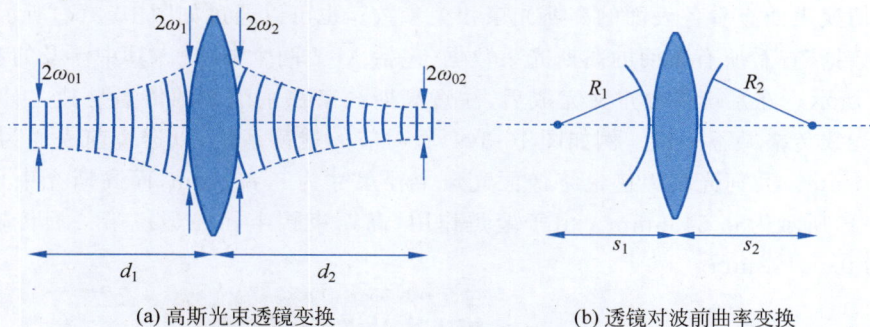

(a) 高斯光束透镜变换　　　　　(b) 透镜对波前曲率变换

图 10-2　高斯光束透镜变换计算

为了了解透镜如何改变入射波前，考虑在薄透镜左侧距离 s_1 处的一个点光源，如图 10-2(b)所示，球面波从这个点源向外辐射，到达透镜时曲率半径为 R_1。波前经过透镜后，曲率半径为 R_2，波前收敛到透镜右侧距离 s_2 处的一点。采用符号约定，发散的波前 R 为正，收敛的波前 R 为负。根据这个符号约定，$R_1 = s_1$，$R_2 = -s_2$。焦距为 f 的透镜的物距 s_1 和像距 s_2 由透镜方程表示，如式(10-7)所示：

$$\frac{1}{s_1} + \frac{1}{s_2} = \frac{1}{f} \tag{10-7}$$

将式(10-7)改写为波前曲率半径的形式：

$$\frac{1}{R_1} - \frac{1}{R_2} = \frac{1}{f} \qquad (10\text{-}8)$$

因此,薄透镜对波前的影响是根据式(10-8)改变曲率半径。任何一种情况下,只要遵循 R 的符号约定,都可以应用式(10-8)求透镜后的波前曲率半径。在求得 R_2 和 ω_2 后,即可利用式(10-4)和式(10-2)确定透镜变换后的高斯光束特征参数:束腰尺寸 ω_{02} 以及镜头与光束束腰之间的距离 d_2。

10.1.3 Zemax 高斯光束定义

根据上述分析可知,利用几何光线的传播无法定义高斯光束的状态,尤其在远场衍射的情况下二者差距较大。Zemax 提供了相关高斯光束的定义功能。

1. 切趾(Apodization)功能

Zemax 序列模式下利用系统孔径设置中的"切趾"功能可以实现出射光束能量的高斯分布定义。"切趾"就是指将当前光束能量分布的边缘截断,Zemax 中使用切趾类型来定义入瞳上的光束沿半径方向的强度分布函数。Zemax 提供了三种切趾类型:均匀分布、高斯分布、余弦立方分布。在描述高斯光束时,切趾就是用来定义高斯光束束腰大小的。值得注意的是,这里的"切趾"设置只是将光束截面的光强分布修改成了高斯分布,但是其光束传播特性依然服从几何光学传播特性,并没有涉及高斯光束的发散传播特性。

2. 近轴高斯光束定义功能

Zemax 提供了"近轴高斯光束"(Paraxial Gaussian Beam Data)定义功能。图 10-3(a)为一简易聚焦系统,可在设置中进行入射光束的参数定义,如图 10-3(b)所示,包括束腰半径(此处设为 2mm),入射光束束腰位置(距离系统表面 1 的位置,左负右正,此处设置为 0),可以通过切换表面查看各表面的高斯光束相关参数。也可以通过如图 10-3(c)所示的"近轴高斯光束数据"查看所有表面的高斯光束数据(包括 X、Y 两个方向)。其中涉及的参数定义如表 10-1 所示。在系统参数定义完成后,注意高斯光束在系统中的传播是独立计算的,和几何光学光线传播并不一致。例如图 10-3(a)所对应的透镜系统,以透镜前表面为光阑,光阑直径为 4mm。几何光线追迹最终像面光斑半径尺寸为 0.835mm,而高斯光束计算结果如图 10-3(c)所示为 0.8436mm。由于聚焦作用,高斯束腰半径在透镜第一面传输后即从 2mm 变为 0.00192mm。

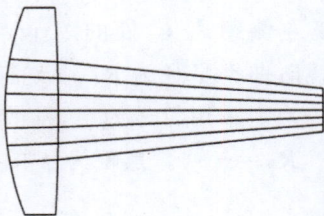

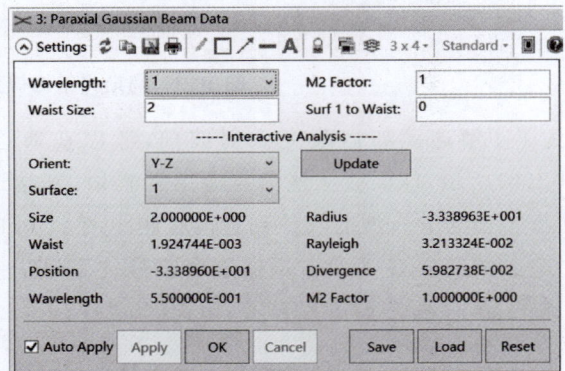

(a) 简易聚焦系统　　　　　(b) 近轴高斯光束数据查看功能中入射光束的参数定义窗口

图 10-3　聚焦系统近轴高斯光束分析

```
Input Beam Parameters:
Waist size            :  2.00000E+00          入射高斯光束参数
Surf 1 to waist distance:  0.00000E+00
M Squared             :  1.00000E+00

Y-Direction:
                                              光学系统各个表面
Fundamental mode results:                     高斯光束参数
Sur    Size            Waist           Position        Radius          Divergence      Rayleigh
STO    2.00000E+00     1.92474E-03     -3.33896E+01    -3.33896E+01    5.98274E-02     3.21332E-02
 2     1.88020E+00     1.68893E-03     -1.81386E+01    -1.81386E+01    1.03288E-01     1.62934E-02
IMA    8.43630E-01     1.68893E-03     -8.13862E+00    -8.13866E+00    1.03288E-01     1.62934E-02
```

(c) 近轴高斯光束数据

图 10-3 （续）

表 10-1　近轴高斯光束特征参数含义

参　　数	含　　义	备　　注
Size	当前表面上光斑半径	
Waist	当前表面上光束所对应束腰半径	该表面之后的传播束腰半径
Position	当前表面上光束所对应束腰的位置	左侧距离为负，右侧距离为正
Radius	当前表面上光束的波前曲率半径	
Divergence	当前表面上光束所对应的发散角	
Rayleigh	当前表面上光束多对应的瑞利长度	

3. 物理光学传播分析功能

Zemax 序列模式下物理光学传播（Physical Optics Propagation，POP）分析功能可以进行光束的波动学传播定义，其中涉及高斯参数的定义，用于模拟波前在光学系统里从表面到表面的传播行为，充分考虑了光的相干性。POP 分析在本质上是利用每个采样点上的复振幅分布组成的传播矩阵与系统中的各个光学表面进行相互作用。进行 POP 分析时，采样点阵中的每个点都储存了光束波前的复振幅信息。可以自行定义复振幅的维度、采样率和纵横比。波前在两个面之间的传播可采用菲涅尔衍射或者角谱理论算法进行计算。在计算过程中，像差和衍射效应都可以考虑进传播过程。如图 10-4 所示为高斯光束光斑、平顶光斑以及平顶光束的近场衍射光斑。

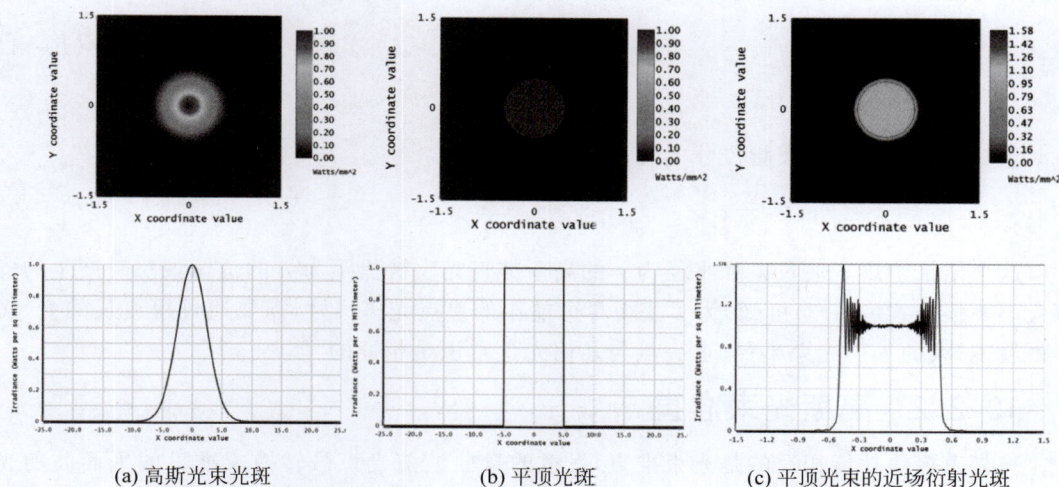

(a) 高斯光束光斑　　　　(b) 平顶光斑　　　　(c) 平顶光束的近场衍射光斑

图 10-4　POP 光束分析

POP 分析通常应用于计算光纤耦合（单模和多模）效率、任意类型光学空间中的衍射传播、引入像差后的最佳束腰位置偏移、在光学表面上的光通量和照度等。POP 分析同样可以用来计算任意激光光束在复杂光学元件中的传播。

10.2　高斯光束聚焦与准直

本节将从高斯光束的角度重新审视光束的聚焦与准直的概念。

10.2.1　高斯光束聚焦

考虑一束具有平面波前的平行光束入射到半径为 a 的透镜上，如图 10-5 所示。如果入射光束没有填满透镜的区域，则取 a 为透镜前的入射光束腰 ω_{01}。光束在镜头右侧 d_2 处聚焦，形成新的光束束腰 ω_{02}。将紧靠薄透镜右侧的光斑半径 ω_2 近似为 a，根据式（10-2）并将右侧光路做逆向计算，得

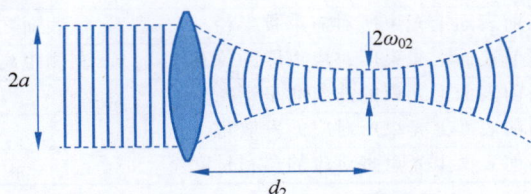

图 10-5　准直光束聚焦

$$a = \omega_{02} \left[1 + \left(\frac{-d_2}{z_{R2}} \right)^2 \right]^{1/2} \qquad (10\text{-}9)$$

式中，$z_{R2} = \pi \omega_{02}^2 / \lambda$ 为瑞利距离。由于 $\omega_{02} \ll a$，与 $(d_2/z_{R2})^2$ 相比式（10-9）中的 1 可以忽略，即

$$\omega_{02} = \frac{\lambda d_2}{\pi a} \qquad (10\text{-}10)$$

在几何光学中，焦距 f 被定义为从透镜到平行光线聚焦点的距离。根据式（10-8），由于入射平面波阵面 $R_1 = \infty$，因此得到透镜后的波前曲率 $R_2 = -f$。进而根据式（10-4）得到

$$-f = -d_2 \left[1 + \left(\frac{z_{R2}}{d_2} \right)^2 \right] \qquad (10\text{-}11)$$

$$f \simeq d_2 \qquad (10\text{-}12)$$

于是可以得到新的束腰尺寸的表达式为

$$\omega_{02} \simeq \frac{\lambda f}{\pi a} \qquad (10\text{-}13)$$

这个结果给出了波长 λ 和半径为 a 的高斯准直光束被焦距为 f 的透镜聚焦时产生的光斑大小。根据式（10-13）可知，为了获得尽可能小的焦点光斑尺寸，需要通过短波长的光，短焦距透镜，大的入射光束半径，这一点与几何光学常识是相悖的。

10.2.2　高斯光束准直

与光束聚焦功能相反的是光束准直，发散的弯曲波前光束被转换成准直的平面波前光束。如图 10-6 所示，其中束腰尺寸 ω_{01} 的高斯光束被透镜转换成更大束腰尺寸 ω_{02} 的高斯

光束。由于根据式(10-5)，远场发散角为 $\theta \simeq \lambda/(\pi\omega_{02})$，所以要获得透镜变换后的准直光束，需要更小的发散角，更大的瑞利范围 $z_{02} = \pi\omega_{C2}^2/\lambda$，因而波束直径将在更大的距离内保持近似恒定。注意，光束"准直"实际上是一个近似的概念，因为没有实际激光光束是完全平行的，除非它是无限宽的。

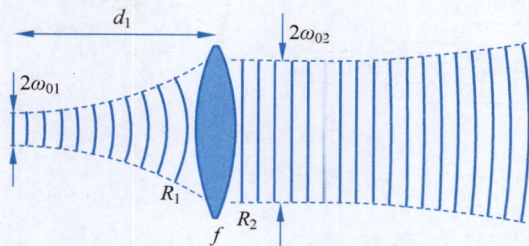

图 10-6　高斯光束准直

从高斯光束传播的公式来分析，焦距为 f 的透镜放在什么位置可以使光束准直？即透镜与原光束束腰的距离 d_1 应该是多少？由于透镜后的准直光束的波前曲率为 $R_2 = \infty$，根据式(10-8)，透镜前的波前曲率 $R_1 = f$。根据式(10-4)计算 d_1 处原始波束的 R 值得到

$$f = d_1 \left[1 + \left(\frac{z_{R1}}{d_1} \right)^2 \right] \tag{10-14}$$

式中，z_{R1} 为入射光束的瑞利范围。从式(10-14)中可得

$$d_1 = f \left[\frac{1}{2} \pm \frac{1}{2} \sqrt{1 - \left(\frac{2z_{R1}}{f} \right)^2} \right] \tag{10-15}$$

如果 $f \gg z_{R1}$，则可以得到 $d_1 = f$，这与几何光学的期望一致，即入射光束束腰位于透镜左侧焦点的将输出平行光。然而，随着 f 与 z_{R1} 之比变小，d_1 将比 f 更小，这与几何光学结果相背离。如 $f < 2z_{R1}$，则束腰位于透镜任何位置都难以得到一个准直光束。

光纤准直器是一种用于将光纤出射的高斯光束进行准直的光学器件，以便获得更小的发散角和更远距离的准直传输，如图 10-7(a)所示，商业化的光纤准直器拥有折射式和反射式等不同结构，通过精确的光学设计（见图 10-7(b)），提高了激光光束的质量和传输效率，在光纤通信和激光应用中扮演着重要的角色。

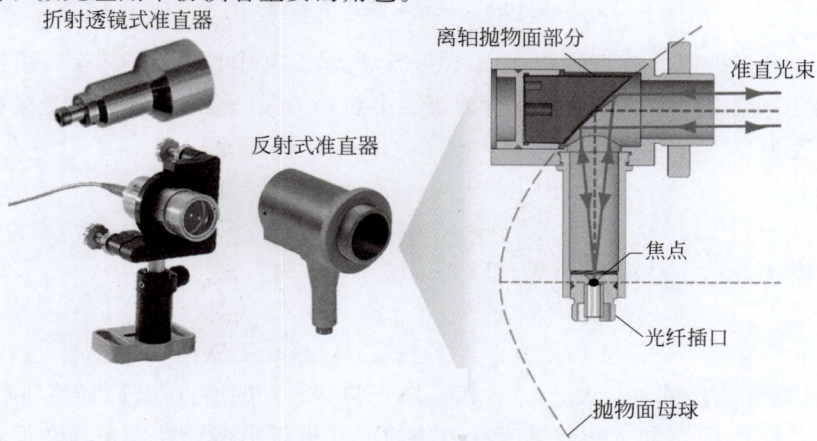

(a) 商业化光纤准直器

图 10-7　常见商业化光纤准直器

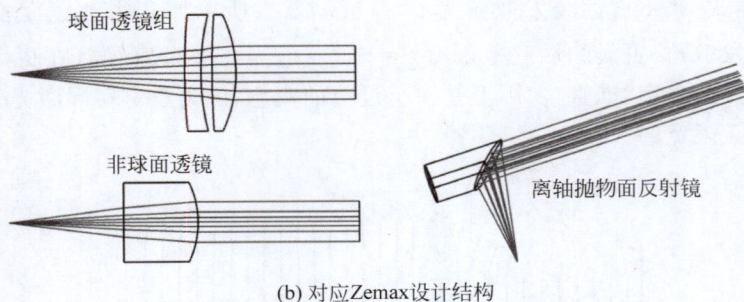

(b) 对应Zemax设计结构

图 10-7 （续）

10.2.3 高斯光束准直扩束

一些商业激光器(如 He-Ne 激光器)出场封装时自带准直器,如图 10-8(a)所示,但是这种激光束口径一般很小(1mm 左右),因此其束腰一般也较小。由远场发散角 θ 与束腰半径 ω_0 的关系可知,这类激光虽然在近距离可以表现出准直特性,但远场发散严重。若要增加其准直性,或者说增加其瑞利长度,必须增加束腰半径。光束准直在远距离激光传输领域有着重要应用,例如星地空间光通信(见图 10-8(b)),需要激光在几千公里尺度的距离上自由传输,且保持能量集中,这就需要极大地增加激光传输的瑞利长度,也即扩大束腰半径,如地月空间光通信的地面通信终端出射的准直激光口径可达 250mm,即使如此,到达月球的光束口径也会发散几公里。

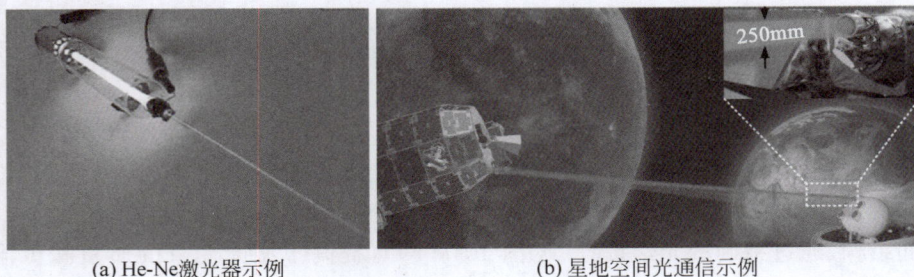

(a) He-Ne激光器示例　　　　　　　　　(b) 星地空间光通信示例

图 10-8 激光准直扩束实例

实现激光准直扩束的典型结构如图 10-9(a)所示。其中,初始光束首先用一个焦距为 f_a 的透镜聚焦,然后产生的发散光束再用第二个焦距为 f_b 的透镜准直。光束在两个透镜之间的发散度为

$$\theta \simeq \frac{\lambda}{\pi \omega_{02}} = \frac{\omega_{03}}{f_b} = \frac{\omega_{01}}{f_a} \qquad (10\text{-}16)$$

这里假设 $f_a , f_b \gg z_{02}$。准直扩束后光束尺寸 ω_{03} 为

$$\omega_{03} \simeq \frac{f_b}{f_a} \omega_{01} \qquad (10\text{-}17)$$

ω_{03} 比初始光束尺寸 ω_{01} 大 f_b/f_a 倍。由于初始激光的准直性较高(瑞利距离较长)可以将其作为平行光束,故可先以普通光线追迹的方式进行结构设计。尤其在近距离使用准直光束时,这种操作带来的误差较小。由于激光波长单一,视场单一,所以在系统设计时仅

需要考虑轴上球差矫正即可，最终以扩束准直后的平面波的波前误差作为系统评价标准。商业化的准直扩束器一般如图 10-9(b) 所示。

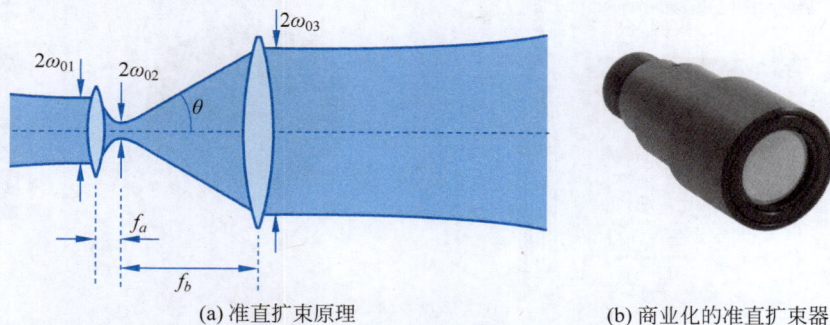

(a) 准直扩束原理　　　　　　　　　　(b) 商业化的准直扩束器

图 10-9　准直扩束基本结构

激光准直扩束主要有两种结构。一种中间存在实焦点，如图 10-10(a) 所示，其只应用在光功率不高的系统中。另一种是中间无实际焦点的扩束系统，如图 10-10(b) 所示，其更适合光功率较高的场合，如高功率红外扩束系统，不会因为聚焦点的高功率密度发生空气击穿。

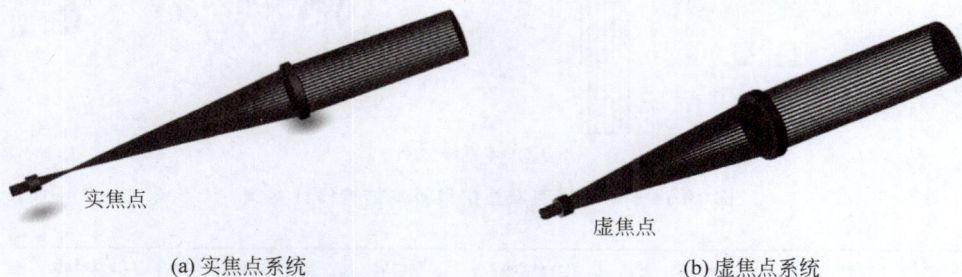

实焦点　　　　　　　　　　　　　　虚焦点

(a) 实焦点系统　　　　　　　　　　(b) 虚焦点系统

图 10-10　透射式准直扩束系统结构类型

下面以 5mm 直径的氦氖激光器（波长为 632.8nm）准直细光束扩束至 30mm 为例进行 Zemax 设计示范，要求其波前 PV 误差小于 0.1λ。在近距离使用准直光束时，可以仅使用几何光学观念来对其进行结构设计。采用上述两种结构进行设计的结果如图 10-11(a) 和 (b) 所示，光学总长分别为 176mm 和 122.65mm，可见虚焦点系统对于节省光学结构空间更具有优势。

在几何光学设计完成后，可以对比高斯光束的传播状态。对入射 5mm 光束的高斯光学特性进行定义，设其束腰在第一透镜前表面处，束腰半径为 2.5mm。第一种实焦点结构的高斯光学传播特性参数如图 10-12 所示，其最终在像面处（距透镜最后一面 100mm）光斑半径大小约为 14.977mm，与几何光学设计结果 14.959mm 基本一致。在像面处的高斯光束的瑞利距离约为 291m，证明其准直度较高。

准直激光由于较高的指向性，可以作为空间信号传播的有效手段。自由空间激光通信主要用于卫星间或星地之间的通信，具有高码率、高带宽的优点。星间激光通信方式主要应用于真空环境中的设备之间，例如卫星与卫星、飞船、空间站等之间的通信。由于激光在真空中的传播损耗非常小，因此星间激光通信可以实现高速率、远距离的数据传输。星地激光通信是在大气环境下进行的，即地面站与卫星之间的通信。尽管大气会对激光传输产生一

Radius		Thickness	Material	Clear Semi-Dia	
Infinity		Infinity		0.000	
Infinity		10.000		2.500	U
13.760		5.000	BK7	5.000	U
-9.628		0.000		5.000	U
-9.628	P	3.000	SF2	5.000	U
-34.000		160.000		5.000	U
328.999	V	3.000	SF2	18.000	U
66.252	V	0.000		18.000	U
66.252	P	5.000	BK7	18.000	U
-74.455	V	100.000		18.000	U
Infinity		-		14.959	

0.6328 μm at 0.0000 (deg)
Peak to valley = 0.0469 waves, RMS = 0.0087 waves.

(a) 实焦点系统案例

Radius		Thickness	Material	Clear Semi-Dia	
Infinity		Infinity		0.000	
Infinity		10.000		2.500	U
-15.513	V	2.000	BK7	5.000	U
-45.022	V	0.000		5.000	U
-45.022	P	3.000	SF2	5.000	U
116.980	V	108.650		5.000	U
Infinity		3.000	SF2	18.000	U
66.252		0.000		18.000	U
66.252	P	6.000	BK7	18.000	U
-57.694		100.000		18.000	U
Infinity		-		14.962	

0.6328 μm at 0.0000 (deg)
Peak to valley = 0.0601 waves, RMS = 0.0111 waves.

(b) 虚焦点系统案例

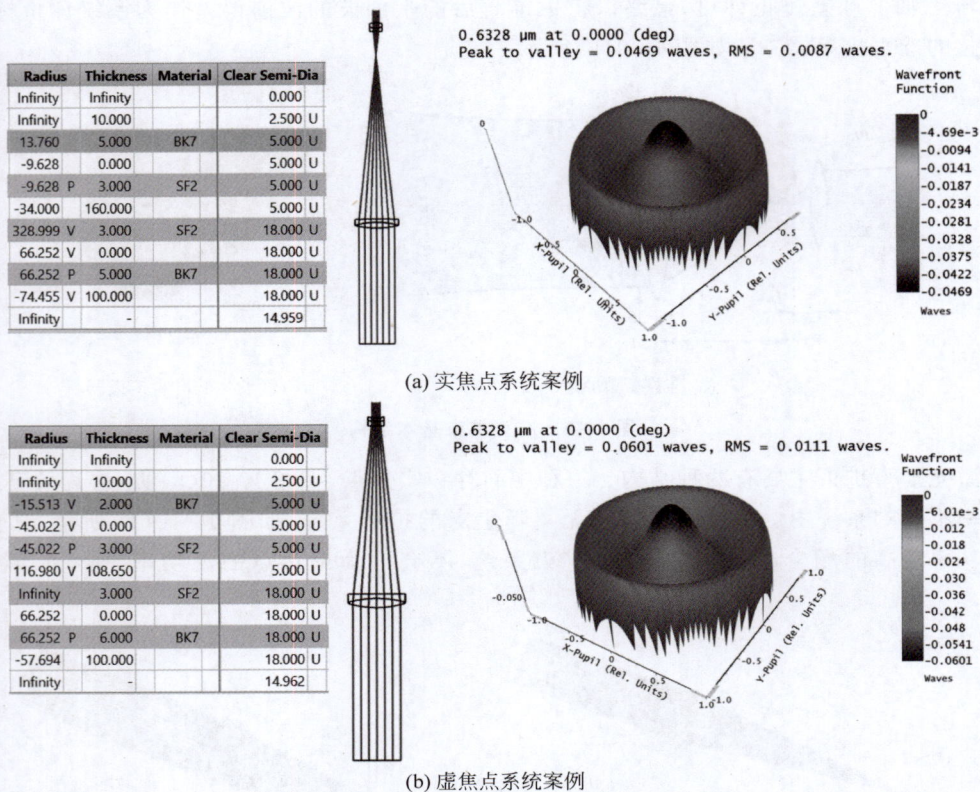

图 10-11 高斯光束准直扩束基本结构设计案例

Sur	Size	Waist	Position	Radius	Divergence	Rayleigh
STO	2.50000E+00	2.50000E+00	0.00000E+00	Infinity	8.05706E-05	3.10287E+04
2	2.50000E+00	2.15243E-03	-4.04753E+01	-4.04753E+01	6.16877E-02	3.48480E-02
3	2.19117E+00	9.55483E-04	-1.03940E+01	-1.03940E+01	2.07769E-01	4.53241E-03
4	2.19117E+00	3.13314E-03	-5.60256E+01	-5.60257E+01	3.90902E-02	8.01108E-02
5	2.07384E+00	1.94507E-03	-2.00260E+01	-2.00260E+01	1.03190E-01	1.87826E-02
6	1.44953E+01	2.67881E-03	3.16885E+02	3.16885E+02	4.57114E-02	5.85619E-02
7	1.46326E+01	9.26603E-04	6.73128E+01	6.73128E+01	2.14051E-01	4.26257E-03
8	1.46326E+01	1.94393E-03	2.13955E+02	2.13955E+02	6.82846E-02	2.84237E-02
9	1.49745E+01	7.66775E+00	4.89637E+05	6.63643E+05	2.62693E-05	2.91890E+05
IMA	1.49768E+01	7.66775E+00	4.89737E+05	6.63708E+05	2.62693E-05	2.91890E+05

图 10-12 实焦点结构高斯光学传播特性参数

定的影响,但星地激光通信仍然能够提供比传统微波通信更高的数据传输速率和带宽。近年来,众多空间激光通信光学天线便是采用激光扩束准直装置,是空间激光通信终端的核心部分。要进行远距离传输,必须保证激光具有极高的利用率,这就要求准直发射端具有较大口径以避免远距离传输发散。对于这种无限远共轭距的类望远结构,已经介绍过多种同轴反射式结构。下面主要介绍几种离轴式结构。离轴反射式光学系统可以实现无遮挡,能提高能量利用率。两镜离轴反射式无焦系统主要有两种结构,一种是中间无实际焦点的离轴无焦卡塞格林系统,如图 10-13(a)所示;另一种是中间存在实焦点的离轴无焦格里高利系统,如图 10-13(b)所示。

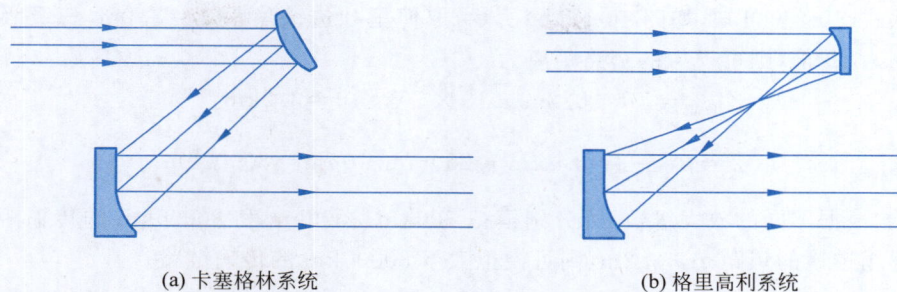

(a) 卡塞格林系统　　　　　　　　(b) 格里高利系统

图 10-13　两镜反射式激光扩束结构

10.2.4　星地激光通信地面传输模拟验证系统设计

星间星地通信的远距离激光传输最直接的问题是激光远场衍射问题，除了光斑口径严重放大外，远场衍射光斑分布重塑也不可忽略。远场的高斯光束夫朗禾费衍射可以表示为

$$I(x_2,y_2) = \left| A\iint_{\Sigma} \exp[-(x_1^2+y_1^2)/\omega^2(z)]\exp\left[-\mathrm{j}\frac{2\pi}{\lambda l}(x_1x_2+y_1y_2)\right]\mathrm{d}x_1\mathrm{d}y_1 \right|^2 \quad (10\text{-}18)$$

根据夫琅禾费衍射远场衍射定理，利用傅里叶变换透镜模拟远场衍射特性，傅里叶变换透镜焦平面的光强分布可以表示为

$$I_f = \left| A\iint_{\Sigma} \exp[-(x^2+y^2)/\omega^2(z)]\exp\left[-\mathrm{j}\frac{2\pi}{\lambda f}(xx_f+yy_f)\right]\mathrm{d}x\mathrm{d}y \right|^2 \quad (10\text{-}19)$$

可以看出，傅里叶变换镜焦面上光强和远场光强度分布的区别仅仅是远场距离 l 和焦距 f 相互替换，如果对傅里叶变换焦平面进一步采用物像放大，假设放大倍率为 β，则最终焦面上的光强度分布为

$$I_f = \left| A\iint_{\Sigma} \exp[-(x^2+y^2)/\omega^2(z)]\exp\left[-\mathrm{j}\frac{2\pi}{\lambda\beta f}(xx_f+yy_f)\right]\mathrm{d}x\mathrm{d}y \right|^2 \quad (10\text{-}20)$$

因此采用傅里叶变换透镜和多级放大方式得到的等效传输距离为

$$Z = \beta f \quad (10\text{-}21)$$

另外接收光强度大小还与所选用的傅里叶变换透镜面的口径 D 和最终光强取样口径 D_c 有关，因此对式(10-21)进行一定修正，修正后等效距离为

$$Z = \beta f \frac{D}{D_c} \quad (10\text{-}22)$$

也就是说，可以利用傅里叶变换透镜模拟远场衍射特性，后续的光学放大器模拟光路传输距离压缩特性，二者综合模拟信号光远距离链路传输特性。

设传输距离为 $80000\mathrm{km}$，其模拟链路结构如图 10-14 所示。发射终端与接收终端口径均为 $250\mathrm{mm}$，发散角为 $15\mu\mathrm{rad}$，接收终端处波面口径达 $1.2\mathrm{km}$。根据距离等比压缩原理，若采用光纤在傅里叶焦面取样，取样口径为 $10\mu\mathrm{m}$，如图 10-14(a)所示的等效传输距离计算为

$$\frac{80000\mathrm{km}\times15\mu\mathrm{rad}}{250\mathrm{mm}} = \frac{d_{等效}\times15\mu\mathrm{rad}}{10\mu\mathrm{m}}$$

$$d_{等效} = 3.2\mathrm{km} \quad (10\text{-}23)$$

根据式(10-21)可知,如图 10-14(b)所示,取傅里叶透镜焦距 $f=3.2\text{m}$,三级级联放大倍率分别为 10 倍,则可模拟的链路距离为

$$Z_{压缩}=f\beta=3.2\text{m}\times10\times10\times10=3.2\text{km} \tag{10-24}$$

$$Z=\beta f\frac{D}{D_c}=3.2\text{km}\times250\text{mm}/10\mu\text{m}=80000\text{km} \tag{10-25}$$

可见,根据不同的放大级数,可分别模拟 800km、8000km 和 80000km 的传输距离。若傅里叶远场透镜的焦距 $f\geqslant3.2\text{m}$,则可模拟大于 80000km 的传输链路。

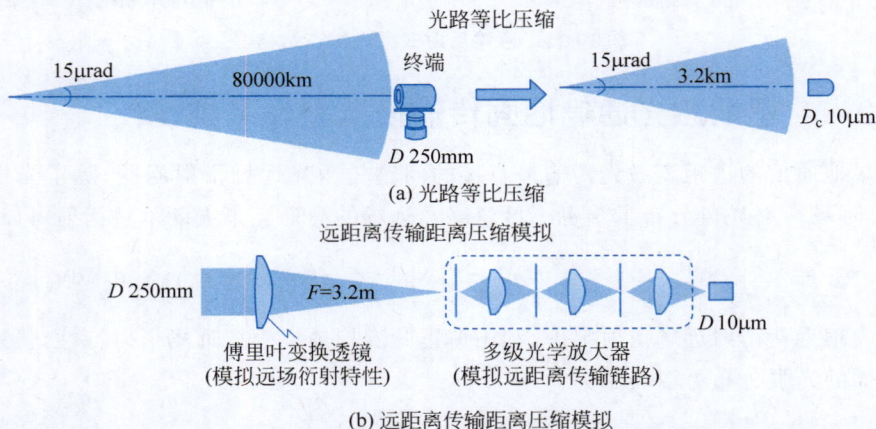

光路等比压缩

(a) 光路等比压缩

远距离传输距离压缩模拟

(b) 远距离传输距离压缩模拟

图 10-14 传统光学远距离传输模拟链路结构

10.3 F-Theta 扫描物镜设计

10.3.1 F-Theta 扫描物镜设计原理

激光扫描系统是一种常见的光学系统,利用光束运动实现空间信息记录。F-Theta 扫描物镜是大多数光学扫描系统的首选,属于物镜前扫描系统的关键器件,被广泛用于标刻机、导弹跟瞄系统、激光打印机、传真机、集成电路激光图形发生器等激光扫描精密设备中。F-Theta 扫描物镜原理如图 10-15 所示,一般由准直激光束入射到方向互相垂直的 X 和 Y 扫描振镜,通过振镜转动实现光束二维出射角度变化,进而通过 F-Theta 物镜聚焦后到达某平面,可以实现激光束焦点在某表面二维方向上任意移动。

F-Theta 扫描物镜的设计要注意以下三点。

(1) 远心扫描:为了保证这类物镜前扫描光学系统能够在扫描过程中得到尺寸均匀的聚焦点,如图 10-15 所示,其需要设计为像方远心光路,使其像方主光线始终垂直于像平面。同时扫描振镜提供的准直光束也应当满足远心要求,保证无论扫描角度如何,扫描光束的主光线都通过物镜的物方焦点,这就要求振镜转动轴心与扫描物镜的物方焦点重合。

(2) 像差控制:由于工作在单波长情况下,无须考虑色差。为了配合大扫描范围,F-Theta 物镜的视场一般较大,同时为了控制球差和彗差,其相对孔径一般较小,一般为 0.05～0.2。且重点需要矫正轴外像差,如像散和场曲。整体系统波像差应控制在小于 $\lambda/4$。系统整体照度均匀,不能产生渐晕。

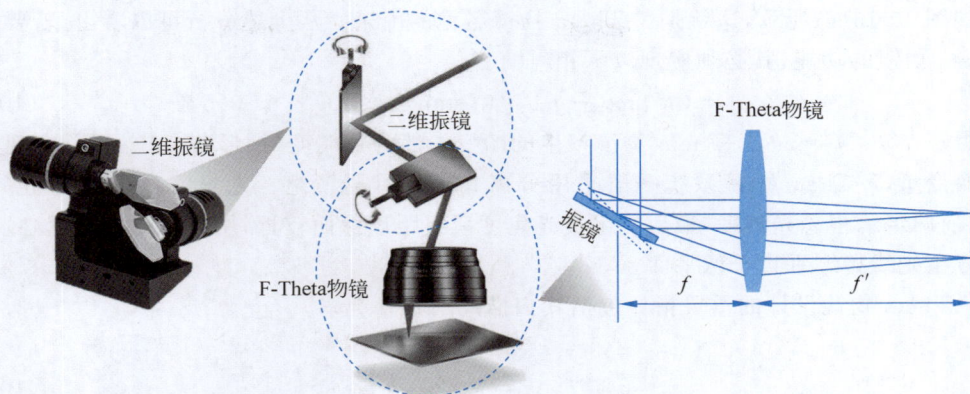

图 10-15　F-Theta 扫描物镜原理

（3）匀速扫描：如图 10-16(a)所示，由于场曲的存在，普通单透镜的聚焦像面随着入射角度变化成弧形状态，平场物镜可实现场曲矫正。一般情况下，普通平场物镜如图 10-16(b)所示，理想聚焦点至主光轴的垂轴距离为

$$y' = f'\tan\theta \tag{10-26}$$

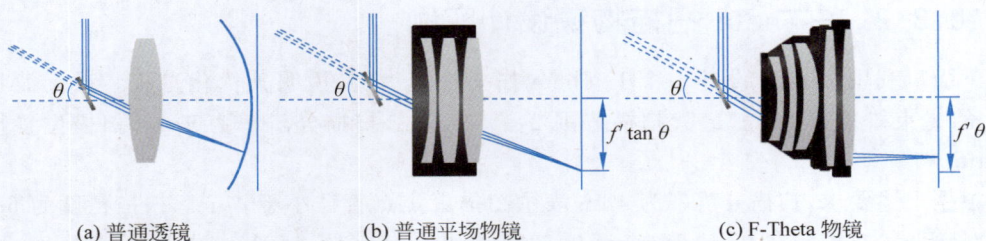

(a) 普通透镜　　　(b) 普通平场物镜　　　(c) F-Theta 物镜

图 10-16　不同物镜扫描时的特征

但是，这将导致光学扫描速度的非线性变化。设振镜导致的准直激光束的匀速转动速度为

$$v = \frac{\mathrm{d}\theta}{\mathrm{d}t} \tag{10-27}$$

则聚焦平面上光点的扫描速度为

$$\frac{\mathrm{d}y'}{\mathrm{d}t} = f'(\sec\theta)^2 v \tag{10-28}$$

可知聚焦光点的扫描速度将随着扫描角度 θ 而变化。若要实现恒定的聚焦光点的扫描速度，则

$$\frac{\mathrm{d}y'}{\mathrm{d}t} = \frac{\mathrm{d}y'}{\mathrm{d}\theta}\frac{\mathrm{d}\theta}{\mathrm{d}t} = \frac{\mathrm{d}y'}{\mathrm{d}\theta}v \tag{10-29}$$

必须为恒定值，即 $\frac{\mathrm{d}y'}{\mathrm{d}\theta}$ 必须为定值，即

$$y' = C_1\theta + C_2 \tag{10-30}$$

将式(10-26)展开得

$$y' = f'\tan\theta = f'(\theta + \theta^3/3 + \cdots) = f'\theta + f'\theta^3/3 + \cdots \tag{10-31}$$

与之最接近的解为

$$y' = f'\theta \tag{10-32}$$

如图 10-16(c)所示,这就是 F-Theta 物镜名称的由来。从上述分析可以看出,若要实现 F-Theta 物镜的功能,其必须实现以下相对畸变:

$$q_{\text{F-Theta}} = (f'\tan\theta - f'\theta)/(f'\tan\theta) \times 100\% < 0.5\% \tag{10-33}$$

由于 $f'\theta < f'\tan\theta$,F-Theta 物镜产生的畸变一般为负畸变(桶形畸变)。为了实现这一相对畸变量,F-Theta 物镜系统一般采用分离式负弯月透镜组。光焦度多采用负-正-负形式,以前两组承担总光焦度,最后一组负光焦度镜组距离像面较近,用来实现像方远心,以保证像方主光线始终垂直于像平面。

F-Theta 物镜设计的重要指标包括其扫描范围和分辨率。

$$2y' = 2f'\theta \tag{10-34}$$

$$\sigma = f'\Delta\theta = 1.22\lambda f'/D \tag{10-35}$$

针对不同应用分辨率要求也有所不同,如表 10-2 所示。

表 10-2　不同应用场景的 F-Theta 物镜分辨率要求

应 用 领 域	打 印 机	图像储存装置	半导体集成电路
分辨率	$>50\mu m$	$5\sim50\mu m$	$1\sim5\mu m$

10.3.2　F-Theta 扫描物镜设计实例

下面以利用 Zemax 设计一个 F-Theta 扫描物镜为例,说明其优化过程。设计波长为 650nm,光束口径为 2mm,最大扫描范围 $2y'=36$mm,扫描分辨率为 $4\mu m$,扫描位置精度为 $6\mu m$。

根据上述要求,扫描分辨率为 $4\mu m$ 表示扫描聚焦点直径小于 $4\mu m$;扫描精度为 $6\mu m$,即相对畸变量应控制在 $6\mu m/18mm=0.033\%$。由 $2y'=2f'\theta=36$mm,适当选择 f' 和 θ。较大的扫描角度 θ 会增加系统离轴像差,为矫正像差将增加镜组结构的复杂性。较大的 f' 将导致其分辨率下降。此处选择 $f'=50$mm,$\theta=20°$。因此该 F-Theta 扫描物镜的设计参数如下。

(1) 波长为 650nm。

(2) 入瞳直径 2mm。

(3) 扫描范围 $2y'=36$mm。

(4) $f'=50$mm。

(5) 聚焦点直径小于 $4\mu m$。

(6) 相对畸变量 $<0.033\%$。

图 10-17 所示为某文献报道 5 片式 F-Theta 扫描物镜初步优化后得到的初始结构,$f'=63.3$mm,$\theta=20°$。其基本像差矫正已经完成,SPT 的 RMS 半径为 $0.8\sim1.68\mu m$,远超衍射极限。波前像差也已经达到 0.027λ。然而,其主光线与像面夹角从中心视场(主光线与视场垂直)到边缘视场相差约 $6°$,F-Theta 相对畸变约 0.5%,达不到设计要求。

因此,对上述结构重新进行优化,以 EFFL=50mm,彗差 COMA=0,像散 ASTI=0,畸变 DISC=0(适合 F-Theta 物镜优化)作为优化函数的约束条件进行优化,得到如图 10-18 所示结果。扫描范围为 36mm,聚焦点最大直径为 $2\times0.695\mu m=1.39\mu m<4\mu m$,F-Theta 相对畸变约 0.033%。

系统数据

	Surface Type	Radius	Thickness	Material	Clear Semi-Dia
0	OBJECT Standard ▾	Infinity	Infinity		Infinity
1	Standard ▾	Infinity	10.000		4.640
2	STOP Standard ▾	Infinity	7.500		1.000
3	Standard ▾	-12.880	1.000	ZF13	3.548
4	Standard ▾	-11.177	7.780		3.820
5	Standard ▾	-9.470	0.500	BK7	5.788
6	Standard ▾	-39.537	0.880		6.644
7	Standard ▾	-36.394	2.750	ZF13	7.106
8	Standard ▾	-15.213	0.200		7.679
9	Standard ▾	-19.362	4.500	ZF13	7.862
10	Standard ▾	-18.433	39.370		9.202
11	Standard ▾	Infinity	5.750	BK7	17.971
12	Standard ▾	-80.890	40.614	M	18.465
13	IMAGE Standard ▾	Infinity			22.194

系统图

光线与像面夹角变化情况

SPT图

OBJ: 0.00 (deg)　OBJ: -14.00 (deg)

IMA: 0.000 mm　OBJ: -20.00 (deg)

IMA: -15.500 mm

IMA: -22.193 mm

Units are μm. Legend items refer to Wavelengths
Field　　　1　　　2　　　3
RMS radius: 1.684　0.809　0.805
GEO radius: 3.149　2.188　1.712

最大视场波前像差

X-Pupil (Rel. Units)　Y-Pupil (Rel. Units)

0.6500 μm at -20.00 (deg)
Peak to valley = 0.0215 waves, RMS = 0.0046

场曲　　F-tanθ 畸变　　F-θ 畸变

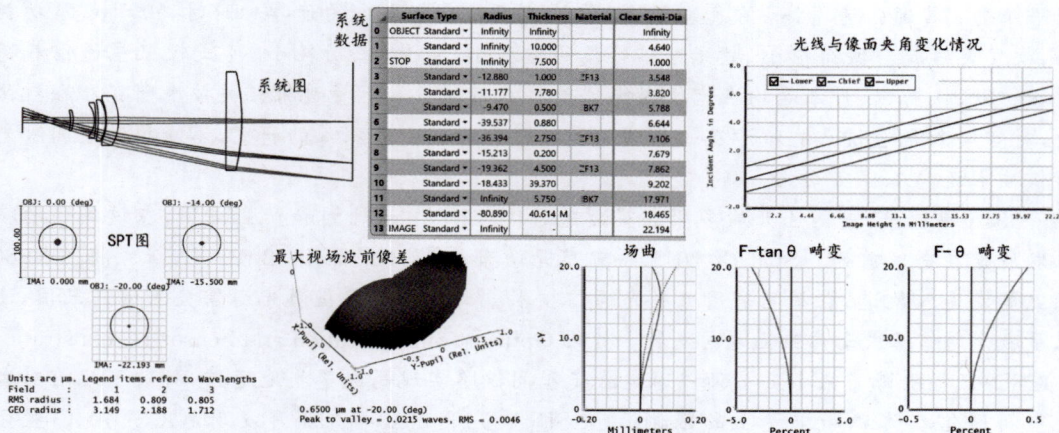

图 10-17　F-Theta 扫描物镜初始结构

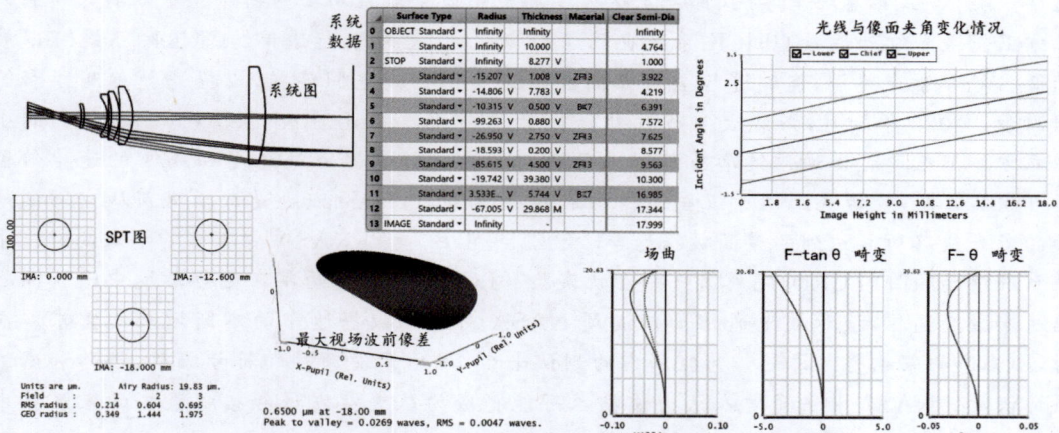

系统数据

	Surface Type	Radius	Thickness	Material	Clear Semi-Dia
0	OBJECT Standard ▾	Infinity	Infinity		Infinity
1	Standard ▾	Infinity	10.000		4.764
2	STOP Standard ▾	Infinity	8.277 V		1.000
3	Standard ▾	-15.207 V	1.008 V	ZF13	3.922
4	Standard ▾	-14.806 V	7.783 V		4.219
5	Standard ▾	-10.315 V	0.500 V	BK7	6.391
6	Standard ▾	-99.263 V	0.880 V		7.572
7	Standard ▾	-26.950 V	2.750 V	ZF13	7.625
8	Standard ▾	-18.593 V	0.200 V		8.577
9	Standard ▾	-85.615 V	4.500 V	ZF13	9.563
10	Standard ▾	-19.742 V	39.380 V		10.300
11	Standard ▾	3.533E V	5.744 V	BK7	16.985
12	Standard ▾	-67.005 V	29.868 M		17.344
13	IMAGE Standard ▾	Infinity			17.999

系统图

光线与像面夹角变化情况

SPT图

IMA: 0.000 mm　IMA: -12.600 mm

IMA: -18.000 mm

Units are μm.　　Airy Radius: 19.83 μm.
Field　　　1　　　2　　　3
RMS radius: 0.214　0.604　0.695
GEO radius: 0.349　1.444　1.975

最大视场波前像差

X-Pupil (Rel. Units)　Y-Pupil (Rel. Units)

0.6500 μm at -18.00 mm
Peak to valley = 0.0269 waves, RMS = 0.0047 waves.

场曲　　F-tanθ 畸变　　F-θ 畸变

图 10-18　F-Theta 扫描物镜优化结构

值得注意的是上述结构中个别透镜厚度太薄,加工难度大,请读者自行增加厚度并进行优化,观察厚度增加并优化后的指标参数是否有变化。

拓展阅读

全球卫星激光通信发展

激光通信是一种利用激光束作为信息载体的通信技术,具有高速、大容量、抗干扰等显著特点,对于实现全球范围内的无缝覆盖和高速数据传输具有重要意义。激光通信设备也能让卫星"瘦身"——由于激光的发散角很小,能量高度集中,这样激光地面系统接收到的功率密度高,所以卫星能够"轻装上阵",以远小于微波通信载荷的体积、重量和功耗实现超高速率的通信。此外,激光具有很强的抗电磁干扰能力,用激光作为载波进行数据的发射与接收,还能够显著提高星地通信的安全性。

成熟的卫星通信频段资源日益枯竭,就目前在国际电联登记的情况看,Ku 频段上的资源已经饱和,静止轨道上的常规频段卫星也已经十分拥挤,几乎不能再发新的卫星。给卫星装上激光通信终端具有明显的优点,空间激光通信链路无须审批,可直接使用,不存在频谱受限难题；其通信速率高、信息容量大，能达到 10~40Gb/s 的速率；同时，由于光源功耗小，收发天线就会做得很小，激光通信终端的体积小、重量轻、功耗小，可减轻卫星通信载荷负担。欧洲、美国、日本等均在空间激光通信技术领域投入巨资进行相关技术研究和在轨试验，对空间激光通信系统所涉及的各项关键技术展开了全面深入的研究，不断推动空间激光通信技术迈向工程实用化。

2015 年以来，美国已开展多项卫星激光通信验证、演示计划和产业应用，在该领域的技术发展走在全球前列。SpaceX 2015 年宣布开始布局"星链"项目；2019 年，正式将首批 60 颗卫星发送入轨道，在星间采用卫星光通信技术。大规模的卫星激光通信技术得到采用，使卫星激光通信正式向产业化方向发展。美国 Optical Communication and Sensor Demonstration (OCSD)卫星验证了微小卫星可以通过激光星间链路实现高速率星地通信，打破了此前对激光星间通信在体积和重量上的限制。OCSD-A 星于 2015 年 10 月发射，OCSD-B/C 星于 2017 年 11 月发射，分别验证了卫星对地面空间站可以通过激光星间链路实现较高的通信速率。类似地，麻省理工学院、佛罗里达大学和美国航空航天局埃姆斯研究中心联合研制的立方卫星激光红外连接 CLICK 系统也用于验证星间、星地激光通信。CLICK 系统可以展示低 SWaP 激光终端，能够进行全双工高数据速率下行和星间连接，以提高精确测距和时间同步。2022 年 5 月，搭载太字节红外传输器(TeraByte InfraRed Delivery，TBIRD)的小型立方体卫星通过光通信链路与加利福尼亚州的地面接收器以高达 100Gb/s 的速率传输了 TB 级数据，较传统上用于卫星通信的射频链路高 1000 多倍，也是截至目前从空间到地面的激光链路所能达到的最高数据速率。2023 年 6 月，美国 NASA 宣布其首个双向激光中继系统演示项目(LCRD)完成第一年在轨实验。LCRD 将连续两年在运行环境中进行高数据速率激光通信，演示激光通信如何满足 NASA 对更高数据速率的不断增长的需求。同时，LCRD 的架构将允许它作为空间中的测试平台，用于开发额外的符号编码、链路和网络层协议等。NASA 相关负责人认为该技术可能将成为从太空发送和接收数据的未来技术手段。此外，NASA 2022 年还推进了另一个深空光通信 DSOC 飞行演示。空间和地面之间的通信将在近红外区域使用先进的激光器，寻求在不增加质量、体积或功率的情况下，将通信性能提高 10~100 倍。

我国空间激光通信技术的研究工作开始于 20 世纪 90 年代，主要研究卫星激光通信整机研制，高精度光学天线和跟瞄系统优化，激光器、光放大器和探测器等核心器件服务质量提高和模块化定制等技术难点。作为国内第一次星地激光通信在轨技术试验，"海洋二号"卫星于 2011 年成功入轨，通过非相干通信，可以实现 2000km 距离星地通信，最高通信速率可达 504Mb/s。在此之后，"墨子号"量子卫星于 2016 年成功发射，通过相干调制方式实现了 5.12Gb/s 的激光通信速率，能够支持具备高维图像和视频的信息的加密传输。2016 年，"天宫二号"与新疆南山地面站成功实现了激光通信，其激光终端的数据下行速率为 1.6Gb/s。该载荷也首次实现了白昼激光通信，其载荷跟踪能力在白昼时与夜晚情况接近。2017 年，"实践十三号"卫星实现全球第一次同步轨道卫星与地面的双向高速激光通信，通信速率最高可达 5Gb/s，通信距离最高可以支持 4.5 万千米，刷新了当时国际高轨星地激光最高通信数据率。2020 年，"实践二十号"卫星与丽江地面站成功建立激光通信链路，实现从卫星到地面站最高 10Gb/s 的下行传输速率，其他关键指标也已经对齐国际先进标准。2023 年 6 月，中国科学院空天信息创新研究院利用自主研制的 500mm 口径激光通信地面系统，与长光卫星技术股份有限公司所属吉林一号 MF02A04 星成功开展星地激光通信试验，通信速率达到 10Gb/s，所获卫星载荷数据质量良好，可满足高标准业务化应用需求。

习题

1. 设计一个入瞳为 2mm，放大倍率为 20 倍的激光扩束器，针对波长为 632.8nm，系统总长小于 200mm。

2. 尝试使用 4 片透镜实现图 10-18 中 F-Theta 扫描物镜结构优化。

第11章 非成像光学系统与 Zemax 非序列模式

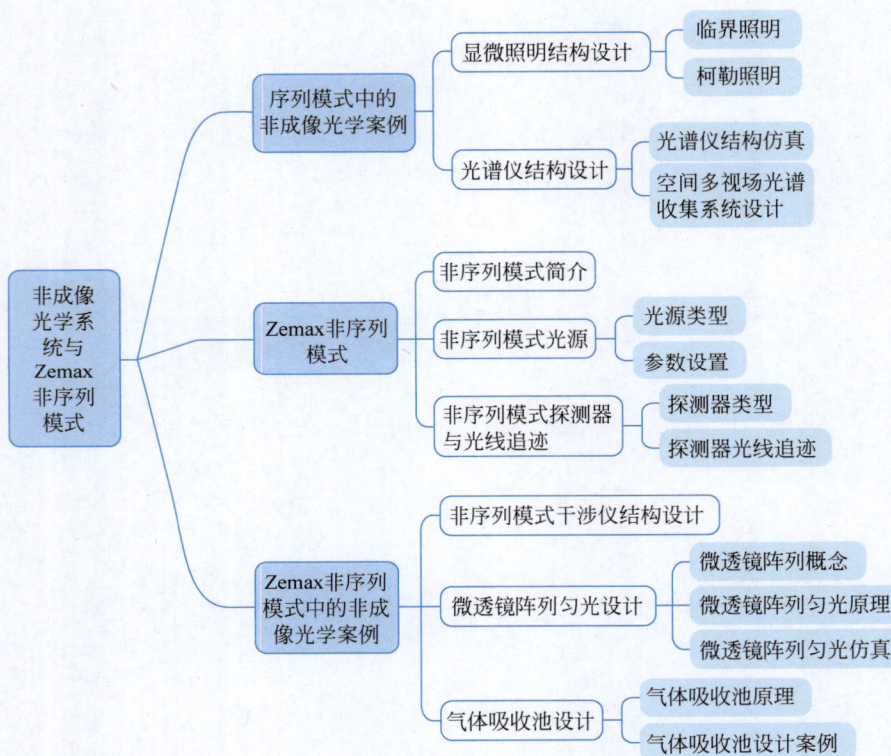

```
                              ┌─ 显微照明结构设计 ──┬─ 临界照明
              ┌─ 序列模式中的 ──┤                    └─ 柯勒照明
              │   非成像光学案例  │
              │                 └─ 光谱仪结构设计 ──┬─ 光谱仪结构仿真
              │                                    └─ 空间多视场光谱
              │                                       收集系统设计
              │
              │                 ┌─ 非序列模式简介
非成像         │   Zemax非序列    │
光学系 ────────┼─  模式 ─────────┼─ 非序列模式光源 ──┬─ 光源类型
统与          │                 │                    └─ 参数设置
Zemax        │                 └─ 非序列模式探测器 ──┬─ 探测器类型
非序列         │                    与光线追迹         └─ 探测器光线追迹
模式          │
              │                 ┌─ 非序列模式干涉仪结构设计
              │   Zemax非序列    │
              └─  模式中的非成 ──┼─ 微透镜阵列匀光设计 ──┬─ 微透镜阵列概念
                  像光学案例      │                     ├─ 微透镜阵列匀光原理
                                │                     └─ 微透镜阵列匀光仿真
                                └─ 气体吸收池设计 ──┬─ 气体吸收池原理
                                                   └─ 气体吸收池设计案例
```

【知识目标】

◆ 了解 Zemax 序列模式与非序列模式的区别和使用场景。

◆ 掌握 Zemax 序列模式下相关非成像光学系统设计方法。

◆ 掌握 Zemax 非序列模式下光源和探测器使用方法。

◆ 掌握 Zemax 非序列模式下相关非成像光学系统设计方法。

【技能目标】

◆ 能够利用 Zemax 序列模式实现照明系统设计(如显微照明、光谱仪等)。

◆ 能够利用 Zemax 非序列模式实现光学系统建模和照明(辐射)特性查看。

◆ 能够在非序列模式下实现相关非成像光学系统设计(如干涉仪、微透镜阵列匀光和气体吸收池等)。

非成像光学是光学领域的一个重要分支,与传统成像光学的不同之处就是非成像光学不形成一个物体的像,第10章介绍的高斯光束的聚焦和准直扩束其实就是非成像光学。非成像光学最主要的应用就是照明光学系统,涵盖了从日常生活中的室内外照明到高科技领域中的医疗和工业设备光源设计。不同于传统的成像光学关注于清晰图像的生成,照明系统专注于如何高效地将光源的光能输送到预定的照明目标上,并实现预期的光能分布。在没有特殊要求的情况下,追求光能的最大传递效率和在目标区域上的均匀分布是基本要求,这与前面章节所述的设计有所不同。前面章节介绍了大量利用 Zemax 光线追迹来实现各种光学系统的设计与评价。光线会从物面开始,按预先定义的一系列表面的顺序进行追迹,直到像面,这种光线按顺序追迹的方式称为序列模式。在序列模式中光线与所定义的每个序列表面只接触一次,如要多次穿过同一表面需要对该表面重复定义。使用序列表面能够很好地描述成像系统,在成像光学中追迹的光线数目可以远远少于真实物理世界的光线(例如可以用几根光线来计算如焦距等一阶光学量以及如赛德尔像差等三阶光学量)。因此光线在序列表面中追迹的计算速度非常快。在非成像光学系统设计中更加关注光线客观的路线,该路线并不一定是按照某些设定的顺序,而是更加尊重光线在客观实际条件下的路径,比如在几个光学表面之间多次反射不再需要重复定义各个表面。这就需要利用 Zemax 提供的另一种光线追迹模式:非序列模式。非序列光线追迹允许光线自动分裂、散射或反射回已经经过的物体。这种特性使得非序列模式能够分析系统杂散光、散射和照明问题等,更加接近很多非成像光学的真实场景。当然,非成像光学系统的设计并非只能在非序列模式下进行,本章将介绍一些在序列模式和非序列模式下的非成像设计案例。

11.1　序列模式中的非成像光学案例

11.1.1　显微照明结构设计

视频讲解

前面的章节已经介绍了一些典型光学系统,其中如显微镜、投影物镜等都需要配备合适的照明系统。例如,显微镜的物镜孔径相对于其他成像系统来说要小得多,这就导致了显微系统光强较弱,因此一般显微系统会配备照明系统。绝大多数生物显微镜采用透射式照明,少数金相显微镜或荧光镜采用反射式照明。为了在一般的投影屏幕上获得足够的照度,也需要配备光源和聚光镜作为照明系统。照明方式可以分为透射式和反射式,本节主要介绍透射式照明结构,其又分为临界照明和柯勒照明两种。

1. 临界照明

最简单的照明系统当然是直接的光源照明,例如直接的点光源照明,但是点光源发出的球面波在平面场上的照明很难将所有光线都集中在较小的视场。于是人们想到利用透镜聚焦,当然不是对点光源聚焦,因为实际中也并不存在这样的理想点光源,一般都是由很多点光源组成的面光源或体光源。考虑一个面光源,利用薄透镜成像,在其像面上的光强分布是各个点光源像的叠加,这就是临界照明,如图 11-1(a)所示。临界照明的特点是光源经聚光镜后成像在被检物体上,照明面积小而强,并且通过调节光源和透镜的位置可以改变照明场的大小。

图 11-1(b)所示为显微镜中照明聚光镜的位置。聚光镜根据后续的光学系统的数值孔径有着不同结构,如图 11-1(c)所示。例如不消色差和球差的阿贝聚光镜,一般由 2 片透镜

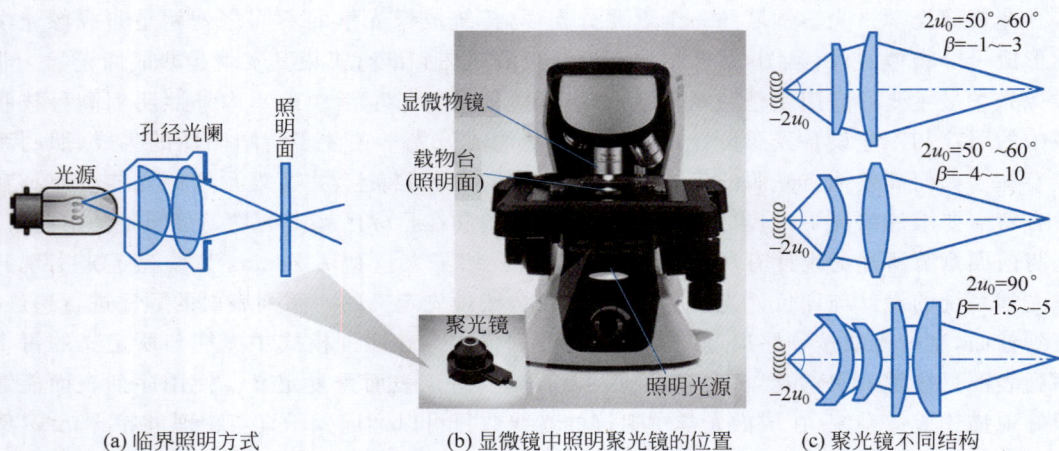

(a) 临界照明方式　　　　(b) 显微镜中照明聚光镜的位置　　　(c) 聚光镜不同结构

图 11-1　显微镜临界照明

构成，一般用在 NA<0.6 的显微镜中。大数值孔径的显微镜一般采用消色差消球差聚光镜，由一块齐明透镜和一块正透镜组成。更大孔径的聚光镜由 3～4 片透镜组成。图 11-2 所示为一临界照明 Zemax 仿真实例，从图中可以看出临界照明有个致命的缺陷，就是难以得到均匀的面光源。因为光源的光不是凭空出射的，必然存在发光实体，比如灯丝，难以做到一个面上的均匀发光。由于临界照明场也是光源的像面，这就造成灯丝像在照明场上与显微镜观察的物体平面重合，光源与照明区域形状一致，即显微镜物面上出现了光源的投影成像式照明。这样就造成了照明不均匀，在有灯丝的部分和无灯丝的部分分别呈现明区和暗区。

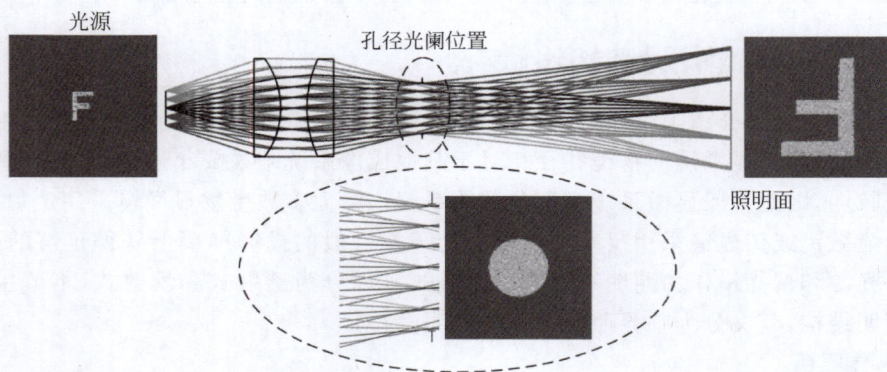

图 11-2　临界照明 Zemax 仿真实例

因此，为了找到一个均匀照明的面，在图 11-2 所示的光路中将照明面沿着光轴移动，发现越靠近孔径光阑处，各个点光源对于这一平面的照度贡献越平均，孔径光阑面上每一点都平等地接收到所有视场的光线，在孔径光阑面的照明基本看不出光源的影像了。根据上述分析，考虑将照明场无限靠近这一光阑平面。但实际中这么做并不现实，由于远离透镜组的孔径光阑的口径可能会很小，不利于照明，大口径光阑平面一般是在透镜的表面附近，给照明带来不便。

2. 柯勒照明

为了解决上述问题,19世纪末蔡司镜头厂的一位工程师柯勒给出了一个方案,如图 11-3(a)所示,对这个孔径光阑面二次成像,即把孔径光阑的再次成像共轭面作为照明面,这就是著名的柯勒照明。图 11-3 画出了柯勒照明在显微系统中应用的具体原理。如图 11-3(a)所示,照明系统孔径光阑与照明面互为共轭,而照明面为显微镜物面,因此二者又分别与显微镜视场光阑和最终人眼像面共轭。如图 11-3(b)所示,光源的灯丝经照明系统前组成像在其视场光阑(聚焦镜后组的前焦面),因此,经过照明系统后组,光源并不在照明面处成像,而是光源的每一点在照明面处呈现平行光照明,照明区域的每一点都接收到光源所有点的信息,这样在被检物体的平面处照明变得均匀。从图 11-3(b)中可以看出,光源、照明系统视场光阑、显微物镜后焦面(远心物镜时此处为孔径光阑),以及显微镜出瞳互为共轭面。一方面,改变照明系统的视场光阑尺寸,可以改变其照明数值孔径,从而与显微物镜的数值孔径匹配;另一方面,孔径光阑与照明面共轭,改变照明光阑的尺寸可控制照明范围。

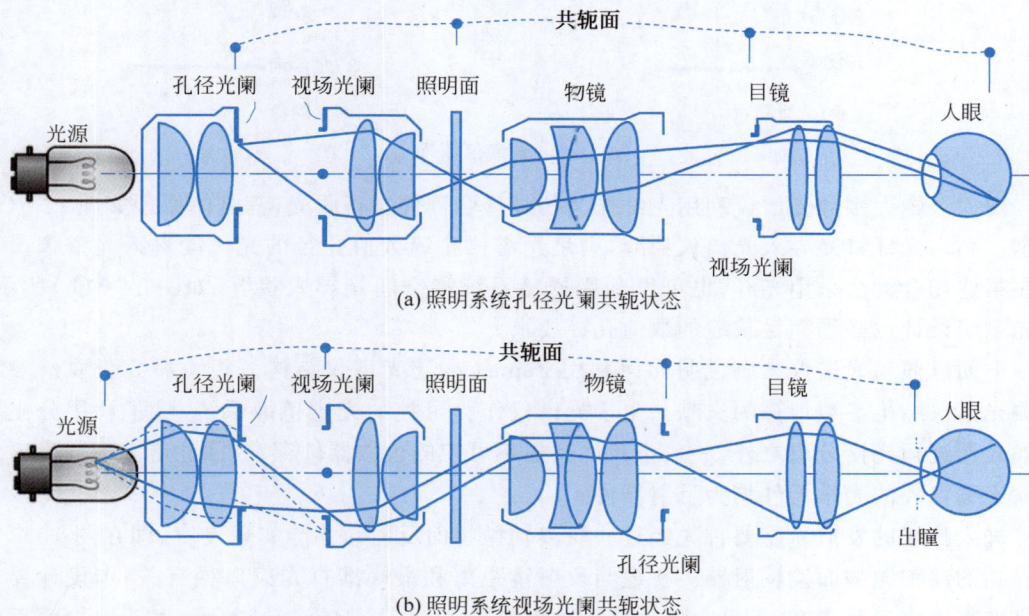

(a) 照明系统孔径光阑共轭状态

(b) 照明系统视场光阑共轭状态

图 11-3　柯勒照明

按照上述设计思路,图 11-4 给出一个柯勒照明 Zemax 设计实例,可见其在保持较大照明面积的情况下,可以设计出任意照明面处的均匀照明。柯勒照明克服了临界照明不均的缺点,成为很多显微镜中的理想照明方式。

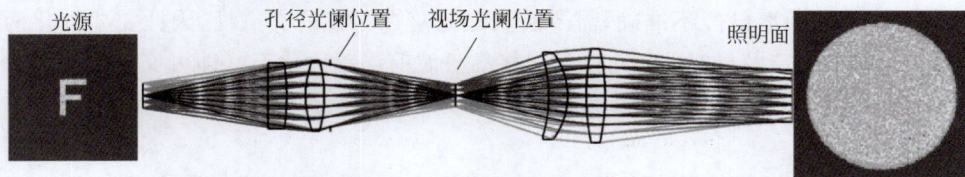

图 11-4　柯勒照明 Zemax 设计实例

除此之外，还有些照明光束的光轴与显微镜的光轴并不一致，而是以一定角度倾斜照明物体，例如相衬显微技术和暗场显微技术。

11.1.2 光谱仪结构设计

1. 光谱仪结构仿真

经典光谱仪器是建立在空间色散原理上的，如图 11-5 所示，主要使用狭缝作为光束入口，通过色散元件（衍射光栅或棱镜）将收集的多波长混合光分散成不同波长的光谱，并通过聚焦元件将分散光束聚焦在焦平面上形成一系列谱线，最后由探测器阵列进行光强度测量。

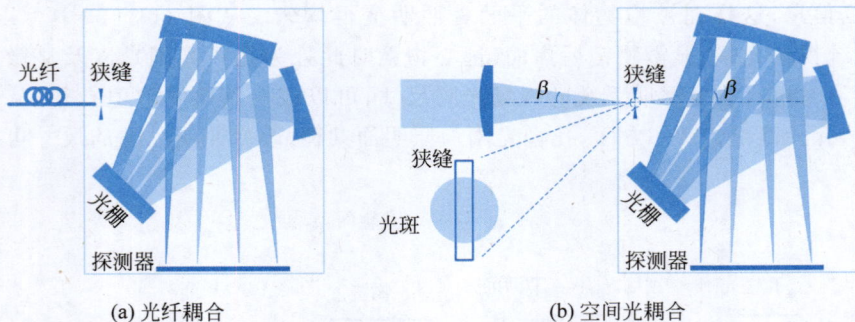

(a) 光纤耦合　　　　　　　　　　　　　(b) 空间光耦合

图 11-5　光谱仪原理

现如今绝大多数光谱仪利用光纤作为信号耦合器件进行收光，其具体原理如图 11-5(a)所示。利用光纤将光导入光谱仪狭缝，满足光谱仪狭缝数值孔径的光才能进入光谱仪。当然在某些场合无法采用光纤，也可以利用透镜系统将空间光导入狭缝，如图 11-5(b)所示，收光系统设计也必须满足狭缝的数值孔径要求。

下面以简易光谱仪为例说明如何利用 Zemax 构建光谱仪结构。相关参数获取请参考有关光谱仪结构参数计算的文献。由于光谱仪作为可控的光谱色散系统，除了利用分光元件如光栅进行光谱分离之外，一般不允许其他不可控的色散器件存在，因此绝大多数光谱仪中除光栅以外的光学器件均为反射器件。

进入狭缝的发散光需要首先经过一块离轴抛物面反射镜才能实现准直，即在图 10-7 中所提到的离轴抛物面镜反射器。狭缝与反射镜距离和最终准直光束口径有关（本设计要求最终准直光束口径为 20mm）。整个设计过程如图 11-6(a)所示，首先设计离轴抛物面反射镜的母镜，若其中心曲率半径为 400mm，则其焦点在其前方 200mm 处。在此处设置点光源，可以实现母镜中心部分的准直反射。为了将入射光线照射到母镜的离轴部分，可将母镜进行偏心处理，但此时入射光轴依然与母镜主轴平行。需要实现入射光束从抛物面主轴出射，到达母镜离轴部位，这就需要实现入射光轴与母镜的相对倾斜，实现离轴准直的雏形。此时光源与母镜的距离已经不准确，需要实现光源落在主镜的交点处，因此需要优化两个参数：光源与母镜的距离及母镜的相对倾斜。将准直波前误差优化至 0 即可实现离轴抛物面准直。最后通过修正母镜的口径，并修改光路姿态实现最终设计。相关设计参数如图 11-6(b)所示。

在建立好的准直系统中，利用 Zemax 中 Diffraction Grating 设计衍射光栅作为分光系统，以狭缝间距 1μm 的反射式光栅为例，利用−1 级衍射实现分光。真实光栅的衍射角度

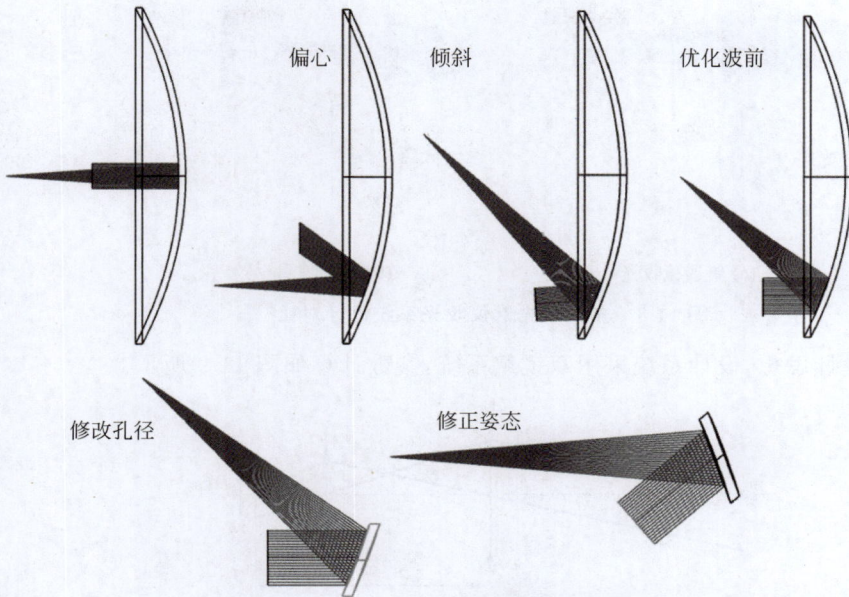

(a) 设计过程

	Surface Type	Radius	Thickness	Material	Semi-Diameter	Conic	Decenter X	Decenter Y	Tilt About X	Tilt About Y	Tilt About Z
0	OBJECT Standard ▾	Infinity	151.987		0.000	0.000					
1	Coordinate Break ▾		0.000	-	0.000		0.000	130.000	-40.542	0.000	0.000
2	STOP (aper) Standard ▾	-400.000	-100.000	MIRROR	200.000 U	-1.000					
3	Coordinate Break ▾		0.000		0.000			-147.733	-5.044E-12	-0.000	0.000
4	IMAGE Standard ▾	Infinity	-		20.000	0.000					

(b) 设计参数

图 11-6 离轴抛物面反射镜准直设计

需要精确计算,此处不再计算,仅以设定的衍射角进行仿真说明,得到如图 11-7(a)所示光路。进而利用曲面反射镜进行反射聚焦,就可实现光谱分离,如图 11-7(b)所示。

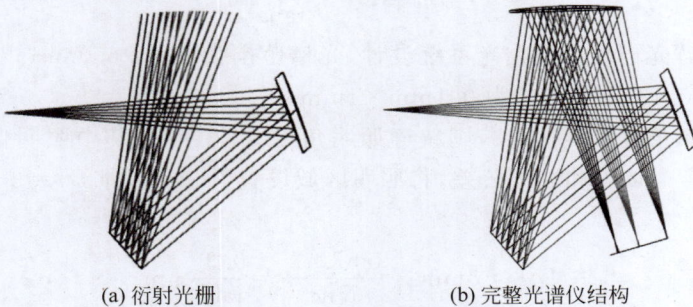

(a) 衍射光栅   (b) 完整光谱仪结构

图 11-7 光谱仪结构设计实例

2. 空间多视场光谱收集系统设计

若需同时收集一定视场内的宽光束,则无法采用光纤方式。采用单透镜收光方式容易使离轴视场的光斑落在狭缝外,如图 11-8(a)所示。为了满足了系统的非成像要求,光谱仪收光系统要求任意视场发出的光束经过光学系统后,均匀分布在整个像面上(收光光纤或狭缝的端面),即端面上任意一点拥有整个目标面的光谱信息,类似柯勒照明结构,如图 11-8(b)所示。

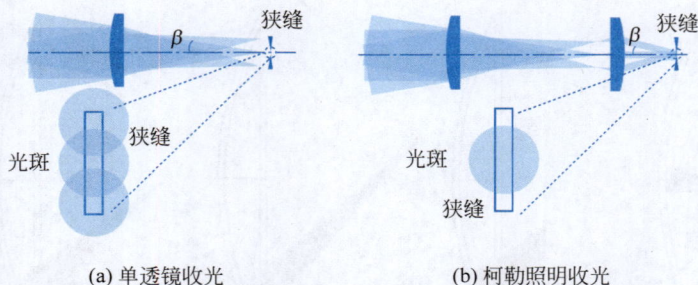

(a) 单透镜收光　　　　(b) 柯勒照明收光

图 11-8　多视场光谱仪收光系统设计对比

根据上述设计思想,设计系统采用双镜组系统,参数计算如图 11-9 所示。

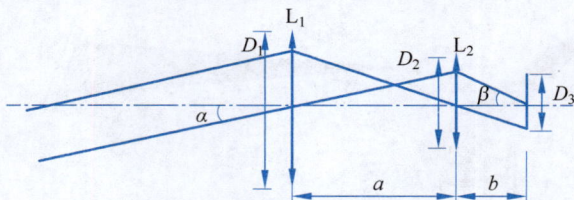

图 11-9　光谱仪收光系统初始参数计算

图 11-9 中 α 为系统半视场角,场镜系统 L_2 的孔径光阑位于物镜系统 L_1 的像面处,与物镜系统 L_1 的视场光阑重合;同时把物镜系统 L_1 的孔径光阑成像于狭缝端面。一般情况下透镜的镜框即为孔径光阑,因此图 11-9 中将透镜与孔径光阑合一,有

$$a\tan\alpha = b\tan\beta = D_2/2 \tag{11-1}$$

$$(D_1/2)/a = (D_3/2)/b \tag{11-2}$$

根据以上条件,可得

$$D_1 = D_3 \times \frac{\tan\beta}{\tan\alpha} \tag{11-3}$$

现针对某星辉光谱仪实现收光系统设计,光谱范围为 $300\sim650\mathrm{nm}$,视场为 $1°$,光谱仪狭缝数值孔径为 0.13,狭缝尺寸为 $0.1\mathrm{mm}\times1\mathrm{mm}$。

由于光谱仪数值孔径为 0.13,则狭缝照明角度 $\beta\leqslant7.47°$,其中照明像面狭缝区域为 $0.1\mathrm{mm}\times1\mathrm{mm}$,考虑加工和装配公差,将照明区域设置为 3mm,即 $D_3=3\mathrm{mm}$,方便后期对准,则

$$D_1 \leqslant 3\mathrm{mm} \times \frac{\tan7.47°}{\tan\alpha} = \frac{0.39}{\tan\alpha}\mathrm{mm} \tag{11-4}$$

因此,第一透镜孔径 D_1 和视场 2α 满足式(11-4),视场与第一透镜孔径的关系如表 11-1 所示。

表 11-1　视场与第一透镜孔径的关系

视场 2α	$0.2°$	$0.4°$	$0.6°$	$1°$	$2°$
孔径 D_1	222mm	111mm	75mm	45mm	21mm

选择视场 $2\alpha=1°$,孔径 $D_1=45\mathrm{mm}$ 的初始参数进行设计,考虑到第一透镜的像差控制难度,其焦距可定义为 $f=5\times D_1=200\mathrm{mm}$。另外,两透镜的间距 $a\approx f$,f 为第一透镜的焦

距,可得 $f=14b$,$b=14.2\text{mm}$。照明系统对像差要求并不严格,但由于波长跨度超过可见光范围,一方面需控制色差,另一方面需要使用紫外材料。根据上述初始结构和紫外消色差要求,经过 Zemax 软件优化设计,可以得到如图 11-10 所示的设计结构。设计最终参数为视场 $2\alpha=1°$,照明光斑直径 $D_3=3\text{mm}$,照明位置距离第二透镜最后一面 15mm。孔径光阑为胶合镜框,透光孔径为 45mm。本身照明系统的视场光阑可设置在前透镜组的焦面处,但若此处不设置光阑,实际视场光阑则为照明狭缝(受其 NA 限制)。照明区域接收的最大孔径角为 $\arctan(2.5\text{mm}/15\text{mm})<7.47°$,满足设计要求。

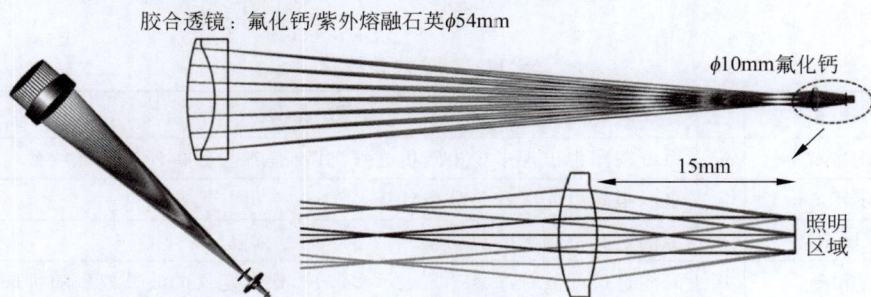

胶合透镜：氟化钙/紫外熔融石英$\phi54\text{mm}$

$\phi10\text{mm}$氟化钙

15mm

照明区域

图 11-10　光谱仪收光系统设计实例

11.2　Zemax 非序列模式

11.2.1　非序列模式简介

在之前的 Zemax 光学设计中大部分涉及的光学系统都是成像系统和激光光学系统,其光线追迹的方式都是按照人为设定的光学元件安顺序进行的,在 Zemax 中叫作"序列(Sequential)模式"。除了之前使用的序列模式外,在 Zemax 中还存在非序列(Non-sequential)模式和混合模式。在非序列模式中,编辑器窗口的名称会从序列模式下的镜头数据编辑器(Lens Data Editor)变为非序列元件编辑器(Non-Sequential Editor)。非序列模式和序列模式的区别如下。

(1) 适用场景:非序列系统主要用于设计照明系统或对成像系统进行杂散光分析;序列模式主要用于设计成像系统和激光光学系统。

(2) 光线追迹模式:非序列模式光线传播遵循真实世界的物理规律,并不是按照人为设定的一系列表面的先后顺序进行传播;序列模式的光线追迹方式都是按照人为设定的光源元件按顺序进行。

(3) 建模方式:非序列模式中按照光学个体进行建模,每个个体可以以表面或实体的形式存在,并且可以实现真正的三维光学元件物体创建,如复杂棱镜、角立方棱镜、导光管、多面体元件等;序列模式一般是按照表面进行逐次建模,有些复杂物体难以实现建模。

(4) 元件位置定义:非序列模式中每个物体都是以全局坐标系中的 x、y、z 坐标进行定义,每个物体坐标和方向的定义可以相互独立,可以按照绝对的世界坐标定义其位置,也可以按照元件之间的相对坐标偏移定义相对位置;序列模式一般按照物体之间的间隔进行相对表面定位。

非序列模式中最重要的器件就是光源和探测器,用来作为光源和记录光源经过光学系统后的光线或能量分布。

11.2.2　非序列模式光源

在非序列模式中,Zemax 的光源设置更加丰富多样。在序列模式中只能在物面上设置点光源,或使用各种可用的图像分析功能进行建模。非序列模式的光源类型可以是简单的点光源或者是具有复杂三维分布的光源。光源包括点光源、椭圆形光源、矩形光源、体光源、数据文件以及用户定义型。所有光源体公共参数都有相同的定义,这些参数如表 11-2所示。

表 11-2　公共参数

参 数 名 称	参 数 说 明
Layout Rays	定义系统视图中出现多少根随机光线,并不是参与分析计算的光线数
Analysis Rays	定义多少根随机光线参与分析计算
Power(Unit)	在光源的定义范围上的总功率
Wavenumber	用于光线追迹的波长序号,"0"表示多波长,根据定义的波长权重随机选择波长
Color	光线绘制颜色,"0"代表默认颜色

下面对不同类型的光源和参数设置进行详细介绍。

（1）**二极管光源（Source Diode）**：定义一个二极管,或者一维、二维的二极管阵列。每一个二极管的光强分布由下式给出:

$$I(\theta_x,\theta_y)=I_0\exp\left\{-2\left[\left(\frac{\theta_x}{\alpha_x}\right)^{2G_x}+\left(\frac{\theta_y}{\alpha_y}\right)^{2G_y}\right]\right\} \tag{11-5}$$

式中,α 是 XZ 平面的发散角,单位为度;G_x 是 X 方向的超高斯因子;G_y 是 Y 方向的超高斯因子。注意:G_x 和 G_y 如果等于 1.0,则产生一个典型的高斯分布。G_x 和 G_y 必须大于或等于 0.01。大多数 LD 生产商用 θ_{fwhm} 定义远场发散角,Zemax 中 α 用 $1/e^2$ 来定义远场发散角。它们的转换关系如下:

$$\alpha_x=\theta_{fwhm}/\sqrt{2\ln(2)}\approx0.85\theta_{fwhm} \tag{11-6}$$

数目 Number X' 和 Number Y',以及间距 Delta X 和 Delta Y 用来定义二极管阵列。二极管可以放置在关于局部坐标原点对称的 X 和 Y 方向。Astigmatism 可以定义像散。该值必须为正,并且表示垂直方向焦点与水平方向焦点之间的偏移（沿 Z 轴）。在 XY 平面上 $Z=0$ 处,所产生的光线类型是一条沿 X 轴的线。如果像散为零,光线可以从一个点、一条线或一个矩形区域发出。光源发出光线的空间分布由下式给出:

$$I(x,y)=I_0\exp\left\{-2\left[\left(\frac{x}{s_x}\right)^{2H_x}+\left(\frac{y}{s_y}\right)^{2H_y}\right]\right\} \tag{11-7}$$

$$-W_x<x<W_x \tag{11-8}$$

式中,s_x 和 s_y 分别为 X 方向和 Y 方向空间分布高斯宽度;H_x 和 H_y 分别为 X 方向和 Y 方向上的超高斯因子。注意:如果 H_x 和 H_y 是 1.0,结果是一个典型的高斯分布。H_x 和 H_y 必须大于或等于 0.01。注意:如果像散不为零,空间分布项都会被忽略。表 11-3 列出了二极管光源参数说明。

表 11-3　二极管光源参数说明

参 数 定 义	参 数 说 明
Astigmatism	垂直方向焦点与水平方向焦点之间的偏移(沿 Z 轴),单位为透镜单位
X-Divergence	X 方向发散角,半角,单位为度
X-SuperGauss	X 方向上的超高斯因子
Y-Divergence	Y 方向发散角,半角,单位为度
Y-SuperGauss	Y 方向上的超高斯因子
Number X$'$	X 方向的激光二极管的个数
Number Y$'$	Y 方向的激光二极管的个数
Delta X	X 方向的激光二极管间距,单位为透镜单位
Delta Y	Y 方向的激光二极管间距,单位为透镜单位
X-Width	发射光线构成矩形区域的 X 半宽度(W_x),单位为透镜单位
Y-Width	发射光线构成矩形区域的 Y 半宽度(W_y),单位为透镜单位
X-Sigma	X 方向空间分布高斯宽度(S_x)
Y-Sigma	Y 方向空间分布高斯宽度(S_y)
X-Width Hx	X 方向空间分布超高斯因子(H_x)
Y-Width Hy	Y 方向空间分布超高斯因子(H_y)

（2）**椭圆光源（Source Ellipse）**：一个可以发光的椭圆面。发射光线的起点在椭圆表面上均匀分布,光线发射方向需要自行定义,定义参数包括 C_n、G_x 和 G_y。

① C_n 大于或等于1(不需要是整数),不管光源位置和 G_x、G_y 如何设置,光线发射都服从余弦分布: $I(\theta) \approx I_0 (\cos\theta)^{C_n}$,关于 Z 轴旋转对称。C_n 越大分布越窄。

② C_n 为 0,G_x、G_y 非 0,光线发射服从高斯分布: $I(l, m) \approx I_0 e^{-(G_x l^2 + G_y m^2)}$。其中 l 和 m 是光线沿 X 和 Y 轴方向的方向余弦,可用于定义一个在 X 和 Y 方向不同的远场模式。G_x 和 G_y 越大,在各自方向上的分布越窄。

③ C_n、G_x 和 G_y 均为 0,所有光线从于表面的任何位置的一个光源点发出。光源点的位置由参数列表定义。表 11-4 列出了椭圆光源参数说明。

表 11-4　椭圆光源参数说明

参 数 名 称	参 数 说 明
X Half Width	X 方向半宽度,单位为透镜单位
Y Half Width	Y 方向半宽度,单位为透镜单位
Source Distance	光源距离,外观光源点在 Z 轴方向上相对于光源位置的距离。该值可能为正,也可能为负。如果该值为 0,则光线被校准。如果该值为正,则外观光源点位于组件物体后方。该情况只适用于 C_n、G_x 和 G_y 均为 0 时
Cosine Exponent	余弦项指数,余弦项的幂。该值就是上述余弦分布表达式中的 C_n。当这个参数不为零时,光线余弦不支持索伯采样
Gauss Gx	高斯常数 G_x,高斯分布中 X 项中的常数,如果 C_n 不为 0,忽略该值。当这个参数不为零时,光线余弦不支持索伯采样
Gauss Gy	高斯常数 G_y,高斯分布中 Y 项中的常数,如果 C_n 不为 0,忽略该值。当这个参数不为零时,光线余弦不支持索伯采样
Source X	光源 X,发射光线的光源点的 X 坐标。如果光源距离为 0,则该参数表示校准光束在 X 方向上的方向余弦。该情况只适用于 C_n、G_x 和 G_y 均为 0 时

续表

参 数 名 称	参 数 说 明
Source Y	光源 Y，发射光线的光源点的 Y 坐标。如果光源距离为 0，则该参数表示校准光束在 Y 方向上的方向余弦。该情况只适用于 C_n、G_x 和 G_y 均为 0 时
Min X half width	最小 X 半宽度（单位为长度单位）。用一个大于 0，小于 X 半宽的数定义一个环形区域。当这个参数不为零时，光线坐标不支持索伯采样
Min Y half width	最小 Y 半宽度（单位为长度单位）。用一个大于 0，小于 Y 半宽的数定义一个环形区域。当这个参数不为零时，光线坐标不支持索伯采样

（3）**灯丝光源（Source Filament）**：螺旋状灯丝光源。表 11-5 列出了灯丝光源参数说明。

表 11-5　灯丝光源参数说明

参 数 名 称	参 数 说 明
Length	灯丝在 Z 轴方向的长度"L"，单位为透镜单位
Radius	半径 R，单位为透镜单位
Turns	转数 N（无单位），N 可以是小数甚至是负数（表示与螺旋的绕向相反）。表示该灯丝沿给出的 Z 坐标长度 L 转 N 次，旋转半径为 R，光线从螺旋上的随机点沿随机方向发出

（4）**高斯光源（Source Gaussian）**：从点光源（point source）射出的光线呈高斯分布的光源。表 11-6 列出了高斯光源参数说明。

表 11-6　高斯光源参数说明

参 数 名 称	参 数 说 明
Beam Size	光束尺寸，光束半径在 $1/e^2$ 的强度，单位为透镜单位
Position	光线发散显著点（apparent point）到光源平面的距离，若该值为零，为准直光

（5）**物体光源（Source Object）**：物体光源创建一个带有基于任何其他"父"物体尺寸和外形的光源。任何非序列模式编辑器中在该物体之前的物体都可用于定义物体光源的外形，包括用户定义的和布尔物体。任何父物体的改变将动态地影响光线在物体光源的分布。父物体的形状用来决定光线的起始位置和方位。光线在整个物体面积上均匀地分布光线的角分布由下式给出：

$$P(\theta) = (\cos\theta)^x \tag{11-9}$$

式中，θ 从指向物体外表面的法线开始测量；x 是一个用户自定义余弦因子，在 0～100 之间。如果 $x=0$，光线就在所有方向等可能地发射入一个半球。$x=1$ 表示朗伯分布。$x \geqslant 100$ 表示光线垂直于表面。父物体一般是一个三维立体。物体光源可以独立于父物体放置。要将物体光源叠加在父物体上，设置物体光源的参考物体为父物体，并将位置和倾斜值置零。表 11-7 列出了物体光源参数说明。

表 11-7　物体光源参数说明

参 数 名 称	参 数 说 明
Parent Object #	父物体#，用于定义光源形状的整数物体序号。这个物体序号必须在非序列模式编辑器中的物体光源的物体序号之前

续表

参 数 名 称	参 数 说 明
Chord Tol	键公差,键公差决定了光线出发点的位置精度,且影响光源的渲染。要渲染或追迹来自光源的光线,Zemax 会将输入文件转化为一个三角形列表以近似物体的形状。公差是一个三角形和光源实际面之间的最大允许距离。公差被设置得越小,将生成越精确的渲染,添加越多的三角形,运算速度就越慢。默认值零,将使用一个与物体尺寸相关的键公差
Cos Factor	余弦因子 x

（6）**点光源**（**Source Point**）：点光源发出锥体光线。锥角可以在 $0\sim180°$（将辐射到整个球面）间取值。其参数 Cone Angle：锥角,指半锥顶角,单位为度。

（7）**辐射光源**（**Source Radial**）：辐射光源是一个平面、矩形或椭圆形,发射关于 Z 轴对称的半球光线。可通过任意强度和角度数据的立方样条拟合来定义。点的数目包含 $5\sim181$ 之间的任意整数,角度范围被指定的点数等分。每一点的数据是在光源远场中与那个点相对应的角度处的相对强度。表 11-8 列出了辐射光源参数说明。

表 11-8　辐射光源参数说明

参 数 名 称	参 数 说 明
X Half Width	X 半宽度,单位为透镜单位。如果比零小,出射区域会是椭圆
Y Half Width	Y 半宽度,单位为透镜单位。如果比零小,出射区域会是椭圆
Minimum Angle	最小角度,单位为度。值必须在 $0.0\sim89.9$ 之间
Maximum Angle	最大角度,单位为度。值必须在最小角度加 $0.1\sim90.0$ 之间
Of Points	点数,必须包含 $5\sim181$ 之间的数
I(angle°)	从法线开始在每一个角度处的相对强度数据

（8）**光线光源**（**Source Ray**）：光线光源是一个点,它沿着指定的方向余弦发射光线。表 11-9 列出了光线光源参数说明。

表 11-9　光线光源参数说明

参 数 名 称	参 数 说 明
X/Y/Z Cosine	$X/Y/Z$ 余弦,光线在 X、Y、Z 方向上的方向余弦。这些值可以被自动归一化
Random Seed	随机种子,如果不是零,随机数发生器会用指定的值再播种

（9）**矩形光源**（**Source Rectangle**）：矩形光源是一个矩形面,它能从一个虚拟光源点发射光线,通过矩形面参数来定义,参数与椭圆光源相同。

（10）**圆柱体光源**（**Source Volume Cylinder**）：圆柱体光源是一个三维立体光源,是中心位于原点,母线沿着 Z 轴对称延伸的（椭）圆柱体。光线从柱体内的任意点发出,沿随机方向传播,在发光位置和传播方向上具有均等的概率。柱体内的点满足以下关系：

$$\left(\frac{X}{W_x}\right)^2+\left(\frac{Y}{W_y}\right)^2\leqslant1,\quad 且\left(\frac{Z}{W_z}\right)^2\leqslant1 \tag{11-10}$$

式中,W_x、W_y 和 W_z 分别指在 X、Y 和 Z 方向的半宽度,单位为透镜单位。

（11）**椭圆体光源**（**Source Volume Ellipse**）：椭圆体光源是一个三维立体光源,它在 XY、XZ、YZ 平面内形状为椭圆。椭圆体的中心位于原点。光线发射方式与椭圆体光源类似。椭圆体内的点满足：

$$\left(\frac{X}{W_x}\right)^2 + \left(\frac{Y}{W_y}\right)^2 + \left(\frac{Z}{W_z}\right)^2 \leqslant 1 \qquad (11\text{-}11)$$

式中,W_x、W_y 和 W_z 分别指在 X、Y 和 Z 方向的半宽度,单位为透镜单位。

（12）矩形体光源（Source Volume Rectangle）：矩形体光源是一个三维立体光源,它在 XY、XZ、YZ 平面内形状为矩形。矩形体的中心位于物体的原点。光线发射方式与椭圆体光源类似。矩形体内的点满足：

$$|X| \leqslant W_x, \quad |Y| \leqslant W_y, \quad |Z| \leqslant W_z \qquad (11\text{-}12)$$

式中,W_x、W_y 和 W_z 分别指在 X、Y 和 Z 方向的半宽度,单位为透镜单位。

（13）管状光源（Source Tube）：与圆柱体光源相似,但光线只从管状面发射,而不是整个物体上。其参数 Length：长度,单位为透镜单位。Radius：半径,单位为透镜单位。管的对称轴,长度为 L,沿着 Z 轴旋转。

（14）双角光源（Source Two Angle）：双角光源是能发射光线的椭圆形或矩形平滑表面。发射光线的原点都位于光源表面且分布均匀。光线的角度分布在余弦空间是均匀的或者被投影到一个远距离平面是均匀的。角分布可以是矩形或椭圆形,每个方向有不同的最大半角值。表 11-10 列出了双角光源参数说明。

表 11-10   双角光源参数说明

参 数 名 称	参 数 说 明
X Half Width	X 方向半宽度
Y Half Width	Y 方向半宽度
X Half Angle(deg)	表示 XZ 平面光锥的半角
Y Half Angle(deg)	表示 YZ 平面光锥的半角
Spatial Shape	空间形状,0 表示矩形,1 表示椭圆形
Angular Shape	角形状,0 表示矩形,1 表示椭圆形
Uniform Angle	均匀角度,0 表示在投影在一定距离远的平面上均匀角度,1 表示在角空间均匀

除了上述光源外,非序列模式还提供了 DLL 光源（Source DLL）、EULUMDAT 文件光源（Source EULUMDAT File）、IESNA 文件光源（Source IESNA File）、输入光源（Source Imported）和文件光源（Source File）等自定义型光源。

在 Zemax 非序列模式中,光源可以置于物体内部或外部。将光源置于物体内部有两个步骤：首先设置光源的位置和尺寸,让所有的光线从物体内部开始；其次在光源的"内置于（Inside of）"参数栏创建其所在的物体序号。此时光源的"内置于（Inside of）"参数必然是大于 0 的。如该参数为负数,如-3,而光源本身的序号为 5,则光源在序号为 $5-3=2$ 的物体内部。

11.2.3　非序列模式探测器与光线追迹

Zemax 中有 6 种不同类型的探测器。所有的探测器都可以显示光度学单位——流明（Lumens）或辐射度学单位——瓦（Watts）,这是一般照明系统的常用单位。探测器可以用来评价照明系统的辐射度学、光度学或色度学指标。探测器上获得的数据也是用于优化的指标,可以基于单个像素的数据进行优化,或者基于探测器上的平均数据进行优化。探测器数据支持多种显示类型，其中包括：非相干照度（Incoherent Irradiance）、相干照度（Coherent Irradiance）、相干相位（Coherent Phase）、辐射强度（Radiant Intensity）、辐射亮度（Radiance）以及真彩色（True Color）等。常见探测器及功能定义如下。

（1）**矩形探测器（Detector Rectangle）**：平面矩形形状的探测器，是常用的最强大的探测器之一，像素数可自由设置。图 11-11 展示了一个 2×2 的二极管光源阵列的光照结果。

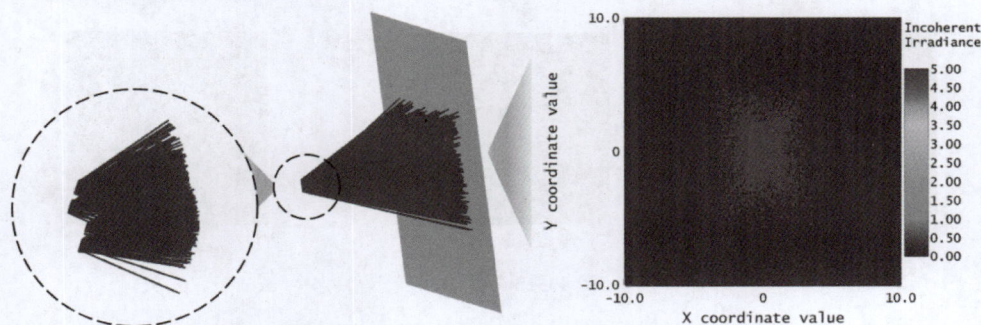

图 11-11　2×2 的二极管光源阵列的光照结果

（2）**颜色探测器（Detector Color）**：平面矩形探测器。此探测器可以记录并显示由三刺激值定义的非相干照明数据。此外，该探测器还可以准确地记录和显示照明的颜色，可以用来观察光谱信息，是比较常用的探测器类型之一。图 11-12 显示了探测器在 632.8nm 和 485nm 波长的上述光源照明下的探测器非相干照明情况。这里的显示应选择探测器设置中的"True color"。

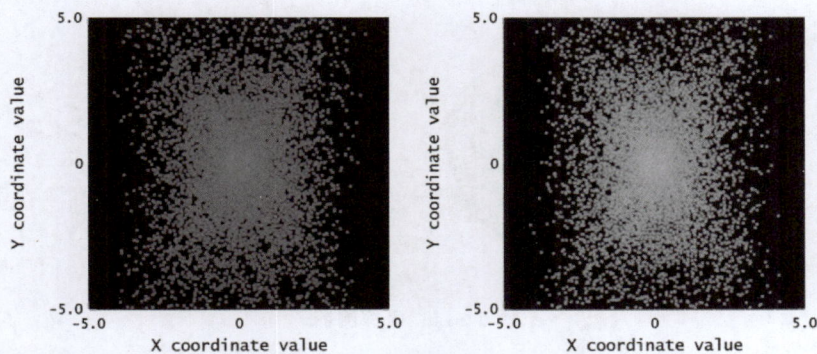

图 11-12　颜色探测器对不同波长的非相干照明反应

（3）**面探测器（Detector Surface）**：圆形或环形探测器，表面可以是平面、球面、非球面形状，如图 11-13 所示。像素数量沿着径向和角方向上定义，它只能记录非相干照度数据。

（4）**极探测器（Detector Polar）**：球面，用来收集角分布（远场）强度数据，如图 11-14 所示。

（5）**体探测器（Detector Volume）**：如图 11-15 所示的矩形体，在局部的 X、Y 和 Z 方向上均可设置像素数目。可以将体探测器嵌套在任何其他对象内部或跨越任何其他物体。此外，多个体探测器可以叠加，光线穿过各个体像素照射到所有体探测器上。

（6）**物体为探测器（Objects as Detectors）**：可以将任意形状的物体作为探测器来记录非相干照度数据。

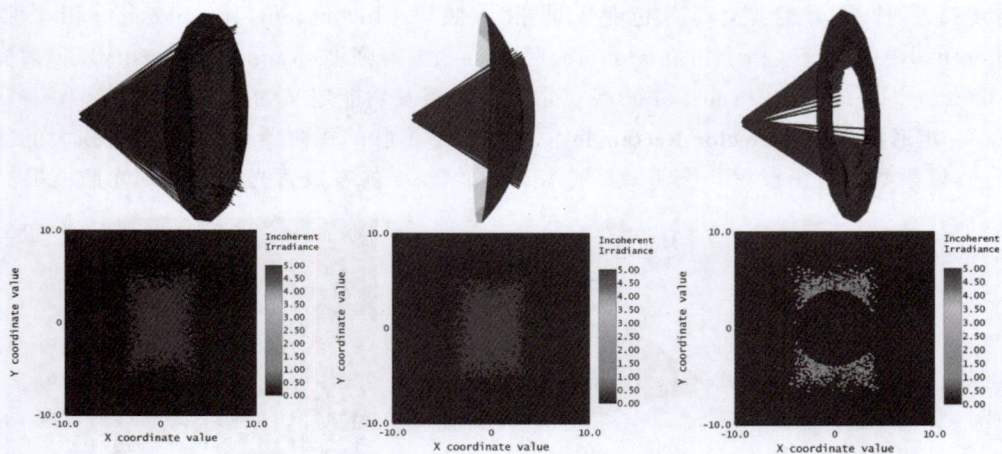

图 11-13　面探测器

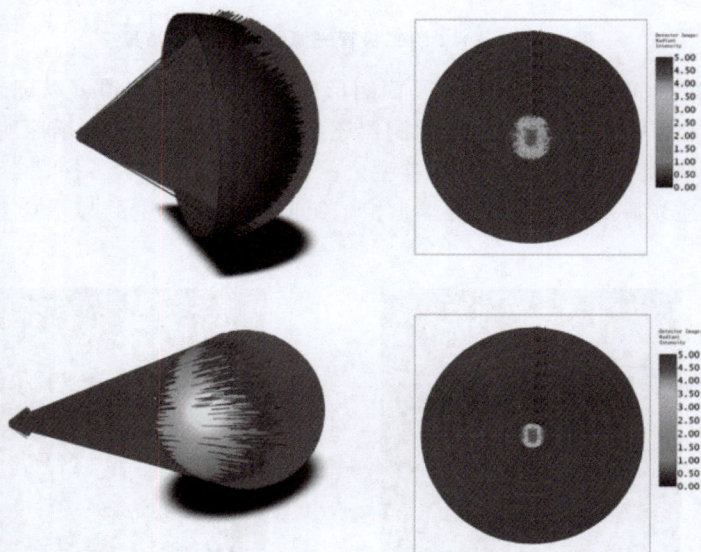

图 11-14　极探测器

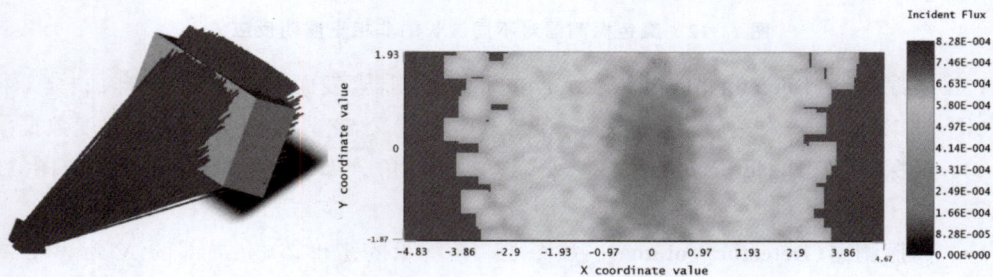

图 11-15　体探测器

　　整个光学系统建模完成后，虽然在模型中可以看到光线到达了探测器的位置，但此时探测器查看器显示的数据仍是空的，总功率也是零。这是因为在布局图中和探测器查看器中的光线追迹结果是相互独立的。如果想要看到探测器上的追迹结果,需要进行以下步骤。

（1）设置"分析光线"数目。通过编辑器中的"分析光线条数"参数来设置光线追迹的数量。需要注意的是,布局图中的光线不影响探测器查看器中的追迹结果,只有分析的光线才会产生影响。

（2）设置探测器像素数。

（3）执行光线追迹。每一次修改系统参数设置都需要重新进行一次光线追迹,每次追迹之前应清除之前的追迹结果。

探测器最终光线追迹是个统计结果。光线是殖机分布的。对光线的随机性是由每条光线的分布、设置的光线方向、能量和波长决定的。这种模拟光线的方法称为"蒙特卡洛（Monte-Carlo）"模拟,这种统计特性和上述分析光线数量和像素数直接相关,但是二者并不是设置得越大越好。一束光线中有位置、方向、能量和波长或颜色信息,一束光线中只包含整个光源的一部分信息,如果没有使用足够的光线进行分析就会导致结果不准确。为了提高信噪比,需要提高分析光线的数量。当然无限制地提高分析光线的数量会极大地降低运算速度。

11.3　Zemax 非序列模式中的非成像光学案例

11.3.1　非序列模式干涉仪结构设计

之前的章节利用多重结构在序列模式中实现了干涉仪的多光束干涉仿真。此处以简易的泰曼-格林干涉仪模型为例实现双光束干涉在非序列模式中的建模。

1. 建立光源

本次仿真采用矩形光源,即 Surface Type 更改为 Source Rectangle,其参数设置如表 11-11 所示。

表 11-11　矩形光源参数设置

Object Type	Tilt About X	Tilt About Y	Tilt About Z	Material	# Layout Rays
Source Rectangle	0.000	0.000	0.000		20
# Analysis Ray	Power（Watts）	Wavenumb	Color	X Half Width	Y Half Width
5E+06	1.000	1	0	10.000	10.000
Source Distance	Cosine Exponent	Gauss Gx	Gauss Gy	Source X	Source Y
1.000E+04	0.000	0.000	0.000	0.000	0.000

2. 设立分束镜

Zemax 可以利用简单的文本编辑一个复杂多边形物体（Polygon Object）,文件名后缀为 Pob。实际上 Zemax 已经内置了一些复杂物体的 Pob 文件,如此处需要的 splitter.Pob 文件。在非序列编辑界面中插入一个面,类型为 Polygon Object,根据系统提示选择 splitter.Pob 文件,创建分束镜。分束镜据光源 100mm,倾斜角为 45°,材料可设为玻璃材料 BK7。详细参数设置如表 11-12 所示。值得注意的是此处 Polygon Object 表面需要额外进行表面镀膜反射率设置,第一面反射率为 50%,第二面为 99.999%。

表 11-12　分束镜参数设置

Z Position	Tilt About X	Tilt About Y	Tilt About Z	Material	Radius
100.000	45.000	0.000	0.000	BK7	20.000

3. 设置双反射镜

在对应位置建立两个反射镜模型,其表面类型可以使用 Standard surface 或者 rectangle,其中 rectangle 表面曲率不可更改,因此这里选择 Standard surface,分别在相应的位置设置反射镜并修改材料和角度,如表 11-13 所示。

表 11-13　反射镜参数设置

Y Position	Z Position	Tilt About X	Tilt About Y	Tilt About Z	Material	Radius	Conic	Max Aper
50.000	100.000	90.000	0.000	0.000	MIRROR	INF	0.000	20.000
0.000	150.000	0.000	0.000	0.000	MIRROR	INF	0.000	20.000

4. 创建探测器

在光束汇合处设置探测器 Detector Rectangle,设置面积为 12mm×12mm,像素为 1000×1000。其参数设置如表 11-14 所示。

表 11-14　探测器参数设置

X Position	Y Position	Z Position	Tilt About X	Tilt About Y	Tilt About Z
0.000	−50.000	100.000	90.000	0.000	0.000
Material	**X Half Width**	**Y Half Width**	**♯ X Pixels**	**♯ Y Pixels**	
—	12.000	12.000	1000	1000	

此时,整体模型已经建设完成,如图 11-16(a)所示。注意在显示界面需要勾选 Split NPC Rays 才能显示出分束镜的分束效果,否则只能看到其中一路。将其中一路反射镜倾斜,探测器可查看相干光源照明状态,如图 11-16(b)所示。将光源拉近为点光源,可得到如图 11-16(c)所示的圆形干涉条纹。

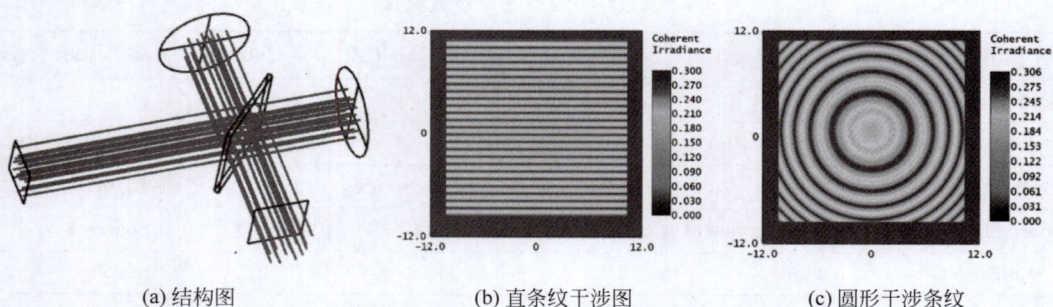

(a) 结构图　　　　　　(b) 直条纹干涉图　　　　　　(c) 圆形干涉条纹

图 11-16　Zemax 非序列模式下泰曼-格林干涉仪结构建模和干涉图模拟

图 11-17 列出了 Zemax 非序列模式下马赫-曾德干涉仪结构建模和干涉图模拟。

11.3.2　微透镜阵列匀光设计

1. 微透镜阵列概念

微透镜的孔径尺寸一般来说最小可至几微米,最大为几毫米,具有尺寸小、方便集成的

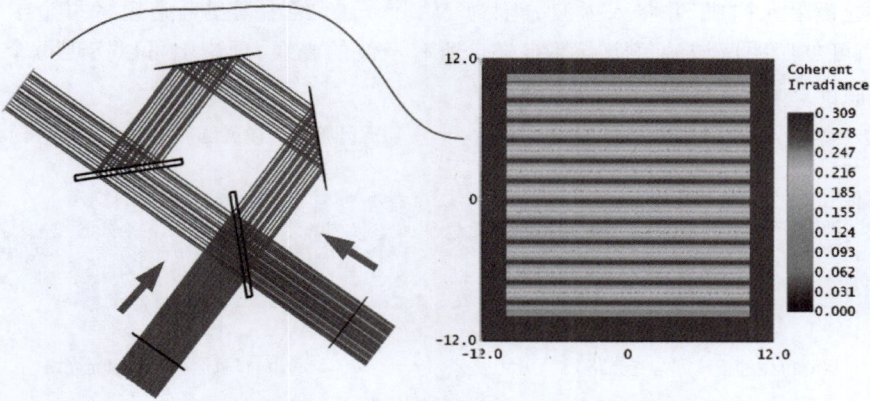

图 11-17　Zemax 非序列模式下马赫-曾德干涉仪结构建模和干涉图模拟

优点。与传统透镜类似,常用微透镜有球面镜、非球面镜、柱镜等。传统光学中透镜的形状一般为圆形,而在设计微透镜阵列时,为了提高光束的能量利用率以及微透镜阵列的有效孔径比,通常要求微透镜能够紧密排布。因此微透镜阵列的子透镜形状一般为正方形和正六边形,特殊的也有圆形。材料一般为石英玻璃或光学塑料。从光学特性出发可以将微透镜阵列分为折射型与衍射型两种类型,其中折射型微透镜阵列应用较多。如图 11-18 所示为由圆形微透镜组成的平面微透镜阵列结构,其主要结构参数有阵列周期 p(相邻的微透镜光轴的距离)、阵列厚度 t、阵列尺寸 $L \times W$、微透镜(子透镜)焦距 f。

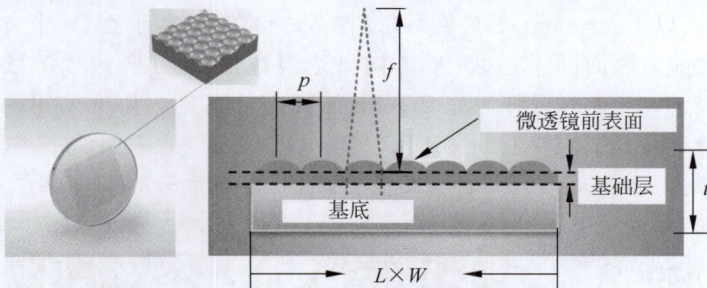

图 11-18　微透镜阵列结构

通常情况下,激光光源的辐照度分布为高斯分布,因此无法实现均匀的照明。必须对辐照度分布进行"去高斯化",将非均匀的分布变为均匀分布。在视频显示、投影照明以及绝大部分激光应用领域,都需要对光源进行匀化。激光匀光大体分为两种:衍射型和折射型。从原理上讲,衍射型的匀化效果可能优于折射型。但是,由于受到波长限制的影响,衍射型匀光系统的要求比较高,但通用性比较差,而且衍射元件的表面轮廓容易引起杂散光。相比之下,折射型元件的通用性显得更强,而且还具有能量损耗少、工作波段长的优点。常见的匀光方法有匀光片、扩散片、匀光光纤、微透镜阵列等。微透镜阵列匀光这一方法与其他的匀光方法相比,拥有更高的均匀性和传输效率。目前关于微透镜阵列的研究与加工均较为成熟,微透镜阵列在其应用领域里发挥着巨大而愈加重要的作用。

2. 微透镜阵列匀光原理

微透镜阵列通过对入射波的分割与出射子波的重新叠加实现光束的匀化作用。图 11-19(a)所示的单微透镜阵列匀光光路采用准直的高斯光束入射,微透镜阵列由 $N \times N$

个相同的透镜单元构成,并将入射波分割为 N^2 个子波,经由傅里叶透镜将每个子波叠加在目标面上,可见照明区域的每个点都有来自所有子波的光线,理论上可以实现每个点的照明和其他点照度一致,实现均匀照明。

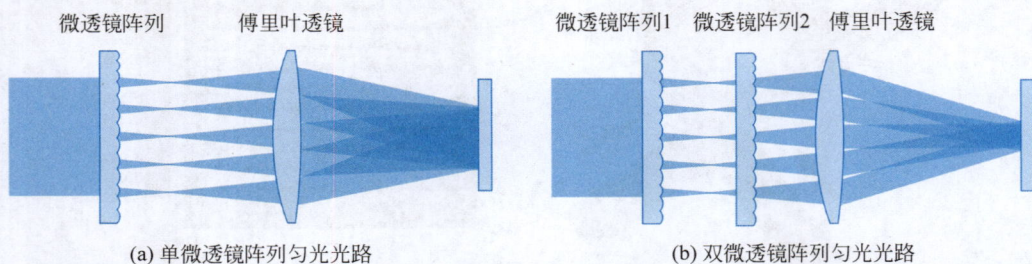

(a) 单微透镜阵列匀光光路　　　　　　　(b) 双微透镜阵列匀光光路

图 11-19　微透镜阵列匀光光路图

图 11-19(b)是一种常见的双微透镜阵列匀光光路,由两块参数相近的微透镜阵列、一块傅里叶透镜组成。两块微透镜阵列平行排列,光轴相互平行,其中微透镜阵列 2 位于微透镜阵列 1 的焦平面附近,接收屏位于傅里叶透镜的焦平面上。准直入射光通过微透镜阵列 1 后聚焦在微透镜阵列 2 的中心处,微透镜阵列 2 的每个小透镜将微透镜阵列 1 对应的小透镜重叠成像于照明面。从微透镜阵列 2 出射的光斑通过傅里叶聚焦在接收屏上得到一个均匀的方形光斑。

3. 微透镜阵列匀光仿真

在非序列模式中,将物体类型设置为 Lens array(透镜阵列)1 或 Lens array 2 可实现微透镜阵列仿真。以 Lens array 2 为例,可设置微透镜阵列 X 半宽、Y 半宽、厚度、材料、前后表面曲率半径、前后表面圆锥系数、X 方向微透镜数目、Y 方向微透镜数目等重要参数。图 11-20 给出了 20×20 微透镜阵匀光 Zemax 仿真设计案例。仿真采用的 X 半宽＝Y 半宽＝0.5mm,厚度为 1mm,玻璃材料为 BK7,前面表为平面,后表面曲率半径为 5mm,X、Y 方向微透镜数目均为 20。在其焦平面上设置探测器,辐照度分布情况如图 11-20 所示。定义高斯光源产生的准直光束,分别定义两个微透镜阵列,参数一致,第二个微透镜阵列位于

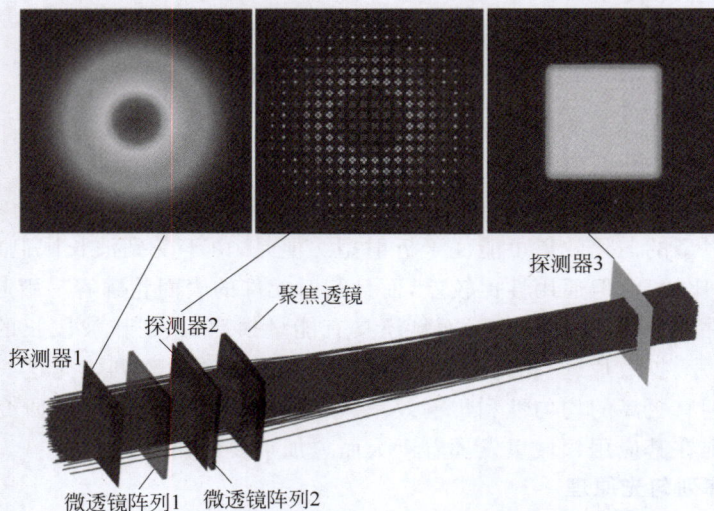

图 11-20　微透镜阵列匀光 Zemax 仿真设计案例

第一个微透镜阵列焦面附近。添加标准透镜于第二个透镜阵列后,定义合适的尺寸与焦距,并在透镜焦平面处再放置一个矩形探测器以检测匀光后的光照分布。为了方便对比,在系统中设置了3处探测器,分别位于微透镜阵列1前方、微透镜阵列1的焦平面、标准透镜焦平面。通过光线追迹分析可得到3个探测器处的照明分布情况,如图11-20所示,可见,微透镜阵列对光源有很好的匀化效果。

11.3.3　气体吸收池设计

1. 气体吸收池原理

气体吸收光谱技术常被用于测量气体成分和浓度。根据朗伯-比尔定律(Lambert-Beer Law),激光通过一段待测气体介质时,由于气体吸收,光强会发生衰减,透射光强 I_t 为

$$I_t(\nu) = I_0(\nu)\exp(-k_\nu L) \tag{11-13}$$

式中,$I_0(\nu)$ 为入射光强(单位:mW);$I_t(\nu)$ 为透射光强(单位:mW);ν 为入射光的频率(单位:cm^{-1});L 为有效吸收光程(单位:cm);k_ν 为光谱吸收系数(单位:cm^{-1})。

可见,气体对穿过其中的激光束的吸收程度与有效光程成正相关。因此提高探测灵敏的最直接方法就是增加有效光程。光学气体长程吸收池利用入射光在有限体积内多次往复反射增加吸收光程,可以实现仪器小型化,其为痕量气体吸收光谱测量技术的一个重要组成部分。吸收池的常见结构有 White 型、Herriott 型、Chernin 型、环型以及衍生出来的多种改进类型。图11-21(a)和(b)分别展示了 White 型、Herriott 型气体池的多次反射原理。其中 Herriott 型气体池输入、输出可在同一位置,也可以根据具体设计设置在不同位置,具体设计参数计算请参考相关文献。

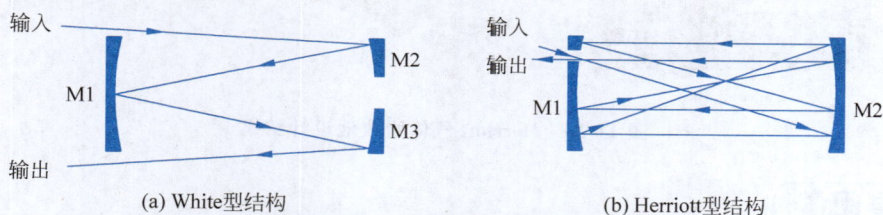

(a) White型结构　　(b) Herriott型结构

图 11-21　常用气体吸收池结构

2. 气体吸收池设计案例

下面在 Zemax 非序列模式下仿真传统的 Herriott 气体吸收池。先设置光源参数,本次选用 Source Gaussian 光源类型,光斑直径为 0.8mm。进而设置两面反射镜,口径 $D=50mm$,$R=400mm$,二者距离 306mm。值得注意的是,当腔外激光进入两面反射镜组成的腔内时,会遭到第一反射镜的阻拦从而无法进入腔内。因此需在第一反射镜边缘开孔,拟开孔位置在距离光轴中心 20mm 处。非序列模式中的反射镜非中心开孔与序列模式不同,此处可采用布尔操作,即创建另一个和原物体相交的物体,进行相交切除。如图11-22(a)所示,可在拟开孔位置创建一个圆柱物体(Cylinder Volume),利用原生布尔操作(Boolean Native)将圆柱区域切除,成为孔径,此处孔径为 2mm。创建好小孔后,即可生成吸收池模型,如图11-22(b)所示。可见多次反射光依然从开孔处出射。系统参数设置如图11-22(c)所示。

在紧靠第一反射镜后设置一个矩形探测器(Detector Rectangle)用来探测光斑以及功

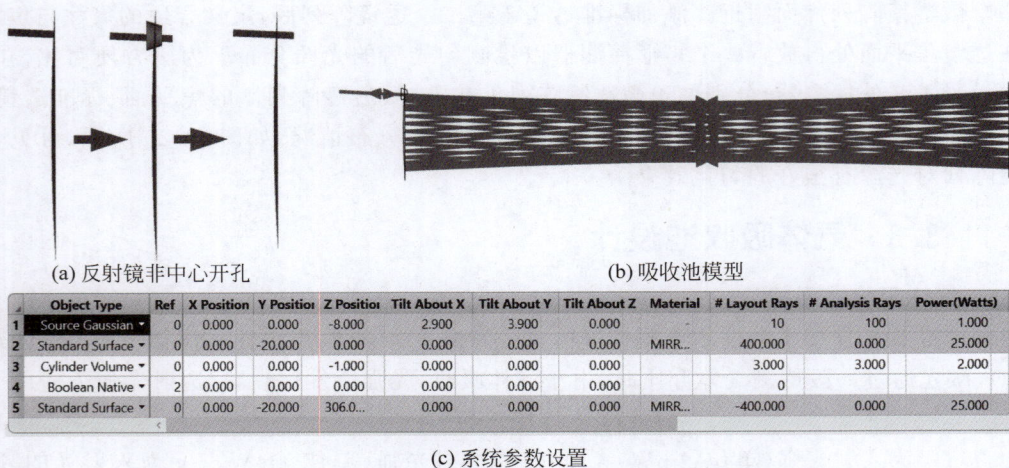

(a) 反射镜非中心开孔   (b) 吸收池模型

	Object Type	Ref	X Position	Y Position	Z Position	Tilt About X	Tilt About Y	Tilt About Z	Material	# Layout Rays	# Analysis Rays	Power(Watts)
1	Source Gaussian ▼	0	0.000	0.000	-8.000	2.900	3.900	0.000		10	100	1.000
2	Standard Surface ▼	0	0.000	-20.000	0.000	0.000	0.000	0.000	MIRR...	400.000		25.000
3	Cylinder Volume ▼	0	0.000	0.000	-1.000	0.000	0.000	0.000		3.000	3.000	2.000
4	Boolean Native ▼	2	0.000	0.000	0.000	0.000	0.000	0.000		0		
5	Standard Surface ▼	0	0.000	-20.000	306.0...	0.000	0.000	0.000	MIRR...	-400.000	0.000	25.000

(c) 系统参数设置

图 11-22　Herriott 气体吸收池模型创建

率分布情况,设计结果如图 11-23 所示,可见光束共计在腔内反射 25 次,总程长约 7.5m。读者可自行修改参数改变结构以增加程长。

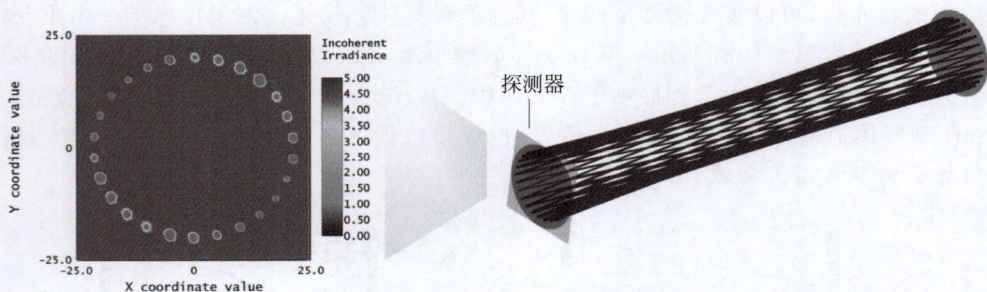

图 11-23　Herriott 气体吸收池设计结果

拓展阅读

自由曲面照明整形技术——点亮生活,塑形光影

在人类自主认识和研究光学系统的历史长河中,新型光学元件的不断涌现推动了光学技术领域的发展。平面和球面光学元件在很长一段时间内是光学领域的主要成员,它们的使用带领人类走向了光学成像领域,并逐渐延伸至社会生活的各个领域。非球面光学元件的出现极大地推动了光学领域的变革,使得光学系统朝着高性能、轻量化、微型化的方向迈进了一大步。近几十年来逐渐出现了各种非球面光学元件,包括眼镜镜片、相机镜头、投影物镜乃至大型天文望远镜和各种共形光学元件。近年来,人们对光学系统性能的要求越来越高,开始关注不同类型的轴外像差矫正技术,因此光学自由曲面元件应运而生。由于其表面自由度较大,可以针对性地提供或矫正不同的轴上或轴外像差,同时满足现代光学系统高性能、轻量化和微型化的要求,因此逐渐开始成为现代光学研究领域和工业及商业领域的新宠。

广义的光学自由曲面包括回转对称非球面和非回转对称非球面,狭义的光学自由曲面仅指非回转对称非球面,其口径内各处曲率半径各不相同,很难在全口径内使用统一的数学方程描述。自由曲面一般具有不规则形状,可以提供较高的像差自由度,或者复杂的光线出射方向以及照度分布,因此对于照明、显示和成像等领域具有极大的吸引力。尤其在照明领域,传统 LED 照明发出的光线无法提供令人满意的解决方案来满足各种现代照明应用的要求。例如,在道路照明中直接使用 LED 会造成道路后侧不必要照明区域的能源浪费。在医疗应用中,未经调节的 LED 光线会产生较差的医学成像质量。自 20 世纪 90 年代起,照明光学系统中已经开始采用自由曲面设计,使得光线散射角度和光强可以根据需求合理控制与分布,图 11-24 所示的 LED 自由曲面透镜可将光束控制在 120°范围内。

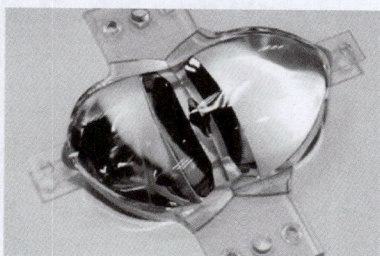

图 11-24　LED 自由曲面透镜

自由曲面照明整形的应用范围非常广泛,从室内外照明、汽车灯、路标照明到医学成像以及高科技领域的精密仪器都离不开这项技术的巧妙运用。例如,在阅读灯的设计中,通过自由曲面整形技术,可以确保光线均匀分布在阅读区域,同时减少眩光和阴影,保护用户的视力。而在舞台灯光设计中,自由曲面整形技术更是发挥了巨大作用。设计师可以根据不同的表演内容和氛围需求,创造出多变的光影效果,从而增强观众的视觉体验。无论是模拟阳光透过树叶的斑驳,还是营造星光点点的浪漫夜空,自由曲面都能一一实现。自由曲面照明整形技术的另一个显著优势是它的能效性。由于光线可以被精确控制,因此可以减少光能的浪费,实现更为环保节能的照明。这一点在商业照明和城市亮化工程中尤为重要,既美化了环境,又降低了能源消耗。未来随着材料科学和计算机辅助设计技术的发展,自由曲面照明整形技术将更加成熟和普及。可以预见,未来的照明系统不仅能够提供更优质的光环境,而且能够与智能控制技术相结合,实现更为个性化和智能化的照明方案。自由曲面照明整形技术以其独特的魅力和无限的可能,正在逐步改变我们的照明世界。它不仅是一项技术的创新,更是对光与影艺术的一次重新诠释。

习题

1. 请在 Zemax 中模拟临界照明中的均匀照明面,并探究其缺陷。

2. 查阅资料,阐述至少 3 个微透镜阵列的使用领域,并说明原理。

3. 利用 Zemax 非序列模式的灯丝光源和抛物面反射镜建立一个简易的手电筒照明系统模型。

4. 利用 Zemax 非序列模式建立如图 11-17 所示的马赫-曾德干涉仪结构,并模拟出纵向分布的干涉条纹。

第12章 实际成像系统质量评价

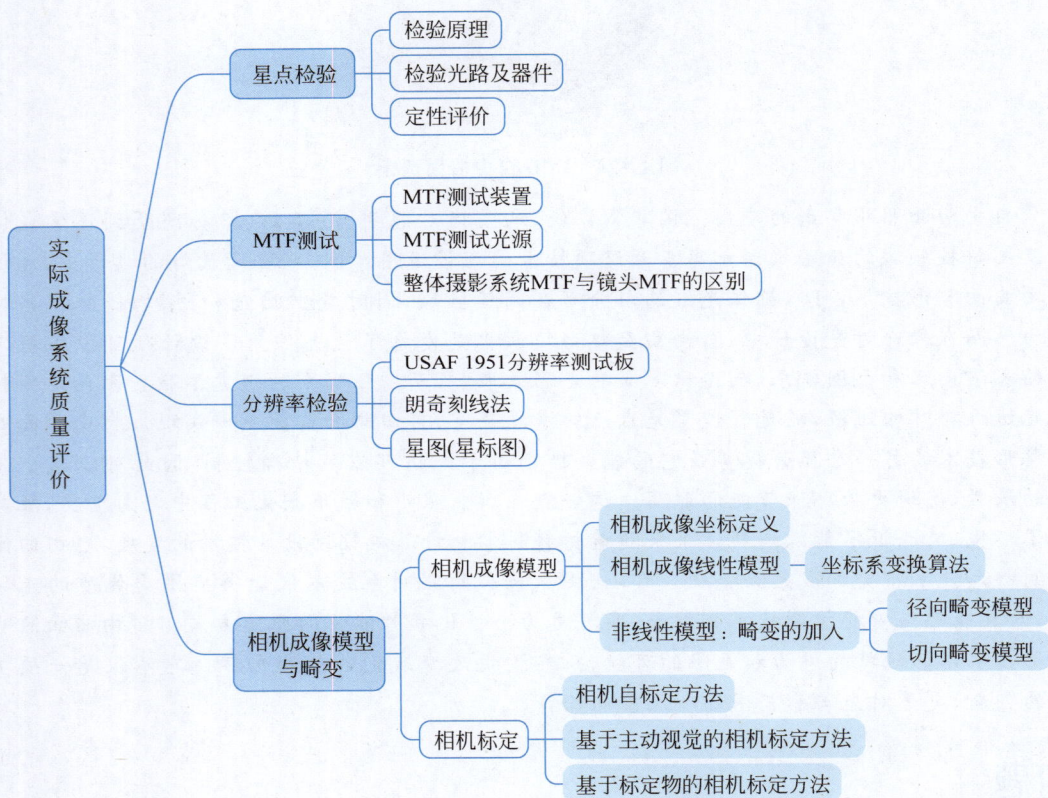

```
                                        ┌── 检验原理
                          星点检验 ──────┼── 检验光路及器件
                                        └── 定性评价

                                        ┌── MTF测试装置
                          MTF测试 ───────┼── MTF测试光源
                                        └── 整体摄影系统MTF与镜头MTF的区别

  实际                                   ┌── USAF 1951分辨率测试板
  成像     ──────       分辨率检验 ──────┼── 朗奇刻线法
  系统                                   └── 星图(星标图)
  质量
  评价                                                  ┌── 相机成像坐标定义
                                          相机成像模型 ──┼── 相机成像线性模型 ── 坐标系变换算法
                                                          │                              ┌── 径向畸变模型
                        相机成像模型  ───┤                └── 非线性模型：畸变的加入 ──┤
                        与畸变            │                                              └── 切向畸变模型
                                          │                ┌── 相机自标定方法
                                          相机标定 ────────┼── 基于主动视觉的相机标定方法
                                                           └── 基于标定物的相机标定方法
```

【知识目标】
◆ 了解实际成像光学系统的评价原理。
◆ 掌握实际成像光学系统的评价方法。
◆ 掌握成像模型的坐标变换方法。
◆ 了解相机成像系统标定的原理与方法。

【技能目标】
◆ 能够利用相关指标评价实际光学系统的成像质量。
◆ 可以依托相关软件实现相机标定。

　　第 2 章介绍了光学系统设计阶段的相关评价指标。本章主要介绍对现实中成像系统的成像质量进行评价的手段。在设计阶段,成像质量的评价指标通常是根据该指标的数学定义,利用设计软件计算,比如点列图是通过几何光线路径追踪计算所得,像面模拟是通过物面强度分布函数与系统的强度点扩散函数卷积计算所得。在仿真设计中,设计者往往忽略了探测器的性质。实际的成像系统包括成像光学系统和探测器。实际探测器本身的特性以及和光学系统之间的关系,又引入了一些新的概念和现象,也将在本章进行介绍。因此,真实成像系统的各项成像质量评价指标必须利用实际的评测手段获取。

▦ 12.1　星点检验　◆

1. 检验原理

　　第 2 章描述过点扩散函数(Point Spread Function,PSF),它是光学系统评价的重要手段,即可以通过点物经光学系统后像的状态判定系统成像质量。在实际检测中,可构造点光源,其经被测光学系统成弥散光斑像,也即本节所述的星点像,其分布表征了光学系统的成像质量。这就是星点检验的依据。

　　由光的标量衍射理论可知,无限远的点光源经过一个理想光学系统的成像,可以理解为光瞳面上复振幅分布的夫琅禾费衍射结果。其后焦面上的像(点扩散函数)的复振幅分布就是光瞳函数的傅里叶变换,光强分布则是复振幅的模的平方。因此理想光学系统的星点像的光强分布仅取决于光瞳的形状。最常用的圆形光瞳系统的星点像的光强分布就是圆孔函数的傅里叶变换的平方(即艾里斑光强分布)。但受到成像系统的像差影响,实际衍射图分布相对于理想衍射图分布存在变形,因此可以作为判断被检验光学系统质量的依据。星点检验和点列图都是利用对像点的分布来评定光学系统的成像质量。二者的不同在于点列图采用的是几何光线追踪计算,只能用于设计阶段,而且不考虑衍射因素;而星点检验则是用在实际加工完成的光学系统像质检验阶段,星点像既包含几何像差,又包含衍射效应,是对设计、制造、装调等综合误差的评价。

2. 检验光路及器件

　　星点检验光路如图 12-1 所示,被测光学系统对无限远星点成像。产生无限远星点的方法是在平行光管的焦平面上安放一个星孔板,光源通过聚光镜成像在星孔板上,使星孔得到照明。星孔经平行光管物镜成像于无穷远处,通过被测光学系统后,由显微镜观察衍射光斑。

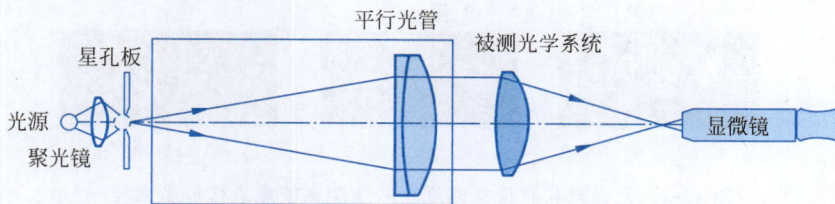

图 12-1　星点检验光路

对于上述光路的器件选择应遵循以下原则。

(1)光源:若系统为激光光学系统,可针对性地选择相应波长的激光光源;若为一般成像系统,应选发射连续光谱且亮度大的光源以尽量模拟使用环境光谱,如电弧灯、碘钨灯等。

(2)星孔板:星孔板的直径(星点直径)不可随意选择,因为若星点直径过大,将不产生衍射现象;若星点直径过小,则衍射光斑亮度会太弱或太小以至于无法观测。因此,选定的原则是星点直径 d 应不大于理论计算出的衍射像亮斑直径 r,即

$$d \leqslant r = \frac{0.61\lambda}{n'\sin U'_{max}} = \frac{1.22\lambda f'_c}{n'D_0} \tag{12-1}$$

式中,λ 为星点发出的光波长;n' 为像空间介质的折射率(空气 $n'=1$);U'_{max} 为被检验物镜像方半孔径角;D_0 为被检验物镜的孔径;f'_c 为平行光管的焦距。

(3)平行光管:需是长焦,且其通光孔径覆盖被测系统入瞳直径。

(4)显微镜:保证经被测光学系统的光线全部进入观测显微镜,即其物方孔径角大于或等于被测光学系统像方孔径角。显微镜总放大倍率应保证人眼能分辨第一和第二衍射亮环。经显微镜放大后,两衍射亮圆环间距对于人眼的张角按 $3'$ 计算,则显微镜总放大率应大于 $380D_0/f$。

3. 定性评价

检测中,被测光学系统的像差或缺陷会使对应的星点像产生变形或改变其光能分布。待检系统的缺陷不同,星点像的变化情况也不同。故将实际星点衍射像与理想星点衍射像进行比较,可反映出待检系统的缺陷并由此评价像质。一般对于小像差系统主要通过星点像的大小和形状来做出定性判断。

(1)系统无像差时,如图 12-2(a)所示,焦点上的同心圆环中心最亮,集中了全部能量的 80% 以上;外围圆环亮度迅速减弱,外围第一亮环的最大强度不到中央亮斑最大强度的 2%。在焦点前后对称的截面上,衍射图形完全相同。

(2)系统有球差时,如图 12-2(b)所示(初级球差),星点像依然为同心圆环,但中心亮斑变暗,外围圆环尤其第一衍射环亮度增强,在焦前、焦后对称截面上,衍射图形分布不同。

(a) 无像差时焦点前后的星点图　　　　(b) 初级球差时焦点前后的星点图

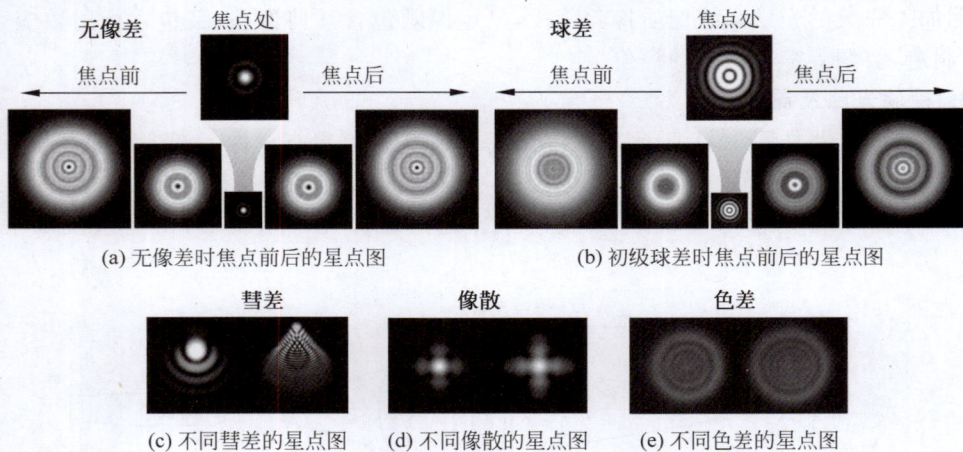

(c) 不同彗差的星点图　　(d) 不同像散的星点图　　(e) 不同色差的星点图

图 12-2　无像差和有像差时观察的被测系统星点像典型图样

(3)系统有彗差时,如图 12-2(c)所示,若彗差较小,则星点像中心亮斑相对衍射环显现偏心,衍射环亮度、粗细都不均匀;若彗差较大,星点像呈现彗星状,即有明显的头部和延伸的拖尾。

（4）系统有像散时，如图 12-2（d）所示，根据像散大小在焦点处呈粗细不同的十字形。像散小，十字线粗而短；像散大，十字线细而长。

（5）系统存在色差时，星点像呈现彩色，如图 12-2（e）所示。

综上所述，星点检验方法只是一种定性方法，无法给出定量检验结果。但因其设备简单、现象直观、灵敏度较高，且适合有经验的检验人员迅速做出定性判断，故在实际生产车间得到广泛使用。被测光学系统的星点像包含了除畸变、透过率和杂散光之外的全部成像质量信息，与光学传递函数具有等价的信息量，在国内外已被广泛用作光学系统成像质量的评价指标。值得注意的是，随着探测器的发展，研究者们已经开始了对星点图像的高保真记录并进行定量分析。

12.2　MTF 测试

MTF 曲线表征了光学系统对不同空间频率的物体的对比度的传递能力，即描述不同空间频率物体的对比度下降程度，其作为一种对光学系统成像能力的数字化表征指标，是光学传递函数 OTF 的模值。从理论上讲，MTF 是目前评价镜头或成像系统清晰度的最合理的方法。2.4 节设计阶段的光学系统评价方法中已经详细讲解了 MTF 的含义及其与 PSF 的关系：MTF 可以认为是点扩散函数 PSF 的傅里叶变换。任意一个方向上的 PSF 傅里叶变换都可得到一条 MTF 曲线。因此，可以将光源通过被测镜头成像后，经放大物镜放大成像至 CCD 上，方便后续的傅里叶变换数字化处理。MTF 测量装置如图 12-3 所示，测试中常用的 3 种发光体有点光源、狭缝光源、刃边光源。点光源可以看成在 x 和 y 方向上均无限小的物体，其能量分布用二维脉冲函数 $\delta(x, y)$ 来表示。理想的点光源经过有像差的光学系统后，所成的像会形成一个弥散斑，即点扩散函数 PSF。通过分析物像强度的关系，进而通过傅里叶变换可计算得出 MTF。

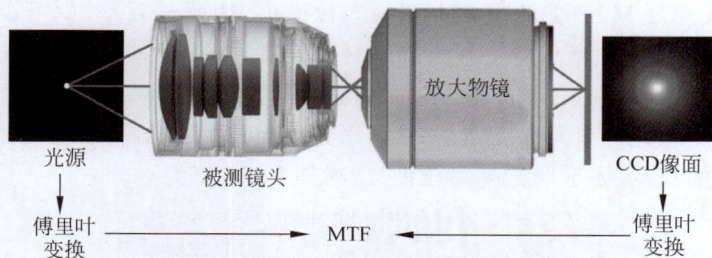

图 12-3　MTF 测量装置

由于获取理想点光源难度较大，实际中体积越小的点光源提供的光照越弱，所以常用狭缝来产生线光源替代，如图 12-4 所示，表征多个间隔无限小的点光源沿 y 方向排列形成列，各发光点不相干，则等效狭缝可以看成多个 x 方向的 δ 函数。若要进一步增加光能，就需要用到单刃边作为光源，如图 12-4 所示，由于刃边可以表示为阶跃函数，所以其微分形式即为狭缝。根据线性成像系统理论，阶跃函数的像（边缘扩散函数）经过微分可得到线扩散函数，经过傅里叶变换可计算出 MTF，具体计算过程如图 12-4 所示。

除了提供能量不同之外，点光源、狭缝光源、刃边光源的测试方法差异还包括点光源可以同时计算任意角度的多个方向的 MTF，狭缝光源和刃边光源只能计算一个方向的 MTF。

由于 CCD 采集信号噪声的影响,狭缝光源相比点光源有更高的测量精度;刃边光源比狭缝光源多一次微分运算会使增加额外噪声,所以三者中狭缝光源线扩散函数是相对稳定的 MTF 测量方法。德国 Trioptics 公司使用的就是狭缝线扩散函数测量法。

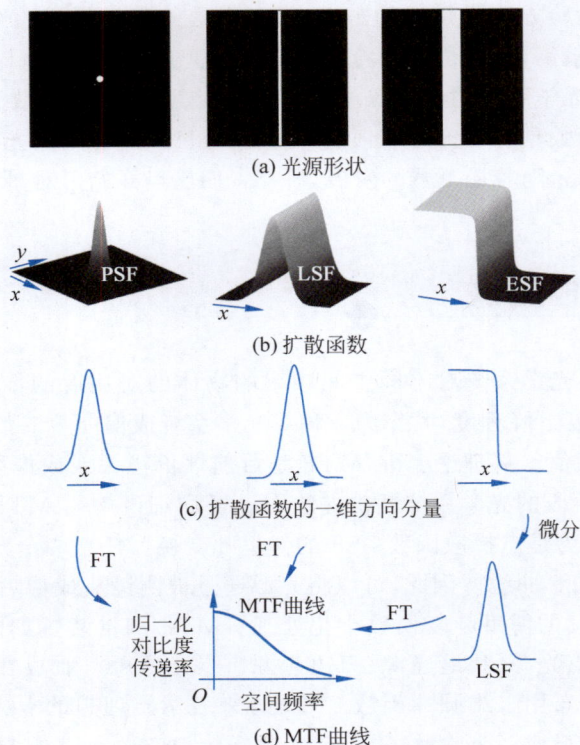

(a) 光源形状

(b) 扩散函数

(c) 扩散函数的一维方向分量

(d) MTF曲线

图 12-4　MTF 实际计算

当然,如果仅测量 MTF 曲线上的个别频率传递值,如截止频率,则可以利用各种类型的分辨率测试板。图 12-5 所示的一种分辨率测试板是空间周期(频率)渐变的黑白条纹板,它通过被测镜头成像,观察不同空间频率的对比度还原情况。如果某空间频率的条纹成像所得图像的对比度和分辨率测试板完全一致,则其 MTF 值为 1;若某空间频率的条纹成像所得图像为单一的灰色,表示对比度完全丧失,则其 MTF 值为 0。

图 12-5　测量 MTF 的分辨率测试板

一个合理的照相镜头的 MTF 经验值满足 30-50 定律,即在 30lp/mm 时 MTF 值为 50%(0.5),50lp/mm 时 MTF 值为 30%(0.3)。更高表现的摄影镜头在 50lp/mm 时 MTF 可超过 0.3。

完整的成像系统包括一个光学系统和一个探测器。实际上,整个光学成像系统的 MTF 应为光学系统的 MTF 与探测器的 MTF 的乘积,如图 12-6 所示。首先,像素大小会造成对比度的下降。因为一个像素产生的电信号是与它面积范围内光强的平均值成正比的。这就好比在原始连续光学图像上用一个均值滤波器做了一次卷积。这种均值卷积核造成的对比度下降比艾里斑的影响有过之而无不及。其次,像素和像素之间的间距形成了离散采样。一幅连续的光学图像,它本来有无穷多个点,现在用一些离散的像素值来表示,难免会造成信息的丢失。根据香农(Shannon)采样定理,对于空间频率为 f 的信号至少要用 $2f$ 的频率来采样。此处空间频率一般是用每毫米线对数来表示的。一个线对就是一个周期,至少需要两个像素来采样。因此,如果一个镜头最高可以分辨 $n\text{lp/mm}$ 频率的条纹,那么必须保证探测器上每毫米有 $2n$ 个像素才能充分利用镜头的分辨能力;反过来,如果每毫米只有 n 个像素,那么镜头分辨率做到 $n/2\text{lp/mm}$ 就可以了,再做高没有意义,因为在离散采样的过程中会丢失掉这些高频信息。

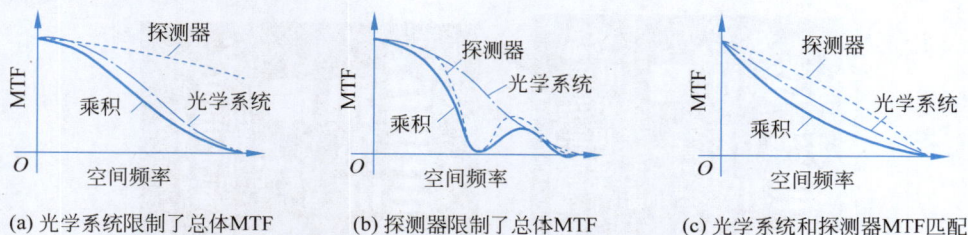

(a) 光学系统限制了总体MTF　　(b) 探测器限制了总体MTF　　(c) 光学系统和探测器MTF匹配

图 12-6　受光学系统和探测器共同影响的成像系统 MTF

基于上述原因,人们更倾向于采用空间频率响应(Spatial Frequency Response,SFR)代替 MTF 来描述一个完整成像系统的频率传递能力。MTF 是对光学透镜系统的描述,而 SFR 直接描述的是成像系统整体。SFR 的描述方法类似于 MTF,但测试结果同时受镜头和感光器件以及处理程序的影响。

12.3　分辨率检验

光学成像系统的分辨本领指其分辨两个靠近的点或物体细节的能力。理论上是与光学系统的成像艾里斑半径相关。在光学设计阶段,将系统的成像光斑与衍射极限对比是非常常见的像质评价方法。但在实际光学镜头的评测中,通常以物平面上每毫米间距内有多少线对(lp/mm)可以被识别来表示系统分辨率的大小。线对由一条黑线和一条白线组成,光学成像系统能分辨的每毫米线对数越多,分辨能力越好,分辨率越大。看似与 MTF 的定义有些类似,但在真实测试时又有区别。几条 MTF 曲线不能真正从数量上全面地比较和反映影像的清晰度,缺乏直观性以及与成像质量之间简单的数字关联。大量的实验结果证实影响传递函数的因素很多,测量得到的数据重复误差很大,受伪分辨因素等影响常会出现异常波动的值,导致与"视觉分辨率"的测量结果不吻合。实际中直接针对分辨率判断和计算的实用工具有以下几种。

1. USAF 1951 分辨率测试板

物平面上的密集线条经过系统成像后,在像平面上检查所分辨的最小间隔作为该系统分辨率的指标。USAF 1951 测试板是最常用的测试板之一,由一组尺寸各异的水平和垂直线条(称为元素)组成。系统使用这些水平和垂直元素同时测试在离散空间频率下,物体平面中的垂直和水平分辨率(每毫米间距内的线对数,lp/mm)。某 USAF 1951 测试板实例如图 12-7 所示,其中比较大的数字(圈出来的)表示组编号,每个组别都有一个可以为正数、负数或 0 的识别号。通常组编号在 -2~7 的范围内,图 12-7 中标出了 2~7 组。一个组内有 6 个连续编号的线对元素(分别编号 1~6),每个线对元素包含 3 条线对,每个线对(lp)相当于一条黑线和一条白线,可有效减小伪分辨率发生的概率。垂直线用于计算水平分辨率,而水平线则用于计算垂直分辨率。每个元素的三条线都有一组独特的宽度和间隔。注意由于分辨率板的空间限制,所有组内的 1~6 号线对元素并不是顺序排列,如图 12-7 中 2 组的 6 号线对元素的排列为 L 形。所有线对元素的空间频率可用组别编号和元素编号将共同计算:

$$分辨率 = 2^{组号 + (元素号 - 1)/6} \tag{12-2}$$

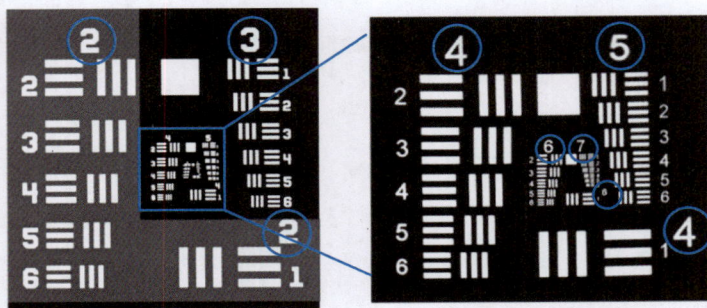

图 12-7　USAF 1951 测试板实例

按照式(12-2)计算的 10 组线对的空间频率列在表 12-1 中。

表 12-1　USAF 1951 分辨率测试板的 10 组线对的分辨率　　单位:lp/mm

组编号	元素编号									
	-2	-1	0	1	2	3	4	5	6	7
1	0.25	0.5	1	2	4	8	16	32	64	128
2	0.2806	0.5612	1.1225	2.2449	4.4898	8.9797	17.9594	35.9188	71.8376	143.6751
3	0.315	0.63	1.2599	2.5198	5.0397	10.0794	20.1587	40.3175	80.6349	161.2699
4	0.3536	0.7071	1.4142	2.8284	5.6569	11.3137	22.6274	45.2548	90.5097	181.0193
5	0.3969	0.7937	1.5874	3.1748	6.3496	12.6992	25.3984	50.7968	101.593	203.1873
6	0.4454	0.8909	1.7818	3.5636	7.1272	14.2544	28.5088	57.0175	114.035	228.0701

　　USAF 1951 分辨率测试板的设计特点是将具有较高空间频率(即能够分辨更细小细节的能力)的图案放置在测试板中央,而较低空间频率的元素则放置在外围。这种布局使得在测试变焦镜头时,随着放大倍率增加,视场减小,高分辨率的图案仍然保持在视野中,无须重新定位测试板。当然其也有一些缺陷,如镜头视场边缘的分辨率会低于中心,因此为了全面评估系统的分辨率和对比度,需要检查多个视场位置,将测试板重新定位并在视场的不同区域拍摄图像,这会增加测试所需的总时间。由于分辨率随位置变化,因此确定整个视场的最佳焦点可能会很困难。一些系统可能在视场中心聚焦得很好,但在边缘聚焦不佳。有时,轻微散焦可以帮助平衡整个视场的分辨率,但这通常会牺牲中心的分辨率。

2. 朗奇刻线法

　　某些与 USAF 1951 测试板关联的问题可以通过使用另一种被称为朗奇刻线法的测试

板解决,该测试板在一个空间频率下包含重复线条,它们朝一个方向延伸,并覆盖了测试板的整个表面(见图12-8)。由于整个测试板中存在细节,因此可以同时确定系统在整个视场中的最佳焦点。对于仅需分析一种频率的应用,这是一款简单易用的工具。

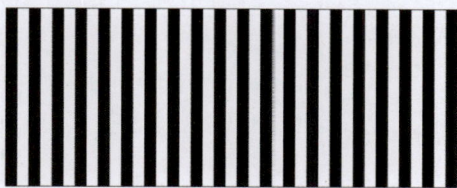

图 12-8　朗奇刻线法的测试板

朗奇刻线法确实存在一些局限性。首先,朗奇刻线法通常只提供一种空间频率的测试图案。这意味着如果需要评估不同的分辨率,就必须使用多个不同频率的测试板。其次,朗奇刻线法的测试板线条通常只在一个方向上,这限制了对由于像散等原因导致的视场内非对称性分辨率下降的分析。为了克服这个问题,可以将测试板旋转90°来获取不同方向上的信息。此外,当存在像散时,找到最佳焦点可能会更加困难,因为需要在两个正交方向上平衡焦点。

3. 星图(星标图)

多元素星图结合了 USAF 和朗奇刻线法的优势,在系统分辨率和对比度测试方面功能强大。星图的每个星标元素都包含一圈凹凸交替的黑白锥形,黑白之间的变化呈现正弦规律,锥形按一定的角度向中心逐渐变细(见图12-9)。星标元素的锥形显示了分辨率的不断变化,外半径的低频率和内半径的高频率使得可以在不同方向对其进行评估,而无须重新定位测试板。星图还可用来测试对焦误差、像散和其他像差。图 12-9 给出了两个具有相同焦距、F♯、视场和传感器的镜头的透镜(A 和 B)在星图测试中的表现。由图 12-9 可见,透镜 A 在图像边缘和边角处的表现更加出众。

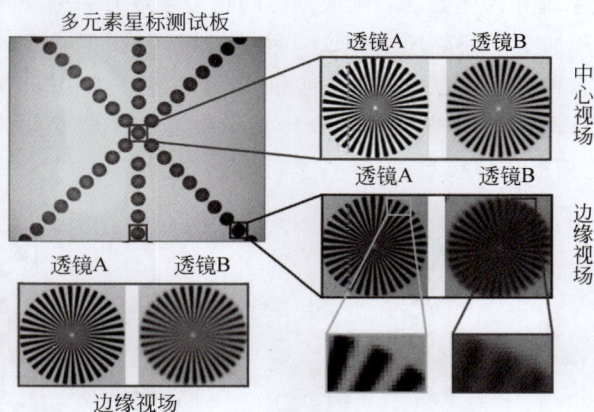

图 12-9　镜头 A 和 B 星标成像测试表现

多元素星图确实具有许多评估成像系统性能的优势,但也存在一些局限性。星图中的元素以连续变化的方式展示分辨率,这可能导致难以精确确定系统在特定点或区域上达到的分辨率。尽管可以通过数学分析来确定这些值,但直观地从图像上识别特定分辨率可能较为困难。

表 12-2 列出了 3 种分辨率测试板的性能对比。

表 12-2 3 种分辨率测试板的性能对比

测 试 板	应 用 范 围	优 点	缺 点
USAF 1951	测试视觉系统、光学测试设备、显微镜、高放大倍率视频镜头、荧光和共焦显微镜、照相平印术和纳米技术中的分辨率	同时测试离散空间频率下的垂直和水平分辨率	必须重新定位测试板才能全面评估系统性能
			难以确定整个视场何时处于最佳焦点
朗奇刻线法	测试分辨率与对比度	可以同时确定系统在整个视场内的最佳焦点	评估每种频率都需要不同的测试板
	衍射测试		无法分析非对称性分辨率降低
星标图	对比高度解析或放大的成像系统	可能在测试分辨率和对比度方面的功能最强大	难以确定测试系统在每个元素上达到的准确分辨率
	系统对准	可以评估分辨率在多个方向的不断变化,无须重新定位测试板	
	组件辅助	便于对比不同成像系统	需要高级成像分析软件

12.4 相机成像模型与畸变

在涉及光学像差的章节已经简要介绍了光学透镜系统的畸变,根据非近轴光线更加向内或向外弯曲导致离轴区域的放大率逐渐变化,畸变可分为桶形畸变和枕形畸变。如图 12-10(a)所示,这两种畸变都属于径向畸变,都会使得物面的直线发生弯曲。在真实的成像系统中,光学透镜系统和探测器的装配误差等问题会导致另一种切向畸变,如图 12-10(a)所示。有些镜头设计和加工的缺陷还会导致一种薄棱镜畸变,但在现代加工工艺的基础上很多镜头可以忽略这种畸变,仅考虑径向和切向畸变。常用的畸变测试工具包括图 12-10(b)中的棋盘格测试板和畸变测试卡。要弄清楚这些畸变如何定量影响图像和如何矫正,必须先弄清楚相机成像模型。

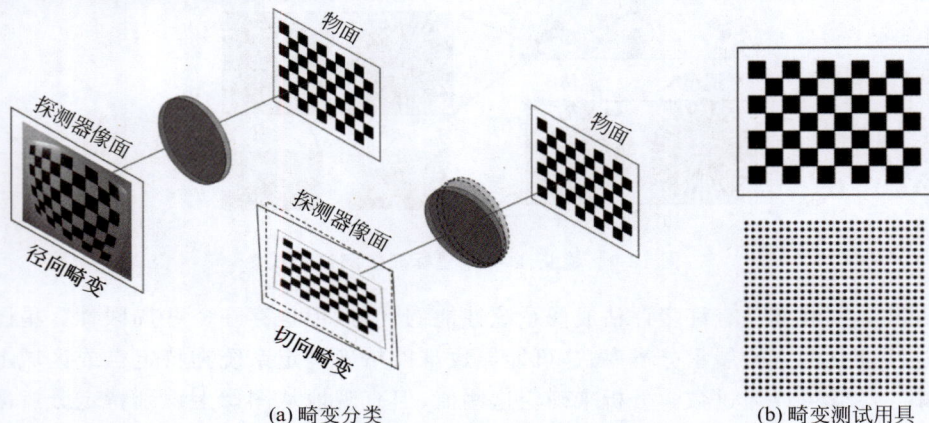

(a)畸变分类

(b)畸变测试用具

图 12-10 成像系统畸变与测试

12.4.1　相机成像模型

1. 相机成像坐标定义

首先介绍相机成像的线性模型,只发生旋转或平移。在相机标定中,一般要用 4 个坐标系来表示相机成像过程,以下以小写字母 xyz 表示坐标系。4 个坐标系的关系如图 12-11所示。

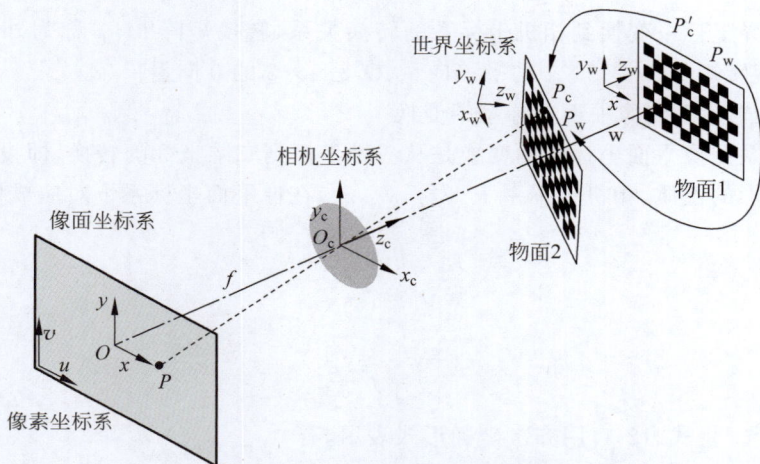

图 12-11　4 个坐标系的关系

(1) 世界坐标系(x_w,y_w,z_w):现实三维世界的绝对坐标系。在现实世界的三维空间中,任何物体在这个三维空间中的位置都可以用世界坐标系(x_w,y_w,z_w)来描述其坐标位置。一般 z_w 方向就是垂直于物面方向。可见世界坐标系是随着物体的大小和位置变化的,只要某个物面大小确定了,无论物面怎么动,其上固定点的坐标一般就不再变动。

(2) 相机坐标系(x_c,y_c,z_c):相机坐标系的 Z 轴是垂直中心的纵轴,相机坐标系中的x_c 轴、y_c 轴分别平行于像平面坐标系的 x 轴 y 轴,以它们的相交中心作为原点。在该坐标系下的坐标值用(x_c,y_c,z_c)表示。

(3) 像面坐标系(x,y):像面坐标系的原点是相机靶面中心,其 x 轴 y 轴分别是平行于靶面边缘的直线,坐标值用(x,y)表示。

(4) 像素坐标系(u,v):像素坐标系以相机靶面的左上角顶点为原点,u 轴和 v 轴分别是平行于靶面边缘的直线,其坐标值用(u,v)表示。

2. 相机成像线性模型

摄像机的线性模型,又称针孔模型。在摄像机的线性模型中,空间中的点从世界坐标系经过仿射变换、投影透射,最终得到像素坐标系下的离散图像点,这一过程可分为三个部分:世界坐标系—相机坐标系;相机坐标系—像面坐标系;像面坐标系—像素坐标系。

1) 从世界坐标系到相机坐标系的变换

世界坐标系随着物面变化而变化,如图 12-11 所示,例如物面 1 移动到物面 2 的过程中,$P_w(x_w,y_w,z_w)$点的世界坐标并未发生变化。但是对于相机坐标系 $O_c(x_c,y_c,z_c)$ 来说,相当于 P'_c 点变成了 P_c 点,其坐标明显发生了变化,那么它在新坐标系中的坐标$P_c(x_c,y_c,z_c)$应该如何求解呢?如图 12-11 所示,只需要知道其所在的世界坐标系$(x_w,$

y_w, z_w)和相机坐标系(x_c, y_c, z_c)的关系即可。两个坐标系之间的变换是可以通过旋转和平移实现的,通过旋转矩阵 R 和平移向量 t 即可实现这种数学变换:

$$\begin{bmatrix} x_c \\ y_c \\ z_c \\ 1 \end{bmatrix} = \begin{bmatrix} R & t \\ O & 1 \end{bmatrix} \begin{bmatrix} x_w \\ y_w \\ z_w \\ 1 \end{bmatrix} = M_{OP} \begin{bmatrix} x_w \\ y_w \\ z_w \\ 1 \end{bmatrix} \tag{12-3}$$

这就是世界坐标系变换到相机坐标系的转换关系,转换矩阵 M_{OP} 称为外参矩阵,其中 R 是 3×3 的旋转矩阵,t 是 3×1 的平移向量,O 是 1×3 的 0 向量。

2) 从相机坐标系到像平面坐标系的变换

相机坐标系到像平面坐标系的变换是从三维坐标到二维坐标的转换,即投影透视过程。根据相似三角形的性质,相机坐标系 $P_c(x_c, y_c, z_c)$ 在像平面坐标系下对应成像点 $P(x, y)$ 的坐标为

$$\begin{cases} x = f \dfrac{x_c}{z_c} \\ y = f \dfrac{y_c}{z_c} \end{cases} \tag{12-4}$$

式中,f 为焦距。将式(12-4)用齐次坐标形式表示,有

$$z_c \begin{bmatrix} x \\ y \\ 1 \end{bmatrix} = \begin{bmatrix} f & 0 & 0 & 0 \\ 0 & f & 0 & 0 \\ 0 & 0 & 1 & 0 \end{bmatrix} \begin{bmatrix} x_c \\ y_c \\ z_c \\ 1 \end{bmatrix} \tag{12-5}$$

3) 从像平面坐标系到像素坐标系的变换

假设像平面坐标系原点在像素坐标系下的坐标为(u_0, v_0),则像平面坐标系和像素坐标系之间存在如下关系:

$$u = \frac{x}{dx} + u_0, \quad v = \frac{y}{dy} + v_0 \tag{12-6}$$

化为齐次坐标形式,有

$$\begin{bmatrix} u \\ v \\ 1 \end{bmatrix} = \begin{bmatrix} 1/dx & 0 & u_0 \\ 0 & 1/dy & v_0 \\ 0 & 0 & 1 \end{bmatrix} \begin{bmatrix} x \\ y \\ 1 \end{bmatrix} \tag{12-7}$$

式中,dx 为像素坐标中 x 轴的像素间距;dy 为像素坐标中的 y 轴像素间距;(u_0, v_0)表示的是成像平面主点在像素坐标系上的坐标。将式(12-3)和式(12-5)代入式(12-7),则有

$$z_c \begin{bmatrix} u \\ v \\ 1 \end{bmatrix} = \begin{bmatrix} f_x & 0 & u_0 & 0 \\ 0 & f_y & v_0 & 0 \\ 0 & 0 & 1 & 0 \end{bmatrix} \begin{bmatrix} R & t \\ O & 1 \end{bmatrix} \begin{bmatrix} x_w \\ y_w \\ z_w \\ 1 \end{bmatrix} = M_{IP} M_{OP} \begin{bmatrix} x_w \\ y_w \\ z_w \\ 1 \end{bmatrix} \tag{12-8}$$

式中,$f_x = \dfrac{f}{dx}$,$f_y = \dfrac{f}{dy}$ 分别为图像水平轴和垂直轴的尺度因子;f_x、f_y、u_0、v_0 均是相机

的内部参数；矩阵 $\boldsymbol{M}_{IP}$ 是相机的内参矩阵；$\boldsymbol{M}_{IP}\boldsymbol{M}_{OP}$ 称为投影矩阵。如果得到了投影矩阵，那么从一个世界坐标系中的已知坐标点(x_w,y_w,z_w)，可以在图像中求解出一个对应的像素点(u,v)。但是反过来通过图像中的一个点(u,v)找到它在三维中对应的点(x_w,y_w,z_w)则很难，因为等式左边的 z_c 的值未知。

通过特定的方法求出最终的投影矩阵的过程就是相机参数的标定过程。但是上述整个坐标变换过程都是理想情况，都是遵循线性规律的，没有考虑相机成像的畸变。

3. 非线性模型：畸变的加入

由于畸变的存在，物面的直线在像面发生弯曲，上述线性模型不足以描述整个成像过程，因而需要对上述线性模型进行修正，而该畸变的模型当然就产生在镜头和像面的坐标变换中。因此，在相机坐标系(x_c,y_c,z_c)到图像物理坐标系(x,y)的转换过程中可加入畸变模型，一般成像点的畸变模型如图 12-12 所示。

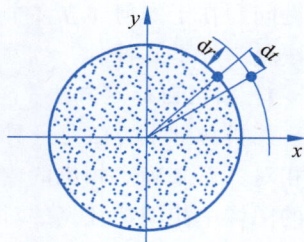

图 12-12　成像点的畸变模型

1）径向畸变模型

成像系统光轴中心的畸变为 0，沿着镜头半径方向向外畸变愈加严重。像面上某点(x,y)根据其径向位置 $r=\sqrt{x^2+y^2}$，其径向畸变位置(x_{dr},y_{dr})的计算模型为

$$\begin{cases} x_{dr}=x(1+k_1r^2+k_2r^4+k_3r^6) \\ y_{dr}=y(1+k_1r^2+k_2r^4+k_3r^6) \end{cases} \tag{12-9}$$

距离光心不同距离上的点经过透镜径向畸变后点位的偏移示意图如图 12-13（a）所示，由图可以看到，距离光轴中心越远，径向位移越大，表示畸变也越大；在光轴中心附近，几乎没有畸变。通常使用前两项，即 k_1 和 k_2 来描述一般系统的畸变；对于畸变很大的镜头，如鱼眼镜头，可以增加第三项 k_3 来进行描述。

2）切向畸变模型

切向畸变模型可以用两个额外的参数 p_1 和 p_2 来描述：

$$\begin{cases} x_{dt}=2p_1xy+p_2(r^2+2x^2) \\ y_{dt}=2p_2xy+p_1(r^2+2y^2) \end{cases} \tag{12-10}$$

式中，(x_{dt},y_{dt})是畸变后的坐标；(x,y)为理想坐标，如图 12-13（b）所示是距离光轴中心不同距离上的点经过透镜切向畸变后点位的偏移示意图，由图可以看出畸变的非对称性。

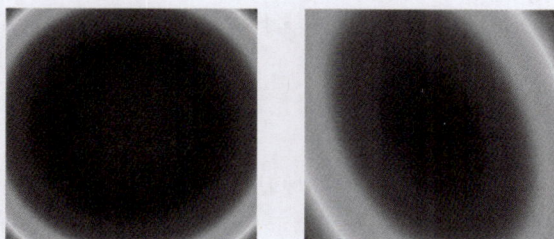

(a) 径向畸变　　　　　　　　　(b) 切向畸变

图 12-13　径向畸变和切向畸变与像面坐标的关系

在整个坐标系的变换过程中,只需要用畸变后的坐标对原始坐标进行修正即可。这个修正过程又涉及几个新的参数,即 5 个畸变参数 k_1、k_2、k_3、p_1、p_2。

成像线性模型中的内参矩阵和外参矩阵中的参数,以及上述的畸变参数,均需要准确求解才能完成后续的相关机器视觉任务,整个参数求解的过程称为相机标定。

12.4.2　相机标定

为了求解上述参数,需要通过多个已知对应关系来建立多个方程共同求解多个参数。关键问题在于如何建立多个方程,已知多个对应点的精确坐标即可建立多个方程。其主要方法分为以下几种。

1. 相机自标定方法

相机自标定方法是一种不依赖于标定物的相机参数标定技术,它通过分析图像点之间的相对关系来确定相机的内外参数。相机自标定方法的核心在于利用相机拍摄的不同视角下的图像中相同特征点的对应关系,而不需要知道这些点的三维坐标。这种方法的优点在于可以在没有特定标定物的情况下进行标定,使得在相机任意运动或者复杂未知场景下的标定成为可能。尽管相机自标定方法具有灵活性,但由于其完全忽略了相机系统外部的环境,因此在稳定性方面可能不如其他需要标定物的标定方法。

2. 基于主动视觉的相机标定方法

基于主动视觉的相机标定方法是一类利用控制相机进行特定运动的标定方法。通过精确控制相机的移动(相机相对移动参数已知)拍摄多组图像,依据图像信息和已知位移变化,来构建多个方程式求解相机参数,有两种典型方法:一是相机平移运动;二是相机做参数固定的旋转运动。基于主动视觉的标定方法的优点在于它们通常能够提供线性的解,并且简化了传统自标定方法中复杂的非线性优化过程。然而,这些方法也存在一些局限性。为了实现精确的相机运动控制,通常需要配备高精度的控制平台,这增加了系统的成本。在无法控制相机运动或者难以提供精确运动参数的场合,基于主动视觉的标定方法可能不适用。因此,在选择适当的标定方法时,需要根据具体的应用场景、可用设备和精度要求来决定。

3. 基于标定物的相机标定方法

在相机标定技术中,基于标定物的方法是一种常见且有效的手段。与主动视觉标定法不同,这种方法依赖于特定的标定物来进行参数校准。标定物不仅需具备明确的大小和形状,还必须在其表面设定特殊的点坐标。通过数学方法建立这些特殊点的空间坐标与图像坐标之间的对应关系可以推算出相机的各项参数。直接线性变换法、Tsai 两步法和张正友平面标定法是此类方法的典型代表。然而,基于标定物的相机标定方法对标定物的要求较高,且在某些工作场合可能难以适用,这也在一定程度上限制了其应用范围。尽管如此,这类方法仍然是相机标定领域不可或缺的重要技术之一。下面以张正友标定法为例介绍一般标定的原理与过程。

我国的张正友博士在 1998 年提出了一种基于二维平面目标的摄像机标定方法。该方法仅需使用一个自己制作打印出来的平面标定板即可完成。标定板的图案样式很多,经典的是棋盘格(黑白方格组成)图案,如图 12-14(a)所示。标定时所用相机和 2D 标定模板都可以自由地移动,并且不需要知道运动参数。同时,认为摄像机内部参数始终不变,只有外部参数发生变化。利用待标定的相机采集标定板多个不同位姿图片(见图 12-14(b)),提取图片中角点像素坐标(见图 12-14(c)),通过单应矩阵计算出相机的内外参数初始值,具体过程如下。

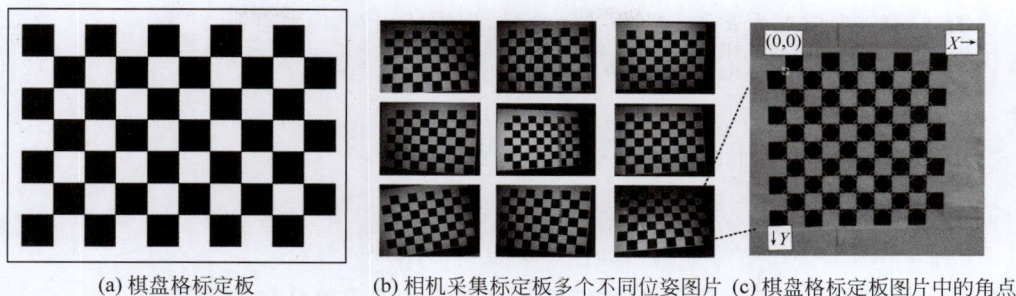

(a) 棋盘格标定板　　(b) 相机采集标定板多个不同位姿图片　(c) 棋盘格标定板图片中的角点

图 12-14　张正友标定法中的经典标定板图案

设标定平面上的三维点为 $P_w(x_w,y_w,z_w)$,其图像平面上二维点的坐标记为 $P(u,v)$,相应的齐次坐标为 $[x_w,y_w,z_w,1]^T$ 与 $[u,v,1]^T$。二者投影关系由式(12-8)所示的外参矩阵和内参矩阵定义。这里将原本坐标变换公式中的 z_c 写成 s,表示任意非零的比例因子。将世界坐标系固定于棋盘格上,则棋盘格上任一点在世界坐标系中的 $z_w=0$。有

$$s\begin{bmatrix} u \\ v \\ 1 \end{bmatrix} = \boldsymbol{M}_{IP}\boldsymbol{M}_{OP}\begin{bmatrix} x_w \\ y_w \\ 0 \\ 1 \end{bmatrix} = \boldsymbol{M}_{IP}\begin{bmatrix} r_1 & r_2 & t \end{bmatrix}\begin{bmatrix} x_w \\ y_w \\ 1 \end{bmatrix} \tag{12-11}$$

设对应的棋盘格坐标和相机坐标的齐次坐标矩阵为 $[u,v,1]^T = \widetilde{\boldsymbol{p}}$,$[x_w,y_w,1]^T = \widetilde{\boldsymbol{P}}$。式(12-11)可进一步简写为

$$s\widetilde{\boldsymbol{p}} = \boldsymbol{H}\widetilde{\boldsymbol{P}} \tag{12-12}$$

式中,$\boldsymbol{H} = \lambda\boldsymbol{M}_{IP}\begin{bmatrix} r_1 & r_2 & t \end{bmatrix}$ 是一个 3×3 的单应矩阵;λ 为一常数因子。令 $\boldsymbol{H} = [\boldsymbol{h}_1 \quad \boldsymbol{h}_2 \quad \boldsymbol{h}_3]$,则有

$$\begin{bmatrix} \boldsymbol{h}_1 & \boldsymbol{h}_2 & \boldsymbol{h}_3 \end{bmatrix} = \lambda\boldsymbol{M}_{IP}\begin{bmatrix} r_1 & r_2 & t \end{bmatrix} \tag{12-13}$$

式中,平移向量 t 是世界坐标系原点到光心的矢量;r_1、r_2 是像面两个坐标轴在世界坐标系中的方向矢量,$|r_1| = |r_2| = 1$,且 r_1 与 r_2 正交,即 $r_1 r_2 = 0$。于是有

$$\begin{cases} \boldsymbol{h}_1^T\boldsymbol{M}_{IP}^{-T}\boldsymbol{M}_{IP}^{-1}\boldsymbol{h}_2 = 0 \\ \boldsymbol{h}_1^T\boldsymbol{M}_{IP}^{-T}\boldsymbol{M}_{IP}^{-1}\boldsymbol{h}_1 = \boldsymbol{h}_2^T\boldsymbol{M}_{IP}^{-T}\boldsymbol{M}_{IP}^{-1}\boldsymbol{h}_2 \end{cases} \tag{12-14}$$

式(12-14)是关于摄像机内参数的两个基本约束。设其中 $\boldsymbol{M}_{IP}^{-T}\boldsymbol{M}_{IP}^{-1} = \boldsymbol{B}$,即

$$\boldsymbol{B} = \boldsymbol{M}_{IP}^{-T}\boldsymbol{M}_{IP}^{-1} = \begin{bmatrix} B_{11} & B_{12} & B_{13} \\ B_{12} & B_{22} & B_{23} \\ B_{13} & B_{23} & B_{33} \end{bmatrix} = \begin{bmatrix} \dfrac{1}{f_x^2} & 0 & \dfrac{-u_0 f_y}{f_x^2 f_y} \\ 0 & \dfrac{1}{f_y^2} & -\dfrac{v_0}{f_y^2} \\ \dfrac{-u_0 f_y}{f_x^2 f_y} & -\dfrac{v_0}{f_y^2} & \dfrac{v_0^2}{f_y^2}+1 \end{bmatrix} \tag{12-15}$$

由式(12-15)可知,$\boldsymbol{B}$ 是一个对称矩阵,除去重复元素,其中有效元素只有 6 个。将这 6

个有效元素定义为一个六维向量,即

$$\boldsymbol{b} = [B_{11}, B_{12}, B_{21}, B_{13}, B_{23}, B_{33}]^{\mathrm{T}} \tag{12-16}$$

设 $\boldsymbol{H}$ 的第 i 列向量为 $\boldsymbol{h}_i = [h_{i1}, h_{i2}, h_{i3}]^{\mathrm{T}}$,根据式(12-14)则有

$$\boldsymbol{h}_i^{\mathrm{T}} \boldsymbol{B} \boldsymbol{h}_j = \boldsymbol{v}_{ij}^{\mathrm{T}} \boldsymbol{b} = 0 \tag{12-17}$$

式中,$\boldsymbol{v}_{ij} = [h_{i1}h_{j1}, h_{i1}h_{j2}+h_{i2}h_{j1}, h_{i2}h_{j2}, h_{i3}h_{j1}+h_{i1}h_{j3}, h_{i3}h_{j2}+h_{i2}h_{j3}, h_{i3}h_{j3}]^{\mathrm{T}}$。于是,式(12-17)可表示为两个以 $\boldsymbol{b}$ 为未知数的齐次方程:

$$\begin{bmatrix} \boldsymbol{v}_{12}^{\mathrm{T}} \\ (\boldsymbol{v}_{11} - \boldsymbol{v}_{22})^{\mathrm{T}} \end{bmatrix} \boldsymbol{b} = 0 \tag{12-18}$$

假设对标定板拍摄了 n 幅图像,并且将 n 个这样的方程组叠起来,则有

$$\boldsymbol{V}\boldsymbol{b} = 0 \tag{12-19}$$

式中,$\boldsymbol{V}$ 是一个 $2n \times 6$ 的矩阵。若 $n \geqslant 3$,通常可得到 $\boldsymbol{b}$ 的唯一解。方程(12-19)的解是矩阵 $\boldsymbol{V}^{\mathrm{T}}\boldsymbol{V}$ 的最小特征值对应的特征向量,可以通过对矩阵 $\boldsymbol{V}$ 进行奇异值分解(SVD)求解 $\boldsymbol{b}$。求解出 $\boldsymbol{b}$ 后,再用 Cholesky 矩阵分解算法从式(12-15)中求解出 $\boldsymbol{M}_{\mathrm{IP}}^{-1}$,由此求逆得到 $\boldsymbol{M}_{\mathrm{IP}}$;$\boldsymbol{M}_{\mathrm{IP}}$ 一旦求出后,由式(12-13)就可以很容易地求出相机的外部参数 $\boldsymbol{M}_{\mathrm{OP}}$。

$$\begin{cases} v_0 = \dfrac{-B_{23}}{-B_{22}} \\[2mm] \lambda = B_{33} - \dfrac{[B_{13}^2 + v_0(-B_{11}B_{23})]}{B_{11}} \\[2mm] f_x = \sqrt{\dfrac{\lambda}{B_{11}}} \\[2mm] f_y = \sqrt{\dfrac{\lambda}{B_{22}}} \\[2mm] u_0 = -\dfrac{B_{13}f_x^2}{\lambda} \end{cases} \qquad \begin{cases} \boldsymbol{r}_1 = \lambda^{-1} \boldsymbol{M}_{\mathrm{IP}}^{-1} \boldsymbol{h}_1 \\[1mm] \boldsymbol{r}_2 = \lambda^{-1} \boldsymbol{M}_{\mathrm{IP}}^{-1} \boldsymbol{h}_2 \\[1mm] \boldsymbol{r}_3 = \boldsymbol{r}_1 \times \boldsymbol{r}_2 \\[1mm] \boldsymbol{t} = \lambda^{-1} \boldsymbol{M}_{\mathrm{IP}}^{-1} \boldsymbol{h}_3 \end{cases} \tag{12-20}$$

注意,在上述求解过程中,没有考虑任何畸变因素。最终利用非线性最小二乘法估计畸变系数,利用极大似然估计法优化参数。

拓展阅读

从摄像机标定到人工智能:科技向善的大愿景

——张正友标定法发明者张正友博士简介

张正友,一位荣获国际电气电子工程师学会院士和国际计算机学会院士双重荣誉的杰出学者,其学术成就得到了全球同行的广泛认可。国际电气电子工程师学会院士是电气电子领域的最高荣誉,而国际计算机学会院士则是计算机领域的最高荣誉,两大荣誉称号的获得充分证明了他在相应领域的卓越贡献。

张正友的研究涉及多个前沿技术领域,特别在立体视觉、三维重建、运动分析、图像配准、摄像机自标定等方面做出了开创性的贡献。他发明的平板摄像机标定法,被全世界广泛采用,并被称为张正友标定法。这一方法极大地简化了摄像机标定的流程,提高了标定的精

度,对立体视觉等领域产生了深远影响。因其杰出的研究成果,张正友在 2013 年获得了 IEEE Helmholtz 时间考验奖,这是对他科研成果长期影响力的国际认可。

张正友的学术旅程始于 1980 年,当时他第一次参加高考,虽然以 3 分之差没能考上理想的大学,但他并没有放弃。1981 年,他再次参加高考,并成功考入浙江大学。在同为浙江大学毕业的舅舅的建议下,张正友选择进入浙江大学无线电系信息处理专业学习。1985 年毕业后,他获得公派留学法国的机会。在法国南锡第一大学攻读计算机硕士学位后,他在巴黎第十一大学继续攻读计算机博士学位。他的研究生涯还涵盖了法国国家计算机和自动化研究院及日本先进通信研究院的访问学者经历。1998—2018 年,张正友在美国微软研究院担任视觉技术组高级研究员,其间取得了一系列令人瞩目的研究成果。2018 年,他回国入职腾讯公司,继续在科技领域发光发热。

2020 年,张正友提出了虚实集成世界(Integrated Physical-Digital World,IPhD)的概念,这是一个将人工智能(Artifical Intelligence,AI)、虚拟现实(Virtual Reality,VR)、增强现实(Augmented Reality,AR)、混合现实(Mixed Reality,MR)以及互联网和物联网思想融合的全新理念。在此基础上,他描绘了一个通过软件与硬件、虚拟与现实、人与人工智能和机器人互相交织和共同进化,进而实现通用人工智能的愿景。

2021 年 1 月 8 日,腾讯宣布,张正友博士成为腾讯首位 17 级研究员/杰出科学家,这代表了腾讯历史上最高的专业职级。在采访中,张正友强调了团队协作的重要性,他认为需要从单打独斗的习惯中跳出来,通过相互协作做成更大的事情,产生更大的影响力。他提出,团队一定要有远大的抱负,目标是解决我国社会的一些大问题,如社会老龄化和智能制造等领域的问题。他还表示,科技向善是他们的信仰,要朝着这个方向努力,让科技向善成为研究的指路明灯。

习题

查阅资料,尝试利用 MATLAB 工具箱实现手机摄像头的参数标定。

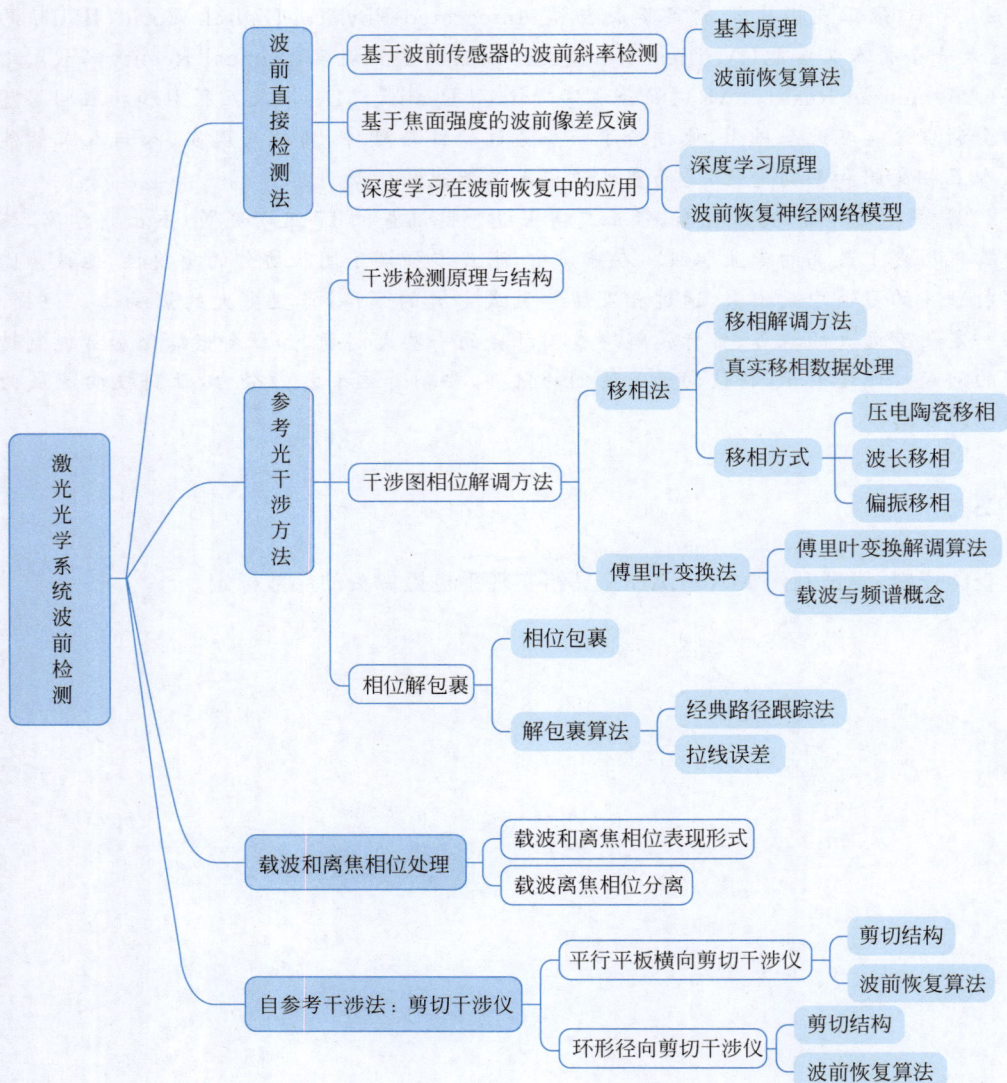

【**知识目标**】
◆ 了解波前直接检测和间接检测的原理。
◆ 掌握波前传感中波前斜率计算与波前重构方法。
◆ 掌握干涉检测相位恢复算法，包括相位解调与解包裹算法。
◆ 掌握单幅干涉图解调算法。
◆ 掌握载波去除方法。

【**技能目标**】
◆ 能够利用波前传感器结果参数进行波前恢复。
◆ 能够根据干涉图分布解算实际相位。
◆ 能够自主选择手段实现激光光学系统的定量评价。

激光由于其具有亮度高、单色性优、方向性强以及相干性好等优点，在许多领域得到广泛应用。各种激光应用领域都离不开激光束的调控和传输。明确激光束在介质中的传输规律才可以设计出满足要求的激光光学系统。激光光学系统主要承担激光束传输、调控以及相干成像等功能，因此激光光学系统的评价通常涉及从传输调控质量到成像质量等多个方面的考量。在涉及相干成像的光学系统评价时可沿用非相干成像系统的某些评价方法和指标，如分辨率测试、相干传递函数测试等。不同的是激光光学系统针对的波长更加单一。另外，光斑尺寸和形状、功率或能量输出、散斑效应等都是激光光学系统设计时被关注的因素。无论是激光传输、调控还是相干成像等领域，波前像差都是评价其系统质量的重要的元素，通过对透射或反射的激光波面像差评估即可完成对该系统的定量评价。本章将介绍几种实用的激光光学系统波前检测与评价方法，主要包括波前直接检测法和参考光干涉检测法。

13.1 波前直接检测法

对于激光光学系统的质量检测可以转化为其透射（反射）波前像差检测。波前是指传输在最前端的光波等相位面，即相位相同的点的集合曲面。常见的理想波前有平面波和球面波等。理想波前经光学系统传输后，其波面发生变化，除了光学系统本身的相位调控外（如将球面波转化为平面波），其系统缺陷将导致波前的额外变形，如图 13-1 所示。因此，光学系统透射（反射）波前像差表征了光学系统质量。波前上各点光线达到探测器平面的光程与波前形状直接相关，也就是说可以用探测器检测波前不同点的光程（或者相位）差异来确定

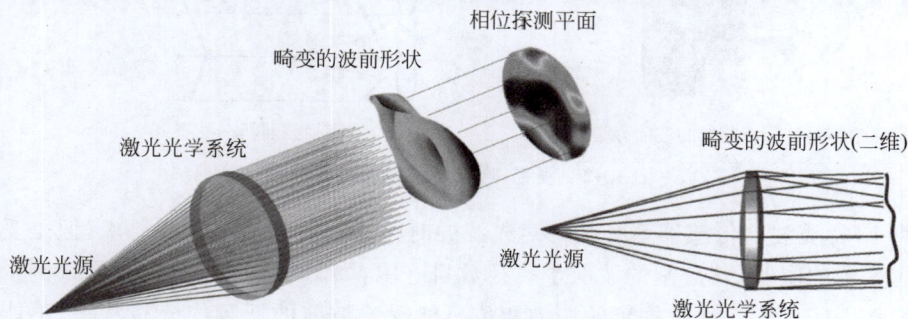

图 13-1 畸变波前形状

波前形状,从而判别其是否偏离理想状态。然而,目前的光电探测器本质上属于利用了光电效应的强度探测器,一般情况下无法实现光程(或相位)探测。因此,需要改变检测思路来获取波前形状或者说波前相位。

13.1.1 基于波前传感器的波前斜率检测

1. 基本原理

基于波前传感器的波前斜率检测原理如图 13-2 所示,其最常采用的检测器件为夏克-哈特曼波前传感器(Shack-Hartmann Wavefront Sensor,SHWS)。夏克-哈特曼波前传感器一般由微透镜阵列和 CCD 探测器构成,微透镜阵列用于分割待测光束波前(见图 13-2(a)),形成不同的子孔径波前,并在焦平面记录子波前的聚焦光斑位置。若被测波前为理想平面波,经微透镜阵列后的聚焦光斑处于探测器每个子区域的原点,当波前存在像差,则变形的波前被微透镜阵列分割为不同斜率的子孔径波前,并且聚焦点将偏离探测器每个子区域的原点(见图 13-2(b))。上述方法将整个波面分割为很多的子孔径,在很小的子孔径范围内的波前斜率被认为一致,只需要测出后焦面上每个子区域中的聚焦光斑到原点的距离 Δx、Δy 就可以计算出每个子孔径波前的平均斜率(见图 13-2(c)),进而推算出整个孔径上的波前形状分布。

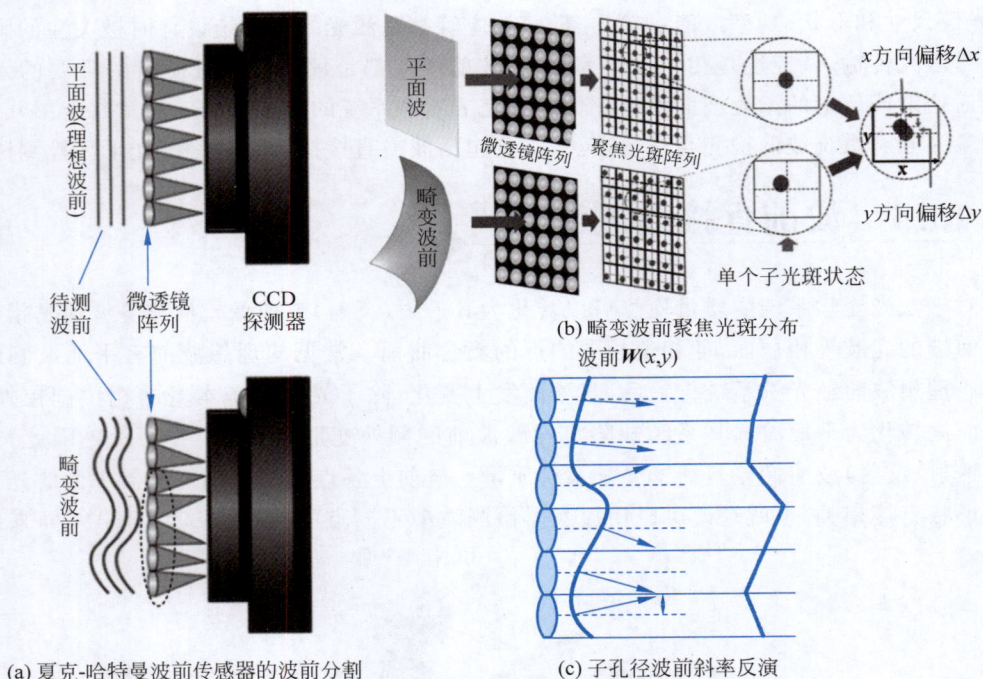

(a) 夏克-哈特曼波前传感器的波前分割　　(b) 畸变波前聚焦光斑分布　　(c) 子孔径波前斜率反演

图 13-2　夏克-哈特曼波前传感器原理

夏克-哈特曼波前传感器系统结构对光源的时间相干性和功率没有要求,但是受微透镜阵列制作工艺的限制,其分割的波前子孔径数目有限,如图 13-3 所示,从而导致测量的空间分辨率不高。所以该方法重构出的波前相位只能反映波前的低频的分布状态,不能准确恢复小于微透镜尺寸的波前细节部分。

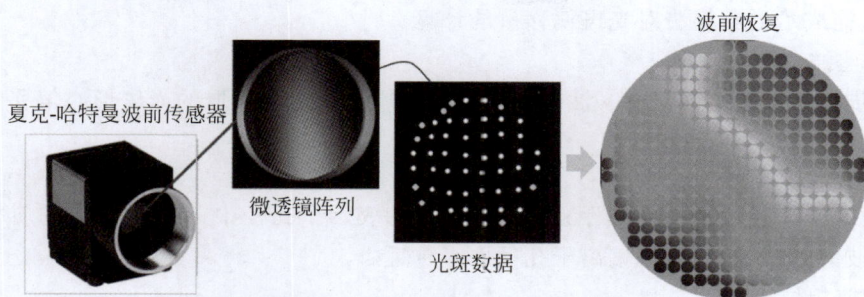

图 13-3　夏克-哈特曼波前传感器空间分辨率受微透镜数目限制

2. 波前恢复算法

上述基于波前传感器的直接波前检测法需要利用算法实现波前恢复,波前恢复算法通常包括三个步骤:光斑偏移量计算;重建波前斜率;波前相位复原。

1) 光斑偏移量计算

为了求取光斑偏移量 Δx、Δy,首先要对采集的光斑数据进行光斑坐标确定。常用的确定光斑坐标的算法有质心算法和形心算法等。质心算法通过定位光斑的质心来确定光斑相对参考点的偏移,其本质是利用光斑图的灰度数值对坐标位置进行加权,离光斑中心位置越近的像素点获得的加权系数越大,然后将光斑图上各像素点的灰度值当作质量密度即可求得光斑质心坐标。然而由于实际中噪声的存在,直接求取会给结果带来较大误差,所以在求解质心坐标前需进行相关预处理。形心算法是指求取光斑的形心位置,对于圆形、椭圆形和矩形等旋转对称的目标光斑形状,形心算法定位精度高,不受目标姿态变化的影响,阈值分割后无须再考虑每个像素点的灰度值,所以算法稳定性较高,计算过程简单,速度更快。下面便以形心算法为例阐述光斑偏移量的求取。

对于探测器所获取的光斑图像可看作一幅离散的二维灰度图,为消除图中灰度较小的像素点对确定光斑轮廓的干扰,首先需设置一个合适灰度阈值 T 对光斑图像进行阈值化处理。灰度值位于阈值 T 以下的像素点灰度记为 0,位于阈值 T 以上或等于阈值 T 的像素点灰度记为 1,即

$$G_1(x,y) = \begin{cases} 1, & g(x,y) \geqslant T, \quad g(x,y) \in I_{M \times N} \\ 0, & g(x,y) < T, \quad g(x,y) \in I_{M \times N} \end{cases} \tag{13-1}$$

式中,光斑图像大小为 $M \times N$,$g(x,y)$ 表示坐标 (x,y) 处像素点的灰度值。已经完成阈值分割的光斑图像去除了灰度较小部分,此时通过形心公式即可求解出形心坐标:

$$x_1 = \sum_{i=-\frac{M}{2}}^{\frac{M}{2}} \sum_{j=-\frac{N}{2}}^{\frac{N}{2}} x G_1(x,y) \Bigg/ \sum_{i=-\frac{M}{2}}^{\frac{M}{2}} \sum_{j=-\frac{N}{2}}^{\frac{N}{2}} G_1(x,y) \tag{13-2}$$

$$y_1 = \sum_{i=-\frac{M}{2}}^{\frac{M}{2}} \sum_{j=-\frac{N}{2}}^{\frac{N}{2}} y G_1(x,y) \Bigg/ \sum_{i=-\frac{M}{2}}^{\frac{M}{2}} \sum_{j=-\frac{N}{2}}^{\frac{N}{2}} G_1(x,y) \tag{13-3}$$

若参考点位置为 (x_0, y_0),则光斑偏移量 Δx 和 Δy 为

$$\begin{cases} \Delta x = x_1 - x_0 \\ \Delta y = y_1 - y_0 \end{cases} \tag{13-4}$$

至此,完成了形心算法对光斑偏移量的计算。

2)重建波前斜率

第二步便是重建波前斜率。波前斜率可以利用上述步骤求取的光斑形心偏移量表示:

$$k_x = \frac{\Delta x}{f}, \quad k_y = \frac{\Delta y}{f} \tag{13-5}$$

式中,f 表示子孔径微透镜的焦距;k_x 和 k_y 分别表示子孔径中 x 和 y 方向的斜率。可以看出被测波前斜率越大,光斑偏离子孔径中心越远。

3)波前相位复原

从另一个角度,波前斜率还可以从波前曲面形状的角度描述:

$$k_x = \frac{\partial W(x,y)}{\partial x}, \quad k_y = \frac{\partial W(x,y)}{\partial y} \tag{13-6}$$

式中,$W(x,y)$ 表示全孔径待测波面的光程函数,表征波前形状,每个子孔径中 x 和 y 方向的波前斜率 k_x 与 k_y 都可以通过式(13-5)获得,为已知项。然后根据式(13-6)利用泽尼克模式法(多项式拟合)或区域法(直接数值积分)即可将全口径的入射波前光程函数 $W(x,y)$ 进行复原,从而得到待测波前相位。

13.1.2 基于焦面强度的波前像差反演

波前相位直接影响系统的点扩散函数。然而点扩散函数和波前相位并非一一对应关系,不同的相位也有可能造成相同的点扩散函数。因此从单一的点扩散函数(焦面图像强度分布)去求解波前相位无法得到唯一解,需要构造新的方程约束解空间。

1979 年 Gonsalves 提出在目标焦面图像之外,在成像系统中引入已知像差(如离焦)后的焦面图像,利用两幅(或多幅)图像共同求解原始相位。基于同一观测目标,原始图像一般是包含未知的被测像差的焦面图像,而其他图像是在待测像差的基础上叠加某种已知像差后获取的焦面图像。多幅图像的焦面图像共同求解原始待测像差相位,这就是相位差(Phase Diversity,PD)法波前探测的基本思想。

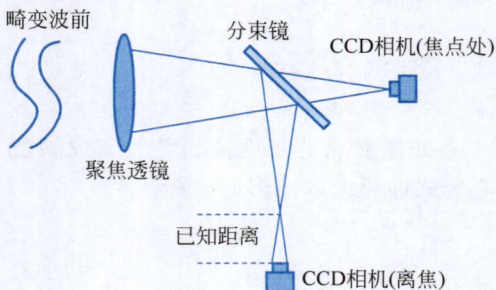

图 13-4 PD 法的简易光学结构

PD 法适用于点源和扩展目标,最简单的思路是添加已知量的离焦来获取额外的图像,即通过将图像获取位置后移(或前移)获得离焦图像。PD 法的简易光学结构如图 13-4 所示,目标经过待测成像系统后,经分束镜分别在位于焦面的 CCD 和离焦面的 CCD 上成像,其中离焦距离已知,从而焦面和离焦面的离焦像差也是精确已知的。PD 法利用迭代算法从采集的系统焦面和离焦面图像中解算出系统光瞳面的相位分布函数。

与 SHWS 方法相比,PD 法采集的数据包含的信息更多,可用于点源目标和扩展目标,可同时用于波前探测和图像恢复。但 PD 法更关注算法的设计,其实质就是对焦面图像目标函数的非线性最优化求解。目前常用的优化算法都存在计算量大、收敛效率低的问题,甚至容易陷入局部最优,导致波前测量误差较大,所以 PD 法常用于一些实时性要求较低的领域。

13.1.3　深度学习在波前恢复中的应用

近年来以深度学习(Deep Learning)为代表的人工智能技术在光学领域得到广泛应用。深度学习以人工神经网络(Artificial Neural Network,ANN)为基础,通过使用大量样本数据对深层神经网络模型进行训练,建立网络输入和输出之间的映射关系。这种训练在数学本质上是一种参数的迭代和优化,优化出一种网络参数集,作为"黑盒子"函数,实现新的输入和输出之间的快速求解。根据不同的发展阶段,以及在不同领域的不同任务需求,出现了卷积神经网络(Convolutional Neural Network,CNN)、循环神经网络(Recurrent Neural Network,RNN)等各种网络结构。基于神经网络的波前恢复算法是一种利用深度学习技术来分析并重建光波前相位信息的方法。基于神经网络的波前恢复算法通过深度学习的强大能力,为光学领域提供了一种快速、准确的波前分析手段,提高了分析精度和效率,更加适合实时性要求高的场合。

对于 13.1.1 节和 13.1.2 节中的波前检测方法,均可利用得到的大量图像数据进行神经网络训练,建立其与波前数据的对应关系。13.1.2 节介绍的基于焦面强度的波前像差反演的神经网络模型如图 13-5(a)所示,将采集到的光斑数据作为输入,将对应被测波前的泽尼克模式系数作为输出,对神经网络模型进行训练,建立光强信号与泽尼克系数之间的映射关系。波前复原时,输入焦面光斑到训练好的神经网络模型中,即可快速得出波前泽尼克系数,具体原理描述如下。

采集会聚透镜焦点前后对称距离的离焦面上的光强分布数据,前后离焦面上光强的归一化差和光瞳内的波前曲率、光瞳边沿上的法向斜率成正比,满足泊松方程,即

$$\frac{I_2 - I_1}{I_2 + I_1} = S(r) = C\left[\nabla^2 \varphi(r) - \frac{\partial \varphi(r)}{\partial \boldsymbol{n}}\sigma_c\right] \tag{13-7}$$

式中,I_1 和 I_2 为两个对称离焦面上的光强数据矩阵;$S(r)$ 为光强之差的归一化信号;r 表示入射光瞳区域上的矢变量;C 是透镜焦距决定的常数;∇^2 为拉普拉斯算子;$\varphi(r)$ 表示光瞳面上的入射光相位;$\boldsymbol{n}$ 为光瞳边沿处的法向斜率单位矢量;c 为光瞳区域的边界。因此测得 I_1 和 I_2 后求解方程(13-7)即可复原出待测波前 $\varphi(r)$。

神经网络波前复原问题本质上是对式(13-7)的非线性函数进行拟合。训练时,首先对采集的图像计算光强差归一化数据 $S(r)$,将 $S(r)$ 输入神经网络,$S(r)$ 和输入层节点的多少取决于光斑尺寸,隐含层大小取决于该模型需要训练的参数量。当然,为了防止模型过拟合,隐含层和输出层之间使用节点丢弃的方法。每次前向传播后输出层输出新一轮的泽尼克系数,使用每次输出的泽尼克系数与真实泽尼克系数的均方误差作为损失函数评价模型精度,不断迭代更新模型参数,直到得到足够小的损失函数,训练完成。在进行波前复原时,将新的 $S(r)$ 输入上述训练完成的模型即可直接输出对应泽尼克系数,进而重构出波前。这种深度学习过程本质上是将传统数值计算方法中的复杂迭代转嫁到训练中,提高实际波前测量时的速度和精度。神经网络还可以处理一些非线性效应和噪声,进一步提高恢复结果的质量。

13.1.1 节介绍的基于 SHWS 的波前检测同样可以通过神经网络实现。基于 SHWS 的光斑数据图像的卷积神经网络波前复原模型如图 13-5(b)所示。模型中可采用卷积神经网络对输入图像直接处理,无须计算光强差归一化数据 $S(r)$。可以通过网络训练建立从光

(a) 基于焦面强度的波前像差反演的神经网络模型

(b) 基于SHWS的光斑数据图像的卷积神经网络波前复原模型

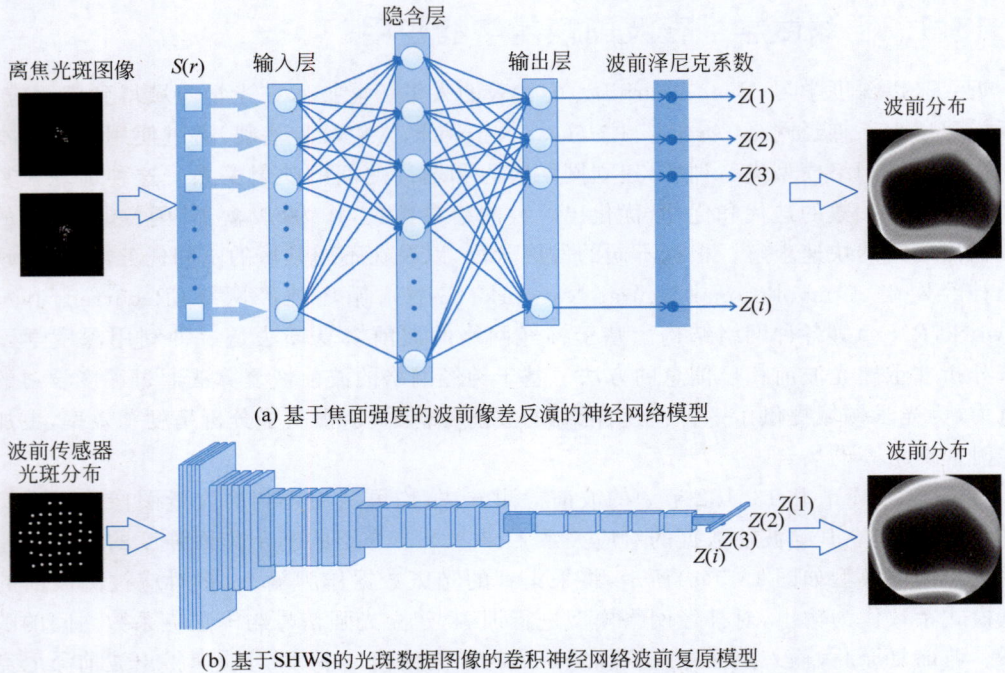

图 13-5　波前复原神经网络模型原理图

斑质心偏移到波前斜率的映射关系,乃至直接与全口径波前泽尼克多项式的关系。

🔲 13.2　参考光干涉方法　◆

波前形状与光程差直接相关,因而直接与相位相关。13.1 节提到的波前形状或相位的直接检测本质上是通过探测器记录的强度图像反演被测波前形状(相位)。因为目前的光电探测器本质上都是在记录光强,是无法直接感知波前形状的。既然如此,很容易想到另一种光强图像中包含相位信息的现象:干涉。干涉记录了两个相干光的相位差,如果其中一个相位已知,那么就可以被用来求解被测相位。

13.2.1　干涉检测原理与结构

干涉的本质是两束光能量的重新分布,分布的形式是一个余弦(正弦)函数。首先回顾一下最简单的双缝干涉,其本质是将一束波前分成两束,波前相位分别为 $\varphi_1(x,y)$ 和 $\varphi_2(x,y)$(后续简写为 φ_1 和 φ_2),最终二者形成的干涉图强度分布 I 中包含了波前相位差的余弦项 $\cos(\varphi_2-\varphi_1)$。可见,通过记录干涉条纹可以反演出参与干涉的两个波前各处的对应相位差。

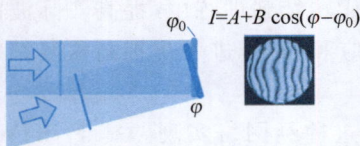

$$\varphi_0 \qquad I=A+B\cos(\varphi-\varphi_0)$$

$$\varphi$$

图 13-6　通过与已知相位的波前干涉记录被测波前相位

受此启发,若待测波前(相位为 φ)与已知的理想波前(相位 $\varphi_0=C$ 或者 $\varphi_0=0$)干涉,如图 13-6 所示,则可以通过 CCD 记录的干涉条纹强度 I 计算出 φ。因此,干涉法是把待测畸变波前信息反映到干涉条纹强度分布变化上,利用条纹的变形来检测波前相位,其测量精度相对较高,可达 $\lambda/20$ 以上。

根据干涉公式的一般形式可以得到干涉图强度分布为

$$I = A + B\cos(\varphi - \varphi_0); \quad \varphi_0 = 0 \tag{13-8}$$

式中,A 为干涉图背景光强;B 为调制度。因此,根据光程与相位的关系可以求得被测波像差为

$$W(x, y) = l(x, y) = \varphi/k \tag{13-9}$$

式中,$l(x, y)$ 为光程函数;$k = 2\pi/\lambda$ 为波数。可见波像差与相位成正比关系,仅相差一个系数,因此有时也可以仅用波前相位表达波像差。

关键的问题是如何通过式(13-8)中的干涉强度 I 求出波前相位 φ。双光束干涉一般通过干涉仪实现,常用的双光束干涉仪包括泰曼-格林干涉仪、菲索干涉仪和马赫-曾德干涉仪等。图 13-7 以菲索干涉结构为例给出了光学系统像差测量结构,图中分别给出了有限共轭距和无限共轭光学测量。由于上述结构的光束均往复两次穿过被测光学系统,因此由被测光学系统缺陷造成的光程差近似为测得波像差的一半,即

$$w \approx W/2 \tag{13-10}$$

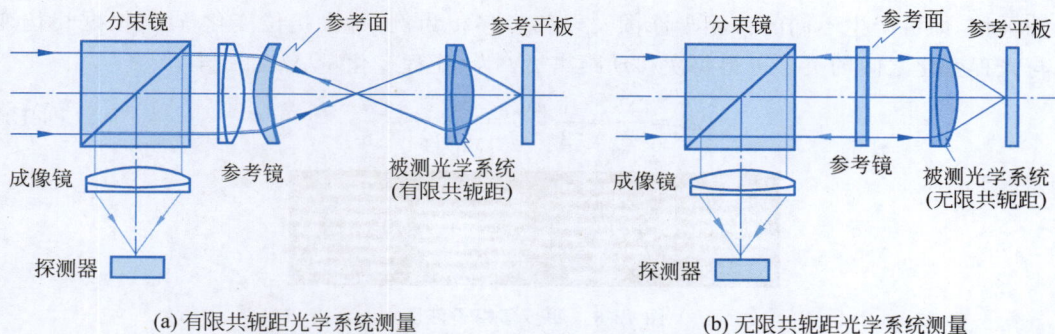

(a) 有限共轭距光学系统测量　　　　　(b) 无限共轭距光学系统测量

图 13-7　菲索干涉仪测量光学系统像差的基本结构

13.2.2　干涉图相位解调方法:移相法

1. 移相解调方法

从干涉仪中得到被测波前和参考波前的干涉图强度分布可以用式(13-8)表征,而相位恢复的过程就是通过 I 求出 φ 的解方程过程。但是上述方程中仅有 I 是已知的,未知量除了 φ,还有参数 A 和 B。为了解这三个参数,很明显一个方程是不够的。很容易想到应该增加方程来增加解的约束,那么如何构造新的方程呢?当然是增加新的测量,每次测量都可以得到一个相应的方程,而且新的测量中必须改变上述 4 个参数(I、φ、A 和 B)中某些参数,否则新的测量方程与原方程无异,没有任何意义。那么在上述 4 个参数中,如何选择应该改变哪个参数呢?选择的参数改变量应当是可控且已知的,否则改变了一个参数之后,增加了新的方程同时又增加了新的未知量,这样的新方程也是没有意义的。

在学习等厚干涉的牛顿环时有这样一条规律:改变产生牛顿环的两个表面之间的厚度会产生条纹缩进和冒出的现象,虽然条纹表征的是具体的相位位置,但是可以确定的是条纹移动一个周期整体相位变化 2π。利用这条规律很容易想到虽然在式(13-8)中的 φ 未知,但若干涉图强度 I 中条纹移动一个周期,则 φ 相应变化了 2π。于是可以得到一个新的方程

$I_2 = A + B\cos(\varphi + 2\pi)$，其中 I_2 仍然是通过探测器获取的已知量。然而 $\cos(\varphi + 2\pi) = \cos\varphi$，意味着这个参量的改变并没有带来真正意义的新方程。如果 I 中的条纹没有移动一整个周期，而是 $1/4$ 个周期，并且连续移动 3 次，每次表征相位 φ 变化了 $\pi/2$，如图 13-8 所示。因此将得到 3 个新方程，可和原方程一起组成以下方程组：

$$\begin{cases} I_1 = A + B\cos(\varphi) \\ I_2 = A + B\cos(\varphi + \pi/2) \\ I_3 = A + B\cos(\varphi + \pi) \\ I_4 = A + B\cos(\varphi + 3\pi/2) \end{cases} \Rightarrow \begin{cases} l_1 = A + B\cos\varphi \\ l_2 = A - B\sin\varphi \\ l_3 = A - B\cos\varphi \\ l_4 = A + B\sin\varphi \end{cases} \Rightarrow \frac{I_4 - I_2}{I_1 - I_3} = \tan\varphi \qquad (13\text{-}11)$$

从而可以解出

$$\varphi = \arctan\left(\frac{I_4 - I_2}{I_1 - I_3}\right) \qquad (13\text{-}12)$$

这就是经典的四步移相法相位解调。那么接下来的问题就是如何让条纹移动固定的周期呢？或者说如何实现移相呢？参考牛顿环原理，可以通过改变等厚干涉的厚度来改变全场光程差，即改变参考光束相对于检测光束的光程。因此，在干涉仪中只需推动参考平面沿光轴平移，即可产生不同的移相干涉图。以四步移相为例，每次相位变化 $\pi/2$，根据相位变化与光程变化之间的关系可得每次移动距离 Δd 为（光程变化量 Δl 的一半）

$$\Delta d = \frac{\Delta l}{2} = \frac{1}{2}\frac{\Delta\varphi}{k} = \frac{\pi/2}{4\pi/\lambda} = \frac{\lambda}{8} \qquad (13\text{-}13)$$

图 13-8　四步移相干涉图

当然在实际中还存在三步、五步、七步、十一步等不同的移相方法，但总体思想都是一致的。例如三步移相可列出 3 个方程，根据其中三次移相 $\Delta\varphi_1$、$\Delta\varphi_2$ 和 $\Delta\varphi_3$ 的不同，可以得到以下不同的表达式。

（1）每一步移相均为 $\pi/3$，$\Delta\varphi_1 = \pi/3$，$\Delta\varphi_2 = 2\pi/3$，$\Delta\varphi_3 = \pi$，则

$$\varphi = \arctan\left(-\sqrt{3}\,\frac{I_1 - I_3}{I_1 - 2I_2 + I_3}\right) \qquad (13\text{-}14)$$

（2）每一步移相均为 $\pi/2$，$\Delta\varphi_1 = 0$，$\Delta\varphi_2 = \pi/2$，$\Delta\varphi_3 = \pi$，则

$$\varphi = \arctan\left(\frac{I_1 - 2I_2 + I_3}{I_1 - I_3}\right) \qquad (13\text{-}15)$$

（3）每一步移相均为 $\pi/2$，$\Delta\varphi_1 = -\pi/4$，$\Delta\varphi_2 = \pi/4$，$\Delta\varphi_3 = 3\pi/4$，则

$$\varphi = \arctan\left(\frac{I_1 - I_2}{I_2 - I_3}\right) \qquad (13\text{-}16)$$

2. 真实移相数据处理

虽然双光束干涉的公式表明干涉图像的分布是标准的余弦条纹形式，但通常采集的干涉图由于探测器有限像素的量化过程以及噪声乃至非线性效应，导致采集到的多幅移相干涉图都不是完美的余弦分布形式，即 $I_i \neq a + b\cos(\varphi + \Delta\varphi_i)$，这就使得多步移相公式在原理

上失去了准确性。因此通常采用最小二乘法处理实验的干涉图数据,将采集的多步移相实验干涉图强度 I_i 均拟合为标准余弦函数形式,即拟合出系数 a 和 b,使实验采集的干涉图与标准余弦函数分布差异最小:

$$\varepsilon = \sum_{i=1}^{N} \{I_i - [a + b\cos(\varphi + \Delta\varphi_i)]\}^2 = \text{Min} \tag{13-17}$$

$$\varepsilon = \sum_{i=1}^{N} \{l_i - [a + b\cos\varphi\cos\Delta\varphi_i - b\sin\varphi\sin\Delta\varphi_i]\}^2$$

$$= \sum_{i=1}^{N} (l_i - a - b'\cos\Delta\varphi_i - b''\sin\Delta\varphi_i)^2 = \text{Min} \tag{13-18}$$

式中,$b' = b\cos\varphi$; $b'' = -b\sin\varphi$。

要使式(13-18)成立,可使式(13-18)对系数 a,b',b'' 的微分均为 0,即

$$\begin{cases} \sum_{i=1}^{N} I_i = Na + b' \sum_{i=1}^{N} \cos\Delta\varphi_i + b'' \sum_{i=1}^{N} \sin\Delta\varphi_i \\ \sum_{i=1}^{N} I_i \cos\Delta\varphi_i = a \sum_{i=1}^{N} \cos\Delta\varphi_i + b' \sum_{i=1}^{N} \cos^2\Delta\varphi_i + b'' \sum_{i=1}^{N} \sin\Delta\varphi_i \cos\Delta\varphi_i \\ \sum_{i=1}^{N} I_i \sin\Delta\varphi_i = a \sum_{i=1}^{N} \sin\Delta\varphi_i + b' \sum_{i=1}^{N} \cos\Delta\varphi_i \sin\Delta\varphi_i + b'' \sum_{i=1}^{N} \sin^2\Delta\varphi_i \end{cases} \tag{13-19}$$

将式(13-19)改写为如下矩阵形式:

$$\begin{bmatrix} a \\ b' \\ b'' \end{bmatrix} = \begin{bmatrix} N & \sum_{i=1}^{N} \cos\Delta\varphi_i & \sum_{i=1}^{N} \sin\Delta\varphi_i \\ \sum_{i=1}^{N} \cos\Delta\varphi_i & \sum_{i=1}^{N} \cos^2\Delta\varphi_i & \sum_{i=1}^{N} \sin\Delta\varphi_i \cos\Delta\varphi_i \\ \sum_{i=1}^{N} \sin\Delta\varphi_i & \sum_{i=1}^{N} \sin\Delta\varphi_i & \sum_{i=1}^{N} \sin^2\Delta\varphi_i \end{bmatrix}^{-1} \cdot \begin{bmatrix} \sum_{i=1}^{N} I_i \\ \sum_{i=1}^{N} I_i \cos\Delta\varphi_i \\ \sum_{i=1}^{N} I_i \sin\Delta\varphi_i \end{bmatrix} \tag{13-20}$$

进而,由 b' 和 b'' 的定义可知

$$\varphi = \arctan\frac{-b''}{b'} \tag{13-21}$$

3. 移相方式

上面的四步移相原理中提到可以通过改变光程来实现移相。实际上,由 $\varphi = kl$(l 为光程)得

$$\Delta\varphi = 2\pi \cdot \Delta\left(\frac{l}{\lambda}\right) = 2\pi \cdot \left[\frac{1}{\lambda}\Delta l + l\Delta\left(\frac{1}{\lambda}\right)\right] \tag{13-22}$$

即可以用改变波长或改变光程的方式来实现移相。一般情况下,通过改变波长或改变光程来实现移相都是顺序进行的,即随着时间的推移逐次实现多步移相。这种移相方式被统称为时间移相法。下面介绍几种经典的时间移相法。

1) 压电陶瓷移相

压电陶瓷移相(Piezoelectric Ceramic Transducer,PZT)是一种典型的通过改变光程来实现移相方式。PZT 利用逆压电效应,在对其施加电压信号时会产生相应微位移,拥有纳

米级的高位移分辨率和微秒级的响应速度,所以其非常适合用于精确的光相位调制。PZT 也是各种干涉仪器中的主要组成部件,它的位移精度将直接影响干涉仪的测量精度。如图 13-9 所示,在菲索干涉仪结构中将中空的 PZT 安装于参考镜外环,使参考镜不断位移,达到改变参考光光程的目的。注意参考镜位移并不改变检测光的光程。

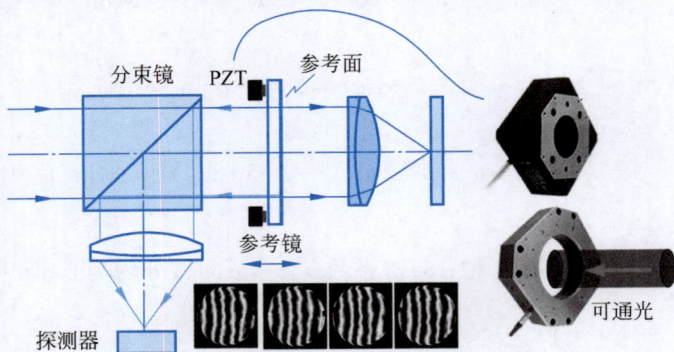

图 13-9   PZT 移相

2)波长移相法

根据式(13-22)可知,利用可调谐激光器定步长地改变波长,同样可以达到改变光程进而实现移相的目的,此处不再赘述。

3)偏振移相

除了通过 PZT 外,还可以通过偏振调制来实现移相。通过偏振器件改变参考光和检测光偏振态,可以得到偏振态相互垂直的检测光 T 和参考光 R,如图 13-10 所示,二者的琼斯矩阵表达式如式(13-23)所示。

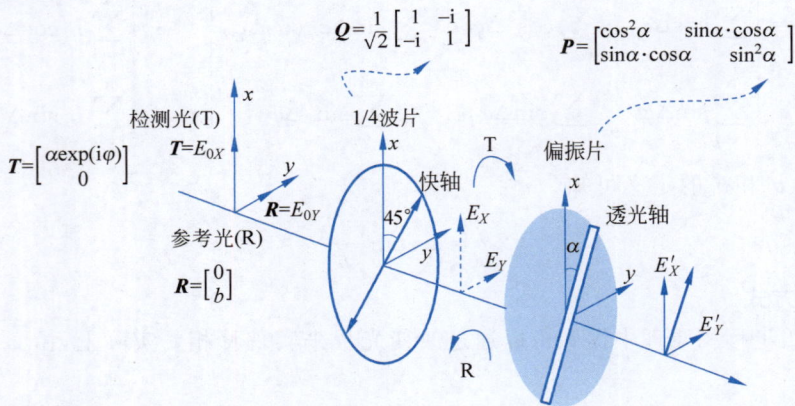

图 13-10   偏振移相

$$
\begin{cases}
\boldsymbol{T} = \begin{bmatrix} a\exp(\mathrm{i}\varphi) \\ 0 \end{bmatrix} \\
\boldsymbol{R} = \begin{bmatrix} 0 \\ b \end{bmatrix}
\end{cases}
\tag{13-23}
$$

式中,a 和 b 分别为检测光 T 和参考光 R 的振幅;φ 为检测光的相位,即待测相位。此时两束光并不能发生干涉。当二者经过一片快轴与两者偏振方向夹角均为 45° 的 1/4 波片后,如

图 13-10 所示,透射光偏振态发生转变,透射光矩阵变为

$$Q * T = \frac{1}{\sqrt{2}} \begin{bmatrix} 1 & -i \\ -i & 1 \end{bmatrix} \begin{bmatrix} a\exp(i\varphi) \\ 0 \end{bmatrix} = \frac{a}{\sqrt{2}} \begin{bmatrix} 1 \\ -i \end{bmatrix} \exp(i\varphi) \tag{13-24}$$

$$Q * R = \frac{1}{\sqrt{2}} \begin{bmatrix} 1 & -i \\ -i & 1 \end{bmatrix} \begin{bmatrix} 0 \\ b \end{bmatrix} = \frac{b}{\sqrt{2}} \begin{bmatrix} -i \\ 1 \end{bmatrix} \tag{13-25}$$

当振幅 $a = b$ 时,可见上述两偏振光分别为左旋和右旋圆偏光,二者合束后可表示为

$$\begin{bmatrix} E_x \\ E_y \end{bmatrix} = Q * T + Q * R = \begin{bmatrix} \exp(i\varphi) - i \\ -i\exp(i\varphi) + 1 \end{bmatrix} \tag{13-26}$$

其中 E_x 和 E_y 可以换算成如下形式:

$$E_x = \exp(i\varphi) - i = \cos\varphi + i \cdot \sin\varphi - i = -\sin\left(\varphi - \frac{\pi}{2}\right) + i \cdot \cos\left(\varphi - \frac{\pi}{2}\right) - i$$

$$= -2\sin\left(\frac{\varphi}{2} - \frac{\pi}{4}\right)\cos\left(\frac{\varphi}{2} - \frac{\pi}{4}\right) + i \cdot \left[1 - 2\sin^2\left(\frac{\varphi}{2} - \frac{\pi}{4}\right)\right] - i$$

$$= -2\sin\left(\frac{\varphi}{2} - \frac{\pi}{4}\right)\left[\cos\left(\frac{\varphi}{2} - \frac{\pi}{4}\right) + i \cdot \sin\left(\frac{\varphi}{2} - \frac{\pi}{4}\right)\right]$$

$$= -2\sin\left(\frac{\varphi}{2} - \frac{\pi}{4}\right)\exp\left[i\left(\frac{\varphi}{2} - \frac{\pi}{4}\right)\right] \tag{13-27}$$

$$E_y = i \cdot \exp(i\varphi) + 1 = \exp\left[i\left(\varphi - \frac{\pi}{2}\right)\right] + 1 = \cos\left(\varphi - \frac{\pi}{2}\right) + i \cdot \sin\left(\varphi - \frac{\pi}{2}\right) + 1$$

$$= \left[2\cos^2\left(\frac{\varphi}{2} - \frac{\pi}{4}\right) - 1\right] + i \cdot 2\sin\left(\frac{\varphi}{2} - \frac{\pi}{4}\right)\cos\left(\frac{\varphi}{2} - \frac{\pi}{4}\right) + 1$$

$$= 2\cos\left(\frac{\varphi}{2} - \frac{\pi}{4}\right)\left[\cos\left(\frac{\varphi}{2} - \frac{\pi}{4}\right) + i \cdot \sin\left(\frac{\varphi}{2} - \frac{\pi}{4}\right)\right]$$

$$= 2\cos\left(\frac{\varphi}{2} - \frac{\pi}{4}\right)\exp\left[i\left(\frac{\varphi}{2} - \frac{\pi}{4}\right)\right] \tag{13-28}$$

因此,式(13-26)被改写为

$$\begin{bmatrix} E_x \\ E_y \end{bmatrix} = 2 \begin{bmatrix} -\sin\left(\frac{\varphi}{2} - \frac{\pi}{4}\right) \\ \cos\left(\frac{\varphi}{2} - \frac{\pi}{4}\right) \end{bmatrix} \cdot \exp\left[i\left(\frac{\varphi}{2} - \frac{\pi}{4}\right)\right] \tag{13-29}$$

如图 13-10 所示,合束后的光束经过偏振片(透光轴方向与 x 方向夹角为 α),偏振方向在偏振透光轴的方向上,在 x,y 轴上的分量分别为

$$\begin{bmatrix} E'_x \\ E'_y \end{bmatrix} = \begin{bmatrix} \cos^2\alpha & \sin\alpha \cdot \cos\alpha \\ \sin\alpha \cdot \cos\alpha & \sin^2\alpha \end{bmatrix} \begin{bmatrix} E_x \\ E_y \end{bmatrix} = 2 \begin{bmatrix} \cos\alpha \cdot \sin\left(\alpha - \frac{\varphi}{2} + \frac{\pi}{4}\right) \\ \sin\alpha \cdot \sin\left(\alpha - \frac{\varphi}{2} + \frac{\pi}{4}\right) \end{bmatrix} \cdot \exp\left[i\left(\frac{\varphi}{2} - \frac{\pi}{4}\right)\right] \tag{13-30}$$

因此此处探测到的强度分布为

$$I = (E'_x)^2 + (E'_y)^2 = 4\sin^2\left(\alpha - \frac{\varphi}{2} + \frac{\pi}{4}\right)$$

$$= 2\left[1 - \cos\left(2\alpha - \varphi + \frac{\pi}{2}\right)\right] = 2 + 2\cos\left(2\alpha - \varphi + \frac{\pi}{2}\right) \tag{13-31}$$

由式(13-31)可见,最终强度分布呈余弦分布状态,是典型的干涉条纹图像。通过旋转上述偏振片可以改变夹角 2α 的值,即可以实现移相,每旋转 $45°(\Delta\alpha = 45°)$ 可实现 $\pi/2$ 移相。

除了上述时间移相法之外,有些场合为了避免环境振动的影响,希望可以同时获取多幅移相干涉图像,这就是下面要介绍的空间移相法。与时间移相法不同,空间移相法是通过改变光路结构,同一时刻得到不同位置的干涉图样,且各处的干涉图像具有特定的相位差,这一般需要复杂的光路结构或者特殊器件。图 13-11 所示为一种典型的空间同步偏振移相结构,在泰曼-格林干涉仪中采用同步移相 CCD 相机,可以同时获取 4 幅干涉图像。在参考光和检测光进入 CCD 探测器之前分别被调制为如式(13-26)所示的左旋和右旋圆偏光。在 CCD 前方使用微偏振阵列,微偏振阵列上的每个单元尺寸与 CCD 上的每一像素尺寸相匹配。将相邻的 4 个像素编为一组,每组对应的偏振阵列的 4 个微偏振单位的透射偏振方向依次相差 $45°$。相应地,根据式(13-31),每旋转 $45°$ 的偏振方向可实现 $2\alpha = \pi/2$ 移相。对于任意一组像素,4 个像素的干涉条纹的移相分别为 0、$\pi/2$、π 和 $3\pi/2$。遍历整个探测器的靶面,可得到四步移相算法所需的移相干涉图的叠加图像。通过简单的插值提取,即可获得 4 幅移相干涉图。

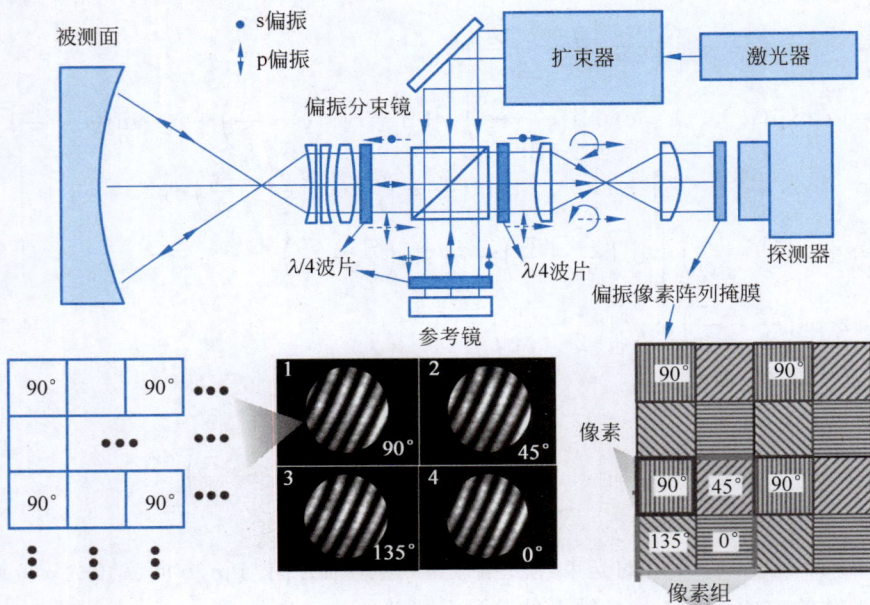

图 13-11　空间同步偏振移相

13.2.3　干涉图相位解调方法:傅里叶变换法

上述时间移相法和空间移相法适用于不同的应用场合,但均面临着挑战。时间移相法实施过程中,环境的不友好,如震动、气流等因素将给移相过程引入额外的相位差,会导致相位恢复错误,这是时间移相方法固有的缺陷。采用空间移相法可以同步获取多幅干涉图,不受环境干扰,但需要复杂光路或特殊器件。如果利用单幅干涉图恢复相位则可以克服上述两种方法的缺陷。而傅里叶变换方法恰恰仅需要一幅干涉图就可以实现相位恢复。以图 13-12 中最左侧干涉图为例,携带载波的干涉图强度分布可以表征为

$$I(x,y) = a(x,y) + b(x,y)\cos(2\pi f_0 x + \varphi(x,y)) \tag{13-32}$$

式中，$2\pi f_0 x$ 为载波相位；$\varphi(x,y)$ 为被测相位。由欧拉公式可得

$$I(x,y) = a(x,y) + b(x,y)\left[\cos(2\pi f_0 x)\cos\varphi(x,y) - \sin(2\pi f_0 x)\sin\varphi(x,y)\right]$$

$$= a(x,y) + \frac{1}{2}b(x,y)\left[e^{i\varphi(x,y)}e^{i2\pi f_0 x} + e^{-i\varphi(x,y)}e^{-i2\pi f_0 x}\right]$$

$$= a(x,y) + \frac{1}{2}b(x,y)e^{i\varphi(x,y)}e^{i2\pi f_0 x} + \frac{1}{2}b(x,y)e^{-i\varphi(x,y)}e^{-i2\pi f_0 x}$$

$$= a(x,y) + c(x,y)e^{i2\pi f_0 x} + c^*(x,y)e^{-i2\pi f_0 x} \tag{13-33}$$

式中，$c(x,y) = \frac{1}{2}b(x,y)\exp[i\varphi(x,y)]$。只要将 $c(x,y)$ 从 $I(x,y)$ 中求解出来即可获取其中的相位 $\varphi(x,y)$。对上述干涉图 $I(x,y)$ 进行傅里叶变换有

$$G(f_x,f_y) = A(f_x,f_y) + C(f_x - f_0,f_y) + C(f_x + f_0,f_y) \tag{13-34}$$

式中，$G(f_x,f_y)$ 为干涉图 $I(x,y)$ 的频谱；$A(f_x,f_y)$ 为表征 $I(x,y)$ 背景的零频信息；而 $C(f_x - f_0,f_y)$ 与 $C(f_x + f_0,f_y)$ 两项为包含相位信息 $\varphi(x,y)$ 的正负一级分量。通常通过设计空间滤波器提取其中的正一级频谱分量 $C(f_x - f_0,f_y)$，并将其移至坐标原点以去除载波相位，再进行傅里叶逆变换便可以得到 $c(x,y)$。

$$c(x,y) = \frac{1}{2}b(x,y)\exp[i\varphi(x,y)] = \frac{1}{2}b(x,y)\cos[\varphi(x,y)] + \frac{i}{2}b(x,y)\sin[\varphi(x,y)]$$

$$\tag{13-35}$$

将求得的 $c(x,y)$ 中的虚部和实部利用反正切法即可求得相位：

$$\varphi(x,y) = \arctan\left\{\frac{\mathrm{Im}[c(x,y)]}{\mathrm{Re}[c(x,y)]}\right\} \tag{13-36}$$

整体相位求解过程如图 13-12 所示。

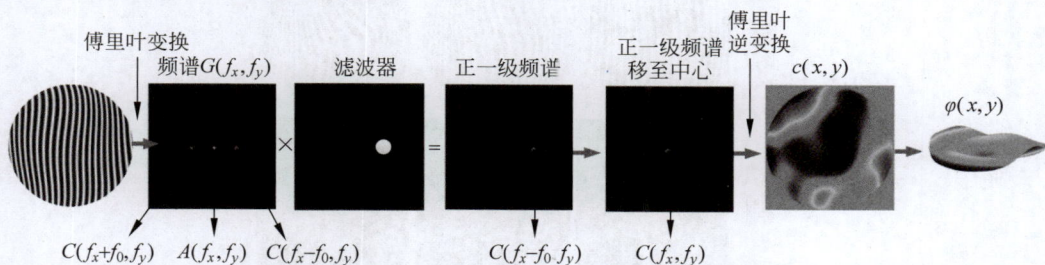

图 13-12　傅里叶变换法求解相位过程

图 13-13 所示为不同密度的标准横向分布条纹对应的空间频谱分布情况。载波越大，条纹越密，表征载波空间频率的正负一级频谱距中心越远，意味着空间频率越高。

图 13-14 展示了不同方向的标准载波条纹的频谱分布情况，可见频谱的分布方向与条纹变化方向一致。图 13-15 展示了正常载波条纹附加波像差的空间频谱分布，可见其频谱不再是孤立的三点，而是受像差影响出现大面积频谱。如果载波不够大，即条纹不够密，那么正负一级频谱距离零级谱很近，面积较大的频谱之间会出现混叠，难以使用空间滤波器分离并提取正一级。

由于傅里叶变换解调方法需要明显的载波条纹（如式（13-32）中的 $2\pi f_0 x$），导致其所处

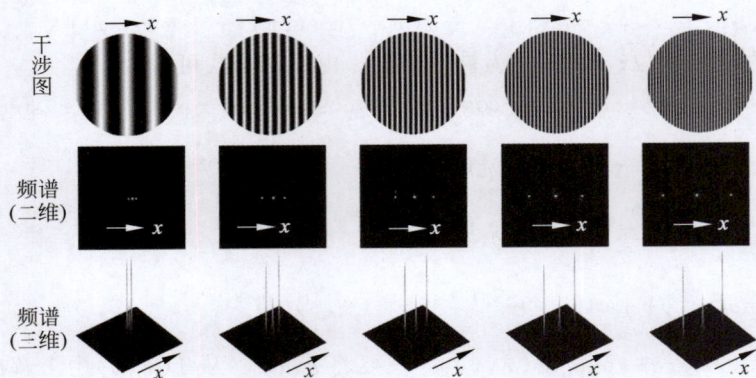

图 13-13 不同密度的标准横向分布条纹对应的空间频谱分布

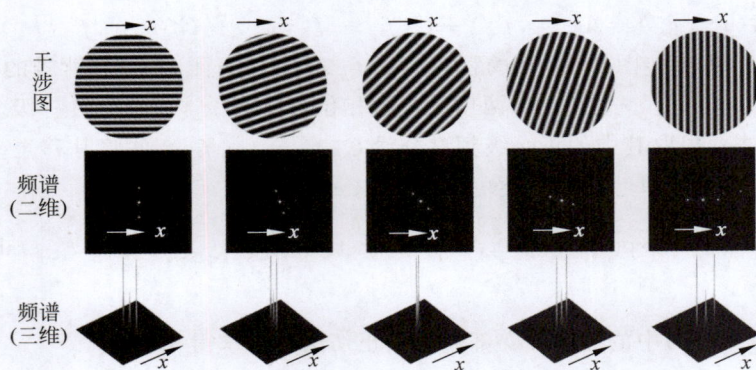

图 13-14 不同方向的标准载波条纹的频谱分布

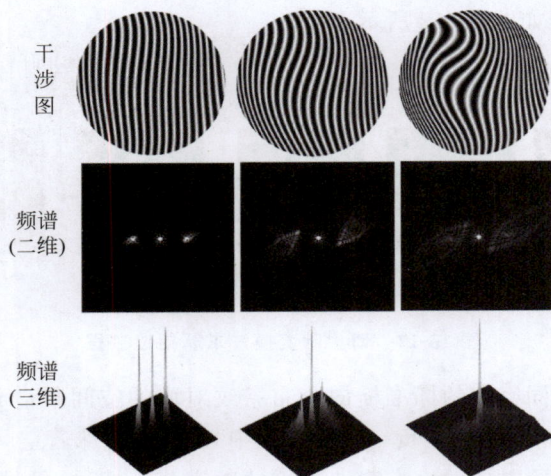

图 13-15 正常载波条纹附加波像差的空间频谱分布

理的条纹必须是非闭合条纹。因此在遇到闭合条纹时,需要人为调节光学器件倾斜使得被测波前或参考波前出现明显的倾斜载波,从而使得条纹的闭合处出现在远处,而在视场内的条纹呈现非闭合状态,如图 13-16 所示。

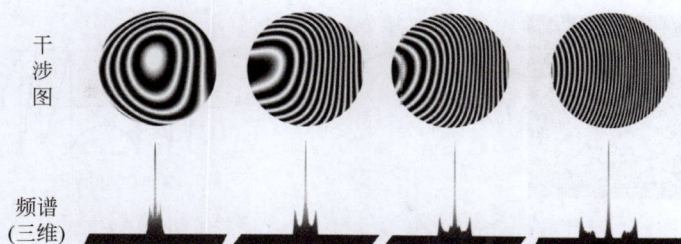

图 13-16　通过添加倾斜载波将闭合条纹调整为非闭合条纹

13.2.4　相位解包裹

1. 相位包裹

如前所述,无论是移相方法还是傅里叶变换方法,相位均是通过反正切函数 arctan 求出,如式(13-12)和式(13-36)所示。然而实际上这两个公式的求解是不严谨的。因为正切函数是周期函数,所以上述两个公式应当分别被修正为

$$\begin{cases} \varphi = \arctan\left(\dfrac{I_4 - I_2}{I_1 - I_3}\right) + n\pi \\[2mm] \varphi = \arctan\left\{\dfrac{\mathrm{Im}[c(z,y)]}{\mathrm{Re}[c(z,y)]}\right\} + n\pi \end{cases} \tag{13-37}$$

然而在实际的相位求解中无法求取干涉图中每个像素点上相位所对应 n 的具体值,而只能求得如式(13-12)和式(13-36)的形式(即式(13-37)中的反正切函数),这些反正切函数被称为相位主值。但是相位主值这样的反正切函数存在值域$(-\pi/2,\pi/2)$,因此无论采取上述哪一种方法所获得的相位主值都是无法超出$(-\pi/2,\pi/2)$区间的,这样就无法还原出真实的相位。值得注意的是,式(13-37)中反正切函数括号部分并不是一个固定值,而是由分子分母两个参数构成的分数值。由于分子分母符号不同,导致该相位点可以存在于四个象限中,如图 13-17 所示,因而上述反正切函数的值域在很多软件中可以被扩展到$(-\pi,\pi)$区间。但这并不能解决上述值域问题,求得的相位 φ 仍然被困于有限区间内,这种现象叫作相位包裹。

如图 13-18(a)所示,某球面波与理想参考平面波的干涉图中取出中间截面处的干涉数据,其真实相位对应的是球面波中央的波前(曲率半径为球面波半径),而通过移相方法计算出来的相位则是如图 13-18(b)所示的相位包裹状态。将包裹在$(-\pi,\pi)$之间的相位主值还原成其真实相位值的过程称为相位展开过程,也称为相位解包裹。图 13-19 列出不同干涉图解相位后的相位包裹图。

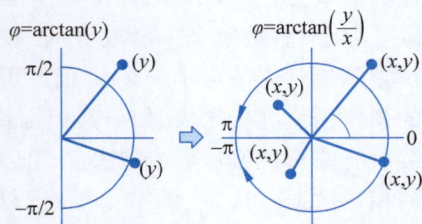

图 13-17　相位主值反正切函数值域拓展

2. 解包裹算法

1) 经典路径跟踪法

相位解包裹是通过消除包裹相位中的歧义(式(13-37)中不确定的 n)来恢复真正相位的过程。最简单的相位解包裹的方法为路径跟踪法,其相位解包裹原理如图 13-20 所示,为

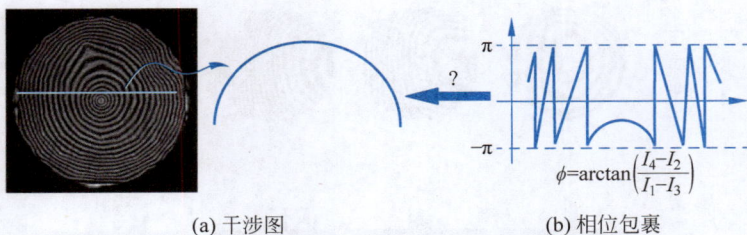

(a) 干涉图　　　　　　　　　　(b) 相位包裹

图 13-18　相位包裹原理

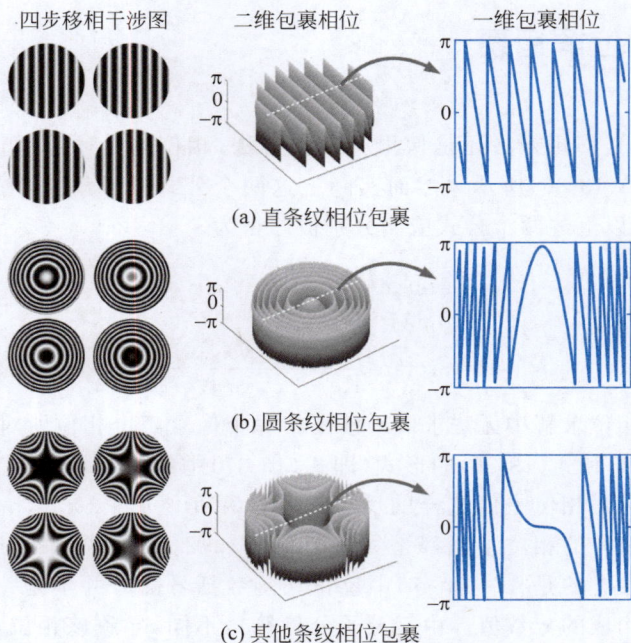

(a) 直条纹相位包裹

(b) 圆条纹相位包裹

(c) 其他条纹相位包裹

图 13-19　相位包裹图

了便于说明,图 13-20 中仅对某一维方向中的相位数据进行路径跟踪解包裹。由于该包裹相位的值域为$(-\pi,\pi)$,因此本应连续平滑的相位每当即将超过 π 或 $-\pi$ 时就会发生间断式的跳变,从 π 直接跳至 $-\pi$,或者从 $-\pi$ 直接跳至 π。整个相位曲线中任意两个像素点之间相位差的绝对值一定小于 2π。因此可设置略小于 2π 的某阈值 Q,相位展开时将相邻两像素的相位主值进行比较,如果其相位差绝对值大于 Q,则判定该点相位发生了跳变,从而将后续所有的相位值加上或减去 2π,直到遍历整个相位图。具体实施过程如下:φ_n 表示被包裹的相位数据。从 φ_n 的第 2 个点开始,计算当前点与前一个点的相位差;若相位差大于 Q,则 φ_n 当前点及后续所有点减去 2π;若相位差小于 $-Q$,则 φ_n 当前点及后续所有点加上 2π;重复上述步骤,直至遍历 φ_n。注意二维相位数据要沿着两个方向实施相位展开。

2) 拉线误差

然而,在实际应用中,相位展开很难在存在噪声的情况下实现。按照上述路径跟踪法,当相位数据中出现噪声时,如图 13-21(a) 所示,若第 $i+1$ 个点出现噪声,原先本应在 A 点的数据变成了 B 点,其与第 i 点的相位数据之差的绝对值若小于阈值 Q,按照规则第 $i+1$ 个点及其后续所有数据均要加 2π,成为图 13-21(b) 所示的数据类型。很明显,一个噪声点

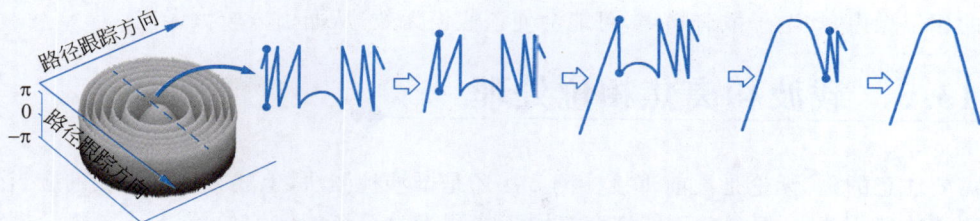

图 13-20　路径跟踪法相位解包裹原理

的出现导致跳变点的误判,使得后续数据均被抬高,在二维相位数据中表现出"拉线"误差,如图 13-21(c)所示。

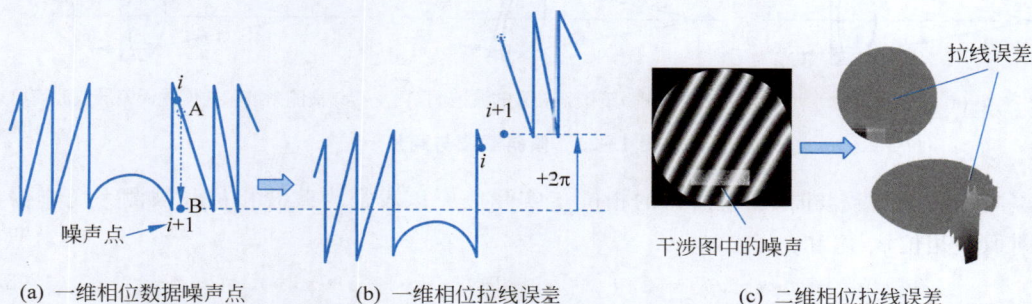

| (a) 一维相位数据噪声点 | (b) 一维相位拉线误差 | (c) 二维相位拉线误差 |

图 13-21　噪声对路径跟踪法相位解包裹的影响

　　为了规避上述拉线误差,研究者们已经开发了许多相位展开方法。通常,这些方法可分为改进型路径跟踪法和路径无关法。

　　(1) 改进型路径跟踪法:改进型路径跟踪法摒弃了传统按顺序路径实现相位解包裹的原则,提出了许多不同路径选择策略,如枝切算法、质量图引导算法等。

　　① 枝切算法:枝切算法是由美国的 JPL 实验室的 Goldstein 和 Zebker 等在 1986 年提出,是基于路径跟踪最经典的算法。这种算法首先识别正负残差点,然后连接邻近的正负残差点绘制出很多的残差点极性平衡线段,叫作枝切线。让后续的解包裹路径不经过枝切线,防止误差传递。这种算法计算速度快、效率高。但是若枝切线的位置放置不合适,就会形成"孤岛区域",导致错误。

　　② 质量图引导算法:质量图导向的路径跟踪法由 Bone 在 1991 年提出,后续经过多位研究者不断改进。用相位图中各点数据的二次偏导数或相干系数等作为质量图来判定相位点的质量好坏,利用质量图来指导确定解包裹路径。首先从高质量的点开始,向四周"生长"出一个解包裹区域,不断扩散,遇到低质量点选择避开,直到遍历全部像素。该算法无须识别残差点,其准确性优于枝切法。然而,它的运行速度较慢,且对质量图有较高的要求。质量图的质量直接影响解包裹结果,在噪声较多的区域容易形成"孤岛"。

　　(2) 路径无关法:上述方法可以在很大程度上避免拉线误差的出现,但它们仍然容易受相位噪声的影响,噪声严重的区域依然影响解包裹相位的可靠性。为了规避路径依赖,很多路径无关算法被开发出来,其中典型的有最小范数方法和最小二乘法等。最小范数方法构造了一个对包裹相位梯度和展开相位梯度之间差异的评估函数,并通过优化该函数来获得一个鲁棒的展开相位。这种算法在一定程度上不受相位噪声的影响,因为它们与路径无关。值得注意的是,最小范数算法中假设相邻像素之间的相位导数的绝对值小于 π。然而严重的相位噪声,如电子散斑噪声,可能会使该假设无效,从而引入较大误差。

13.3 载波和离焦相位处理

需要注意的是,无论是波前直接检测方法还是干涉检测法,上述方法中恢复的应当是整体被测波前的相位 φ,但是并不能完全等同于待测光学系统的波前像差 φ_t。在测量过程中被测光学系统的光轴与光源的光轴并不一定能重合,即被测光学系统容易存在调整误差,进而导致恢复的波前中存在整体的倾斜载波或者离焦,如图 13-22 所示。

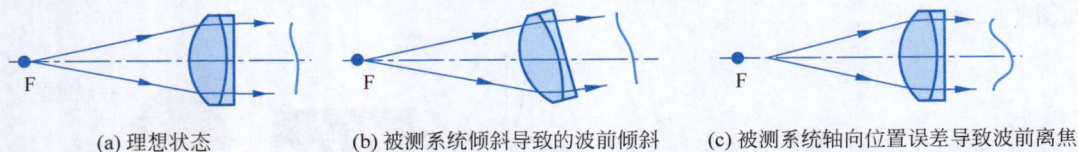

(a) 理想状态   (b) 被测系统倾斜导致的波前倾斜   (c) 被测系统轴向位置误差导致波前离焦

图 13-22 倾斜载波与离焦

当存在倾斜载波时,测量所得的相位 φ 实际上应该表征为载波相位和被测系统本身的波前像差相位 φ_t 之和:

$$\varphi(x,y) = 2\pi f_x \cdot x + 2\pi f_y \cdot y + \varphi_t(x,y) \tag{13-38}$$

直接波前检测法无法从现象中观察到载波的大小,而在干涉法中可以通过直条纹的密度来判断载波的大小。那么是否可以通过调整被测光学系统的倾斜或者偏心,使直条纹消失呢? 一方面这种调整难度较大,另一方面载波条纹的出现更加方便移相的实施,因此在实验中通常至少保留 3~5 条载波条纹。可见,载波无法完全去除,需要后期通过相关算法进行分离。图 13-23 给出了相关波前相位在不携带倾斜载波和携带倾斜载波时的干涉图表现形式。

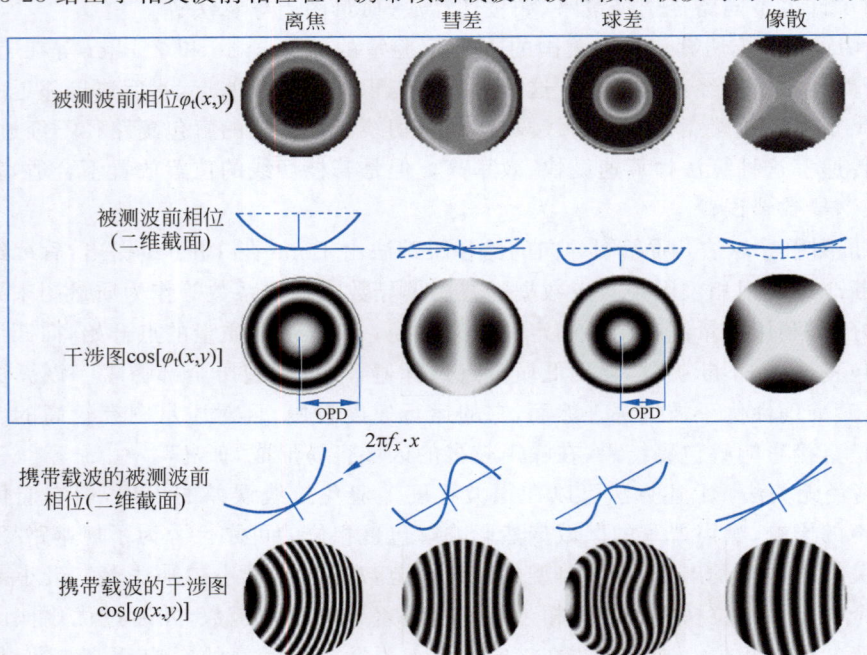

图 13-23 相关波前相位在不携带倾斜载波和携带倾斜载波时的干涉图表现形式

载波分离最直接的方法是将上述求得的相位 φ 进行泽尼克多项式拟合,泽尼克多项式的各项与赛德尔像差形式相对应,其中第 2、3 项多项式表征的就是倾斜波前像差。因此,可将 φ 拟合所得的第 2、3 项多项式从拟合结果中分离出去,如图 13-24 所示,即可实现上述倾斜载波 $2\pi f_x \cdot x + 2\pi f_y \cdot y$ 的剔除,从而得到真正的被测波前相位 φ_t。

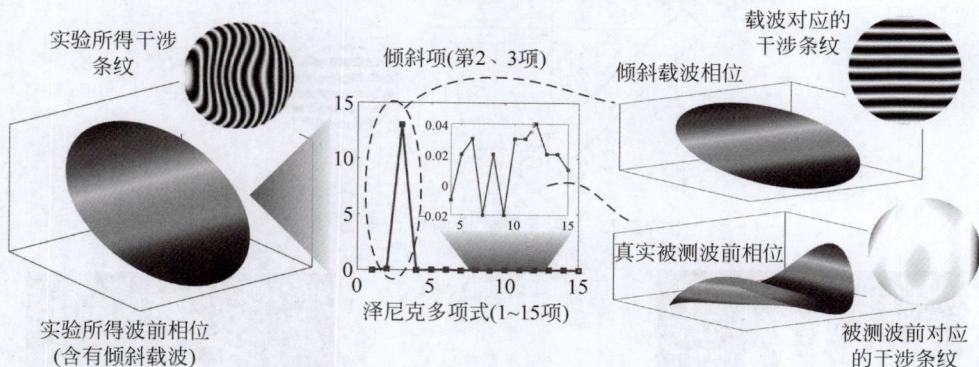

图 13-24 载波分离

当波前存在离焦时,依然可以按照上述方法处理,泽尼克多项式的第 4 项表征的就是离焦波前像差,因此也可以将其去除。

13.4 自参考干涉法:剪切干涉仪

传统迈克尔逊干涉仪或者菲索干涉仪实际上都利用了被测光束与参考光束之间的干涉,在干涉检测的过程中,需要引入高精度的参考平面或球面来产生参考光束。但是在实际的光学系统中,参考光和被测光都非常容易受到外界环境扰动的影响,不易获得稳定的干涉图分布。另外,通过干涉图求取的实际上是被测波前与参考波前的相位差,要获得被测波前的信息,实际上默认了参考波前是高精度的已知理想波前,如从高精度平面反射镜返回的平面波,或者通过点衍射的方式获得的高精度球面参考波。实际中,这样高精度的参考波前难以获得,或者需要复杂的高精度辅助元件或结构配合。

那么在无法获得高精度参考波前的情形下,是否还可以通过干涉的方式实现波前检测呢?答案是肯定的,没有参考波前,就与自身干涉。剪切干涉仪便是将同一束光经过横向偏移或径向缩放等变换后与自身发生干涉。常用的剪切干涉仪包括横向剪切干涉仪和径向剪切干涉仪。实现横向剪切和径向剪切的方法很多,下面介绍两种典型的剪切干涉仪结构。

13.4.1 平行平板横向剪切干涉仪

基于平行平板的横向剪切干涉仪由 Murty 提出,在定性的像差检测尤其是准直扩束系统的装调中具有广泛的应用。图 13-25 为平行平板横向剪切干涉仪,其主要由一块平行平板或者有一定楔角的平板构成。在实际检测中,将待测的平行光束入射在这块透明平板上,光束入射到平板前表面时将有一部分光被反射,而透过的光束继续入射到平板的后表面,此时又有一部分光被反射。由于透明平板的反射率很低,所以经前后表面反射的光强基本一致,可以产生对比度较好的干涉条纹。由于透明平板具有一定的厚度,所以平板前后表面反射回来的光束间也会引入一定的横向位移,形成横向剪切干涉条纹,如图 13-26 所示。和传统干涉仪中利用参考光束和被检光束发生干涉的原理不同,该条纹的解读相对而言更加复杂。

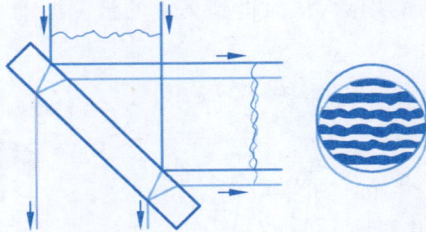

图 13-25　平行平板横向剪切干涉仪

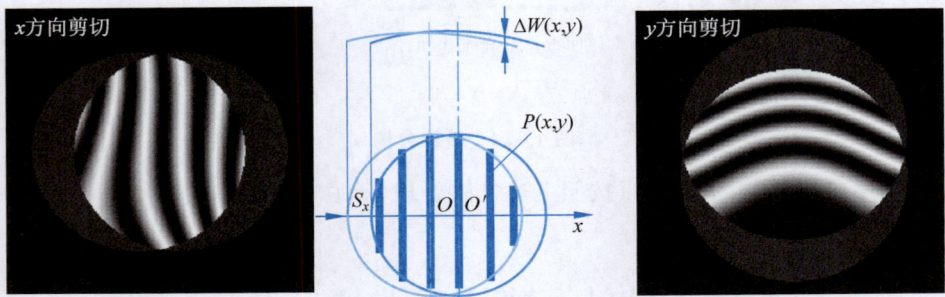

图 13-26　横向剪切干涉条纹

横向剪切相位重建首先需求解出两个正交方向上的剪切波面信息($\Delta W_x(x,y)$、$\Delta W_y(x,y)$),可利用前述常规的干涉图解调手段实现,如傅里叶变换法、移相法等。进而利用两个方向的剪切波面重构出待测波前。重构算法主要分为两类:区域法和模式法。区域法是对剪切波面信息进行求和逆运算得到待测波前的二维分布区域,算法过程简单,直截了当,但随着采样点的增多后,会导致计算负担加重,使其应用受限。模式法是将全口径的波面选择一个合适的多项式(如泽尼克多项式、Legendre 多项式、傅里叶级数等)进行展开,然后通过优化运算寻找到最佳的展开系数,从而得到完整的波面展开式。基于泽尼克多项式的波面重构算法通常是研究人员的首选。

将待测波面 $W(x,y)$ 用笛卡儿坐标系下的泽尼克多项式可表示为

$$W(x,y) = \sum_{i=1}^{N} a_i Z_i(x,y) \tag{13-39}$$

式中,a_i 为多项式的展开系数;N 为多项式的项数;$Z_i(x,y)$ 表示第 i 项泽尼克多项式的基底函数。假设在 x 方向和 y 方向上剪切量均为 s,则两个正交方向上的剪切波前用泽尼克多项式可展开成

$$\Delta W_x(x,y) = W\left(x - \frac{s}{2}, y\right) - W\left(x + \frac{s}{2}, y\right)$$

$$= \sum_{i=1}^{N} a_i \left[Z_i\left(x - \frac{s}{2}, y\right) - Z_i\left(x + \frac{s}{2}, y\right) \right] \tag{13-40}$$

$$\Delta W_y(x,y) = W\left(x, y - \frac{s}{2}\right) - W\left(x, y + \frac{s}{2}\right)$$

$$= \sum_{i=1}^{N} a_i \left[Z_i \left(x, y - \frac{s}{2} \right) - Z_i \left(x, y + \frac{s}{2} \right) \right] \tag{13-41}$$

此时可定义以下差分泽尼克多项式：

$$\Delta Z_x = Z_i \left(x - \frac{s}{2}, y \right) - Z_i \left(x + \frac{s}{2}, y \right) \tag{13-42}$$

$$\Delta Z_y = Z_i \left(x, y - \frac{s}{2} \right) - Z_i \left(x, y + \frac{s}{2} \right) \tag{13-43}$$

将式(13-42)和式(13-43)分别代入式(13-40)式(13-41)可得

$$\Delta W_x(x,y) = \sum_{i=1}^{N} a_i \Delta Z_x \tag{13-44}$$

$$\Delta W_y(x,y) = \sum_{i=1}^{N} a_i \Delta Z_y \tag{13-45}$$

可将式(13-44)和式(13-45)写成矩阵形式，即

$$\Delta \boldsymbol{W} = \Delta \boldsymbol{Z} \boldsymbol{a} \tag{13-46}$$

式中，$\Delta \boldsymbol{W} = \begin{pmatrix} \Delta W_x \\ \Delta W_y \end{pmatrix}$，$\Delta \boldsymbol{Z} = \begin{pmatrix} \Delta Z_x \\ \Delta Z_y \end{pmatrix}$。故泽尼克展开系数 $\boldsymbol{a}$ 为

$$\boldsymbol{a} = (\Delta \boldsymbol{Z}^{\mathrm{T}} \Delta \boldsymbol{Z})^{-1} \Delta \boldsymbol{Z}^{\mathrm{T}} \Delta \boldsymbol{W} \tag{13-47}$$

利用最小二乘法将式(13-47)中的一维矩阵 $\boldsymbol{a}$ 求出后，将其代入泽尼克展开式(13-39)便可完成待测波前 $W(x,y)$ 的重建。

13.4.2　环形径向剪切干涉仪

激光器经准直扩束系统产生平行光束，通过待测区域后将折射率的分布信息携带在其波前畸变中，经过分束镜分束，平行光将分为两束光行径，其中透射光束首先入射到反射镜 M_1，经 M_1 反射后穿过望远镜系统，缩小为口径夏小的光束后到达反射镜 M_2，由 M_2 反射回分束镜，经过分束镜透射和成像透镜成像后入射到 CCD 成像面，成为参与径向剪切干涉的缩小光束；而入射光中经过分束镜反射后的部分光束首先入射到反射镜 M_2，经 M_2 反射后穿过望远镜系统，扩展为口径更大的光束后到达反射镜 M_1，反射镜 M_1 和分束镜依次反射，再经过成像透镜成像后入射到 CCD 成像面上，成为参与径向剪切干涉的扩展光束。扩展光束和收缩光束最终在 CCD 上产生径向剪切干涉条纹。由于两路光束沿完全相反的路径行径，故环形径向剪切干涉仪也可以看作共路干涉系统，具有较高的抗干扰能力，在高噪声、高振动的环境下仍能得到较为稳定的干涉条纹，从而确保了实验结果的正确性。

径向剪切干涉中的相位重建通常选用迭代算法。与横向剪切的波前相位重构过程相似，首先需从获取的径向剪切干涉图中求解出剪切波面信息。然后对剪切波面信息进行迭代计算从而反演出原始波面，在此只进行第二步迭代算法原理的阐述。

如图 13-27 所示，r_1，r_2 分别为缩束波面和扩束波面的半径，剪切比 $\beta = r_1 / r_2$。缩束波面扩束波面分别用极坐标形式表示为 $W(\rho_1, \theta)$ 和 $W(\rho_2, \theta)$，其中 $\rho_1 = r/r_1$，$\rho_2 = r/r_2 = \beta\rho_1$，$r$ 为区域内的径向长度。所以剪切干涉图包含的差分波前可表达为

$$\Delta W(\rho_1, \theta) = W(\rho_1, \theta) - W(\beta\rho_1, \theta) \tag{13-48}$$

式中，差分波前 $\Delta W(\rho_1, \theta)$ 可以从剪切干涉图中求取。将式(13-48)两边的径向坐标不断增

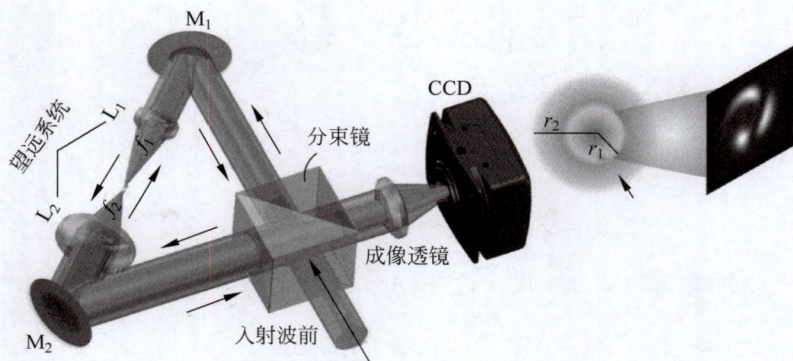

图 13-27 环形径向剪切干涉仪光路结构示意图

大 β 倍,得

$$\begin{cases} \Delta W(\rho_1,\theta)=W(\rho_1,\theta)-W(\beta\rho_1,\theta) \\ \Delta W(\beta\rho_1,\theta)=W(\beta\rho_1,\theta)-W(\beta^2\rho_1,\theta) \\ \Delta W(\beta^2\rho_1,\theta)=W(\beta^2\rho_1,\theta)-W(\beta^3\rho_1,\theta) \\ \qquad\qquad\qquad\vdots \\ \Delta W(\beta^N\rho_1,\theta)=W(\beta^N\rho_1,\theta)-W(\beta^{N+1}\rho_1,\theta) \end{cases} \tag{13-49}$$

式(13-49)左右两边相加得

$$W(\rho_1,\theta)=\sum_{i=0}^{N}\Delta W(\beta^i\rho_1,\theta)+W(\beta^{N+1}\rho_1,\theta) \tag{13-50}$$

可以看出,迭代次数增加到一定程度后式(13-50)最右边一项 $W(\beta^{N+1}\rho_1,\theta)$ 趋于零,当完成剪切波面 ΔW 的求解并对其进行一定次数的迭代运算后即可得到缩束波面信息 $W(\rho_1,\theta)$。缩束波面仅是原始波面在径向的压缩,不会改变原有波面函数的性质,即缩束波面形状与原波面相同。另外需要注意实际中迭代次数 N 不可能达到无限次,可以将相邻两次迭代的波面相同位置的均方根值小于某一预设值,如 $\lambda/1000$,作为迭代的终止条件。

拓展阅读

大国重器——激光惯性约束聚变装置

核能是一种非常重要的能量来源,人们对其并不陌生。核能可以通过 3 种核反应之一释放:核裂变、核聚变和核衰变,其中前两种方式可以为人类提供大量能量。核裂变是指由重的原子核(通常为铀或钚)分裂为两个或多个质量轻的原子的一种核反应方式,如原子弹的爆炸;核聚变是指由质量小的原子(通常为氘或氚),在一定条件(如高压和超高温)下发生原子核互相聚合作用,生成新的质量更重的原子核,随之释放巨大能量的一种核反应方式,如氢弹的爆炸。由于核裂变较容易实现,而核聚变的实现比较困难,因此原子弹的问世要早于氢弹。

核聚变相对核裂变有诸多优点。首先,核聚变释放的能量一般来说比核裂变释放的能量更大。理论上核聚变反应的质能转换率为 0.7%,而核裂变反应的质能转换率为 0.13%。所谓质能转换率就是质量转换为能量的能力。根据爱因斯坦质能转换方程($E=mc^2$),质能转换率越高,意味着同质量转换的能量越大,这和能源就越"厉害"。其次,核聚变的原料可以从海水中提取,取之不尽用之不竭。而常见的核裂变反应原料铀235储量却十分稀少。更重要的是,核聚变几乎不会产生放射性的污染物。因此,如何利用核聚变提供无尽能源,已成为实现下一次文明飞跃的关键。

自然界本身就存在着稳定输出的核聚变能量。以太阳为例,巨大的质量使其内部形成高达2000亿个大气压的超高压力,再加上1500万摄氏度的温度,可以把氢原子聚变成为氦原子。非常遗憾的是,在地球上超高压条件是无法实现的,进而人们就只能在"高温"这个条件上下功夫了。也就是说,要想实现核聚变反应,我们需要把温度提高到上亿摄氏度才可以。因此,实现可控核聚变反应必须解决两个最重要的问题:第一,如何将核聚变反应的材料加热到这么高的温度(解决"怎么点燃炉子里面的燃料"的问题)? 第二,将核聚变反应的材料加热到这么高的温度后拿什么来装它(解决"怎么防止燃料将炉子烧穿"的问题)?

第一个是加热的问题。1960年激光器的诞生为如何将物质加热到极高能量这一问题打开了一扇门。苏联科学家最早提出利用激光加热核聚变反应的材料。他们认为该方法可以获得较高能量,且无须与被加热物质直接接触,这类似于将阳光聚焦之后点燃木屑。由于单个激光器的输出能量太低,因此需要将多个激光器的能量聚焦到同一点。这个问题看似简单,实则非常困难:加热过程中必须保证在短暂时间内,被加热物体所有方向均匀受热,一致向球心坍缩。这不仅需要异常精确地控制每台激光器的对准方向,还要严格控制极短时间内每台激光器的输出能量。

第二个是关于"容器"的问题。上亿度的物质足够烧毁任何与其相接触的东西。那么就算能将这些反应材料点燃,我们拿什么来盛放它呢? 即实现核聚变可控。有两种方法,一是用托卡马克装置开展"磁约束聚变"的研究;二是"激光惯性约束核聚变"(Laser Inertial Confined Fusion,LICF),即采用惯性虚拟这个"容器"。LICF的基本原理是:利用强激光(或X光)快速加热氘氚靶丸表面,形成一个等离子体烧蚀层;利用靶丸表面热物质向外喷发,从而反向压缩燃料;通过向心聚爆过程,使核燃料达到高温、高密度状态;热核燃烧在被压缩燃料内部蔓延,聚变放能大于驱动能量,获得能量增益。

美国、法国等已经在这类激光装置上做了大量的基础研究工作,并着手建造更大规模的巨型激光器,期望能够实现激光热核"点火"。我国激光聚变研究在物理研究和驱动器研制两个主要方面也取得了卓越成果。

1964年王淦昌院士撰写了题为《利用大能量大功率的光激射器产生中子的建议》的内部报告。随后在邓锡铭院士领导下,中国科学院上海光学精密机械研究所开始研制高功率钕玻璃激光装置。1973年利用激光加热氘冰靶在实验室获得氘氘聚变中子。1978年中国工程物理研究院和中国科学院携手合作,LICF研究进入了全面发展的新阶段。近年来,我们一直致力于研制和应用钕玻璃激光驱动器——"神光"系列装置,并取得了显著进展,推动了我国惯性约束聚变的实验和理论研究。

随着激光聚变研究的不断加深,我国在驱动器研制方面得到了长足的发展,先后研制出一系列人们熟知的激光装置,其中包括神光系列和星光系列装置。1980年,王淦昌提出建造脉冲功率为1万亿W固体激光装置的建议,称为激光12号实验装置,这便是神光-Ⅰ最初的由来。1985年7月,激光12号装置按时建成并投入试运行。该装置输出两束口径为200mm的强光束,每束激光的峰功率达1万亿W,脉冲宽度有1ns和100ps两种,波长为

$1.053\mu m$ 的红外光，可倍频到 $0.53\mu m$ 绿光。该装置是中国规模最大的高功率钕玻璃激光装置，在国际上也是为数不多的大型激光工程。它由激光器系统、靶场系统、测量诊断系统和实验环境工程系统组成。输出的激光总功率达 1 万亿 W 量级，而激光时间只有 1s 的十亿分之一到百亿分之一。可用透镜聚焦到 50nm 的尺寸上，能产生 10 万亿亿 W/cm^2 的功率密度。将这样的光束聚焦在物质的表面，可以产生上千万度的高温，并由此产生强大的冲击波和反冲击压力。1986 年夏天，张爱萍将军为激光 12 号实验装置亲笔题词"神光"。于是，该装置正式命名为神光-I。神光-I连续运行 8 年，1994 年退役。同年，神光-II装置立项，规模比神光-I装置扩大 4 倍。

2000 年位于上海的神光-II激光装置开始试运行打靶。我国开始系统地开展 3 倍频条件下（波长为 351nm）激光聚变主要物理过程的研究，8 路基频功率达到 8 万亿 W。2001 年 8 月，神光-II装置建成，数百台光学设备集成在一个足球场大小的空间内，同步发射 8 束激光，在约 150m 的光程内逐级放大，将每束激光的口径从 5mm 扩束为 240mm，输出能量从几十个微焦耳增至 750J/束。当 8 束强激光聚集到一个小小的燃料靶球时，在十亿分之一秒的超短瞬间内可发射出相当于全球电网电力总和数倍的强大功率，从而引发热核聚变。

2015 年神光-III主机激光装置在中物院全面投入使用。作为亚洲最大、世界第二大的激光装置，神光-III主机装置共有 48 束激光，总输出能量为 18 万 J，峰值功率高达 60 万亿 W。其黑腔峰值辐射温度达到 280eV，间接驱动内爆中子产额提高了两个数量级。在目前世界上已建成用于 LICF 研究的激光装置中，神光-III主机激光装置的输出能量仅次于美国 NIF 装置。

习题

1. 波前形状与相位是什么关系？
2. 总结波前检测的主要方法。
3. 在干涉检测中，干涉图解调的移相方法是否必须要 4 幅图像？如若仅能获取 3 幅图像，如何设计相位恢复算法？请计算说明。
4. 描述一种可以用于实时波前检测的技术。
5. 无其他像差的倾斜波前，在径向剪切干涉仪中的干涉图是否为零条纹？请说明原因。

第14章 光学表面检测

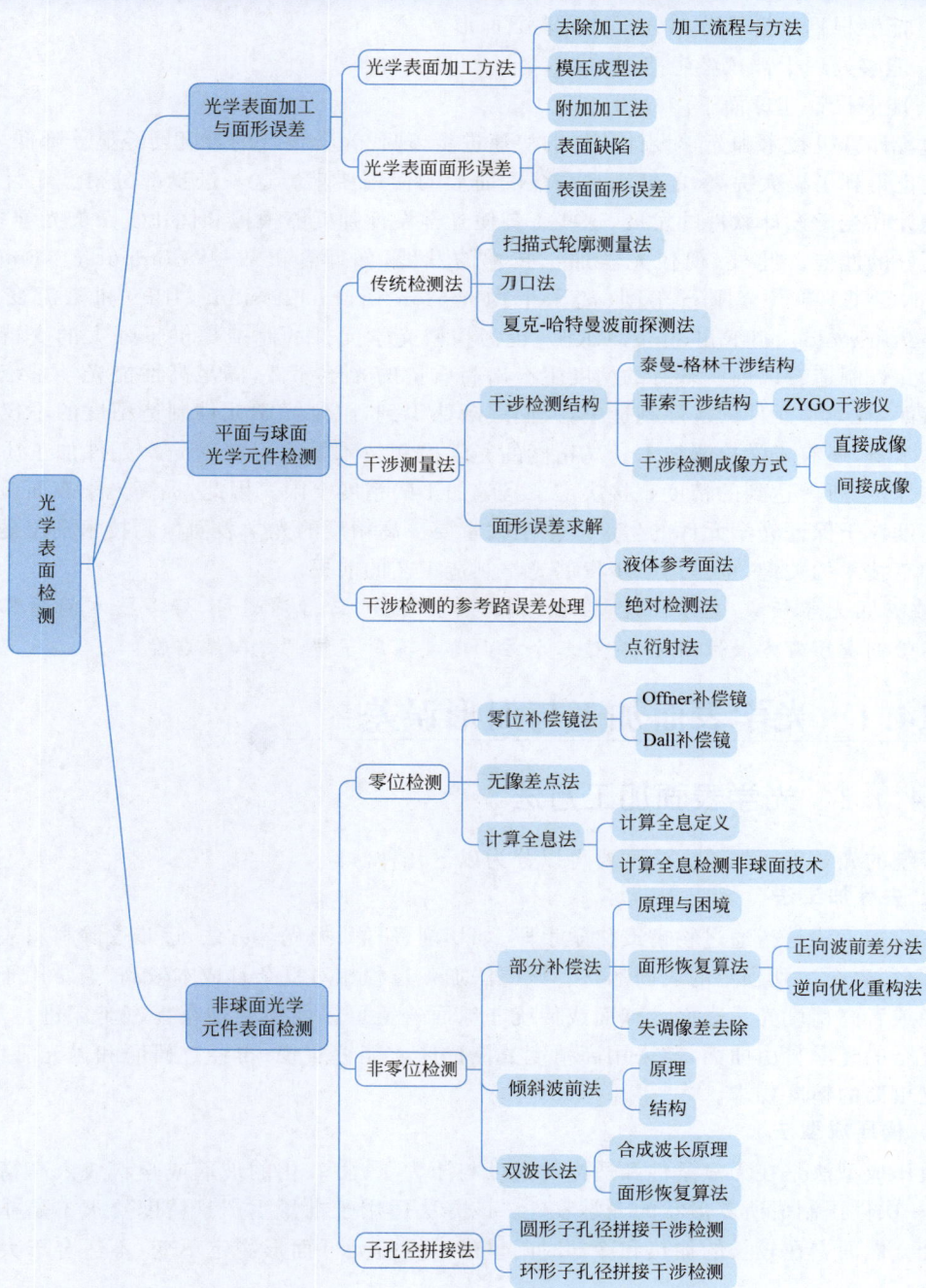

- 光学表面检测
  - 光学表面加工与面形误差
    - 光学表面加工方法
      - 去除加工法 — 加工流程与方法
      - 模压成型法
      - 附加加工法
    - 光学表面面形误差
      - 表面缺陷
      - 表面面形误差
  - 平面与球面光学元件检测
    - 传统检测法
      - 扫描式轮廓测量法
      - 刀口法
      - 夏克-哈特曼波前探测法
    - 干涉测量法
      - 干涉检测结构
        - 泰曼-格林干涉结构
        - 菲索干涉结构 — ZYGO干涉仪
        - 干涉检测成像方式
          - 直接成像
          - 间接成像
      - 面形误差求解
    - 干涉检测的参考路误差处理
      - 液体参考面法
      - 绝对检测法
      - 点衍射法
  - 非球面光学元件表面检测
    - 零位检测
      - 零位补偿镜法
        - Offner补偿镜
        - Dall补偿镜
      - 无像差点法
      - 计算全息法
        - 计算全息定义
        - 计算全息检测非球面技术
    - 非零位检测
      - 部分补偿法
        - 原理与困境
        - 面形恢复算法
          - 正向波前差分法
          - 逆向优化重构法
        - 失调像差去除
      - 倾斜波前法
        - 原理
        - 结构
      - 双波长法
        - 合成波长原理
        - 面形恢复算法
    - 子孔径拼接法
      - 圆形子孔径拼接干涉检测
      - 环形子孔径拼接干涉检测

【知识目标】
◆ 了解常规光学表面加工方法。
◆ 掌握光学表面误差的概念与分类。
◆ 了解光学表面检测常用的方法与设备。
◆ 掌握与球面检测相比非球面检测的难点及解决方案。

【技能目标】
◆ 能够构建干涉仪实现平面和球面干涉检测。
◆ 能够根据干涉图分布分析被测表面面形。
◆ 能够处理干涉仪参考路误差。
◆ 能够设计非球面干涉检测光路。

随着计算机技术和光学设计软件的快速进步,现代光学设计的难度已经显著降低,设计的精度也得到了极大提高,能够满足高精度面形的使用要求。这一进步部分得益于计算机辅助设计和光学设计软件的发展,这些工具使光学设计师能够模拟和优化复杂的光学系统,实现更好的性能。此外,现代光学加工技术的发展,如计算机数控(Computer Numerical Control,CNC)单点金刚石车削、离子束抛光(Ion Beam Finishing,IBF)和磁流变抛光(Magneto-rheological Finishing,MRF),也为精密光学元件的制造提供了强大的支持。这些技术允许制造者以前所未有的精度生产出高质量的光学元件,满足高性能光学系统的需求。然而,在光学元件的实际制造中,人们逐渐认识到,限制光学元件制造精度的不仅是加工技术本身,还有光学检测技术。高精度的光学检测技术是确保精密光学元件加工质量的关键支撑,它所能达到的精度直接决定了光学加工的精度上限。因此,提高光学表面检测技术的精度对于保证光学元件的生产质量至关重要。高精度的光学表面检测技术不仅是提升光学加工技术的关键,也是进一步发展光学制造工艺的前提。

"在应用光学领域,光学设计、检验、加工密不可分,三者沟通好,好多技术问题容易解决。不管侧重于哪方面做研究,对这三个方面都要有所了解。"——潘君骅

14.1　光学表面加工与面形误差

14.1.1　光学表面加工方法

传统的光学表面加工方法主要可以分为以下几种。

1. 去除加工法

去除加工法是指通过物理或化学手段,如切削、研磨、抛光等方法,逐步去除材料表面的多余部分,直至达到预定的表面形状。该方法加工过程相对复杂且成本较高,通常用于制造大口径或者高精度光学表面。球面或传统非球面透镜可以使用两轴超精密车床进行加工,而更复杂的光学自由曲面,需采用高精度数控机床才能够实现,再经过研磨和抛光工序,才能满足更高的精度要求。

2. 模压成型法

模压成型法是在无氧条件和适当的温度与压力下,将软化的玻璃或塑料放入高精度模具中,一次性压制成所需形状的光学零件。该方法适用于批量生产且精度要求不是非常高的场合。然而它在较长的加热和冷却时间里难以维持元件面形稳定不变,不适合于大口径

表面的加工。

3. 附加加工法

附加加工法是在光学零件表面附加一层材料以形成要求的形状。通常用于加工偏离球面或平面较小的非球面。附加加工法的设备复杂且过程控制困难。

总的来说,不同的光学加工方法有不同的适用场景和各自的优缺点。去除加工法一般应用在大口径或高精度光学元件制造中;模压成型法适合低成本、大批量的光学零件生产;附加加工法一般用于特定的非球面加工需求;随着技术的进步,特别是在计算机技术和数控加工技术领域,即使是复杂的光学自由曲面也可以被精确地加工出来。

下面就高精度光学元件去除加工法的主要工序进行简要介绍。

1)切削

切削加工是光学表面加工技术中的一种重要方法,它通过控制刀具的进给量将材料毛坯切削成所需面形的雏形,为后续的磨削和抛光工序做准备。例如,球面透镜加工首先将毛坯两个面切出与目标球面曲率半径值较为接近的曲面,并预留一定的中心厚度以备后续加工。切削加工主要分为慢刀伺服、快刀伺服和飞刀切削等几种主要方式。慢刀伺服车削原理如图 14-1 所示,是通过数控系统将三维曲面的笛卡儿坐标转化为极坐标,并对所有刀具和运动轴发送进给指令,精确协调主轴和刀具的相对运动,实现复杂表面加工。快刀伺服车削是将被加工工件的曲面面形分解为旋转对称面形和非旋转对称面形,然后进行叠加,由两轴保证旋转对称面形的轨迹运动,同时利用独立于车床数控系统之外的运动轴来驱动刀具,完成非旋转对称面形加工。这种加工方法具有高频响,但是伺服刀架行程有限。

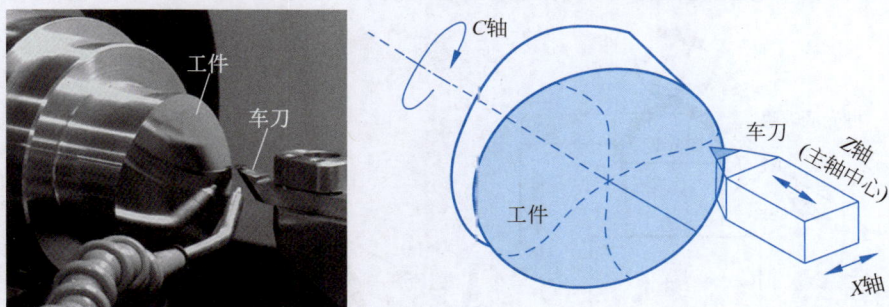

图 14-1　慢刀伺服车削原理

2)磨削

磨削加工是通过不同砂轮工具的路径规划和进给控制来进一步加工光学元件面形的超精密加工工艺,如图 14-2 所示。由于砂轮采用的是微小的磨料多刃同时参与切削,其加工精度较之普通切削更进一步,表面粗糙度可达 Ra $0.8\sim0.01\mu m$。尤其对于某些很难切削加工的脆硬材料,可直接进行精密磨削。其主要用于回转面、平面以及各种成形面的精加工。磨削中最重要的元件就是砂轮,进行磨削的砂轮主要有平面砂轮、圆弧砂轮和球形砂轮。砂轮是由坚硬的磨料和黏合剂以一定比例混合烧制而成的、带有孔隙的磨具。磨料、黏合剂和孔隙是砂轮的基本要素。当然,砂轮磨削的加工精度对于光学元件来说仍然远远不足,需要进一步的抛光处理方可实现较高的光学质量。

3)抛光

目前,光学抛光加工阶段是光学零件加工过程中最重要的环节之一,抛光技术直接影响

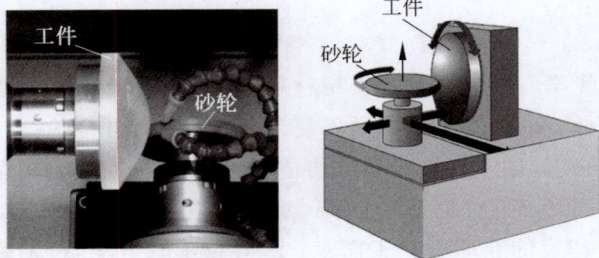

图 14-2　磨削加工

光学零件表面的最终加工质量。例如一般超光滑表面要求表面粗糙度均方根值达到几个纳米,这就需要精密的抛光加工过程。常用的抛光技术包括计算机控制小磨头加工抛光、应力盘抛光、气囊抛光、磁流变抛光、磨料射流抛光、离子束抛光以及激光抛光等技术。下面以磁流变抛光和离子束抛光为例阐述抛光过程。

(1) **磁流变抛光**:随着短波光学及电子学的发展,对光学元件表面粗糙度提出了小于1nm 的高要求,并且要求高面形精度,磁流变抛光技术(MRF)因此应运而生。20 世纪末Kordonsky 等发明了磁流变抛光技术,利用磁流变效应使得磁流变液(加入抛光磨粒)形成黏性小磨头,并与加工表面之间产生快速的相对运动,从而产生剪切力来去除工件表面材料。磁流变抛光技术原理如图 14-3 所示,工件位于抛光盘上方,可绕自身轴线回转或以轴上某点为中心,以工件曲率半径为半径摆动,从而整个工件表面都可经过抛光区。通过控制工件表面不同区域在抛光区停留的时间来控制不同的去除量,可以进行局部精修抛光。

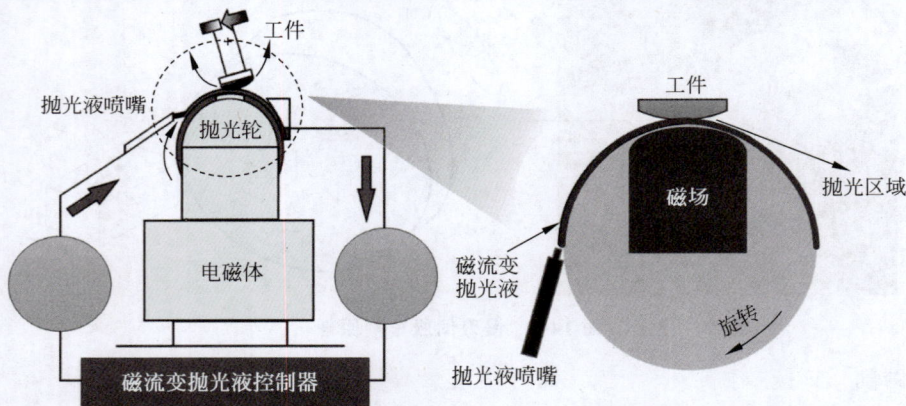

图 14-3　磁流变抛光技术原理

(2) **离子束抛光**:离子束抛光(IBF)是一种新型光学元件抛光技术,其利用低能离子束轰击加工元件表面,使部分表面原子脱离工件表面,在原子级别上去除工件材料,加工精度极高,一般加工误差可以控制到 $5\mu m$ 以下。20 世纪 80 年代,美国 Kodak 公司率先建造了第一台 IBF 设备,并在 1991 年用于 10m 的 Keek 望远镜主镜的离轴子镜(口径为 1.8m)加工后的离子束抛光修整,加工精度达到了 PV $0.51\mu m$,rms $0.252\mu m$ 的面形精度,超过了预期目标。美国 ZYGO 公司 600mm 干涉仪主镜的精修环节,应用到的就是离子束抛光技术,600mm 平面加工精度 PV 达到 $1/20\lambda$。相比于其他机械式抛光方法,IBF 中作为刀具的离子束对工件毫无压力,不会造成工件表面形变,在对大型超薄镜面进行局部修形时具有极大优势,而且不会出现加工工具随着加工过程而磨损的情况。而且离子束抛光对机床定位精度、工件装夹、环境振动等要求不是很敏感。IBF 技术也存在一些弊端,例如需要在高真空条件下进行,离子束轰击工件表面时容易引起工件表面温度升高而产生热变形等。

各种抛光技术的应用场景不尽相同。例如,基于弹性力学的应力盘抛光技术通常用来实现大口径光学元件的高效率研抛,而磁流变抛光、离子束抛光和激光抛光则多用于高精度表面精修。光学加工中应综合考虑光学制造效率和精度要求,采取多种加工技术的组合。

14.1.2　光学表面面形误差

光学元件表面误差是影响其使用性能的重要因素,其包括制造过程或者后期造成的表面缺陷和制造过程中的面形制造误差。

1. 表面缺陷

在光学元件的制造和质量控制过程中,表面缺陷的检测与分类是非常重要的,主要包括表面疵病和表面污染物的检测。

1) 表面疵病

这类缺陷通常是在加工过程中产生的,它们会影响光学元件的散射特性和传输效率。

(1) 麻点:这些是表面上的陷坑或蚀坑,通常宽度和深度大致相同,边缘不规则。它们是由加工过程中材料内部的不均匀性或外部因素导致的。

(2) 划痕:这是长条形的划伤痕迹,可以根据长度分为长划痕(大于 2mm)和短划痕(小于 2mm)两种。划痕通常是由接触式的工具或颗粒在加工或处理过程中引起的。

(3) 开口气泡:这些是生产过程中未能排除的气体形成的,通常呈圆球形,因为它们受到周围气体压力的均匀分布。

(4) 破边:出现在光学元件边缘的缺陷,虽然它们位于光源有效区域之外,但仍然会对光学性能产生影响,因为它们可以成为光的散射源。

2) 表面污染物

这些是由于环境因素、处理不当或存储条件不佳而在光学元件表面上积累的外来物质,这些污染物可以通过清洁程序去除。

在光学元件的质量检验过程中,通常会使用各种检测技术,如光学显微镜、干涉仪和激光散射仪等,来识别和评估这些缺陷。根据应用的不同,对于表面疵病的容忍度也会有所不同。例如,在高精度的激光系统中,即使是微小的划痕或麻点也可能对系统性能产生显著影响,因此在这些应用中对光学元件的表面质量要求极为严格。

2. 表面面形误差

光学元件的表面形状决定了光学系统的成像能力、光学传输效率以及其他光学特性。不完美的光学表面产生的波前会受到相应的像差影响。对于反射光学元件来说,首先关注的是整体表面面形的精度,其次是表面的平滑度。对于折射光学器件,除了面形误差之外,波前误差还可能由楔形、偏心、玻璃厚度和均匀性偏差引起。光学零件的面形误差是指加工成型的光学元件表面形状与设计面形(标称面形)之间的差异。为了描述光学元件的面形偏差,一般采用多种标准和参数,如图 14-4 所示,主要包括低频误差(空间分布尺度远超波长量级)、中频误差和高频误差(空间分布尺度等于或小于波长量级)。低频误差主要为面形误差,高频误差主要指表面粗糙度误差。各类误差对激光传输的影响如图 14-4 所示,低频面形误差的影响一般较大,可以使用几何像差理论和波像差理论进行分析;中频误差一般会对点扩散函数有一定影响;高频粗糙度误差带来的影响一般以表面散射来表征,将造成额外散射能量损失,原则上这种尺度下几何光学分析方法已经不适用。

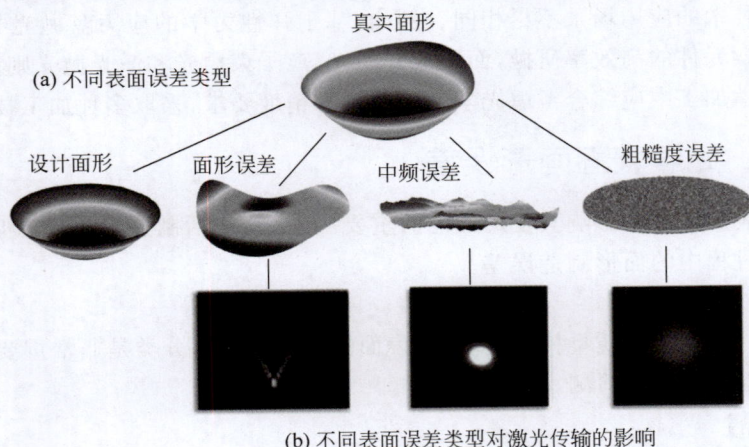

(a) 不同表面误差类型

真实面形

设计面形　　面形误差　　中频误差　　粗糙度误差

(b) 不同表面误差类型对激光传输的影响

图 14-4　光学表面加工误差构成

由图 14-4 可知,光学零件的面形误差会对光学零件的性能产生重要影响,因此对光学零件面形误差的研究具有重要意义。接下来主要介绍光学元件的面形误差检测方法。

14.2　平面与球面光学元件检测

平面和球面面形测量方法从测量方式上主要分为接触式和非接触式。接触式测量方法主要采用基于探针的轮廓测量手段。非接触式测量方法原理各有不同,大多通过检测被测表面返回的波前状态对被测面形进行评价。本节在简述传统的检测方法外,重点介绍非接触式的干涉检测法。

14.2.1　传统检测法

1. 扫描式轮廓测量法

最常见的接触式面形检测方法是扫描式轮廓测量法,利用测量探针对被测面进行扫描测量。根据探针(可采用激光探针或金刚石探针)不同可分为非接触式或接触式测量。这类轮廓测量方法不能一次性检测全口径面形误差,速度较慢,长时间扫描受到环境振动影响严重,数据经拼接后精度仅停留在微米量级。其中具有代表性的是轮廓仪法和坐标测量机法(Coordinate Measurement Machine,CMM)。机械臂研抛工序中的主要面形检测方式就是三坐标轮廓测量,该方法的检测优势在于对镜面粗糙度和精度没有要求,在镜面反射率和面形残差较差的条件下,可以在反复迭代的研磨工序中获取稳定的微米级精度的镜面面形数据。然而,接触式的轮廓测量法的探头可能与待测面直接接触,容易划伤被测表面。

2. 刀口法

刀口法是一种非接触式光学面形检测方法。图 14-5 所示为刀口法检测原理示意图,在检测球面时,将人为创造的点光源置于被测面曲率中心附近照射被测面,存在面形偏差的被测面会使得不同区域的光线会聚到像空间不同位置处,利用刀口对聚焦点进行切割,根据观察到的特定形状的图样判定被测面的面形。图 14-5 分别展示了理想状态和像差状态的采集图像。刀口法适合用于垂轴像差的检测,灵敏度高、简单直观。但刀口法难以实现定量检测,一般只用于球面加工中的初步检验,难以满足高精度球面检测的需要。

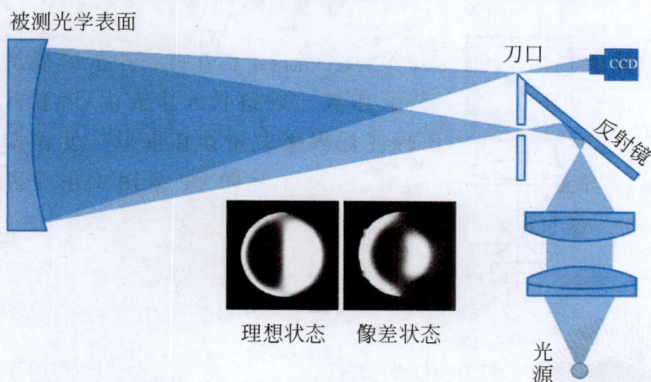

图 14-5　刀口法检测原理示意图

3. 夏克-哈特曼波前探测法

夏克-哈特曼波前探测法是一种利用夏克-哈特曼波前传感器进行波前斜率测量的方法。具体的方法已经在第 13 章详细描述过,此处不再赘述。值得注意的是,由于夏克-哈特曼波前探测法受到其透镜阵列个数的限制,导致其横向分辨率不高。另外,其动态范围受到微透镜尺寸限制,在对大曲率半径表面进行检测时,像面光斑偏离过大,甚至会超出成像范围。

14.2.2　干涉测量法

干涉测量法是检测精度最高的光学元件检测手段。随着激光器的问世,具有高准直性的激光被用于干涉仪中。在众多干涉结构中,常用于光学元件检测的有泰曼-格林(Twyman-Green)干涉结构和菲索(Fizeau)干涉结构。本质上,表面干涉检测结构的原理都是基于被测表面反射的波前与标准参考波前的差分检测。

1. 干涉检测结构

1)泰曼-格林干涉结构

图 14-6 所示是一种经典的移相式激光泰曼-格林干涉仪检测光学表面原理图。扩束后的平面波经过分束镜分成两路,一路为分束镜反射波前,该波前再经过标准平面镜(参考面)反射,按原路返回作为平面参考波;另一路穿过分束镜,利用一透镜组光学系统(组合消球差镜)将平面波转换为球面波以匹配被测球面轮廓,因此光线与球面轮廓垂直,反射后按原路返回。其返回的波前携带了微量的面形误差,原路经过消球差镜后近似又恢复成平面波,作为检测波前;二者在分束镜处汇合发生干涉,汇合波前经过成像镜成像于探测器。参考路反射镜装载于一压电陶瓷装置(PZT)上,以 PZT 提供参考路微位移实现干涉图移相,用来解调被测波前位相。同时,图 14-6(a)中还提供了测量凸球面和平面的检测光路结构。

值得注意的是,图 14-6(a)中所示参考路和检测路波前第两次到达分束镜时,又有部分经分束镜反射和透射返回激光器,容易导致激光器谐振腔不稳定,造成光强闪烁。为了防止

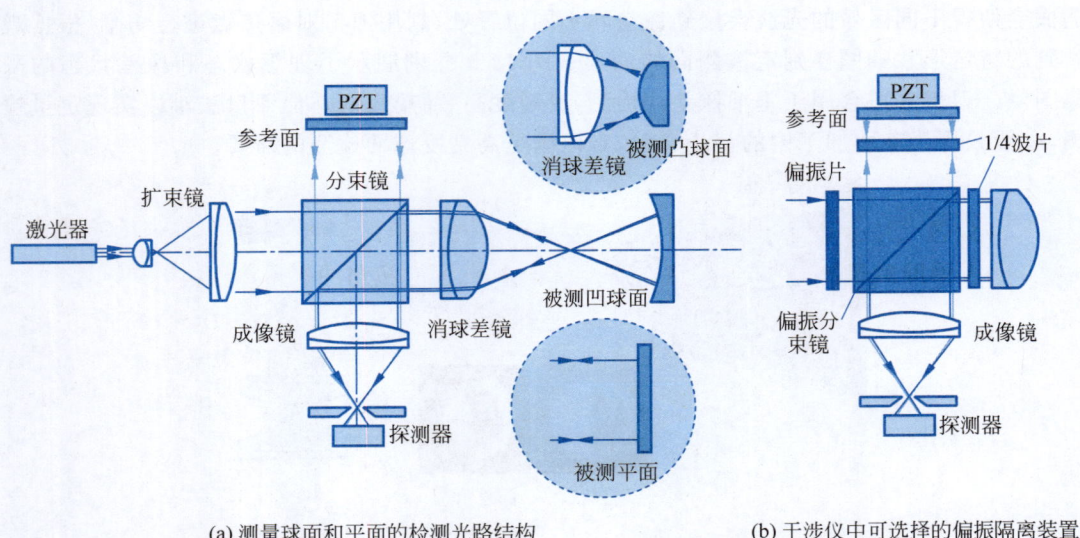

(a) 测量球面和平面的检测光路结构　　　　　　(b) 干涉仪中可选择的偏振隔离装置

图 14-6　移相激光泰曼-格林干涉仪检测光学表面原理图

这种现象,可以将分束镜表面加工成一定楔角,使得返回的光束产生小角度偏折,避免重返回激光器谐振腔内,但这会造成部分光能损失,因此可以采用一种隔离结构设计,如图 14-6(b)所示,利用偏振片将入射波前变为线偏振状态,将分束镜换成偏振分束镜。调整偏振片的方向,使得偏振分束镜反射和透射的光能一致。偏振分束镜反射和透射光分别为 s 和 p 偏振态,两束光经参考面和被测面反射返回偏振分束镜时,分别两次往复穿过 1/4 波片,偏振态发生 90°偏转,分别变为 p 和 s 偏振态,p 偏振态只能穿过偏振分束镜,不能反射回激光器,s 偏振态只能由偏振分束镜反射,同样不能反射回激光器,通过这种结构即可实现光束隔离。

　　2) 菲索干涉结构

　　菲索干涉仪是一种典型的等厚干涉系统,其检测光学表面原理图如图 14-7 所示,在 13 章中已有相关介绍,此处不再赘述。基本原理与泰曼-格林干涉仪一致,二者的区别在于菲索干涉仪并不单独设置另外一路参考光路,而是将参考光路放在和检测光路同一路,形成近似共光路结构。

　　随着数字技术和图像处理技术的出现,各种新型的菲索型激光干涉仪不断涌现,其中美国 ZYGO 公司研制的 GPI 系列干涉仪尤为突出(见图 14-8(a)),被广泛用于平面、球面光学元件的表面面形或光学系统透射波前的非接触式测量。ZYGO 干涉仪基本结构如图 14-8(b)所示,基于菲索干涉仪基本光路由一片分束镜分出两路光路,一路用于成像对准,一路用于干涉图观察处理。干涉图观察处理光路中采用旋转散射板接收干涉图,相干光的传播到此截止,后续的变焦镜头只对散射板处的干涉图成像。注意,图 14-8(b)中右下方的准直镜出射平行光,必须配以各类不同标准的参考镜才能完成不同的表面检测。标准镜原理如图 14-8(c)所示,干涉仪检测平面时仅需一块平行平板标准镜产生平面参考波,而对于不同数值孔径的被测球面则需要配备不同的数值孔径标准镜。ZYGO 干涉仪配备了一系列标准球面参考镜(Transmission Sphere,TS)用于产生不同数值孔径的球面参考波,以匹配一定范围数值孔径的球面。

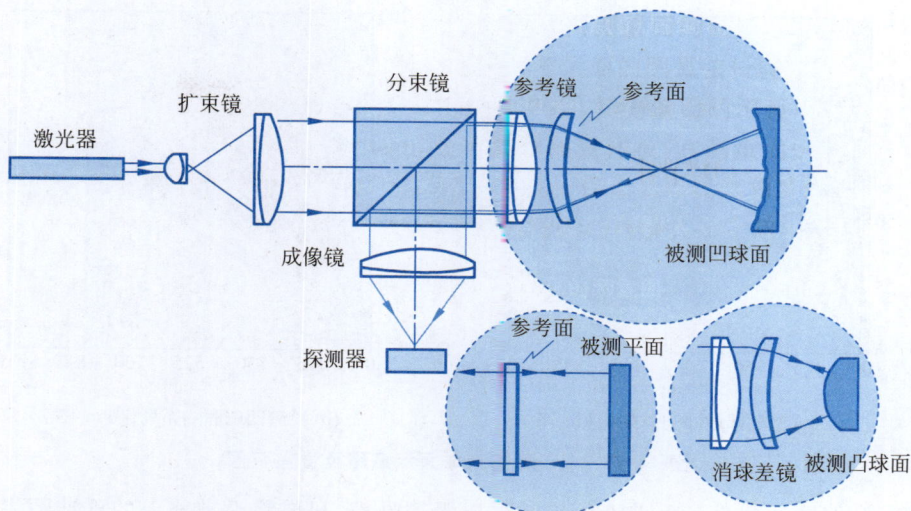

图 14-7　菲索干涉仪检测光学表面原理图

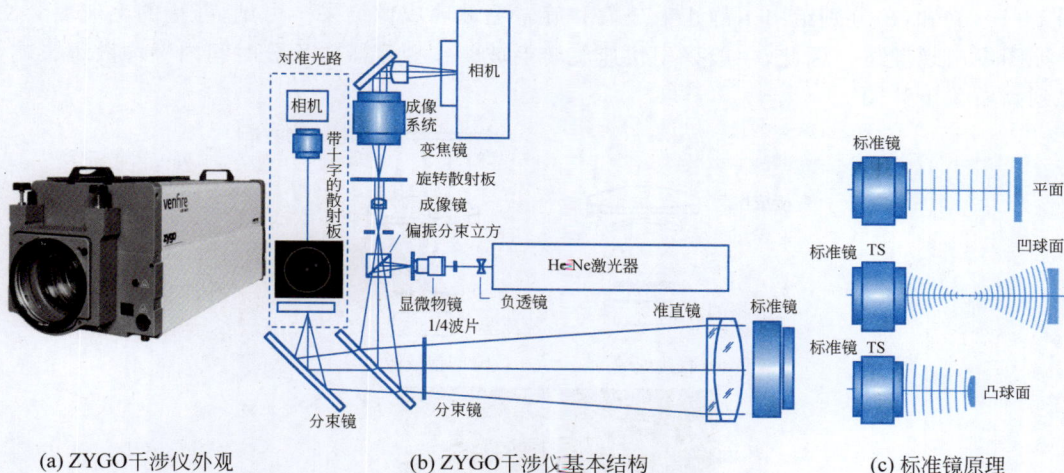

(a) ZYGO干涉仪外观　　　　(b) ZYGO干涉仪基本结构　　　　(c) 标准镜原理

图 14-8　ZYGO 干涉仪基本光路结构

如图 14-9 所示,为了检测球面全口径范围,TS 的 F/♯ 必须等于或小于被测球面的 R/♯(R/D)。图 14-9 列出了一系列用以匹配凹球面的 4in(1in＝25.4mm)和 6in 的 TS 以及匹配凸球面的 25mm TS。以图 14-9(a) f/3.3 的 TS 为例,其覆盖范围为 $50\text{mm} \leqslant R \leqslant 300\text{mm}$ 且 $R/♯ \geqslant R/3.3$ 的凹球面。

3) 干涉检测成像方式

对干涉波前进行成像的一般光路有两种——直接成像和间接成像方式。直接成像方式如图 14-10(a)所示,利用成像镜直接接收干涉波前实现干涉波前的汇聚成像,接收的干涉图如图 14-10(c)所示,从放大的细节可以看出干涉图各处存在散斑、灰尘带来的噪声。有时,为了消除器件上的散斑、灰尘带来的噪声,常将一毛玻璃(或者类似 ZYGO 干涉仪中的散射斑)放置于光路中,如图 14-10(b)所示。毛玻璃接收由检测光和参考光产生的干涉条纹,再利用成像镜将毛玻璃上的干涉条纹成像至探测器上。毛玻璃使原来的相干光不能继续传

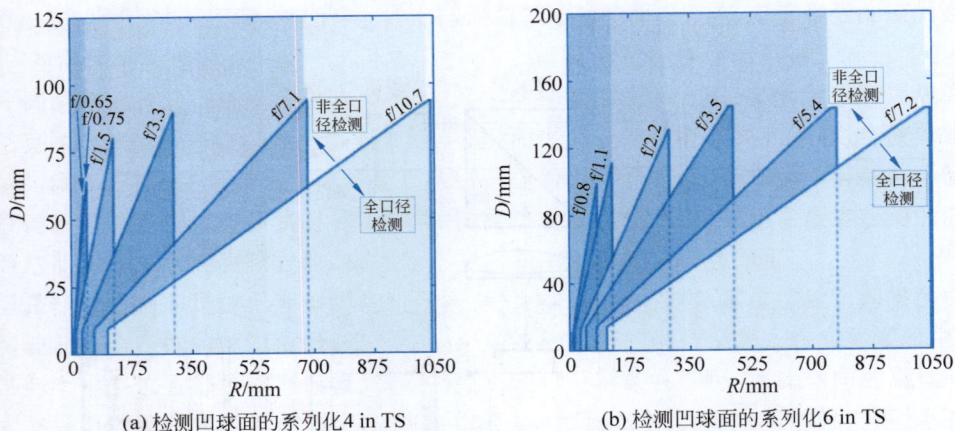

(a) 检测凹球面的系列化4 in TS　　　　　(b) 检测凹球面的系列化6 in TS

图 14-9　TS 匹配被测球面示意图及覆盖范围

播,而是在毛玻璃处截止。毛玻璃的旋转可以平均噪声,只要将毛玻璃上的干涉图完善成像至探测器即可。毛玻璃表面粗糙度应适中,既要保持一定干涉图照度,又要实现噪声平均。图 14-10(d)和(e)分别给出了静止毛玻璃和旋转毛玻璃成像结果。可见,静止的毛玻璃会使干涉图中出现散斑。因此,一般采用快速旋转毛玻璃在探测器的积分时间内平均散斑影响,得到高质量干涉图。

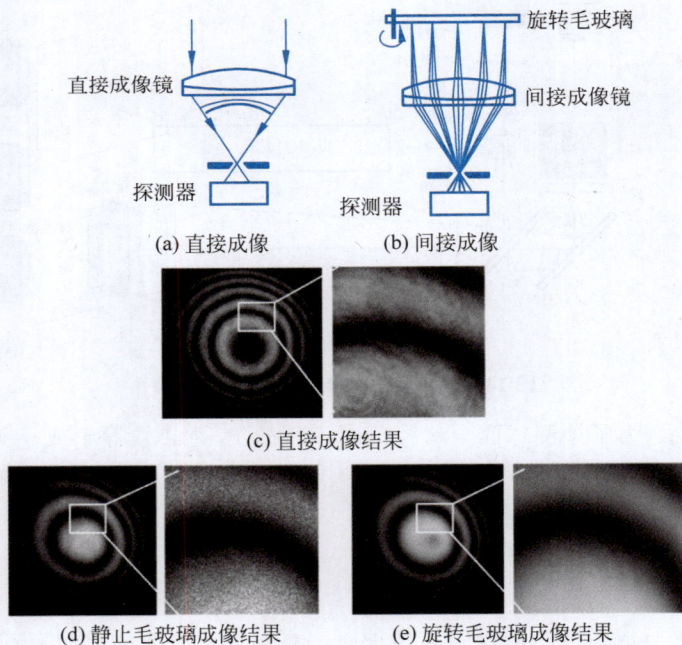

(a) 直接成像　　　　　(b) 间接成像

(c) 直接成像结果

(d) 静止毛玻璃成像结果　　　　　(e) 旋转毛玻璃成像结果

图 14-10　干涉成像方式

2. 面形误差求解

在平面和球面的检测中,除了被测表面的局部微小面形误差,光线全部按照原路返回,因此最终干涉的两路波前可以看作平面波(参考路为近似平面波),如果参考面和被测面之间没有相对倾斜,那么干涉的两个波前也是平行的,因此两个波前全场光程差是一致的。根据等厚干涉的原理,光程差(厚度)相同的位置表现在同一条条纹上,因此将观察到全场一片均匀(除了面形误差导致微量不均匀),如图 14-11(a)所示。这就意味着在调整被测面时需要精确地调整至零倾斜,这对调整机构来说要求太高,也没有必要。一般可以保留一定倾斜,在干涉图中将表现为一些直条纹(见图 14-11(b)),而被测面形误差当然也隐藏在这些直条纹里,如图 14-11(c)所示,这就是一般干涉检测调整得到的最终条纹。

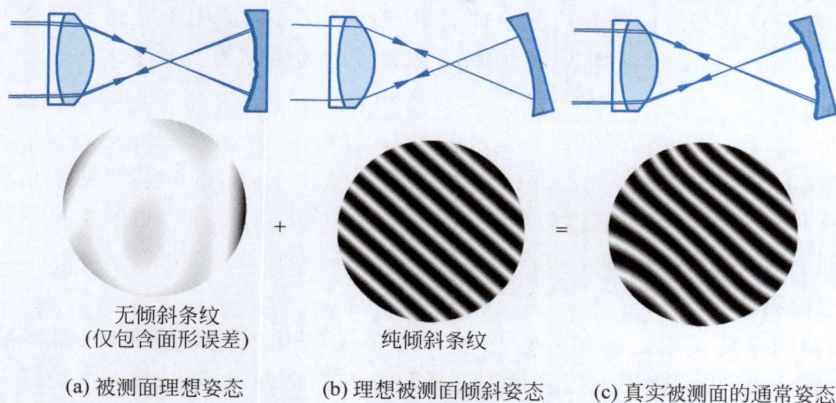

无倾斜条纹
(仅包含面形误差)　　纯倾斜条纹

(a) 被测面理想姿态　　(b) 理想被测面倾斜姿态　　(c) 真实被测面的通常姿态

图 14-11　干涉检测中干涉图调整

干涉图解调出波前相位的方法中的傅里叶变换法,不希望将被测面调整为零倾斜,因为该方法的实施必须有载波的加持。假设被测面某处面形误差(实际面形与设计面形差距)在光线入射方向的厚度为 Δ,如图 14-12 所示,由于光线在面形缺陷处经历的总光程为 2Δ,根据上述分析的"2 倍关系"可知从干涉图中求解的相位则为

$$\varphi = k \cdot 2\Delta + \varphi_c \tag{14-1}$$

式中,φ_c 为被测面倾斜所导致的载波(倾斜条纹的相位)。因而面形缺陷厚度为

$$\Delta = \frac{1}{2} \frac{\varphi - \varphi_c}{k} \tag{14-2}$$

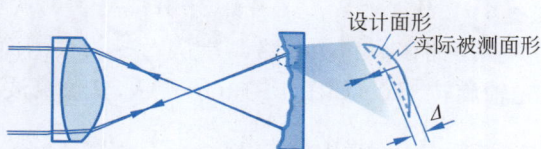

设计面形
实际被测面形
Δ

图 14-12　面形误差与相位的关系

注意 $\varphi - \varphi_c$ 所表征的倾斜载波去除的方法可以通过泽尼克拟合后剔除第 2、3 项,或利用傅里叶变换中的移频方法,此处不再详述。

14.2.3　干涉检测的参考路误差处理

在上述干涉测量中,由于干涉仪自身可能存在系统误差,很难确定所获得的出射波前像差是否全部来源于被测面面形缺陷。可能部分波像差来源于系统其他元件,包括参考面。由上述各种系统图可知,菲索干涉仪在检测平面时需要与被测面尺寸相当的参考平板。当被测件尺寸很大时,制造参考平板极为耗资耗时。一般情况下,口径大于 200mm 的标准平板加工和检验都很困难,难以保证参考路的波前精度。其中,作为干涉领域行业基准的美国

ZYGO 公司 GI 系列干涉仪,其配套的标准参考镜的加工 PV 精度一般最高也只能达到 1/40 波长(波长为 632.8nm),难以满足超高精度检测的需求。下面介绍几种参考路误差的处理方法。

1. 液体参考面法

由于液体具有天然的平整度,液体表面与地球表面具有大致相等的曲率半径,因此可以考虑作为参考面。静态液面绝对检验原理简单、检测精度高,适用于立式大口径干涉仪。以一块直径为 100mm 的圆形液体表面为例,液体表面的弛垂度为

$$\frac{(D/2)^2}{2R} = \frac{0.0025 \text{m}^2}{2 \times 6.4 \times 10^6 \text{m}} \approx 0.2 \text{nm} \tag{14-3}$$

若干涉仪测量波长为 $\lambda = 632.8$nm,则平面度误差小于 $\lambda/1000$,其精度是非常高的。但是,液体表面作为参考面的抗震性较差,且液体表面必须清洁干净。目前主要采用高黏度液面材料,测量过程中要求液面保持静止。

2. 绝对检测法

一种经典的系统误差去除方法是 1973 年 Jensen 提出的绝对检测法,即将被测波前像差作为参考路误差、检测路误差以及被测面形误差的综合表现,通过被测面旋转和平移的多次测量去除系统误差,具体方法(见图 14-13)和描述如下。

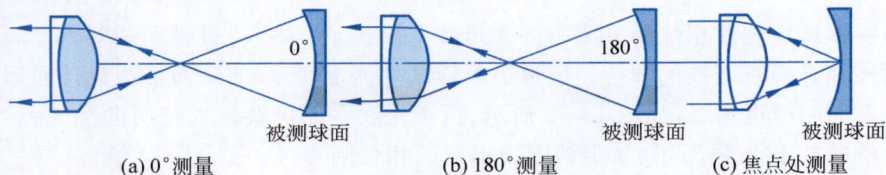

| (a) 0°测量 | (b) 180°测量 | (c) 焦点处测量 |

图 14-13 绝对检测法

在组合消球差镜的共焦位置处(检测位置),将被测面的某一测量角度作为基准角度 (0°),如图 14-13(a)所示,其被测波前像差可表示为

$$W_{0°} = W_{\text{ref}} + W_{\text{test}} + W_{\text{surf}} \tag{14-4}$$

式中,W_{ref} 和 W_{test} 分别为参考路误差和检测路误差;W_{surf} 为被测面形误差。

将上述基准位置绕光轴旋转 180°,如图 14-13(b)所示,其被测波前像差 $W_{180°}$ 为

$$W_{180°} = W_{\text{ref}} + W_{\text{test}} + \overline{W}_{\text{surf}} \tag{14-5}$$

式中,$\overline{W}_{\text{surf}}$ 表示被测面误差旋转了 180°。

移动被测面至组合消球差镜的焦点处,可知此时被测波前像差并不受被测面误差的影响,值得注意的是,经过焦点处反射后的检测路返回波前被自行旋转了 180°,因此

$$W_{\text{focus}} = W_{\text{ref}} + (W_{\text{test}} + \overline{W}_{\text{test}})/2 \tag{14-6}$$

由式(14-4)~式(14-6)的含义可知,旋转符号对参考路和检测路波前并无实际意义,且三个式子中,统一旋转波前并不影响等式成立,从而可得系统固有误差和被测面误差为

$$W_{\text{ref}} + W_{\text{test}} = (W_{0°} - \overline{W}_{180°} + W_{\text{focus}} + \overline{W}_{\text{focus}})/2 \tag{14-7}$$

$$W_{\text{surf}} = (W_{0°} + \overline{W}_{180°} - W_{\text{focus}} - \overline{W}_{\text{focus}}) \tag{14-8}$$

在测量大批量球面中,若被测球面和用来矫正系统误差的球面曲率半径接近,则可以将系统固有误差直接从测得结果中移除。

然而,上述方法中涉及被测面的旋转与平移,难免引入被测面的偏心和倾斜误差,影响最终的误差矫正。当系统检测路误差接近旋转对称时,可将式(14-7)和式(14-8)简化为

$$W_{ref} + W_{test} = W_{focus} \tag{14-9}$$

$$W_{surf} = W_{0°} - W_{focus} \tag{14-10}$$

3. 点衍射法

为了获取理想的参考波前,点衍射干涉仪利用与波长相近的微小结构生成接近完美的球面波作为参考,如图 14-14 所示。这种方法不依赖标准参考镜的加工精度,因此能够实现高精度的波前测量。由于其高精度、高稳定性、结构简单且便于在大型复

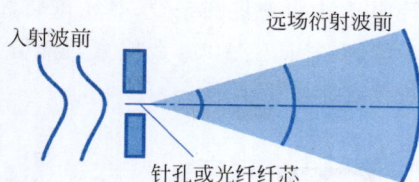

图 14-14　点衍射原理

杂光学系统中进行在线检测,最初被应用于天文望远镜系统的在线装调和波像差检测。随后,因其具有接近衍射极限的分辨率,并能满足纳米乃至亚纳米级别的检测精度要求,逐渐成为高精度光学检测领域最具潜力的技术之一,用于极紫外光刻投影物镜的波像差和单个光学元件表面形状误差的测量。随着点衍射干涉技术的不断进步,它已经成功应用于高精度球形表面形状的检测。

目前常用的点衍射技术根据产生衍射波前的物体不同分为针孔点衍射和光纤点衍射。针孔点衍射产生理想参考球面波的器件是镀有金属反射膜层的点衍射板上刻蚀的微小圆形针孔。其检测原理如图 14-15(a)所示,针孔衍射产生的球面波一部分作为检测光入射到被测面,经被测面反射后再经针孔板上的金属反射膜反射,与另一部分作为参考的衍射球面波发生干涉。光纤点衍射的器件为纤芯直径是几倍波长量级的单模光纤的纤芯端面,端面镀有半透明金属膜层。其干涉仪原理如图 14-15(b)所示,需保证其上的半透明金属膜层在纤芯附近有超高的平面度,避免在经其反射的检测波前中引入较大的粗糙度误差。

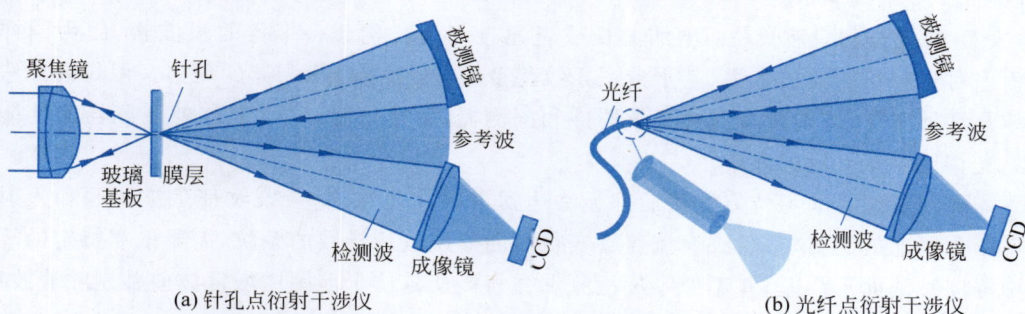

(a) 针孔点衍射干涉仪　　　　　　　(b) 光纤点衍射干涉仪

图 14-15　点衍射检测光学表面结构

14.3　非球面光学元件表面检测

非球面光学元件与球面和平面元件最大的不同在于其口径内曲率半径各不相同。传统用于球面检测的手段如轮廓测量仪、夏克-哈特曼波前直接检测法经过一定的改进均可用于非球面检测。但是传统干涉仪却难以实现非球面的检测。传统干涉仪出射的平面波前和球面波前无法和被测非球面表面匹配,将导致原本检测精度最高的干涉检测法面临困境。如

图 14-16(a)所示,不同曲率半径的球面在光轴上总能找到和其曲率半径一致的球面波位置,因此光线总能按原路返回,产生近似的零条纹或直条纹(表面倾斜所致)。而非球面表面由于其各处曲率半径不同,不可能在光轴上找到与其表面相匹配的波前使得波前按原路返回,如图 14-16(b)所示。因此返回的波前将携带较大的像差,形成入射波前和被测表面之间类似等厚干涉的密集圆条纹,其密度将超出干涉仪探测器的分辨能力范围。例如根据奈奎斯特定律,在径向上 1000 个像素仅能分辨 500 条条纹,实际中因为各种因素的影响,所能分辨的条纹远小于 500 条。

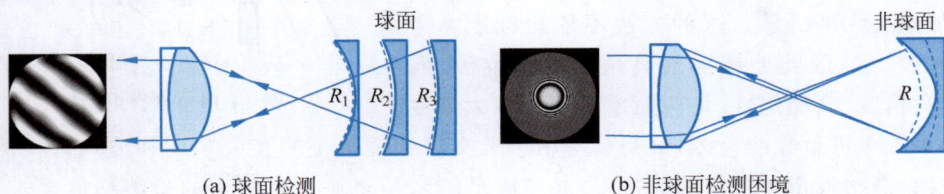

(a) 球面检测   (b) 非球面检测困境

图 14-16   球面检测与非球面检测对比

基于上述干涉检测的困境,研究人员提出了零位检测法和非零位检测法。零位检测法延续了球面和平面检测的基本思路,需要检测光线沿原路返回,因此需要设计特殊的补偿器件来补偿非球面的法线像差,以此来获取类似图 14-16(a)的零位条纹。

非零位检测的思路有两大类:一类是增加探测器像素密度因此提高其分辨密集条纹的能力,但成本较高;另一类是降低探测器的分辨压力,使得探测器处的条纹变稀疏,这类思路有以下两种实现方法。

(1)部分补偿法:设计较为简单的补偿器,在一定程度上补偿被测非球面像差,使得干涉仪收集到的干涉条纹从极度密集状态(见图 14-16(b))变成可分辨的稀疏状态,并不一定要恢复成"零条纹"状态。

(2)长波长和双波长法:增加波长或者通过双波长构建一个等效长波长,因为同样的光程差对于较长的波长来说,其干涉图条纹将变少,从而减轻探测器的压力。但长波长法一般涉及红外波长,需要配合红外光学器件和探测器,价格昂贵,且目前红外探测器的性能与可见光相比存在一定的差距。

需要注意的是非零位方法最后都无法达到零条纹状态,剩余条纹都是被测面和入射波前不匹配所造成的,这些条纹会掩盖真实被测面形误差所导致的条纹,需要依靠特定的算法从中提取被测面形误差,并不像零位检测那样直接从零位干涉图中恢复波前并剔除载波后,利用简单的 2 倍关系即可恢复被测面形误差。

还有一类干涉检测方法进一步拓宽了非球面检测的动态范围,即子孔径拼接法。该方法将被测面划分为若干个子孔径,使得每个子孔径的非球面度都大大降低,再利用干涉仪对每个子孔径分别进行检测,有效提高检测动态范围的同时增加了空间分辨率。这类方法既利用了零位检测思想,又可以归类为非零位检测方法。首先,在全口径条纹不可分辨的情况下,将全口径划分为若干个子孔径,每个子孔径内曲率变化都较小,近似为球面,因而每个子孔径的干涉检测都近似在零位条件下完成;但实际上,上述近似在子孔径足够小的情况下才成立,而真实场景中的子孔径数目对拼接精度有影响,因而每个子孔径都不可能很小,也就是说每个子孔径的检测都无法真正做到零位。

14.3.1 零位检测

零位检测指当被测件标称(设计)面形与检测波前完全匹配时,探测器得到均匀一片色的零条纹或笔直的等间隔直条纹(存在倾斜)。这和球面平面检测中的现象类似,因此必须设计出相关补偿系统补偿非球面像差,产生能够和被测非球面匹配的非球面波前,使得经过被测非球面反射的光线能够按原路返回,实现平面或球面检测中类似的零条纹或直条纹。或者根据特定非球面参数特点设计特殊的结构,实现光路原路返回的检测要求。常用的零位检测方法分为零位补偿镜法、无像差点法、计算全息法等。

1. 零位补偿镜法

如图 14-17 所示,可以设计出相关零位补偿镜系统,如 Offner 补偿镜、Dall 补偿镜等,实现非球面像差的完全补偿,使得光路沿原路返回,实现零位检测。Offner 补偿镜是由两片或多片透镜组合而成,包含补偿镜和场镜两部分,应用最广,有反射式和折射式两种。由于折射式在光路中更容易设计和实现,因此一般多采用折射式结构。Offner 补偿镜零位检测光路如图 14-17(a)所示,补偿镜将点光源成像到被测非球面的顶点曲率中心,场镜再把补偿镜成像到被测面上。Dall 补偿镜是一种平凸型透镜,结构简单、加工容易,能够对中等以下相对孔径的非球面提供足够的补偿,其零位检测光路如图 14-17(b)所示。Offner 补偿镜的结构比 Dall 补偿镜复杂,加工和装调相对困难,但它能够很好地补偿大相对孔径非球面。一般来说,补偿镜法检测凹面镜时所用的补偿镜口径相对被测面来说要小得多,并且补偿镜的表面形状基本为平面和球面,容易加工至很高的精度,因此补偿镜法能够实现对大口径凹非球面光学元件的高精度检测,精度可达约$\lambda/100$。但补偿镜法仍然存在一些不足,比如补偿镜的设计难度大,对补偿镜的加工、校准以及检测系统的装调等要求都非常高,测量中存在难以去除的装调和制造误差;针对不同参数的非球面需要专门设计与之对应的补偿镜,因此该方法不具备通用性;当被测面为凸非球面时,补偿镜的口径将大于被测面口径,会增加检测成本。

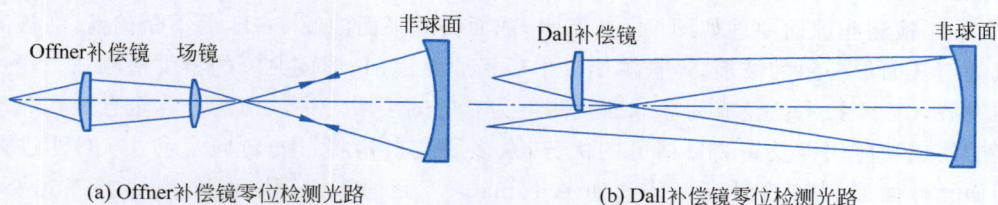

(a) Offner补偿镜零位检测光路   (b) Dall补偿镜零位检测光路

图 14-17   补偿镜法检测非球面光路图

2. 无像差点法

无像差点法利用二次曲面光学共轭点的性质,借助平面或球面反射镜的辅助完成对非球面面形的检测,仅限于测量二次曲面非球面。以抛物面为例,其焦点和无穷远处互为共轭点,由抛物面焦点发出的光经抛物面反射后成像于无穷远处。若将一中间带孔的辅助平面反射镜置于凹抛物面镜的焦点附近,如图 14-18(a)所示,那么由焦点处点光源发出的光经抛物面反射后成为平行光,再由辅助平面反射镜反射后沿原路返回干涉仪,形成零位检测。图 14-18(b)是检测抛物面的光路图。同样,对于双曲面和椭球面来说,如图 14-18(c)和(d)所示,其两个焦点互为共轭点,从其中一个焦点发出的光经非球面反射后将汇聚于另一个焦

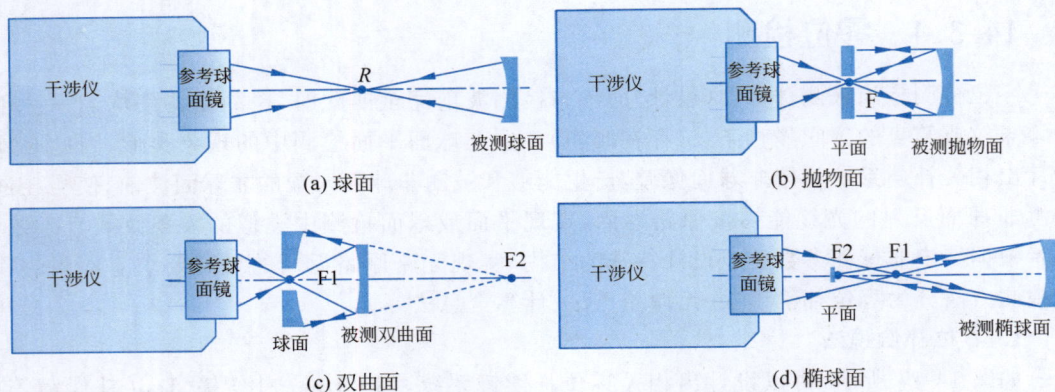

(a) 球面　　(b) 抛物面　　(c) 双曲面　　(d) 椭球面

图 14-18　二次曲面检测的无像差点法检测结构

点处。合理设计辅助反射镜的尺寸及位置，就可以与待测二次曲面组成自准直系统，进而利用干涉仪完成零位检测。

无像差点法测量方便，检测精度也很高，是二次曲面面形检测的一种基准方法。但该方法对辅助反射镜的面形精度和装调精度要求很高，通用性不强。当被测二次曲面口径增大时，辅助反射镜的尺寸相应变大，往往是被测镜的若干倍，而大口径平面或球面反射镜在加工上也是不容易的，成本较高。此外，辅助镜通常中间带孔，无法一次性完成对二次曲面的全口径检测。

3. 计算全息法

传统光学全息图是在感光材料上记录物光波和参考光波叠加后形成的干涉图样。假如物体并不存在，只知道光波的数学描述，也可以利用计算机模拟干涉图样并绘制和复制在透明胶片上，称为计算全息图（Computer-Generated Hologram，CGH）。1965 年在美国 IBM 公司工作的德国光学专家罗曼使用计算机和计算机控制的绘图仪作出了世界上第一张计算全息图，从此开辟了全新的计算全息技术。

CGH 检测非球面原理如图 14-19 所示，球面波或平面波经 CGH 后不断传播，在被测面处成为与其面形一致的波前，经被测面反射后沿原路返回，形成典型的零位检测法。经过多年的发展，CGH 技术已经成为非球面检测最为有效的手段之一。由于计算全息法在非球面检测中的成功应用以及高测量精度的优势，众多研究机构将目光转向了利用 CGH 进行自由曲面元件面形测量的研究工作。如 Arizona 大学已成功利用 CGH 检测了 New Solar Telescope 中的离轴抛物面主镜，其检测设备与 CGH 图分别如图 14-19 所示。清华大学已经利用计算全息技术测量了矩形自由曲面元件，精度达到 0.7λ（PV 值）。长春光机所也利用计算全息术测量了三次相位板的面形，检测结果（rms 0.068λ）与非零位检测结果 rms 值一致。

但是计算全息术在自由曲面的检测应用中也有其技术瓶颈：①在测试光路中加入了零位补偿 CGH 元件，由于针对不同的测试面需要设计不同的与之对应的 CGH 器件，所以测量通用性差，而且 CGH 元件加工成本高使得检测成本相应提高；②测量动态范围有限，当被检面的面形梯度变化过大时，作为零位补偿器的 CGH 的刻线会很密，这就加大了加工的难度和误差，使测量精度下降。目前国内外的各个研究机构都是在小梯度变化的光学自由曲面元件上实现了计算全息法检验。但是在实际应用中，大量存在的是梯度变化非常大的

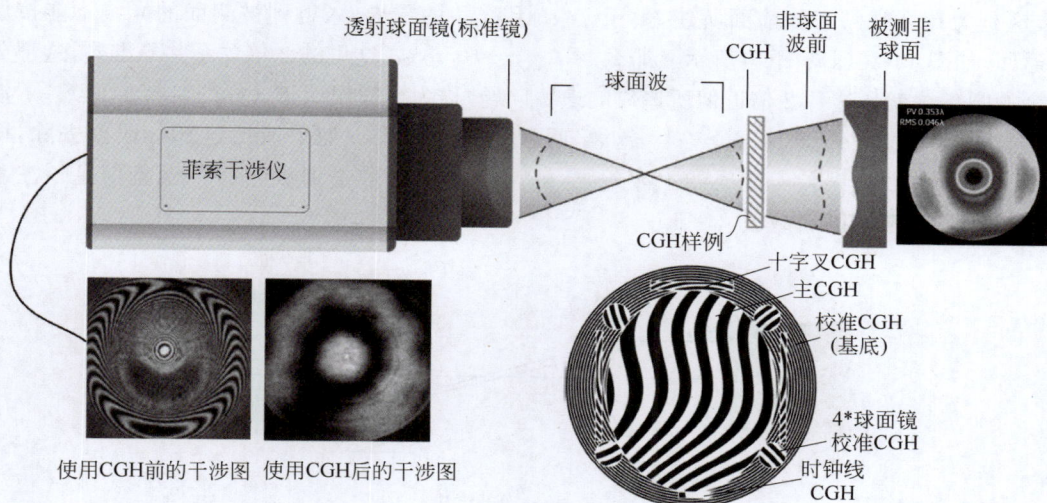

透射球面镜(标准镜)　球面波　CGH　非球面波前　被测非球面

菲索干涉仪

CGH样例
十字叉CGH
主CGH
校准CGH(基底)
4*球面镜校准CGH
时钟线CGH

使用CGH前的干涉图　使用CGH后的干涉图

图 14-19　计算全息法检测非球面原理

自由光学面,例如超短距投影系统中的自由曲面投影镜、战术头盔中的大视场成像用自由曲面镜等,因此对被检元件有一定的梯度变化要求的计算全息法,其测量对象的范围受到了限制,测量动态范围较小,也不能完全解决自由曲面光学元件的面形高精度测试问题。

14.3.2　非零位检测

虽然零位检测精度较高,然而却需要为每一块被测非球面量身定制补偿器,而零位补偿器本身的设计和调整又十分困难,因此非零位检测法逐渐成为人们关注的焦点。非零位检测不再遵循零位条件,即允许检测光线不沿原路返回,只需要控制探测器接收到的波前像差导致的干涉条纹不超过其分辨极限即可。也就是说一块补偿器可以补偿一系列偏差不大的非球面,大大增加了检测动态范围,这种方法在工业上的应用前景更大。然而,正是由于背离了零位条件,非零位检测会检测结果引入回程误差,因此需要特定的误差矫正算法消除回程误差。

1. 部分补偿法

1) 部分补偿法的原理与困境

部分补偿法如图 14-20(a)所示,在泰曼-格林干涉检测结构中利用部分零位镜(Partial Null Lens,PNL)代替消球差透射球面镜或零位补偿镜,以补偿非球面的部分法线像差,所产生的干涉图如图 14-20(a)所示,条纹密度已经可以被探测器分辨。但是此时的干涉图 I 解调出的波前信息并不能直接反映被测面面形误差信息,由于补偿镜只补偿被测面的部分像差,其到达被测非球面表面的波前形状和被测表面并不能完全匹配,因此干涉图中的圆形条纹表征了二者之间的不匹配状态。可以将被测面表面设计面形 f_{ASP} 减去到达其表面的波面 f_W,求得二者之间的光程差,再从干涉图中剔除这一部分光程差造成的干涉条纹,即可得到剔除了额外光程差的干涉图:

$$I_T = \cos[\varphi_I - k \cdot 2(f_{ASP} - f_W)\cos\alpha]$$

(14-11)

式中,φ_I 为检测干涉图 I 解调所得相位;$2(f_{ASP} - f_W)\cos\alpha$ 表示光线来回两次形成的 2 倍光程差,并且考虑了非球面法线角余弦。然而如图 14-20(b)所示,I_T 中仍然包含部分圆条纹,这是为什么呢? 正如前面所述,由于 f_{ASP} 和 f_W 的差异,入射到被测面的光线不能按原路返回,如图 14-20(a)右下方所示。那么 $2(f_{ASP}-f_W)\cos\alpha$ 这里的 2 倍关系并不准确,这部分剩余的圆条纹就是这种 2 倍近似所造成的遗留问题,称为回程误差 E_r(如图 14-20(b))。干涉结构越偏离零位条件,即 $f_{ASP}-f_W$ 越大,回程误差也越大。如果能把这部分误差去除,即可得到完全由面形误差所造成的干涉条纹,解调该条纹即可得到被测面形误差信息。注意这里暂时没有考虑倾斜载波。

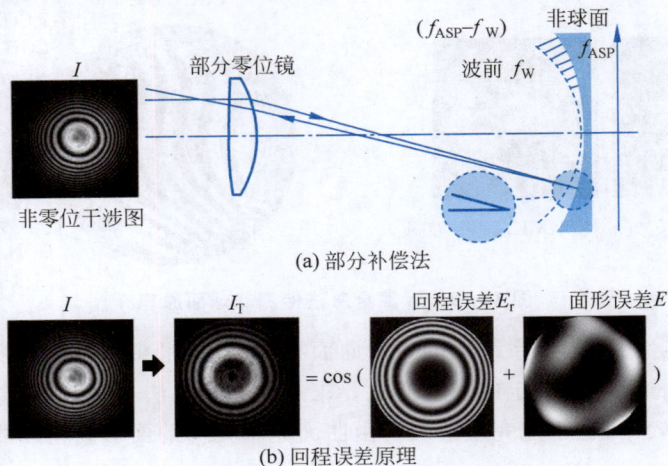

(a) 部分补偿法

(b) 回程误差原理

图 14-20　非零位检测的回程误差

部分补偿法简化了补偿镜的设计、加工和校准过程,每块部分补偿镜都可以对一定参数范围内的非球面进行测量,一定程度上提高了检测技术的通用性,扩大了非球面检测的动态范围。然而,实际的检测中,不仅回程误差难以估计,连到达被测表面的波面 f_W 也是未知的,这就给非零位检测的面形误差恢复带来极大的困难。

2) 部分补偿法中的面形恢复算法

浙江大学研究团队曾提出了基于系统建模的面形误差恢复方法:一种为正向波前差分法;另一种为逆向优化重构法。两种方法均需要对真实实验机构进行精确建模,如图 14-21(a)所示。

(1) **正向波前差分法**:在非球面面形误差不大的情况下,可以采用正向波前差分法。设真实被测面形误差为 E,实验系统采集的干涉图直接解调所得波前为 W,则

$$W = 2(f_{ASP} - f_W)\cos\alpha + E_r + 2E + E(\varepsilon) \tag{14-12}$$

式中,E 为待测面形误差;E_r 为回程误差;f_{ASP} 为非球面方程;f_W 为到达非球面表面的检测波面方程;$\cos\alpha$ 为非球面法线角余弦;$(f_{ASP}-f_W)\cos\alpha$ 表示检测波前与被测面名义面形在非球面法线方向上的偏离;$E(\varepsilon)$ 为被测面的失调像差(ε 为被测面离焦、倾斜和偏心误差)。因此系统建模后,模型中的探测器处的波前也应当符合式(14-12)的定义,即

$$W_s = 2(f_{ASP} - f_W)\cos\alpha + E_r + 2E_s + E(\varepsilon)_s \tag{14-13}$$

由于被测面面形误差为待测量,在建模时无法预知,因此仿真模型中的被测面面形误差被设置为 0。即仿真系统的被测面为理想面形。另外,在仿真系统中对准被测面是一件非常容易的事,因此不存在失调误差。也就是说,仿真系统与实际实验系统的不同之处有两点:即仿真系统中被测面的面形误差为 $E_s=0$,失调像差 $E(\varepsilon)_s=0$。将式(14-12)和式(14-13)

作差可得

$$E = \frac{1}{2}(W - W_s) + E(\varepsilon) \tag{14-14}$$

可见,利用二者的差分方法可以直接去除回程误差。失调像差的去除可在最后一步进行,如同之前的载波去除方法一样,可以利用最终的波前泽尼克拟合来实现。因此在不考虑失调误差的情况下,可以通过实验波前和仿真波前的差分直接得到被测面形误差。

上述算法操作简单实用,但注意到式(14-12)中存在两个"2倍关系",一个是$2(f_{ASP} - f_W)$,另一个是$2E$。前面曾经阐述过,由于$2(f_{ASP} - f_W)$中的"2倍关系"在$(f_{ASP} - f_W)$较大时并不精确,从而导致了额外的回程误差E_r的出现。那么当被测面形误差较大时,$2E$中的"2倍关系"也同样会变得不精确,因此可采用逆向优化重构的方法。

(2)**逆向优化重构法**:逆向优化重构法如图 14-21 所示,通过将实验所得携带回程误差的波前输入模型作为优化目标,将仿真模型中被测面面形误差E_s作为自变量(初始值为零$E_{s0} = 0$,理论面形),而模型中的探测器波前相位W_s作为因变量跟随变化,直到$W_{sn} = W$则停止优化,此时的$E_{sn} = E$。

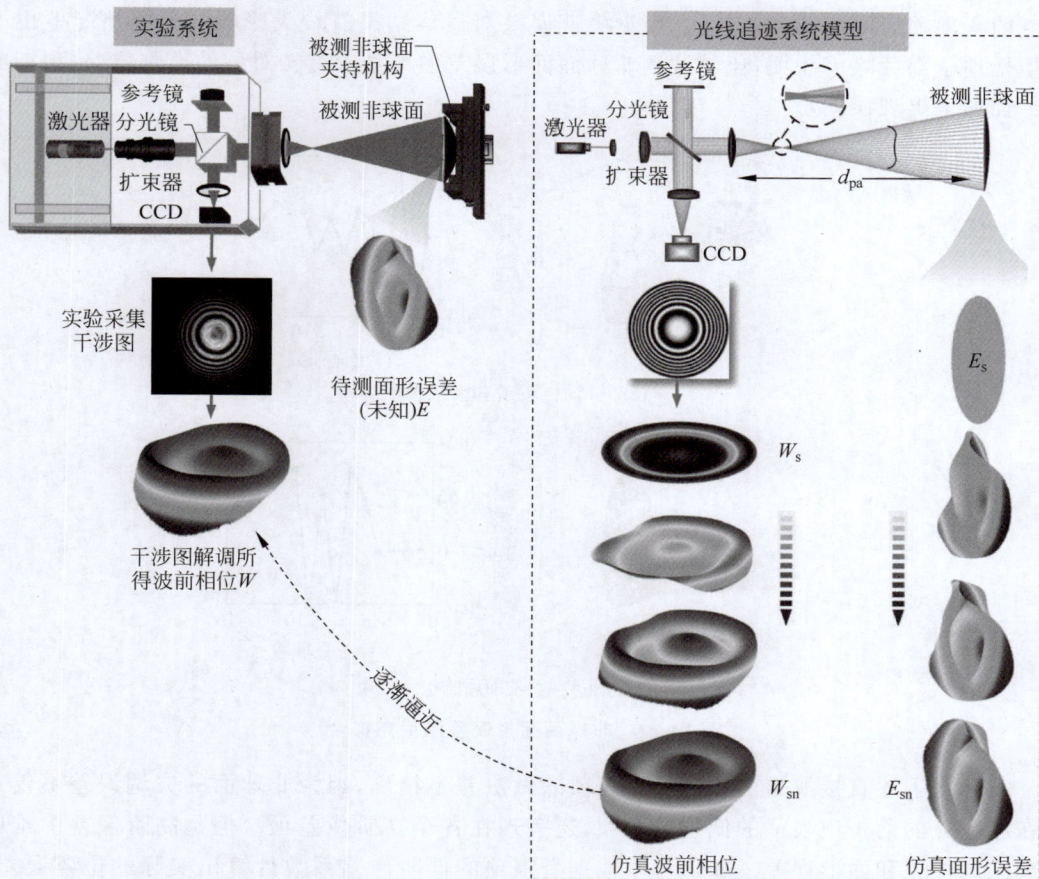

图 14-21 逆向优化重构法

优化过程中的变量(面形和波前)均采用泽尼克多项式的形式表征,使用其泽尼克系数作为变量。通过该系统模型的迭代光线追迹优化,可以直接恢复出被测面面形误差。该方法理论上可以实现对大非球面度、大面形误差非球面的较准确的面形重构,具有很强的通用性。

3）被测面失调像差去除

失调像差的去除可在最后一步进行,如同之前的载波去除方法一样,可以利用最终的波前泽尼克拟合来实现。在球面干涉检测中,被测面失调误差仅有倾斜和偏心,在波前像差中均表现为倾斜波前,在干涉图中体现为直条纹。当然也可能出现轴向离焦,但是在干涉图调整阶段调整至零条纹或直条纹时,基本上轴向离焦就已经很小了,因此在最终获得的波前中仅按照之前所述的载波去除方法,从泽尼克多项式中剔除第 2、3 项即可。

但是非球面的非零位干涉检测有所不同,因为本身就不存在"零位位置",即被测面找不到能和波前完全匹配的轴向位置,仅存在一个条纹最稀疏的最佳位置。在实际实验中,被测面在轴向上很多位置都可以完成检测,只需要出现可分辨条纹即可,因此轴向的离焦一定会出现。如果上述算法中建模的被测面轴向位置（被测面与补偿镜之间的轴向间距 d_{pa}）准确,这种离焦像差也在上述算法中被一并消除了。但 d_{pa} 一般难以精确测量用于建模,因此结果中也会残留部分离焦像差。这种离焦像差一般也可以用载波去除的方法进行矫正,因为其表现为泽尼克多项式的第 4 项。图 14-22 给出了最终面形误差泽尼克拟合后,去除泽尼克前 4 项前后的面形误差对比,可见失调误差对最终结果有较大影响。某些情况下也不能粗暴地全部去除第 4 项,比如被测非球面面形误差中本身含旋转对称的离焦像差（顶点曲率半径加工出现误差）。

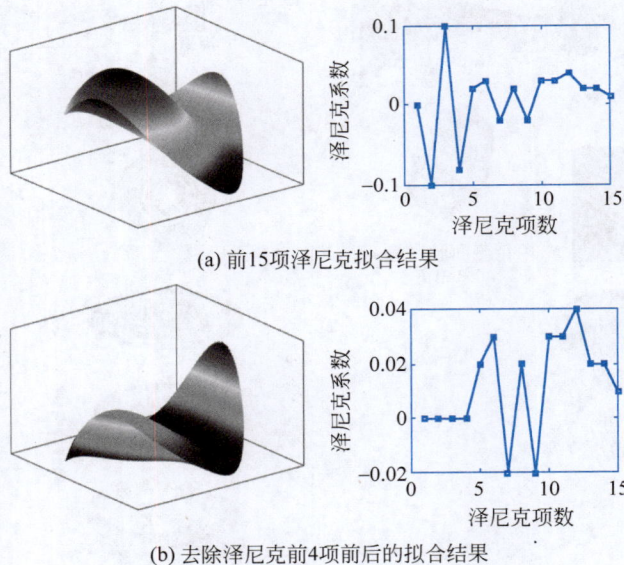

(a) 前15项泽尼克拟合结果

(b) 去除泽尼克前4项前后的拟合结果

图 14-22　非球面面形误差泽尼克拟合

实际上上述直接取出前几项泽尼克项的做法并不精确,因为非球面的失调误差不仅表现在泽尼克的前 4 项表征的低阶像差项,还表现在各个高阶像差项。但是高阶像差中难以剥离失调像差和面形误差。如果可以根据有限项的低阶像差系数计算出实际的位姿误差,则可以对模型进行位姿误差修正,修正后的被测面模型通过光线追迹可以提供所有的低阶与高阶位姿像差。设该被测面模型中的理想位姿与其主轴与光轴重合,实验位姿与模型位姿偏差如图 14-23 所示,在干涉仪坐标系下,其位姿失调误差包括 3 个方向的位移偏差（d_x、

d_y 和 d_z)和两个方向的旋转偏差(θ_x、θ_y),d_{pa} 表示补偿镜与被测自由曲面之间的轴向距离。

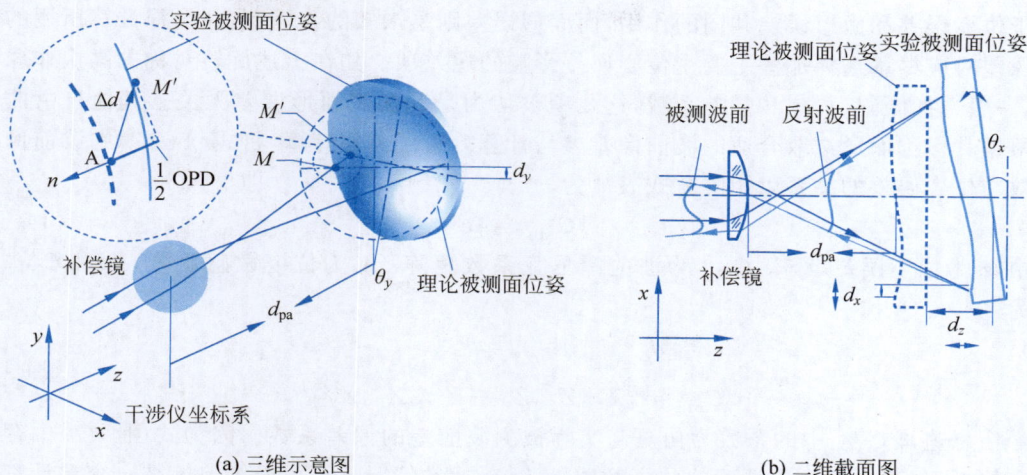

(a) 三维示意图   (b) 二维截面图

图 14-23 被测面位姿误差表征

高次非球面的数学描述如下:

$$z = \frac{(x^2 + y^2)/R}{1 + [1 - (k+1)(x^2 + y^2)/R^2]^{\frac{1}{2}}} + A_4(x^2 + y^2)^2 + A_6(x^2 + y^2)^3 + \cdots$$

$$(14-15)$$

式中,R 为其顶点球曲率半径;k 为圆锥系数;A_4,A_6,$\cdots$为高次项系数。

当被测面产生失调时,点 $M(x, y, z)$ 产生的位移矢量可近似表示为

$$\Delta \boldsymbol{d} = (d_x + \theta_y z, d_y - \theta_x z, d_z - \theta_y x + \theta_x y) \tag{14-16}$$

在位姿误差不大时,可推导出部分低阶像差(实验检测波前与仿真检测波前的差分波前)系数与位姿误差的换算关系:

$$
\begin{cases}
C_1 = \left(2 + \dfrac{D^2}{R^2} + \dfrac{8kD^4}{3R}\right) d_z \\[2mm]
C_2 = -\left[\dfrac{2D}{R} + \dfrac{4D^3}{3}\left(4k + \dfrac{1}{R^3}\right)\right] d_x - \left[2D\left(1 + \dfrac{A_4}{R} + \dfrac{1}{8R^4}\right)\right]\theta_y \\[2mm]
C_3 = -\left[\dfrac{2D}{R} + \dfrac{4D^3}{3}\left(4k + \dfrac{1}{R^3}\right)\right] d_y - \left[2D\left(1 + \dfrac{A_4}{R} + \dfrac{1}{8R^4}\right)\right]\theta_x \\[2mm]
C_4 = \left(\dfrac{k}{R^3} + \dfrac{4kD^4}{3R}\right) d_z \\[2mm]
C_7 = -\dfrac{2}{3}\left(4k + \dfrac{1}{R^3}\right)D^3 d_x - \dfrac{2}{3}D^3\left[\dfrac{3}{2R^2} + \left(4k + \dfrac{1}{R^3}\right)\left(A_4 + \dfrac{1}{8R^3}\right)\right]\theta_y \\[2mm]
C_8 = -\dfrac{2}{3}\left(4k + \dfrac{1}{R^3}\right)D^3 d_y + \dfrac{2}{3}D^3\left[\dfrac{3}{2R^2} + \left(4k + \dfrac{1}{R^3}\right)\left(A_4 + \dfrac{1}{8R^3}\right)\right]\theta_x \\[2mm]
C_9 = \dfrac{4kD^4}{3R} d_z
\end{cases}
\tag{14-17}
$$

式中,D 为被测面口径;$C_1 \sim C_9$ 为泽尼克系数。式(14-17)表明有限项波像差系数可以求解出位姿误差。然而,并非所有的波前像差都可以用来计算位姿误差,因为某类像差可能是由于位姿误差和面形误差共同的作用,而面形误差则是未知的。因此,在选择计算所用的低阶像差时应尽量选择那些主要受位姿误差影响的像差项。如在上述旋转对称的高次非球面中,一般选择倾斜、离焦和彗差系数,这几项被认为是和加工面形误差无关。其他自由曲面应根据其标称面形选取合适的波前像差参与计算。为了方便计算,将式(14-17)中波前像差系数与位姿误差的关系以矩阵方式表征为

$$C_{\mathrm{Mis}} = A\varepsilon \tag{14-18}$$

式中,ε 为位姿误差矩阵;C_{Mis} 为波前泽尼克系数矩阵;A 为位姿敏感矩阵。ε 和 C_{Mis} 分别为

$$\begin{cases} \varepsilon = [d_x, d_y, d_z, \theta_x, \theta_y]^{\mathrm{T}} \\ C_{\mathrm{Mis}} = [Z_1, Z_2, Z_3 - Z_{30}, Z_6, Z_7]^{\mathrm{T}} \end{cases} \tag{14-19}$$

注意这里 C_{Mis} 中的系数为仿真与实际被测波前差的像差系数。因为式(14-17)中存在一定的近似,若要得到更精确的位姿敏感矩阵 A,通常情况下可由光线追迹结合容差计算得到,进而可计算出位姿误差:

$$\varepsilon = (A^{\mathrm{T}}A)^{-1} C_{\mathrm{Mis}} \tag{14-20}$$

传统的计算机辅助装调(Computer Assistant Alignment,CAA)技术使用计算所得的位姿误差重新调整实验中的被测面,这需要精密的夹持和调整机构配合,同时调整精度依赖于人工操作。因此可以利用计算所得的 ε 调整模型中的被测面位姿,使模型中的被测面位姿 ε_s 接近真实实验。模型中的调整较之于实际调整既简便又精确,并不需要精密调整机构。从而可以获得

$$E(\varepsilon_s) = E(\varepsilon) \tag{14-21}$$

式中,$E(\varepsilon)_s$ 和 $E(\varepsilon)$ 分别表示通过系统模型光线追迹得到的波前位姿像差和实际波前中的位姿像差。代入式(14-13)中,重新与式(14-12)作差,因此式(14-14)被修正为

$$E = \frac{1}{2}(W - W_s) \tag{14-22}$$

从而直接消除了失调像差的影响。

2. 倾斜波前法

2007 年德国斯图加特大学的 Wolfgang Osten 等提出了倾斜波前干涉检测(Tilt Wavefront Interferometry,TWI)思想。在传统干涉光路中引入微透镜阵列,将入射波前分割为具有不同倾角的子波前,分别补偿被测非球面不同孔径区域的梯度,减小每个子孔径的返回像差,从而完成检测。其原理如图 14-24 所示,入射平面波经过微透镜阵列后,引入了与微透镜数目相当的子波前,除轴上子波前以外,其他子波前均以不同的倾角向被测非球面传播,从而补偿非球面不同区域的子区域像差,使得每个子区域返回的波前梯度很小,与参考波发生干涉后的子干涉图可以被探测器分辨,得到可以分辨的干涉图阵列。最后,通过波前恢复算法将被测面面形恢复。

国际上以斯图加特大学 Wolfgang Osten 团队为代表的研究机构对 TWI 进行了深入研究,该团队 2008 年利用 TWI 对 $900\mu\mathrm{m}$ 非球面度的非球面检测精度达到 0.13λ,图 14-25 为该团队的 TWI 设备实物。2013 年该团队又提出了针对 TWI 的高精度被测面失调误差矫

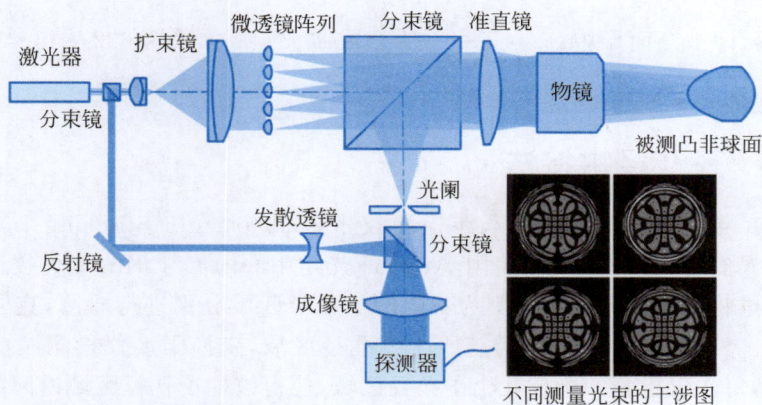

图 14-24　倾斜波前补偿非球面的干涉检测原理

正方法,进一步提高了检测精度。2014 年该团队利用 TWI 对一单点金刚石车削加工的象散自由曲面检测精度达到 $\lambda/5\text{PV}$。

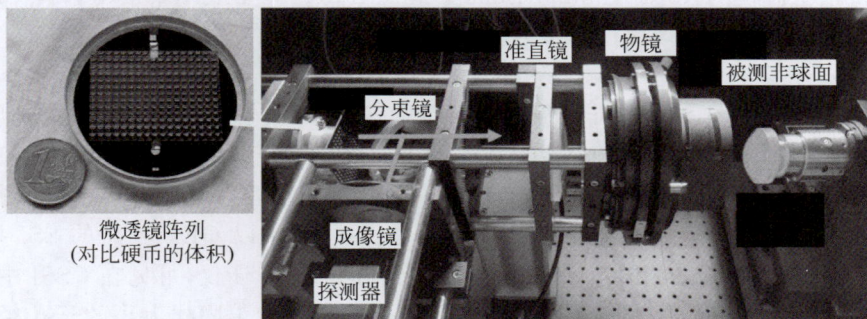

图 14-25　斯图加特大学 TWI 设备实物

3. 双波长法

非球面干涉检测的关键是得到确定的、可分辨的干涉条纹。在干涉图上的相位分布以 2π 为模量进行测量。只要被测波前的斜率足够小,使得相邻探测器像素之间的相位变化小于 π,就可以得到确定可分辨的条纹,消除相位不确定。这就要求相邻像素接收光线的光程小于 $\lambda/2$。在被测非球面斜率较大的情况下,相邻像素接收的光程差一定较大,这就要求干涉检测采用的波长 λ 足够大。因此长波长干涉仪法应运而生,例如很多红外干涉仪采用的便是将干涉仪波长增加至红外波段。另一种方法则是采用双波长或者多波长的方式,实现较大的合成波长。下面以双波长干涉仪为例说明测量原理。

当被检表面面形误差较大时,条纹密度较大,单波长相位分别表示为

$$\begin{cases} \varphi_1 = \dfrac{2\pi}{\lambda_1}h \\ \varphi_2 = \dfrac{2\pi}{\lambda_2}h \end{cases} \tag{14-23}$$

双波长测量的相位差可表示为

$$\Delta\varphi = \varphi_1 - \varphi_2 = \frac{2\pi}{\lambda_1}h - \frac{2\pi}{\lambda_2}h = \left(2\pi \Big/ \frac{\lambda_1 - \lambda_2}{\lambda_1\lambda_2}\right) = \frac{2\pi}{\bar{\lambda}}h \tag{14-24}$$

式中,h 为光程,即被测面形貌;$\bar{\lambda}=\dfrac{\lambda_1-\lambda_2}{\lambda_1\lambda_2}$ 为合成波长。例如采用 632.8nm 与 633.0nm 的双波长,则合成波长 $\bar{\lambda}$ 约为 2mm。

14.3.3　子孔径拼接法

20 世纪 80 年代,子孔径拼接干涉检测技术(Subaperture Stitching Interferometry,SSI)逐渐进入人们的视野,1981 年美国 Arizona 光学中心的 C. J. Kin 率先提出了子孔径测试的概念。通过将被测面或波前分割为不同的子孔径区域分别进行检测,克服了传统干涉仪的检测限制。SSI 将被测面分割为若干个子孔径区域,变换干涉仪检测波前与被测面的相对空间位置,每次仅检测一个或几个子孔径区域,使得被检子孔径区域返回的波前斜率满足奈奎斯特定律,即每个子孔径干涉图像都能够被干涉仪分辨,依次恢复各个子孔径的面形,进而利用拼接算法重建全口径面形。根据子孔径的形状,SSI 检测非球面技术主要分为圆形子孔径拼接干涉检测技术(Circular Subaperture Stitching Interferometry,CSSI)和环形子孔径拼接干涉检测技术(Annular Subaperture Stitching Interferometry,ASSI)。下面分别介绍这两种技术在非球面检测中的应用。

1. 圆形子孔径拼接干涉检测(CSSI)

CSSI 指的是利用干涉仪与非球面的相对位置移动(沿轴平移,垂轴平移,绕轴旋转),对不同的圆形子孔径区域分别进行干涉检测进而拼接成全口径面形的检测技术,图 14-26(a)中所示的子孔径布局具有一定的重叠区,是为了后续基于重叠区域最小二乘拟合拼接。国外对于 CSSI 的研究由来已久,商业化设备也日趋成熟,其中以 QED 公司的 SSI 系列子孔径拼接干涉仪为代表,图 14-26(b)所示为 QED 公司的 SSI 干涉仪,可见在 CSSI 中,一般需要六轴工作台以保证干涉仪对被测面各个子孔径的检测。对于同样大小的子孔径,在检测距离中轴较远的子孔径时,其子孔径内各处曲率变化可能比中心处的子孔径剧烈,可能会导致子孔径内干涉图密集甚至出现渐晕暗区。2010 年,该公司利用两块楔形镜组成可变零位镜(Variable Optical Null,VON)(见图 14-26(c)),降低了每个子孔径的条纹密度,这样可以进一步增加子孔径区域,减少子孔径数目,可以检测非球面度达到 100 个波长的深度非球面。图 14-26(d)为 VON 中两块楔形镜不同组合状态下的像差补偿能力。由于受六轴工作台机械精度的限制,CSSI 方法面形拼接精度将受到很大程度的影响,需要辅以非常复杂的误差补偿算法。

2. 环形子孔径拼接干涉检测(ASSI)

相比于 CSSI 系统的六轴工作台,ASSI 仅需要一维移动,大大减少了调整误差来源,同时极大地简化了系统结构。ASSI 是采用透射球(Transmission Sphere,TS)产生不同曲率半径的参考球面波,用来匹配被测面不同环形子孔径区域,其原理如图 14-27(a)所示,其中被测面可以沿轴向平移,使得不同曲率半径的入射波前与被测面不同环带部分相切,产生可以被干涉仪分辨的环形子孔径干涉图区域。ASSI 目前被广泛应用于检测旋转对称面(平面、球面及非球面)。以 ZYGO 公司的 Verifire 型子孔径扫描干涉仪(见图 14-27(b))为例,其采用几何扫描拼接的方法,目前可测非球面口径达 130mm,非球面度达 800μm,可测面形误差达 10μm。

另外,根据干涉相位调制的原理,研究者们另辟蹊径,提出了条纹反射法等通用性更强

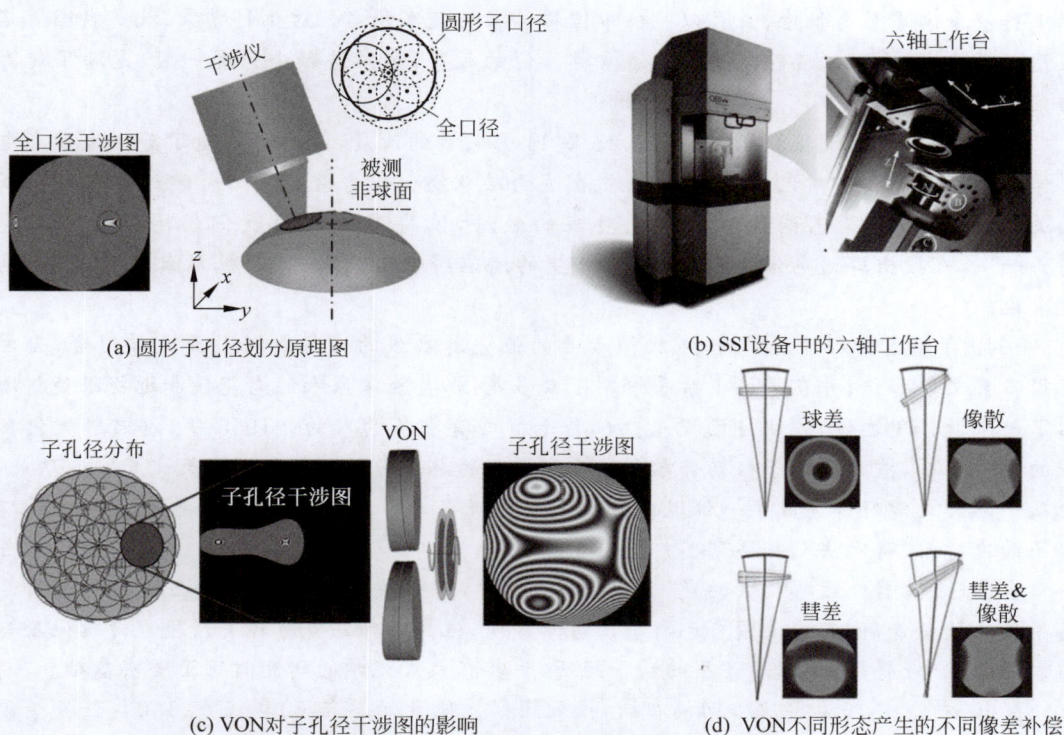

(a) 圆形子孔径划分原理图

(b) SSI设备中的六轴工作台

(c) VON对子孔径干涉图的影响

(d) VON不同形态产生的不同像差补偿

图 14-26 QED 公司 SSI 设备原理

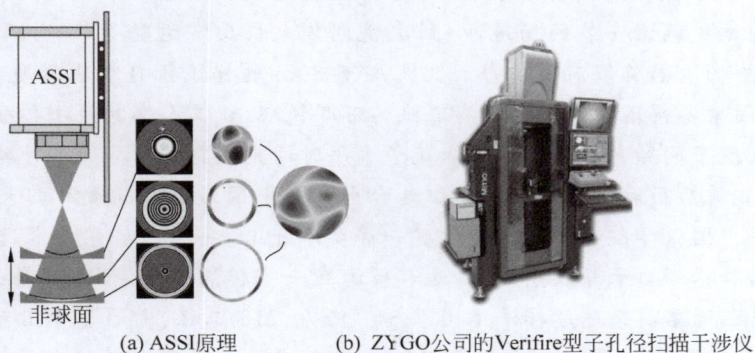

(a) ASSI原理

(b) ZYGO公司的Verifire型子孔径扫描干涉仪

图 14-27 ASSI 系统

的检测手段。当然,第 13 章介绍的波前剪切方法也可以用来检测非球面反射波前进而恢复面形,本章不再重复介绍。

拓展阅读

夜空中的中国之光

——纪念应用光学专家、中国光学检验技术的奠基人、中国工程院院士潘君骅

多年前,当一位孩童仰望星空时,也许从未想过未来的某一天,会有一颗以他本人名字命名的小行星在夜空闪烁。2019 年,国际编号为 216331 的小行星,获国际小行星中心和国

际小行星命名委员会批准，正式以一位中国科学家的名字命名。这位科学家，就是我国著名应用光学专家、中国工程院院士——潘君骅。他的故事，如同这颗小行星一般，充满了传奇与荣耀。

"我怕再不说就没机会了……"，2023年11月某日的清晨，潘君骅拨通了苏州大学光电科学与工程学院党委书记的电话："我要表达两层意思：一是感谢苏州大学这些年来对我的关心和照顾，二是感谢国家感谢党对我的栽培，使得我能够为我们的国家做一点事情……"。在拨出那通电话的一个月后，93岁的潘君骅在苏州与世长辞，从此化作星辰，遥望大地。

1949年潘君骅入读清华大学，机械专业的他凭着浓烈的兴趣加入了天文学习会，自学了很多天文学知识，并在笔记中亲手绘制了众多星图，甚至拿家人的老花镜和近视眼镜拼凑出了一个低倍望远镜，方便自己观星。机会是留给有准备的人的。1956年，潘君骅凭借良好的俄文基础，被派往列宁格勒普尔科沃天文台跟随马克苏托夫教授研究天文光学。从此，他从一名天文爱好者变成了一位现代天文光学的研究者。其间，他提出了检验大望远镜二次凸面次镜的"潘氏法"，并得到了广泛应用。

空闲时，潘君骅最喜欢做的是"磨玻璃"。彼时，磨一块50mm口径平凸透镜的造价是其半年的伙食费，他只能试图自己打磨。留学期间，他的导师马克苏托夫教授也评价他磨好的抛物面镜"好得很"。正是多年的动手经历，为其在天文光学的研究打下了坚实基础。

1960年7月，潘君骅决心回到祖国，报效国家。他开始参与60♯任务、150♯任务等国防重大项目，他带队设计磨镜机和刀口检验仪，帮助我国建立了新的光学检验方法。到了20世纪七八十年代，潘君骅受命出任2.16m天文望远镜技术组组长。项目过程中问题层出不穷，大到望远镜调试安装的场地，小到次镜调焦电机反常运转等，工作开展非常艰难。当时，年近60岁的潘君骅依旧坚持每天爬上爬下30m的梯子亲自解决问题。在项目开展过程中因种种因素不得不使用一块略有瑕疵的苏联镜坯，让工人感觉无法再磨下去了，潘君骅仔细查看，发现了问题，建议手工磨镜，花费3年时间完成制作。尽管各种硬件条件差，整个望远镜的研制前后历时15年才完成，但这台当时全中国乃至亚洲最大的天文望远镜，却荣获了1997年中国科学院科学技术进步奖一等奖和1998年国家科学技术进步奖一等奖。不过，最让潘君骅感到自豪与欣慰的是，这台望远镜一直排满了观测任务，每天都对准着浩瀚的星空。后来，潘君骅又陆续接手了国家541任务、216工程、资源1号卫星、921相机项目等诸多重大国防研究任务。潘君骅用满腔热忱和实际行动践行着他归国时报效祖国的初心。

从"磨玻璃"到制造"国之大器"，潘君骅和新中国一起走过了筚路蓝缕的岁月，艰辛与汗水难以用简单的言语来概括。他常说："推公式不是科研的全部，必须动手去试。"他是一位功力深厚的光学实干家，从光学设计到加工、检验，潘君骅是全过程专家。王大珩曾用"最具有工程概念的光学专家"来评价潘君骅，"从事应用光学、光学工程，要有工程概念。所谓工程概念就是他设计的东西不仅要考虑到怎样设计，还要考虑到根据当时的加工制造水平能够做出来、实现它"。

潘君骅院士一生追光，也宛如一束光照亮着后来者。在苏州大学光电科学与工程学院每年发给入学新生的"追光笔记本"的扉页中，印着潘君骅的这样一段话："我这一生，都是在求知追光，认真做每一件工作，做到有始有终，希望能做好自己热爱的事业。为祖国的发展贡献一点自己的力量,这是我的荣幸。"在一次报告中,潘君骅向师生们分享了自己的人生箴言:"不要攀比钱财享受""任何时候都不要自满""最重要的一点,千万记住你是中国人"……看似朴实无华的字句,背后却饱含着这位老一辈科学家最赤忱的爱国之情。而他也用一生践行了"科技报国"四个字。尽管潘君骅院士已离我们远去,但这位"追光"院士如光学领域的明灯,继续指引后来者仰望星空、脚踏实地,书写新的辉煌。

习题

1. 查阅相关资料,说明目前光学元件表面疵病的检测方式和原理。

2. 干涉检测中干涉图成像方式有哪几种? 分别有什么优缺点? ZYGO 干涉仪中采用的是哪种方式?

3. 与泰曼-格林干涉仪相比,菲索干涉仪有什么优势?

4. 利用 Zemax 软件设计一款 F/2.5 的球面标准镜,波前 PV 精度达 1/10 波长(波长为 632.8nm)。

5. 球面干涉检测中是否也可能存在"回程误差"? 若存在,如何矫正?

6. 干涉法如何检测球面曲率半径?

7. 请画出干涉仪测量离轴抛物面的光路。

8. 在平面玻璃的表面检测中,前后表面的反射光均与参考光发生干涉,并且两者之间也会发生干涉,因而会出现多组干涉条纹,是否有办法解决? 请查阅相关资料尝试回答。

9. 在双波长干涉仪中,若要实现 $150\mu m$ 的合成波长,一般如何选择激光器?

参 考 文 献

[1]   郁道银,谈恒英.工程光学[M].4版.北京:机械工业出版社,2016.

[2]   NEWTON I.光学[M].周岳明,舒幼生,译.北京:北京大学出版社,2007.

[3]   苏显渝,李继陶,曹益平.信息光学[M].2版.北京:科学出版社,2023.

[4]   张磊.光学自由曲面子孔径拼接干涉检测技术[D].杭州:浙江大学,2016.

[5]   李晓彤,岑兆丰.几何光学·像差·光学设计[M].杭州:浙江大学出版社,2003.

[6]   田超.非球面非零位环形子孔径拼接干涉检测技术与系统研究[D].杭州:浙江大学,2013.

[7]   JOSEPH M G. Introduction to lens design with practical ZEMAX examples[M]. New York:
       Willmann-Bell,2002.

[8]   萧泽新.工程光学设计[M].北京:电子工业出版社,2003.

[9]   LAIKIN M.光学系统设计[M].周海宪,程云芳,译.4版.北京:机械工业出版社,2012.

[10] COOK G H. Photographic objectives,applied optics and optical engineering[C]//Applied Optics &
       Optical Engineering,VIII. 1965:103-104.

[11] WAKAMIYA K. Great aperture ratio lens:US4448497A[P].1984-05-15[2024-10-11].

[12] 金钊,高兴宇,萧泽新.基于机器视觉的高分辨率物方远心物镜设计[J].桂林电子科技大学学报,
       2018,38(3):194-198.

[13] 杨康.基于机器视觉的工业镜头的设计[D].福州:福建师范大学,2013.

[14] YANG K,HU X,BERGASA L M,et al. PASS:panoramic annular semantic segmentation[J]. IEEE
       Transactions on Intelligent Transportation Systems,2019,99:1-15.

[15] SONG W T,LIU X M,HUANG P,et al. Design and assessment of a 360° panoramic and high-
       performance capture system with two tiled catadioptric imaging channels[J]. Applied Optics,2018,
       57(13):3429-3437.

[16] 张善华,陈慧芳,张海艇,等.用于交通监控系统的光学成像镜头的设计[J].激光与光电子学进展,
       2011,48(2):1-5.

[17] WATSON J,ZIELINSKI O.水下光学与成像[M].刘兆军,丁忠军,赵显,译.北京:科学出版
       社,2023.

[18] 王继源.水下激光成像系统研究[D].长春:长春理工大学,2013.

[19] 刘菲,李艳秋.大数值孔径产业化极紫外投影光刻物镜设计[J].光学学报,2011,31(2):232-238.

[20] 杨旺.光刻投影物镜像质分析及补偿研究[D].长春:中国科学院研究生院(长春光学精密机械与物
       理研究所),2015.

[21] MANN H U,ULRICH R W. Reflective high-NA projection lenses[C]//Proceedings of SPIE. 2005:
       332-339.

[22] TOMOYUKI M,YASUHIRO O,DAVID M W. The Lithographic Lens:its history and evolution
       [C]//Proceedings of SPIE. 2006:615403.

[23] SHIGEMATSU K. Projection optical system and exposure apparatus and method:US19990234969
       [P]. (2001-07-10) [2024-10-11].

[24] KAMENOV V,GABER E,KRAEHMER D, et al. Optical system of a projection exposure
       apparatus:US 0238735 A1 [P]. 2006-10-26 [2024-10-11].

[25] ULRICH W,BEIERSDOERFER S,MANN H J. Trends in Optical design of projection lenses for
       UV-and EUV-Lithography[C]//Proceedings of SPIE. 2000:13-24.

[26] YASUHORO O,MASAHIRO T,YUICHI S. Catadioptric lens development for DUV and VUV
       projection optics[C]//Proceedings of SPIE. 2003:781-788.

[27] LAI K,ERDMANN A,CACOURIS T, et al. New ArF immersion light source introduces

technologies for high-volume 14nm manufacturing and beyond ［C］//Proceedings of SPIE. 2015：942618.

[28] AURELIAN D. Catadioptric projection objective with pupil correction：US 2010/0020390 A1［P］. 2010-01-28.

[29] DODOC A. Catadioptric projection objective with pupil correction：US13226615［P］. 2014-07-15 ［2024-10-11］.

[30] 宋鹏飞.10 倍变焦距镜头设计[D].长春：长春理二大学,2022.

[31] 兰翔.变焦距系统的研究与设计[D].大连：大连理工大学,2011.

[32] 刘东.光电干涉检测技术[M].杭州：浙江大学出版社,2020.

[33] 王文生.现代光学系统设计[M].北京：国防工业出版社,2015.

[34] 吴从均.星间激光通信终端及其实验室检测平台光学系统研究[D].长春：中国科学院研究生院(长春光学精密机械与物理研究所),2014.

[35] 李锐,林宝军,刘迎春,等.激光星间链路发展综述：现状、趋势、展望[J].红外与激光工程,2022,52 (3)：15.

[36] 邓柍湖.12mm-60mm 机器视觉变焦镜头设计[D].福州：福建师范大学,2015.

[37] 朱瑶.光学系统的星点检验方法[J].红外,2004,(9)：31-37.

[38] 魏珊珊.成像电子学系统 MTF 测试技术研究及系统研制[D].吉林：吉林大学,2018.

[39] MALACARA D.光学车间检验[M].3 版.北京：机械工业出版社,2012.

[40] ZHANG Z. A flexible new technique for camera calibration［J］. IEEE Transactions on Pattern Analysis and Machine Intelligence,2000,22(11)：1330-1334.

[41] 杨甬英.先进干涉检测技术与应用[M].杭州：浙江大学出版社,2017.

[42] 张杏云,罗芳琳,李楠,等.相位差波前探测与图像重建[J].强激光与粒子束,2021,8(8)：081010.

[43] 岳丹.基于相位差算法的拼接镜共相误差探测与图像复原的研究[D].长春：中国科学院研究生院 (长春光学精密机械与物理研究所),2016.

[44] 徐梓浩.基于相位差法的高分辨率液晶自适应光学技术研究[D].北京：中国科学院大学,2018.

[45] 罗建文,吴泉英,范君柳,等.相位差法的图像恢复实验研究[J].激光杂志,2018,39(5)：49-52.

[46] 徐其峰.波前曲率探测自适应光学控制技术[D].唐山：华北理工大学,2019.

[47] 陈民安.基于神经网络的无线光波前矫正理论与实验研究[D].合肥：中国科学技术大学,2020.

[48] QINGHUA T, CHENDA L, BO L, et al. DNN-based aberration correction in a wavefront sensorless adaptive optics system［J］. Optics Express,2019,27(8)：10765-10776.

[49] 吴玉.基于深度学习的波前重构方法研究[D].北京：中国科学院大学,2021.

[50] 李自强.基于深度学习的自适应光学波前传感技术[D].北京：中国科学院大学,2021.

[51] 王巧巧.大国重器——激光惯性约束聚变[J].现代物理知识,2019(3)：9.

[52] 康世发.基于神光组件光机装校基准传递体系的研究[D].西安：西安工业大学,2014.

[53] 张磊,刘东,师途,等.光学自由曲面检测技术[J].中国光学,2017,10(3)：283-299.

[54] 师途,杨甬英,张磊,等.非球面光学元件的面形检测技术[J].中国光学,2014,7(1)：26-46.

[55] 程灏波.精密光学元件先进测量与评价[M].北京：科学出版社,2014.

[56] 王道档.高精度点衍射球面干涉检测技术及系统研究[D].杭州：浙江大学,2012.

[57] 刘东.通用数字化高精度非球面干涉检测技术与系统研究[D].杭州：浙江大学,2010.

[58] 李瑶.点衍射干涉波前检测系统高精度误差矫正技术研究[D].杭州：浙江大学,2020.

[59] 沈华.基于多重倾斜波面的光学自由曲面非零位干涉测量关键技术研究[D].南京：南京理工大学,2014.

[60] PETER J G, LESLIE L D, RONG S, et al. Contributions of holography to the advancement of interferometric measurements of surface topography［J］. Light：Advanced Manufacturing 2022,3 (2)：258-277.

［61］ ZHANG L,LIU D,SHI T,et al. Practical and accurate method for aspheric misalignment aberrations calibration in non-null interferometric testing［J］. Applied Optics,2013,52(35)：8501-8511.

［62］ CHRISTIAN S,ROLF B,ANTONIA G,et al. Tilted Wave Fizeau Interferometer for flexible and robust asphere and freeform testing ［J］. Light：Advanced Manufacturing,2022,3(4)：687-698.

［63］ YEOU C,JAMES C W. Two-wavelength phase shifting interferometry［J］. Applied Optics,1984,23 (24)：4539-4543.

［64］ 闫力松.子孔径拼接干涉检测光学镜面算法的研究［D］.北京：中国科学院大学,2015.